地球温暖化の事典

独立行政法人国立環境研究所
地球環境研究センター 編著

丸善出版

まえがき

　地球温暖化の問題は，産業革命期以降の化石燃料の大量消費や森林伐採による土地被覆変化などにより，二酸化炭素をはじめとする温室効果ガスの大気中濃度が増大し，これにより地球の平均気温の上昇に伴う気候変化をもたらし，人間を含む地球上の生態系にさまざまの影響を及ぼすと考えられることから，多くの人の関心をよんできました．世界の現況を考えると，今後も温室効果ガス濃度は増大し続け，温暖化問題が深刻化する恐れがあることから，国内・国際政治においても，温暖化対策が最重要の課題のひとつとなっています．

　地球温暖化問題を正しく理解するためには，温室効果ガスの排出，海洋・陸域での吸収と蓄積，大気中濃度の変化，温室効果ガス濃度と気候変化の関係，気候変化が及ぼすさまざまな影響，地球温暖化防止や温暖化影響の適応のための技術，政策・制度，ライフスタイルなど，自然科学から社会・経済・政策的側面まで，きわめて多様な知識や情報が必要となります．最近では，インターネットで検索すればたやすく多くの情報に接することができますが，どれが正しい情報であるのか判断が難しいことや，系統だった解説にはなっていないというのが実情で，正確な知識・知見・情報をまとめた信頼のおける書籍の必要性を痛感してまいりました．

　そこで，長年にわたり地球温暖化問題に関する研究を実施してきた国立環境研究所地球環境研究センターの研究者を核として編集委員会を構成し，地球温暖化に関する基本的かつ重要な事項をできるだけ網羅的に，系統立てて解説する中項目事典を編纂し，刊行することといたしました．掲載すべき項目の分野が多岐にわたることから，原稿執筆および査読にあたっては当センターの職員のみならず，所内外の各専門分野の研究者のご協力を頂きました．この場をお借りして，あらためて御礼申し上げます．

　本事典は，公共図書館や学校図書室などの教育機関での利用のほか，温暖化問題に関心をもつ市民・学生，NGO/NPO 関係者や，温暖化対策を担当する企業関係者，行政担当者，政策決定者の座右の書として，温暖化問題に関する用語の

意味や基本的な概念について知りたいとき，いつでもひもといて理解を深めることができるような，そしてわが国における地球温暖化問題に関するスタンダードな事典となることを目指しています．とはいえ，地球温暖化問題に関する科学・技術の進展や，社会・経済・政策等の状況の変化が絶えず起きていることも事実です．読者の皆様には，こういった側面があることにもご留意を頂きながら，本事典を活用して頂くことを願っております．

2014年1月

編集委員会を代表して
独立行政法人国立環境研究所
地球環境研究センター
センター長　向 井 人 史
（2013年4月〜）
前センター長　笹 野 泰 弘
（〜2013年3月までセンター長）

編集委員会

編集委員代表

笹 野 泰 弘　　独立行政法人国立環境研究所地球環境研究センター（～2013.3）
向 井 人 史　　独立行政法人国立環境研究所地球環境研究センター（2013.4～）

編 集 委 員

江 守 正 多　　独立行政法人国立環境研究所地球環境研究センター
　　　　　　　　気候変動リスク評価研究室
甲斐沼美紀子　　独立行政法人国立環境研究所社会環境システム研究センター
亀 山 康 子　　独立行政法人国立環境研究所社会環境システム研究センター
　　　　　　　　持続可能社会システム研究室
三 枝 信 子　　独立行政法人国立環境研究所地球環境研究センター
　　　　　　　　陸域モニタリング推進室
野 沢 　 徹　　岡山大学理学部地球科学科
野 尻 幸 宏　　独立行政法人国立環境研究所地球環境研究センター
肱 岡 靖 明　　独立行政法人国立環境研究所社会環境システム研究センター
　　　　　　　　持続可能社会システム研究室
日 引 　 聡　　上智大学経済学部
山 野 博 哉　　独立行政法人国立環境研究所生物・生態系環境研究センター
　　　　　　　　生物多様性評価・予測研究室（地球環境研究センター兼務）

編 集 幹 事

伊 藤 昭 彦　　独立行政法人国立環境研究所地球環境研究センター
　　　　　　　　物質循環モデリング・解析研究室

塩　竈　秀　夫　独立行政法人国立環境研究所地球環境研究センター
　　　　　　　　気候変動リスク評価研究室
永　島　達　也　独立行政法人国立環境研究所地域環境研究センター
　　　　　　　　大気環境モデリング研究室
藤　野　純　一　独立行政法人国立環境研究所社会環境システム研究センター
　　　　　　　　持続可能社会システム研究室
増　井　利　彦　独立行政法人国立環境研究所社会環境システム研究センター
　　　　　　　　統合評価モデリング研究室

（五十音順・2013 年 12 月現在）

執筆者・査読者一覧

明 石　　　修　武蔵野大学環境学部
芦 名 秀 一　独立行政法人国立環境研究所社会環境システム研究センター
　　　　　　　持続可能社会システム研究室
阿 部 彩 子　東京大学大気海洋研究所
石 田 明 生　常葉大学社会環境学部
伊 藤 昭 彦　独立行政法人国立環境研究所地球環境研究センター
　　　　　　　物質循環モデリング・解析研究室
伊 藤 進 一　独立行政法人水産総合研究センター東北区水産研究所
猪 俣　　　敏　独立行政法人国立環境研究所地球環境研究センター
　　　　　　　地球大気化学研究室
岩 渕 裕 子　独立行政法人国立環境研究所社会環境システム研究センター
　　　　　　　統合評価モデリング研究室
植 田 宏 昭　筑波大学生命環境系
榎 原 友 樹　株式会社 E-konzal
江 守 正 多　独立行政法人国立環境研究所地球環境研究センター
　　　　　　　気候変動リスク評価研究室
沖　　　大 幹　東京大学生産技術研究所
小 熊 宏 之　独立行政法人国立環境研究所環境計測研究センター
　　　　　　　環境情報解析研究室（地球環境研究センター兼務）
甲斐沼美紀子　独立行政法人国立環境研究所社会環境システムセンター
鼎　　信 次 郎　東京工業大学大学院理工学研究科
金 森 有 子　独立行政法人国立環境研究所社会環境システム研究センター統合評
　　　　　　　価モデリング研究室

蟹 江 憲 史　　東京工業大学大学院社会理工学研究科
亀 山 康 子　　独立行政法人国立環境研究所社会環境システム研究センター
　　　　　　　　持続可能社会システム研究室
茅 根　　 創　　東京大学大学院理学系研究科
河 瀬 玲 奈　　京都大学大学院工学研究科
河 宮 未知生　　独立行政法人海洋研究開発機構地球環境変動領域
川 村 賢 二　　国立極地研究所研究教育系
北 川 浩 之　　名古屋大学大学院環境学研究科
久保田　　泉　　独立行政法人国立環境研究所社会環境システム研究センター
　　　　　　　　環境経済・政策研究室
五 箇 公 一　　独立行政法人国立環境研究所生物・生態系環境研究センター
三 枝 信 子　　独立行政法人国立環境研究所地球環境研究センター
　　　　　　　　陸域モニタリング推進室
斉 藤 拓 也　　独立行政法人国立環境研究所環境計測研究センター動態化学研究室
酒 井 広 平　　独立行政法人国立環境研究所温室効果ガスインベントリオフィス
佐 藤 正 樹　　東京大学大気海洋研究所
塩 竈 秀 夫　　独立行政法人国立環境研究所地球環境研究センター
　　　　　　　　気候変動リスク評価研究室
杉　　 正 人　　独立行政法人海洋研究開発機構地球環境変動領域
大 楽 浩 司　　独立行政法人防災科学技術研究所社会防災システム研究領域
髙 田 久美子　　国立極地研究所北極観測センター
高 橋　　 潔　　独立行政法人国立環境研究所社会環境システム研究センター
　　　　　　　　統合評価モデリング研究室
竹 川 暢 之　　東京大学先端科学技術研究センター
竹 中 明 夫　　独立行政法人国立環境研究所生物・生態系環境研究センター
　　　　　　　　生物多様性評価・予測研究室
田 崎 智 宏　　独立行政法人国立環境研究所資源循環・廃棄物研究センター
　　　　　　　　循環型社会システム研究室
田 辺 清 人　　公益財団法人地球環境戦略研究機関

谷本　浩志	独立行政法人国立環境研究所地球環境研究センター地球大気化学研究室	
唐　　艶鴻	独立行政法人国立環境研究所生物・生態系環境研究センター環境ストレス機構解明研究室	
寺尾　有希夫	独立行政法人国立環境研究所地球環境研究センター炭素循環研究室	
遠嶋　康徳	独立行政法人国立環境研究所地球環境研究センター	
永島　達也	独立行政法人国立環境研究所地域環境研究センター大気環境モデリング研究室	
永田　　豊	電力中央研究所社会経済研究所	
野沢　　徹	岡山大学大学院自然科学研究科	
野尻　幸宏	独立行政法人国立環境研究所地球環境研究センター	
橋本　征二	立命館大学理工学部	
羽角　博康	東京大学大気海洋研究所	
長谷川　知子	独立行政法人国立環境研究所社会環境システム研究センター統合評価モデリング研究室	
花岡　達也	独立行政法人国立環境研究所社会環境システム研究センター統合評価モデリング研究室	
花崎　直太	独立行政法人国立環境研究所地球環境研究センター気候変動リスク評価研究室	
林　希一郎	名古屋大学エコトピア科学研究所	
原澤　英夫	独立行政法人国立環境研究所理事	
原田　尚美	独立行政法人海洋研究開発機構地球環境変動領域	
肱岡　靖明	独立行政法人国立環境研究所社会環境システム研究センター持続可能社会システム研究室	
日引　　聡	上智大学経済学部	
日比野　剛	みずほ情報総研株式会社環境エネルギー第1部	
平石　尹彦	公益財団法人地球環境戦略研究機関	
藤井　賢彦	北海道大学大学院地球環境科学研究院	
藤野　純一	独立行政法人国立環境研究所社会環境システム研究センター持続可能社会システム研究室	

藤原 和也	みずほ情報総研株式会社環境エネルギー第1部
本田 靖	筑波大学体育系
増井 利彦	独立行政法人国立環境研究所社会環境システム研究センター統合評価モデリング研究室
松岡 譲	京都大学大学院工学研究科
町田 敏暢	独立行政法人国立環境研究所地球環境研究センター大気・海洋モニタリング推進室
松本 健一	滋賀県立大学環境科学部
向井 人史	独立行政法人国立環境研究所地球環境研究センター
森本 高司	三菱UFJリサーチ&コンサルティング株式会社環境・エネルギー部
谷津 明彦	独立行政法人水産総合研究センター西海区水産研究所
山形 与志樹	独立行政法人国立環境研究所地球環境研究センター
山野 博哉	独立行政法人国立環境研究所生物・生態系環境研究センター生物多様性評価・予測研究室
横沢 正幸	静岡大学大学院工学研究科
横田 達也	独立行政法人国立環境研究所地球環境研究センター衛星観測研究室
横畠 徳太	独立行政法人国立環境研究所地球環境研究センター気候変動リスク評価研究室
吉野 正敏	筑波大学名誉教授
吉山 浩平	岐阜大学流域圏科学研究センター
渡部 雅浩	東京大学大気海洋研究所

(五十音順・2013年12月現在)

目　　次

1章　総　論 …………………………………………………… 1
1.1　地球温暖化と気候変動　1
1.2　温室効果ガス　7
1.3　温室効果と地球温暖化　12
1.4　古気候と気候変動要因（顕生代：5億4,200万年前以降）　17
1.5　古気候と気候変動要因（新世代と氷期・間氷期サイクル）　22
1.6　古気候と気候変動要因（後氷期から現代）　27
1.7　気候変化の将来予測　32
1.8　気候変動の影響・脆弱性　35
1.9　緩和策と適応策　39
1.10　低炭素社会　43
1.11　IPCC評価報告書　47

2章　温室効果ガス …………………………………………… 55
2.1　二酸化炭素　55
2.2　メタン　61
2.3　亜酸化窒素　66
2.4　ハロカーボン　71
2.5　対流圏オゾンと反応性ガス　78
2.6　エアロゾル　82
2.7　温室効果ガスの衛星観測　87

3章　地球システム …………………………………………… 95
3.1　気象と気候　95
3.2　大気圏　99
3.3　水　圏　102
3.4　地球の熱収支　106

3.5　大気大循環　111
3.6　海洋大循環　117
3.7　モンスーン　121
3.8　熱帯低気圧　126
3.9　気候の内部変動　132
3.10　植生と土壌　136
3.11　人間活動の気候影響　141
3.12　大気の組成　146
3.13　炭素循環　152

4章　気候変化の予測と解析　159

4.1　社会経済・排出シナリオ　159
4.2　大気海洋結合気候モデル　163
4.3　地球システムモデル　168
4.4　予測される気温変化　173
4.5　ダウンスケーリング　177
4.6　不確実性の評価と低減　181
4.7　過去の気候変化の要因推定　185

5章　地球表層環境の温暖化影響　191

5.1　水循環　191
5.2　海面上昇　195
5.3　海洋酸性化　199
5.4　極端現象　203
5.5　高山帯　207
5.6　湖沼　214
5.7　沙漠・乾燥地域　218
5.8　島嶼・沿岸域　225

6章　生物圏の温暖化影響　231

6.1　生態系　231
6.2　温暖化と生物多様性　235
6.3　光合成　240
6.4　呼吸とバイオマス　244

6.5　陸上生物（動物，土壌微生物，ほか）　249
　　6.6　温暖化と外来生物　254
　　6.7　フェノロジー　259
　　6.8　海洋生物　261
　　6.9　サンゴ・サンゴ礁　265

7章　人間社会の温暖化影響と適応　271
　　7.1　水資源・水利用　271
　　7.2　農　業　276
　　7.3　水産業　280
　　7.4　健康影響　284
　　7.5　沿岸域，小島嶼の社会システム　288

8章　緩和策　293
　　8.1　温暖化対策シナリオ分析　293
　　8.2　温暖化対策モデル　298
　　8.3　安定化シナリオ　302
　　8.4　需要側対策　305
　　8.5　供給側対策　318
　　8.6　非 CO_2 対策　325
　　8.7　部門横断的対策「見える化」　329
　　8.8　政策的手段（炭素税，補助金，規制的手段，排出量取引）
　　　　の経済学的評価　337
　　8.9　森林減少の防止　342
　　8.10　中期（〜2020年）の温暖化対策　346
　　8.11　長期（〜2050年）の温暖化対策　352

9章　条約・法律・インベントリ　357
　　9.1　気候変動枠組条約・締約国会議　357
　　9.2　京都議定書・締約国会合　362
　　9.3　地球温暖化対策の推進に関する法律　367
　　9.4　京都議定書目標達成計画　372
　　9.5　温室効果ガスインベントリ　378
　　9.6　排出源・吸収源　383

9.7　排出主体別の排出量　　388
　9.8　排出係数・原単位　　392
　9.9　国際機関　　396

10章　持続可能な社会に向けて……………………………………… 401
　10.1　持続可能な発展の概念　　401
　10.2　持続可能な発展の取組み　　406
　10.3　ミレニアム開発目標　　411
　10.4　低炭素社会と循環型社会　　417
　10.5　生物多様性と社会　　422

索　引 ……………………………………………………………… 427

1章 総論

1.1 地球温暖化と気候変動

◆ 地球温暖化

　気候変動に関する政府間パネル（Intergovernmental Panel on Climate Change：IPCC）の第5次評価報告書第1作業部会の政策決定者向け要約（SPM, AR5）[1] を引用すると，地球の平均地上気温は1880〜2012年の132年間に0.85℃増加したとされる．それと同時に，ここ30年の気温は過去800年（おそらく1,400年）のうちの最も暖かい30年と位置づけられている．また，北半球中緯度の陸上での降水量の増加は1951年以降明瞭になってきていると報告されている．

　現在問題となっている地球温暖化という現象は，通常，科学者の間ではClimate Change「気候変化（または気候変動）」と表現されており，気温だけの変化ではなく，降水量変化，気圧配置や風の場の変化，海流や循環の変化，海面上昇，氷の存在の変化などを含む大きな地球の気候の変化のことを指している．そのような大きな気候変化は，動植物を含む生物の生息域やそれに伴う陸域の生態系の変化，ひいては物質循環の変化を伴っている．

　図1に示す，地球の気温の上昇は，過去800年のうちでも特異的に高いものであり，この気温上昇の原因としての温室効果ガスの増加が社会問題化している．温室効果ガス，中でも二酸化炭素はこれまでの地球の気候を決める際に影響力の強い成分であり，過去200年間にその大気中濃度は約280 ppmから約400 ppm（2013年現在）へと上昇している．その増加量は120 ppm（約40%増）であり非常に大きい．二酸化炭素濃度の上昇は，人間活動による化石燃料の大量消費や森林の伐採による陸域炭素の排出などが，産業革命以降に大きくなってきたことによる．また，同じく温室効果ガスの代表であるメタン濃度は約150%増，一酸化二窒素濃度は約20%増となっている．一方，フロンなどの多くのハロゲン化炭化水素の濃度は低いものの，赤外線の吸収が二酸化炭素や水蒸気など大きな赤外吸収を起こす物質とは異なる波長域で起こることから，その相対的寄与は小さくない．これら温室効果ガスは，地球から宇宙へ放射される熱エネルギーとしての

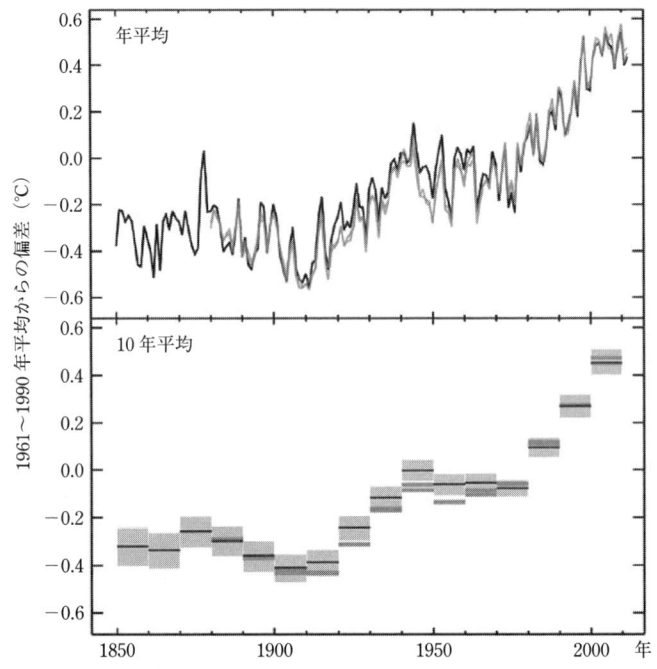
図1　1850～2012年の地球表面（陸，海）気温の偏差（IPCC, AR5 SPM [1]）

赤外放射を吸収し，それを再放射する際に，地球方向へ赤外線を戻すことで地球の下層の温度を上げている．その際のエネルギー収支の変化の大きさが放射強制力であり，代表的な4種類（CO_2, CH_4, N_2O, フロン類）の温室効果ガスだけで 2.83 W/m^2 となる [1]．

　科学者がいま問題となっている温室効果ガスの地球気温への影響を考え始めたのは，1861年にチンダルがガスの赤外吸収現象を研究 [2] して以降である．1896年，アレニウスは赤外放射，吸収の原理をもとに二酸化炭素の濃度変化による地球の気温変化を研究している [3]．しかし，当時は温室効果ガスの効果が氷河期-間氷河期の大きな気温変化の理由の1つではないかと考えていた．その後，人為起源の二酸化炭素の排出量の増加が地球を温暖化させるのではないかとの論文を，カレンダーが1938年に発表しているが [4]，これが社会問題として取り上げられるようになるには相当時間がかかっている．その理由として，1940年代以降1970年に向かって地球の気温はそれほど上がらず，低温傾向が続いていたため，むしろ寒冷化の問題がクローズアップされていたことにもよる．
　エアロゾルなど粒子状物質の多くは太陽光を反射するために冷却効果をもつこ

と（直接効果）と，雲粒の大きさを小さくして太陽光の反射率を上げる効果（間接効果）により地球の温度を下げるはたらきをもつ．1940年以降の数十年間は石炭を使った工業化が始まった時代でもあり，地球でのエアロゾルの発生量が増えていた時期でもあった．また1963～1964年にはバリ島のアグン（Agung）火山の爆発による火山灰の影響での低温化があった．したがって，エアロゾルの効果は火山爆発も含めて1940～1970年の低温化の大きな原因とされている．2005年現在の状態でエアロゾルの寄与を評価すると，エアロゾルは全体の温室効果ガスの半分弱の効果を相殺すると考えられている[1]．しかし，その効果があったとしても残りの人為起源の温室効果ガスによる温室効果は現在の地球の気温の上昇をほぼ説明すると考えられ，ここ100年間の地球温暖化は人為起源による気候変化であると考えられている．

地球大気の温室効果全体を考えれば水蒸気による寄与が大きいが，対流圏ではその濃度が増加しているわけでないので，温暖化の問題としては地表での人為起源の水蒸気の発生は問題ではない．しかし気温上昇が進むと大気中に含まれる水蒸気量が増えると考えられており，温暖化に対して正フィードバックとしての効果があることが気候モデル中では考慮されている．一方，航空機が排出する水蒸気の成層圏下部（または対流圏界面）への供給やメタン濃度増加による成層圏下部での水蒸気濃度増加に関しては問題が指摘されている[1]．

地球温暖化が実際に意識されるようになったのは，1980年以降の急激な気温上昇と，キーリングらの1958年以降の地道なハワイおよび南極での二酸化炭素の観測[5]によるところが大きい．1985年にWMO（世界気象機関）が温室効果ガスと気候変化の関係の議論を進めたのを機に，1988年にUNEP（国連環境計画）とWMOによりIPCCが組織され，多数の科学者たちが参加し，気候変化に対する最新のレビューを行ってきた．このIPCC設立以来これまで5回の評価報告書がつくられている．これによると，世界の研究機関による将来の気候変動を予測するモデル計算では，代表的な4つの温室効果ガス発生シナリオに対して，2100年の地球の気温は1.7～4.8℃上昇する可能性があると報告されている[1]．

◆ 地球の気候変動

長い時間スパンで気候の変化を議論する際には「気候変動（climate variation）」という言葉を使うが，ある方向に気候が変動する場合は，「気候変化（climate change）」という言葉が通常は使われる．現代の地球温暖化は気候変化としてとらえられている．しかし地球の歴史の中では地球の気候というものは，

氷期-間氷期に代表されるように一方的な変化ではなく，暖かくなったり寒くなったり10万年程度で変動をくり返している期間があることもよく知られている．このように，考える期間の長さにより気候変化ととらえるのか，気候変動ととらえるのかは変わってくる．

　地球の気候は，太陽活動を代表とする地球外からの変動要因によって大きく規定されている．太陽は過去から現在に向けて明るさを増していると考えられており，同時に黒点数の変化などに見られる不規則な活動度の変動を伴っている．また一方では，エネルギーを受ける側の地球の地軸の変動や，公転軌道の変化などによって地球が受け取る太陽エネルギーの変動（位置的な変化も含む）によっても気候変化が引き起こされ [6]，氷期-間氷期に代表される周期的な変動が起こっていると考えられている．

　加えて地球自身の変動，例えば温室効果ガスの濃度変化により大気における太陽エネルギーの収支が変化することや，大陸の移動による海の配置の変化や山岳の形成活動，火山によるガスやエアロゾルの放出，海流の変化，氷床の変化や海水準の変化など，太陽光の反射率が変化することも含めて，物理的・化学的な地球の変化が気候に影響してきた．

　地球の大気成分は火山活動による放出や風化作用や海洋への吸収作用によって変化してきているが，地球では20億年程度前から植物が二酸化炭素を吸収し酸素を蓄積していったように，生物的な活動が大気組成や地球表面の姿を大きく変化させることによって気候に多大な影響を与えてきたことが，ほかの惑星と異なる大きな特徴である．

　この温室効果ガスの濃度変化により過去の地球の気候は大きく影響されてきたと考えられている．例えば，二酸化炭素濃度は，初期の地球から現在に向けて変動はあるにせよ％のオーダーから数百 ppm へと減少している．この高濃度二酸化炭素などが初期の太陽の暗さ（現在の明るさの70％程度 [7] からゆっくり増加したとされる）を補償して気温を保っていたと考えられている．もし，大気中二酸化炭素濃度が下がってしまうと，ある濃度以下で地球の凍結というものが起こるとされており，実際そのようなことが約22億年前，約7.5億年前，約6億年前の3回起こったとされる．もし全球凍結が起こってしまうと地球の太陽エネルギーの反射率が大きくなり，地球温度が上がらなくなるため，凍結から抜け出せない状態になる．興味深いのは，これから抜け出したのも二酸化炭素の温室効果であると考えられている．地球の温度は地球が凍結した後，火山活動が微弱ながら二酸化炭素を出し続け，400万年程度かけてその濃度が12％まででとどまった段階で，凍結から抜け出したとされる [8]．この全球凍結の後には生物が爆発

的に進化する先カンブリア時代を迎えることになる．

　もう少し新しい時代の興味ある現象として，暁新世から始新世にかけて比較的暖かかったとされる頃の二酸化炭素など温室効果ガスの変動の例がある．この時代は火山活動の活発化によってすでに二酸化炭素濃度が高かったと考えられているが，この頃（5,500万年前）に起こった急激な温暖化イベントがある．このとき1万年程度の短い期間に海洋の深層水温度が5〜6℃上昇したとされる [9]．この理由については，最近の報告 [10] によると，3,000 GtC 程度の二酸化炭素の供給が何らかの事件によって起こったとされている．この量は，現在の大気中の二酸化炭素量の4〜5倍である．人類による寄与が考えられない時代であるが，観測される炭素同位体比のデータから，非常に軽い同位体比をもった炭素源が大気中に放出されたと考えられている．現在の化石燃料は軽い炭素で構成されているが，これほど大きな化石燃料起源の炭素の発生は考えられない．そのため，考えられる理由として，海洋のメタンハイドレートが不安定化し大量のメタンが放出されたとの説や，軽い炭素源をもつ彗星が地球に落ちて二酸化炭素を放出した，との説などがある．海洋のメタンハイドレートの急激な不安定化はその頃の活発化した火山活動とも関連性が考えられているが，現代においてもその変化の危険性をはらんでいる．

　これらの例からわかるように，火山活動や地球化学的循環により温室効果ガス濃度変動が引き起こされて気候変動が起こってきている．10万年程度でくり返す氷期-間氷期においても温室効果ガス濃度は気温に対応して変化し，正のフィードバック機構として機能していたことがわかっている．このような過去の気候変動に比べて現在の地球温暖化の現象は比較的変化速度が速く，例えば気温上昇は，ここ200年程度で顕在化していると考えられている．したがって，この現象は地球の気候変動の中でもむしろ特異的に早い現象と考えられる．短い期間の気候変化を考える際には，長期間でゆっくり動く要因よりも，相対的に早く動く要因が影響を与えていると考えていい．その原因と考えられる温室効果ガスについては，通常の地球上の循環過程ではありえないくらいの速度で人類が温室効果ガスを変化させているという事実がある．一方，太陽の明るさの変化は周期性があるにせよ，ここ200年では大きな変化はないと考えられる [1]．また，地球の公転面の変化や軸の変化などもここ数百年での変化は小さいと考えられる．したがって，気候モデルの計算のうえでは総じて自然的な外部要因の現代の温暖化への寄与は少ないと考えられている．

　逆の面からこれを理解しようとすると，地球の「平均の気温」というものの自然でのゆらぎは，ここ200年程度の間では小さいであろうということが，モデル

と現実世界の両方の議論の「前提」になっている．気候モデルは地域ごとの気温変化を計算できるにせよ，それは気温変化の「平均的」な時系列を計算している．したがって，気温を変化させる原因側が安定している場合は，結果としての気温は原理的には時間とともに一定になることが「前提」である．しかしだからといって，いまの現実がそうであるという保証はない．なぜなら，モデルは現実のすべての自然現象を取り込んでいるわけではないからである．

しかし一方で，現実世界からその（気温変化がないであろうという）「前提」を肯定したり否定したりすることも実は簡単な作業ではない．なぜなら，人為起源の温室効果の影響のない，例えば過去の数百年の地球の平均気温の変動を精度良く再現しようとすると，限られた地域のデータによる限られた精度で議論せざるをえないからである．気温の再現にあたっては年輪やサンゴ，氷床コアなどのサンプルを用いるにしても，それぞれ地域性のあるサンプルである．地球の気温変化は地球全体に同様に動くわけではなく，エルニーニョ現象のように地域ごとに分割されたようなパターンとしての変動が起こることがよく知られている．ある地域では熱くなるが，ある地域ではそれほどでもないということである．したがって，地域性のあるデータから地球の平均気温変化へ変換することは原理的には容易ではない．

これに関しては，過去1,000年程度の間の変動がどのようであったのかということが徐々に検討されてきており，現在の見解では地球の気温はAC900～1200年頃に地域的には大きな温暖化が起こったと考えられているが，その大きさは平均気温に直すと0.5℃程度であったと報告されている．したがって，いまのところ，この程度の自然変動は過去にも起こっていたということを前提として考えることになる．

この0.5℃という大きさは，将来起こると計算されている温度上昇の大きさ（1.7～4.8℃）よりは相対的には小さく，1990年以降の気温の上昇分はそれをすでに超えていると考えられている．しかし，将来にわたる気候変化予測においてはまだ改善すべき不確実な部分があり，より精度の高いモデルづくりが期待されている．同時に，過去の気候変動に関してもより詳細な研究成果が望まれている．

[向井人史]

参考文献

[1] Working Group I, IPCC (2013), Contribution to the IPCC Fifth Assessment Report, Climate Change 2013：The Physical Science Basis, Summary for Policymakers
[2] Tyndall, J. (1861), On the Absorption and Radiation of Heat by Gases and Vapours and on the

Physical Connection of Radiation, Absorption, and Conduction, Philosophical Magazine ser. 4, 22, pp.169–194, pp.273–285
[3] Arrhenius, S. (1896), On the Influence of Carbonic Acid in the Air upon the Temperature of the Ground, Philosophical Magazine ser. 5, 41, pp.237–276
[4] Callendar, G.S. (1938), The Artificial Production of Carbon Dioxide and Its Influence on Temperature, Quarterly Journal Royal Meteorological Society, 64, pp.223–240
[5] Keeling, C. D., Bacastow, R. B., Bainbridge, A. E., Ekdahl, C. A. Jr., Guenther, P. R., Waterman, L. S. and Chin, J. F. S. (1976), Atmospheric Carbon Dioxide Variations at Mauna Loa Observatory, Hawaii, Tellus, 28, pp.538–551
[6] Milankovitch, M. (1941), Kanon der Erdbestrahlung und Seine Anwendrung auf das Eiszeitenproblem
ミランコビッチ, 気候変動の天文学理論と氷河時代（粕谷憲次, 山本淳之, 大村　誠, 福山　薫, 安成哲三訳）(1992), p.518, 古今書院
[7] Kim, Y. C., Demarque, P. and Yi, S. K. (2002), ApJS, 143, 499
[8] Hoffman, P. F., Kaufman A. J., Halverson, G. P. and Schrag, D. P. (1998), A Neoproterozoic Snowball Earth, *Science*, 281, pp.1324–1346
[9] Kennet, J. P. and D. Scott (1991), Abrupt deep-sea warming, palaeoceanographic changes and benthic extinctions at the end of the Paleaocene, *Nature*, 353, pp.225–229
[10] Wright, J. D. and Schller, M. F. (2013), Evidence for a rapid release of carbon at the Paleocene-Eocene thermal maximum, PNAS, 110, pp.15905–15913

1.2　温室効果ガス

　温室効果ガスを広義にとらえると，大気の成分の中で地表からの赤外線を吸収・放射することにより地表の温度を増加させるはたらきをするガスのことになる．しかし，一般に大気といっても星によってその成分や量に大きな差がある．本書の主なテーマからして，ここでは特に地球温暖化問題の視点から温室効果ガスを見ていくこととする．

　地球の大気成分の中で赤外線を吸収するガスは多数ある．例えば，水蒸気や二酸化炭素，メタン，窒素酸化物類，フロン類，各種有機物，オゾン，一酸化炭素，硫化カルボニルなどがある．一般に希ガスや同じ元素2個でできている分子は赤外線を吸収しないが，それ以外のガス分子は赤外線を吸収する性質をもっている．しかし，地球を暖めている寄与量が小さくて問題にならないような，例えば一酸化炭素や多種類存在する自然起源のメタン以外の有機分子などが温室効果ガスとして問題視されるかというと，いまのところそうではない．逆に温暖化に寄与しているからといっても，自然の状態でいまも昔も変わらず存在し地球を暖め続けているガスが重要かというと温暖化問題の性質上そうではないことがわかる（地球に本来備わっている温室効果の仕組みに関しては1.3節に詳しく述べら

れている）．したがって，将来重要と考えられるのは二酸化炭素やメタン，亜酸化窒素，フロン類のように人間活動によりその存在量が変化しており，それによる温暖化の寄与量が変化（多くは増加）している，または将来変化しそうな物質ということになる．

　水蒸気は大きな温室効果をもつ物質であるが，人間活動によって直接的に地表付近の濃度が変化しているとは考えられていない．地表付近の水蒸気は地表に海洋，河川，湖など液体の水が存在していることから考えて，つねに飽和水蒸気量（相対湿度100％）になるように周囲から蒸発が起こっていることになる．これに対して人間活動が出す水分量は限定的であり，グローバルに存在量が変化しているとは考えられない．しかし，以下2つの理由で水蒸気と温暖化のかかわりが議論されている．1つ目は何らかの理由で平均的地表面温度が上昇すると，蒸発量もそれにあわせてグローバルに増加するために，大気中（特に対流圏）の水蒸気量が増えると考えられることである．温暖化により水蒸気量が増えることで，さらに温暖化が進むというフィードバックとしての効果が考えられている．2つ目は水蒸気の存在量が少ない上層（成層圏）での水蒸気量の変化である．成層圏という10 km以上の高さは気温が低く下層からの水蒸気は雲や雨となって取り除かれており，水蒸気含有率が低い．この成層圏に水を供給している過程として重要なものにメタンの分解があるが，人間活動によって大気中メタンの濃度が上昇すると成層圏での水の生成も増加する．これは，温暖化を進めるように働く．もう1つは成層圏の下部を飛んでいる航空機の燃料の燃焼による水の供給であり，多くは飛行機雲として知られ，温暖化を進めるとされている．しかし，これらの成層圏での水の増加については詳しい観測結果がでていない[1]．

　現代の温暖化問題にまつわる温室効果ガスとして最もその寄与率がよくわかっているのは二酸化炭素，メタン，一酸化二窒素，フロン類などのハロゲン化炭化水素（多種類存在する）のように，一度大気に放出されると比較的長く大気にとどまっている長寿命（数年から数百年）でかつ赤外線を吸収するガスである．そのためこれらは，長寿命温室効果ガス（Long Life Greenhouse Gases：LLGHGs）とよばれている．これらは，長寿命であるがゆえに大気中濃度分布が比較的少なく，よく混合したガスといわれることも多い．大気中に比較的均一な濃度をとるため，濃度増加率やその赤外吸収による放射への寄与なども正確に計算が可能である．一方，オゾンのように光化学反応によって大気中でつくられるガスはその寿命も短く，つくられるものと消えるもののバランスによって大気中にその濃度が現れている．その場合，濃度の空間的分布や時間的変動なども大きいため，過去の濃度の状況や，現在のグローバルな濃度変動も詳細にはわかっていないこと

などから，温暖化の寄与量を評価するには不確定な部分が多い．またオゾンでも対流圏にあるオゾンと成層圏にあるオゾンではその状況が異なる．対流圏の大気のオゾンは，化石燃料の燃焼により発生する窒素酸化物などの汚染が増加することにより，光化学反応をもとにその濃度増加が地域的に起こっているといわれており，温室効果を増加させていると考えられている．成層圏オゾンは，塩素を含むフロン類による成層圏のオゾン破壊の現象がまだ引き続いていることから，むしろ濃度減少が起こっており，寒冷化の方向に寄与すると考えられている．

◆ 温室効果ガスの赤外吸収領域の関係 [2] [3]

現在の地球の平均温度は15℃近辺と考えられており，それに従い宇宙に出ていく赤外線の波数のピークは700 cm^{-1}（波長でいうと15 μm）を中心に100〜1,500 cm^{-1}（波長では5〜100 μm）あたりに分布している（波数（cm^{-1}）＝1/波長（cm））．図1では地上70 kmの宇宙から見たときの各波数の赤外線の放射のようすがモデル的に示されている [2]．図のように，この領域の赤外線を吸収する大気成分は，水蒸気のほか，二酸化炭素，オゾン，フロン類，亜酸化窒素，メ

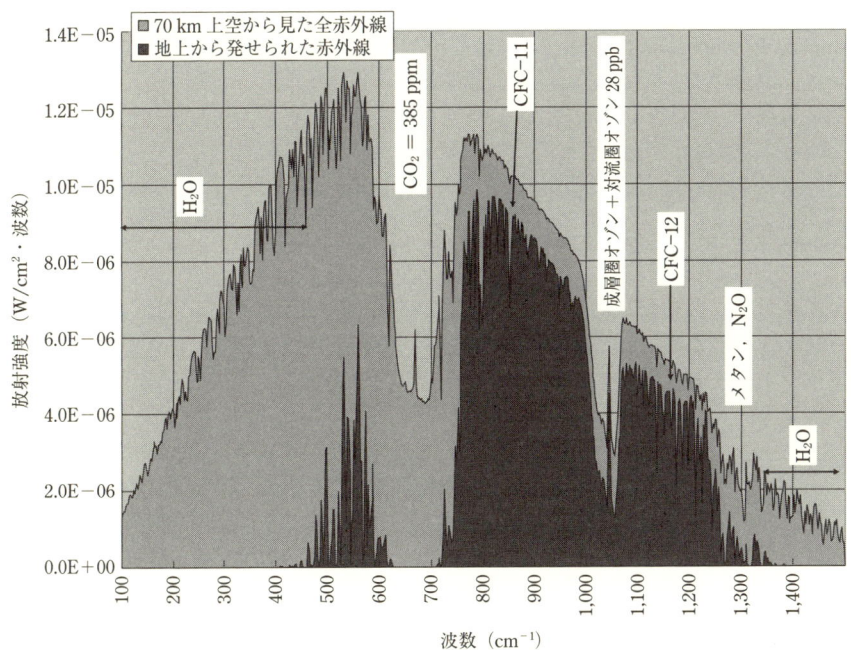

図1　高度70 kmから見た地球の赤外線放射のモデル計算（北半球中緯度，雲なし，CO$_2$濃度385 ppm，地表面温度15℃での計算（[2]））

タンなどがある．水蒸気は $100〜400\ cm^{-1}$ と $1,350〜2,000\ cm^{-1}$ に強い吸収領域をもっている．水蒸気は 5 km 程度以下の対流圏での濃度が高く上層では低い．宇宙から見ると地上から放出された 15℃ に対応する赤外放射はこの領域では水蒸気にほぼ吸収されているが，大気中水蒸気はその温度に対応しその領域の赤外線を宇宙や地上へ向けて放射する．この領域の赤外線は $-20℃$ の温度の放射に対応し，水蒸気が存在する下層の大気温度に対応して赤外線を宇宙に放出している．CO_2 は $600〜800\ cm^{-1}$ の波数の位置に大きな吸収をもっているが，上層の大気まで 385 ppm 程度存在するのが特徴である．そのため，宇宙から見ると，その放射温度は $-60℃$ であり，より高層の高さの大気温度になっている．CO_2 の赤外吸収は大きいため，濃度増加に対して直線的に吸収量が増加するという領域ではない．1,110, $1,043\ cm^{-1}$ あたりのオゾンの吸収は成層圏における大きな吸収に，対流圏オゾンの小さな吸収が重なっている．$714〜1,250\ cm^{-1}$ の赤外領域は比較的透明でそのまま宇宙へ抜けていることが知られており，赤外の窓領域といわれている．フロン類は CO_2 の 0.5% 以下の濃度でありながらこの赤外の窓領域にその吸収が起こることで，相対的に強くその効果が現れる．なかでも，使用が規制されてはいるものの，まだその濃度の高い CFC-11 や CFC-12 の寄与は大きい．しかし，新たな代替フロン（HCFC, HFC 類）もその大気濃度の増加速度から考えると，未来の温室効果ガスとして注目される．N_2O やメタンは 1,300 cm^{-1} 付近に吸収をもっており，互いに吸収領域が重なっている．CO の吸収は $2,100〜2,200\ cm^{-1}$ にあり，この図の範囲にはなく，濃度が相対的に小さいこととも考えあわせてもその寄与は小さい．

◆ 現時点での温室効果ガスの寄与の大きさの評価

温室効果ガスの地球の温暖化への寄与の大きさを評価する際には，それぞれのガスの赤外線の吸収線などの重なり状態を考慮した濃度増加による影響を考えることになる．IPCC では 1750 年のそれぞれの大気濃度や温度状態を基準にして，2005 年現在の各成分の大気濃度増加により，対流圏と成層圏の間の面（対流圏界面）で変化する（下方向-上方向）の放射量の差を放射強制力として評価している [1]．通常は，対流圏での温度を過去と同じとした場合の放射の変化として計算される．上向きの放射が減少する場合，その放射量の減少を補うように温度が上昇することになる．この評価から，CO_2 の寄与は $1.66\ W/m^2$ であり，長寿命の温室効果ガス（LLGHGS）の中での寄与率は 63% 程度であることがわかる．メタンは $0.48\ W/m^2$ で 18%，亜酸化窒素は $0.16\ W/m^2$ で 6%，ハロゲン化炭化水素（フロン類）は $0.32\ W/m^2$ で 12% の寄与率になる．対流圏オゾンは，大き

1.2 温室効果ガス

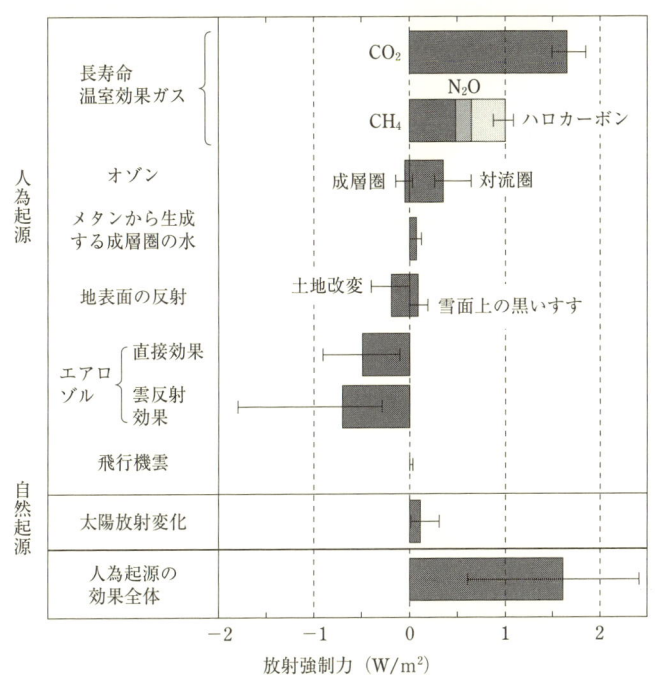

図2　1750年から2005年までに変化した温室効果ガスやその他の要因によって放射量に与えると考えられる寄与量（放射強制力）．(IPCC第4次報告書から改編)

い不確実性をもちながら0.35 W/m^{2}と大きい寄与が見積もられている．成層圏のオゾン層破壊に関しては，現在のところその寄与は少ないと考えられる．

また一方で，地球の温暖化にかかわるものはガスばかりではなく，粒子状の物質もその重要性が認識されている．大気中に浮かんでいる粒子は，森林火災の煙や黄砂，すす状の黒い炭素粒子などのほか，石炭や重油燃焼から出る硫黄酸化物が大気中で変換されてできる硫酸粒子などが存在する．これらの粒子状物質（エアロゾルともよばれる）は太陽放射や赤外線を反射したり吸収したりする．ここでの最終的評価は反射効果が強く-0.5 W/m^{2}であり冷却効果として非常に大きな値が見積もられている．また，このエアロゾルによる雲の性質の変化による反射率の増加も見積もられ，-0.7 W/m^{2}とされている．したがって，最終的には温室効果ガスの約半分の冷却効果がエアロゾルによってもたらされていることにより，全体の温暖化の寄与は半減していると評価されていることになる．このほか，太陽活動や地球の反射率の変化なども含めて評価が行われているが，まだ不確定性が大きい分野もあり，今後温暖化を評価する際には，各種の影響を含めた

詳細な研究が必要である．　　　　　　　　　　　　　　　　　　[向井人史]

参考文献
[1] IPCC (2007), Climate Change (2007), The Physical Science Basis, UNEP
[2] David Archer, Global Warming –understanding the forecast–, p.186, Blackwell Pub
（計算は，http://geoflop.uchicago.edu/forecast/docs/models.html）
[3] K.N. Liou, An Introduction to Atmospheric Radiation, International Geophysics Series, vol. 84, pp.1-168, Academic Press

1.3　温室効果と地球温暖化

　温度計などの測器による過去150年程度の観測事実によれば，年平均した地上気温は数年〜数十年程度で変動しつつ長期的には温暖化傾向を示しており，1880〜2012年において0.85℃上昇している．また，年輪やサンゴなど気温の代替データによる解析から，20世紀後半における北半球の平均地上気温は，少なくとも過去1,300年間で最も高温であったことも明らかになってきた．
　ここでは，気候システムやその変動をもたらす要因について概観し，近年の地球温暖化と人為起源の温室効果ガスとの関係について説明する．

◆ 気候システム

　気候システムとは，大気や海洋，陸域，雪氷，植生などの構成要素（サブシステム）と，これらサブシステム間の相互作用とを総合した，高度に複雑なシステムである（図1参照）．
　気候システムの駆動源は太陽から降り注ぐ放射エネルギーである．地球が受け取った正味の太陽エネルギーは，地球から宇宙空間へと射出される放射エネルギーとバランスしており，宇宙空間から見た地球の平均気温は，ほぼ一定値（−19℃）に保たれている．地球に大気が存在していなければ，人類の生活圏である地表面付近での気温も−19℃であるが，大気の温室効果により，地表面付近の平均気温はおよそ14℃に保たれている．この温室効果をもたらす主な大気成分は，水蒸気と二酸化炭素（CO_2）である．
　地球は文字どおり球形をしているため，地球が受け取る正味の太陽エネルギーは赤道などの低緯度地域で多く，北極・南極などの高緯度地域で少ない．一方，地球が射出する放射エネルギーにはあまり大きな緯度依存性がないため，低緯度地域では正味加熱，高緯度地域では正味冷却となる．この緯度方向の熱的なアンバランスは，大気や海洋の循環により解消されている．このような大気・海洋の

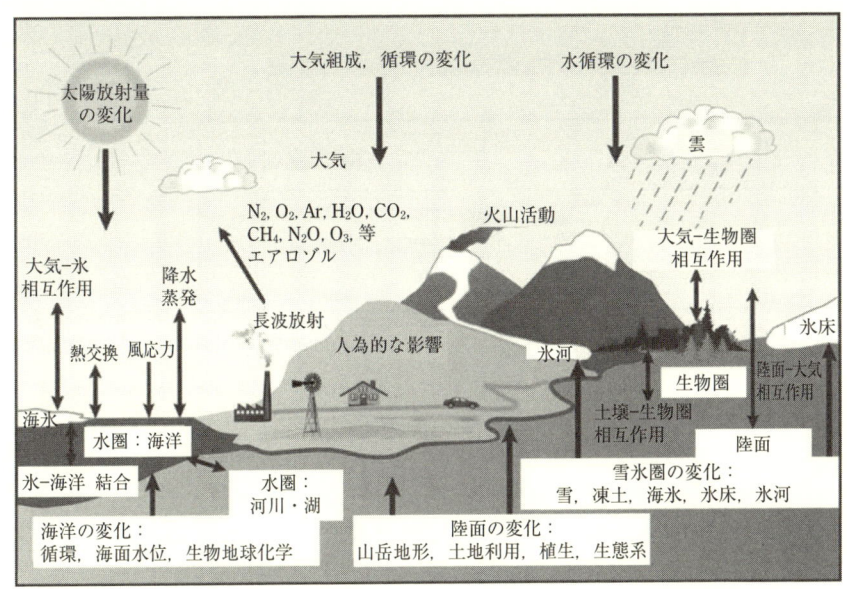

図1　気候システムの構成要素やそれらの間の相互作用の概念図（[1] より引用）

循環や海陸分布などにより，地球の気温や雲，降水量などのおおまかな分布が決まっている．

◆ 外的な気候変動要因と放射強制力

　気候システムは数ヵ月～数十万年まで非常に幅広い時間スケールで変動している．先にも述べたように，気候システムはいくつかのサブシステムと，それらの間のさまざまな相互作用を含んでいるため，それ自身の内部のメカニズムにより変動する．このような気候システムの変動のことを内部変動もしくは気候のゆらぎとよぶ．具体的には，エルニーニョなどが，この内部変動（気候のゆらぎ）に相当する．一方で，気候システムは，その外部からの影響力によっても変化する．例えば，気候システムの駆動源である太陽からの放射エネルギーが増加すれば地球の平均気温は上昇するし，火山が噴火して大気中に浮遊する微粒子（エアロゾル）が増加すれば，太陽から降り注ぐ日射がさえぎられて気温は低下する．

　このように，気候システムを変化させる可能性のある要因のことを気候変動要因といい，大きく分けて2種類に分類される．1つ目は自然起源の気候変動要因であり，太陽変動や火山噴火などがこれに相当する．2つ目は人為起源の気候変動要因であり，温室効果ガスやオゾン，対流圏エアロゾル，土地利用変化などが

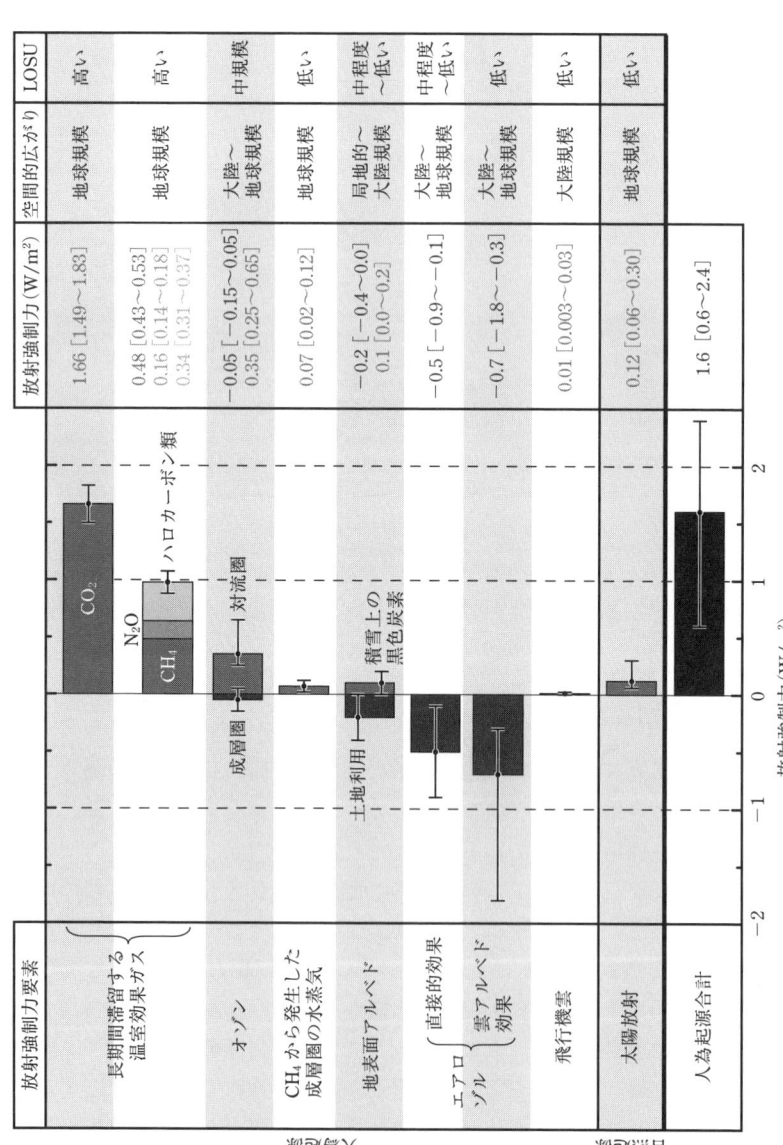

図2 さまざまな放射強制力要素に対する,産業革命前(1750年)から2005年までの世界平均した放射強制力の推定値と推定幅.単位はW/m². 放射強制力の典型的な地理的範囲(空間的広がり)と科学的理解(LOSU)の水準を付記している.([2] より引用)

挙げられる．

　これら，さまざまな気候変動要因が気候システムに及ぼす影響は，放射強制力という指標で定量化されている．放射強制力とは，外的な気候変動要因の変化による対流圏界面における放射強度の変化のことをいい，正の場合には地表面を加熱し，負の場合には地表面を冷却するはたらきをもつ．

　図2は，産業革命以降の主要な気候変動要因の変化に対する放射強制力を示す．産業革命以降の急激な温室効果ガスの増加は正味の温室効果を増加させている．中でも，CO_2の放射強制力が最も大きく，メタン（CH_4），亜酸化窒素（N_2O），ハロカーボン類はそれぞれCO_2の1/3, 1/10, 1/5程度である．フロンガスの急増に伴う成層圏オゾンの減少は，地表面を冷却するはたらきをもつ．ただし，その放射強制力の大きさはCO_2などによる温室効果に比べれば無視できるほど小さい．大気汚染などに起因する対流圏オゾンの増加は正味の温室効果をもつが，その放射強制力の大きさはCO_2に比べれば小さく，CH_4やハロカーボン類と同程度である．人為起源エアロゾルは，その種類や地理分布によりどちらの効果ももつが，直接的に放射強度を変化させる直接効果は，すべてのエアロゾルについて世界平均した場合，地表面を冷却するはたらきをもつ．同様に，人為起源エアロゾルが雲の凝結核となって間接的に放射強度を変化させる雲アルベド効果も，地表面を冷却するはたらきをもつ．ただし，エアロゾルの気候影響は非常に複雑で科学的な理解の水準も必ずしも高くはなく，不確実性の幅が大きい．森林破壊に伴う土地利用変化も，植生や土壌の特性に応じて地表面を加熱する効果も冷却する効果もあわせもつが，世界平均では地表面をわずかに冷却する方向にはたらく．

　以上のさまざまな人為起源の気候変動要因による放射強制力は，産業革命以降，地球全体としては地表面を加熱する方向にはたらいている．なお，自然起源の気候変動要因である太陽活動は産業革命以降に活発化したが，太陽からの放射エネルギーの増加は1％にも満たず，それに伴う放射強制力もほかの気候変動要因と比べれば小さい．火山噴火に伴い成層圏にまで到達したエアロゾルは太陽放射をさえぎることで地表面を冷却するはたらきをもつが，その効果は一時的である．

◆ 近年の地球温暖化は人為起源の温室効果ガス増加が原因

　気候システムには，内部変動（気候のゆらぎ）と外的な要因により強制された変動が存在しうることを説明してきた．では，実際に20世紀に観測された温暖化は何によってもたらされたのであろうか．

図3は観測および気候モデルによる20世紀の全球年平均気温の経年変化を示す．人為起源と自然起源の両方の気候変動要因を考慮した場合（図(a)），多数の気候モデルによる20世紀の気候再現実験結果は観測と整合的であるが，自然起源の気候変動要因のみを考慮した場合（図(b)）には，どの気候モデルによる結

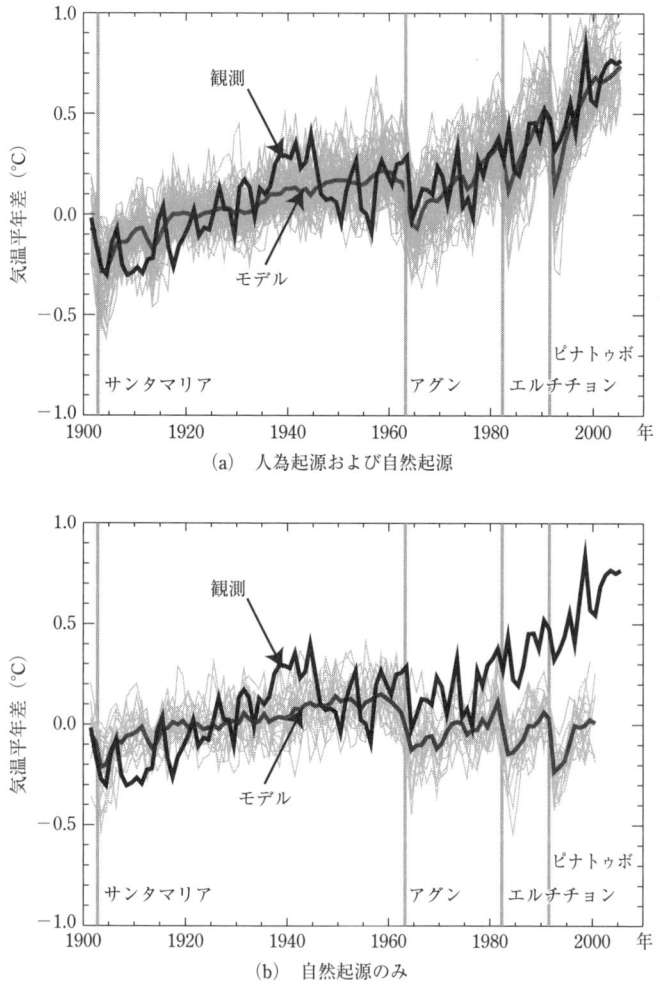

図3　世界平均地上気温（1901〜1950年の平均からの偏差）の経年変化．黒線は観測を，灰色の縦線は大きな火山現象の時期を示す．(a)　人為起源および自然起源の両方の気候変動要因を考慮した数値実験．灰色太線は複数モデルのアンサンブル平均を，灰色細線は個々の実験結果を示す．(b)　自然起源の気候変動要因のみを考慮した数値実験．太灰色線は複数モデルのアンサンブル平均を，細い灰色線は個々の実験結果を示す．（[3]より引用）

果も観測と整合的でない．すなわち，少なくとも20世紀後半以降の急激な温暖化は，人為起源の気候変動要因を考慮しなければ説明ができない．気候変化シグナルの検出と原因特定に関する最新の研究によれば，少なからぬ不確実性は残されているものの，20世紀後半の急激な温暖化は，人間活動に伴うCO_2などの温室効果ガスの増加が原因である可能性が非常に高い． ［野沢　徹］

参考文献
[1]　気象庁訳（2007a），IPCC第4次評価報告書第1作業部会報告書概要及びよくある質問と回答
[2]　気象庁訳（2007b），IPCC第4次評価報告書第1作業部会報告書政策決定者向け要約
[3]　気象庁訳（2007c），IPCC第4次評価報告書第1作業部会報告書技術要約

1.4　古気候と気候変動要因（顕生代：5億4,200万年前以降）

　45億5,000万年前に地球が誕生して以来，灼熱のマグマオーシャン[*1]から寒冷の全球凍結[*2]まで，地球気候は地球の進化とともに激変してきた（図1）．地球史の大部分を占める先カンブリア代（45億5,000万～5億4,200万年前）の地球は，炭素，硫黄，酸素，鉄が活発に絡み合った現在とは異なった地球化学物質循環，大気組成，大陸配置を有していた．惑星の気温は50～70℃［1］，海水温は約40℃［2］に達し，現在とは比較し難い気候システムであった．したがって本項では，物質循環，大気組成，大陸配置が現在により近くなった顕生代（古生代以降）に焦点を当て，気候変化やその要因を概説する．

◆ 顕生代の気候変動要因

　顕生代は先カンブリア代に比べて多くの気候復元の結果が得られている．その理由は，顕生代初期に突如として多数の多様な生物化石が産出するためであり，その事象は「カンブリア爆発」とよばれる．海洋堆積物や陸上地層から産出した植物プランクトン由来の有機化合物や古い土壌および苔に記録された炭素同位体比[*3]などの代替指標を用いて，過去4億5,000万年にわたる大気中の二酸化炭素（CO_2）分圧を復元した（図2）［3］．その結果，CO_2は280～6,000 ppmの大きな

[*1]　原始惑星物質が集積して惑星が形成された際，その表面がほとんど溶解し「海」のような状態になっていたようす．
[*2]　赤道を含む地球全体が氷に覆われた状態．
[*3]　同じ原子番号をもつ元素の原子の質量数（原子核の中性子）が異なる核種を同位体とよび，天然における元素の同位体の存在比を同位体比とよぶ．一般的に標準となる物質中の元素の同位体比に対する差を千分率で表記した数値（例：炭素13の場合$δ^{13}C$）を議論に用いる．

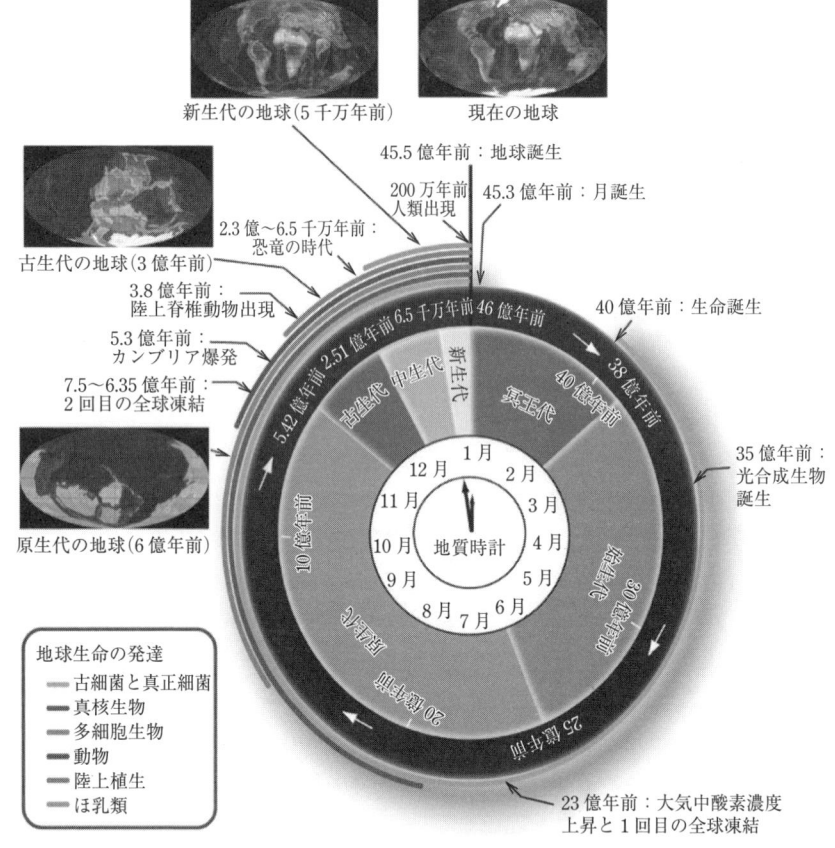

図1 地球の誕生から現在までの45億5,000万年間を12ヵ月で表した地質時計
[大陸分布図の出典] http://jan.ucc.nau.edu/~rcb7/

幅で変動し,大陸風化,火山活動,有機物堆積のバランスによって支配される1,000万～1億年スケールの炭素循環がダイナミックに変化していたことがわかった.この高い大気中 CO_2 分圧のために,太陽活動を加味した CO_2 の放射強制力[*4]は,現在よりも約 $10\,\mathrm{W/m^2}$ 高くなり,恐竜が闊歩していた白亜紀(1億4,500万～6,500万年前)には,海洋深層水の温度が現在よりも10℃以上高かったと考えられている.このように気温と CO_2 分圧には強い正の相関が存在し[3],1億年スケールの長期的な気候変動に CO_2 分圧の変化が重要な鍵を握って

[*4] 地球に出入りするエネルギーのバランスが外的駆動要因によって変化したときの圏界面(成層圏と対流圏の境界)における単位面積あたりのエネルギー収支の変化.正の放射強制力は温暖化で,負の放射強制力は寒冷化になる.

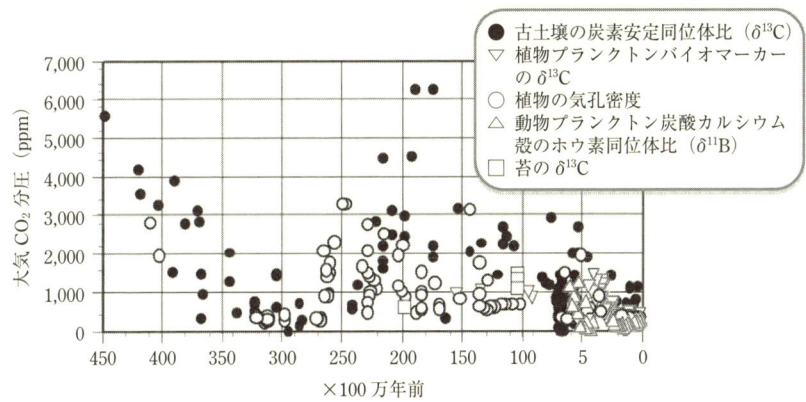

図2　過去4億5,000万年間の代替指標に記録された大気のCO$_2$分圧
[出典]　Royer, 2006 を改訂

いたことがわかる．しかし，熱帯海洋から産出した炭酸カルシウム化石の記録によると，高いCO$_2$の放射強制力は必ずしも高い温度に結びついているわけではなく，2〜3℃低い表層水温を示した時代もあった（4億8,000万〜4億2,000万年前，2億2,000万〜1億2,000万年前）[4]．なぜ低緯度域がこのような応答をしたのかその原因はよくわかっていないが，テクトニクスの境界条件などCO$_2$以外の影響が大きかったためかもしれない．

一方，氷床が発達した時代もあった．3億5,000万〜2億7,000万年前は，過去5億年の中で最も広範囲に氷床が発達した時代であり，当時の緯度にして極域から30度付近まで氷床に覆われた．この時代，CO$_2$分圧は著しく低く（図2），CO$_2$の放射強制力は，現在に比較して約7 W/m^{2}低下していた[5]．最後の氷河期が始まった始新世・漸新世の遷移期3,400〜3,350万年前は，南極に氷床が形成され始めた時代である．モデル計算によると，氷床の形成が始まる大気中のCO$_2$分圧の閾値は約750 ppmとされていたが，そこまで低下したCO$_2$分圧の地質学的証拠は見つかっておらず，なぜこの時代に南極氷床が発達したのか長らく謎であった．ところが最近，タンザニアの地層から産出した動物プランクトンの炭酸カルシウム殻のホウ素同位体比[*5]を測定した結果，南極氷床が拡大する直前に大気中CO$_2$分圧が約750 ppmより低下していたことがわかり，現在まで続く南極寒冷圏は3,400〜3,350万年前のCO$_2$分圧の一瞬の低下によって形成されたこと

[*5]　同じ原子番号をもつ元素の原子の質量数（原子核の中性子）が異なる核種を同位体とよび，天然における元素の同位体の存在比を同位体比とよぶ．一般的に標準となる物質中の元素の同位体比に対する差を千分率で表記した数値（例：炭素13の場合$δ^{13}C$）を議論に用いる．

が実証された．さらに，その直後に大気中 CO_2 分圧は上昇し，南極氷床の拡大がピークに達したときでも最大で 1,500 ppm，平均で約 760 ppm と閾値を超えていたことがわかった [6]．このことは，南極で大陸氷床が一度形成されると，白色の氷面が太陽光を反射するなどの履歴効果がはたらくため，CO_2 が上昇し，温暖化で氷縁が溶解しても，溶解中は放射強制力に対する応答が直線的ではないことを意味する．

◆ 顕生代の気候感度[*6]

CO_2 の変化に対して気温はどれくらいの変化として応答するのだろうか．気温変化の応答の仕方は，気候のフィードバック（大気中水蒸気量，雲量，海洋の熱吸収量など）の影響を受けることがわかっているが，すべての気候フィードバックの影響を定量的に評価することができていないため，CO_2 に対する気候システムの感度を求めることは重要な課題である．炭素循環の変化に対する惑星の気候感度（$\delta T/\delta CO_2$）は，地球の大気中の CO_2 分圧を 2 倍にしたとき（気候のフィードバックをすべて含める）に地球全体の平均気温が何度変化するか（ΔT）で表すのが一般的である．気候感度の値が大きいほど気温の変化量が大きくなる．大気-海洋結合モデルを用いて，現在の気候条件下で大気中 CO_2 分圧を 2 倍にしたとき平衡に達する ΔT の結果は，$+1.5°C$ から $+4.5°C$ の範囲とされる．この ΔT の温度範囲を求めるにあたっては，古気候データが重要な役割を果たす．例えば $+1.5°C$ という値は，過去 4 億 3,000 万年にわたって決してこの値を下回ることはなかったことが，図 2 で示した古気候データとモデル計算から確認されている [7]．

◆ 顕生代の大気 CO_2 分圧の変化要因

この時代，大気中の CO_2 分圧を変化させた要因は何だったのだろうか．億年スケールの炭素循環に影響を及ぼす生物地球化学過程には，以下の 3 つの化学式で表される諸過程が含まれる．

$$CO_2 + (Ca,Mg)SiO_3 \leftrightarrow (Ca,Mg)CO_3 + SiO_2 \qquad (1)$$
$$CO_2 + H_2O \leftrightarrow CH_2O + O_2 \qquad (2)$$
$$CO_2 + CaCO_3 + H_2O \leftrightarrow 2HCO + Ca^{2+} \qquad (3)$$

式（1）の右向きの矢印の反応には，陸上のケイ酸塩岩石の風化，海洋底における生物起源の炭酸塩やケイ酸塩の堆積を含み，左向きの矢印の反応には火山活

[*6] 気候の状態が外部条件に対してどれだけ敏感かということ．

動による CO_2 の噴出，地殻の変成作用を含む．式（2）の右向きの矢印の反応には，光合成，有機物の堆積作用による周囲への正味の酸素放出，左向きの反応には，生物の呼吸，有機物の分解が含まれる．式（3）には陸上の炭酸塩岩の風化とそれに伴う海洋のアルカリ度変化が含まれる．ただし，式（3）は，1,000 年から 10 万年スケールの大気中 CO_2 分圧変化には重要な要因であるが，1 億年スケールで見ると影響は小さい．1 億年スケールの大気中 CO_2 分圧を支配する最も重要な過程は，化学風化である．大気中 CO_2 は水に溶解して炭酸を形成し，炭酸は炭酸塩やケイ酸塩の溶解を促進する．大気中の CO_2 の増加は，化学風化を促進し，式（1）の反応を右に進める．その結果，大気中の CO_2 分圧は低下する．気温が高くなると地球上の水循環（蒸発-降雨）が活発になり，化学風化が加速され，大気中 CO_2 分圧は低下する．このように CO_2-化学風化-気候変化の密接な関係は，億年スケールのゆっくりとした CO_2 分圧と気候の変化を支配するフィードバック機構の基礎といえる．

ところが，図 2 でも明らかなように，顕生代の CO_2 分圧はダイナミックに変動し，安定したフィードバック機構を壊すような事件がたびたび起きていた．大気 CO_2 分圧を低下させた代表例は，1,000 万〜800 万年前に起きたチベット-ヒマラヤの隆起である．ヒマラヤ山脈の隆起は，偏西風の蛇行と夏のモンスーン循環を生み出し，結果として陸地の風化と大気 CO_2 分圧低下を加速し，新生代の寒冷化を引き起こした．さらにゆっくりとしたプレートテクトニクスが原因の事象には大陸移動がある．1 億 8,000 万年前，超大陸パンゲアの分裂がきっかけとなって，大気 CO_2 分圧が 3,000 ppm から 400 ppm まで低下し，約 10℃ もの寒冷化が生じた [8]．一方で，5,500 万年前の暁新世・始新世温暖極大期に代表されるように，大気 CO_2 分圧を上昇させる事件も起きた．2 億 4,500 万年前のペルム紀-三畳紀境界の温暖化やジュラ紀の海洋無酸素事変は，海底下のメタンハイドレートの崩壊やマグマの噴出，大量の泥炭有機化合物の燃焼によって CO_2 分圧が上昇したために引き起こされたと考えられている． [原田尚美]

参考文献

[1] Kasting, J.F., S. Ono (2006), Paleoclimates : the first two billion years, *Philos. Trans. R. Soc. London*, ser. B 361, pp.917-929

[2] Hren, M.T., M.M. Tice, C.P. Chamberlain (2009), Oxygen and hydrogen isotope evidence for a temperate climate 3.42 billion years ago, *Nature*, 462, doi : 10.1038/nature08518

[3] Royer, D.L. (2006), CO_2-forced climate thresholds during the Phanerozoic, *Geochimica et Cosmochimica Acta*, 70, pp.5665-5675, doi : 10.1016/j.gca.2005.11.031

[4] Veizer, J., Y. Godderis, L.M. François (2000), Evidence for decoupling of atmospheric CO_2 and global

climate during the Phanerozoic eon, *Nature*, 408, pp.698-701, doi：10.1038/35047044
[5] Crowley, T.J., R.A. Berner（2001）, CO_2 and climate change, *Science*, 292, pp.870-872, doi：10.1126/science.1061664
[6] Pearson, P.N., G.L. Foster, B.S. Wade（2009）, Atmospheric carbon dioxide through the Eocene-Oligocene climate transition. *Nature*, 461, doi：10.1038/nature08447
[7] Royer D. L., R. A. Berner, J. Park（2007）, Climate sensitivity constrained by CO_2 concentrations over the past 420 million years, *Nature*, 446, doi：10.1038/nature05699.
[8] Donnadieu, Y., Y. Godderis, R. Pierrehumbert, G. Dromart, F. Fluteau, R. Jacob（2006）, A GEOCLIM simulation of climatic and biogeochemical consequences of Pangea breakup, *Geochem. Geophys. Geosystems*, 7, Q11019, doi：10.1029/2006GC001278

1.5　古気候と気候変動要因　（新世代と氷期・間氷期サイクル）

　新生代とは，顕生代（約5億4,200万年前以降）のうち，現代に最も近い約6,500万年間をいう．新生代の前期にあたる暁新世・始新世（約6,500万～3,400万年前）の気候は温暖であったが，始新世から次の漸新世（約3,400万～2,300万年前）へ遷移する時期に急速な寒冷化が起こり，南極大陸にはじめて氷床が形成された．その後，中新世（約2,300万～500万年前）に一時的に温暖な時期が見られたものの寒冷化はさらに進行し，鮮新世（約500万～260万年前）の終り頃に北半球のグリーンランドや北米大陸にも氷床が出現した．

　鮮新世以降の最近の500万年間は，それ以前の時代に比べて，古気候（過去の気候）を復元するうえで重要な指標（古気候指標）や，気候変動を起こす原因の1つである温室効果ガス，特に大気中二酸化炭素（CO_2）濃度に関するデータが豊富に得られている．また，約700万年前に現れたとされる人類が二足歩行を始め，その一部が森林から草原に移動して適応したと推測される時期とも重なる[1]ことから，人類の歴史と地球環境変動の関係を明らかにするうえでも興味深い時代である．

◆ 南極氷床形成以降の気候と氷床と大気中 CO_2 濃度の関係

　過去の地球における気温や水温，氷床量，海水準（陸地に対する海面の相対的な高さ），大気中 CO_2 濃度などを推定するにはさまざまな方法が用いられる．例えば，気温（表面水温）の変動を良く反映する古気候指標として，海底堆積物中に残された浮遊性有孔虫の殻（炭酸カルシウム）の酸素同位体比（$\delta^{18}O$）などがある．また，氷床量すなわち海水準の推定には，海底堆積物中の底生有孔虫の同位体比や，生育深度のわかっているサンゴの化石を利用する方法などがある．一方，大気中 CO_2 濃度は，最近の約80万年間については，氷床に閉じ込められた

過去の空気の分析から精度良く推定できる.より古い年代については,推定精度は劣るものの,植物化石の葉にある気孔の密度や,海底堆積物から推定される過去の海洋酸性度を大気中 CO_2 濃度に換算する方法がある.

これまでの研究で,南極大陸に大規模な氷床が形成された約 3,400 万年前以降,南極氷床は現在まで消えることなく存在し,その間,大気中 CO_2 濃度は 1,000 ppm を上回ることはなかったと推定されている.最近の 400 万年間を見ると(図1),約 400 万〜300 万年前の大気中 CO_2 濃度は 250〜450 ppm で,この時期の気

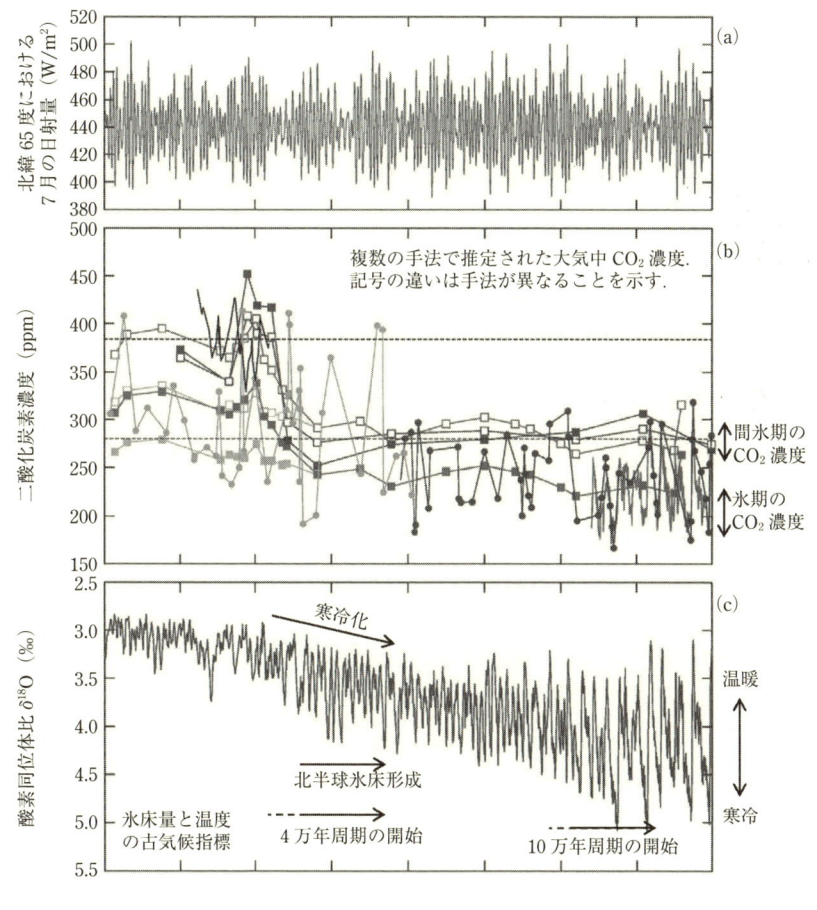

図1 過去 400 万年間の気候変化.(a)地球軌道要素により計算された北緯 65 度における 7 月の日射量,(b)さまざまな方法で推定された大気中 CO_2 濃度 [2],(c)氷床量と深海の温度を反映する古気候指標(底生有孔虫の酸素同位体比)[3].

候は現在に比べてやや温暖であったが，その後ゆっくりと寒冷化して約270万年前には北半球における氷床の形成が始まり，大気中CO_2濃度も低下し，約200万年前までに上限値が現代の産業革命前のレベル（280 ppm）に近づいた．

古気候に関するデータが蓄積され精査されることにより，気温と氷床量は互いに深く関連し合い，約4～10万年の周期でくり返す特徴的な変動をもつことがわかってきた（氷期・間氷期サイクル）．また，大気中CO_2濃度が精度良く推定されている過去80万年においては，CO_2も気候・氷床変動と調和的に変動していたことがわかってきた．例えば，間氷期より気温が低い氷期には，極域などに厚い氷床が形成され，海水準は間氷期に比べて最大約130 m低下する（図2 (c)）．一方，大気中CO_2濃度は，最近の数十万年間では氷期（180～220 ppm）と間氷期（260～280 ppm）の間で80～100 ppm変動したと推定されている（図2 (b)）．

氷期・間氷期サイクルの周期や振幅がこれまで一定だったわけではないことも明らかになった．約300万年前以降，特に北半球において氷床形成が始まった270万年前以降，約4万年の周期が卓越していたが，約100万年前頃になると周期は約10万年に変化した（図1 (c)）．また，約100万年前以降，変動の周期性はより明瞭になり，振幅が拡大している．

◆ 氷期・間氷期サイクルを決める要因

氷期・間氷期サイクルを決める外的要因としては，地球の公転や自転を決める天文学的要素（以下，地球軌道要素という）の変化が挙げられる．つまり，地球の公転軌道の離心率の変化（約10万年周期），自転軸の傾きの変化（約4万年周期），自転軸の首振り運動（歳差運動）の変化（約2万年周期）の組み合わせによって起こる日射量の変化，特に北半球高緯度の夏の日射量の変化が重要な要素とされる．この理論は，天文学者ミランコビッチによって提唱されたことからミランコビッチ理論とよばれ，軌道要素またはその結果として生じる日射量の周期的変動はミランコビッチサイクルとよばれる．

ミラコビッチがこの理論を提唱したのは1920年頃であるが，当時は，この理論を積極的に支持する証拠が見つかっていなかった．1970年代になると，海底堆積物のデータから地球軌道要素と気候変動の周期が2万年と4万年で良く一致することが発見され，ミランコビッチ理論が支持されることとなったが，日射量変動にほとんど現れない10万年周期が過去100万年間には卓越していたという，新たな謎が生まれた．一方，1980年代に入ると，氷床コアの分析から大気中CO_2濃度が氷期・間氷期と連動して80～100 ppmの幅で変動していることが発見され，氷期・間氷期サイクルの主要因は温室効果ガスの変動であるという説が

一時有力になった.

　ミランコビッチ理論だけでは説明できない現象は，ほかにもいくつか見つかっている．その1つは，ミランコビッチ理論で主要因とされる日射量の時系列が「正弦波型」（日射が増加するときと減少するときで同程度の時間を要する）であるのに対し，気温・氷床・大気中 CO_2 濃度の時系列は「のこぎり型」（増加と減少に要する時間が非対称）になる点である（図2）．このような非対称性はミラ

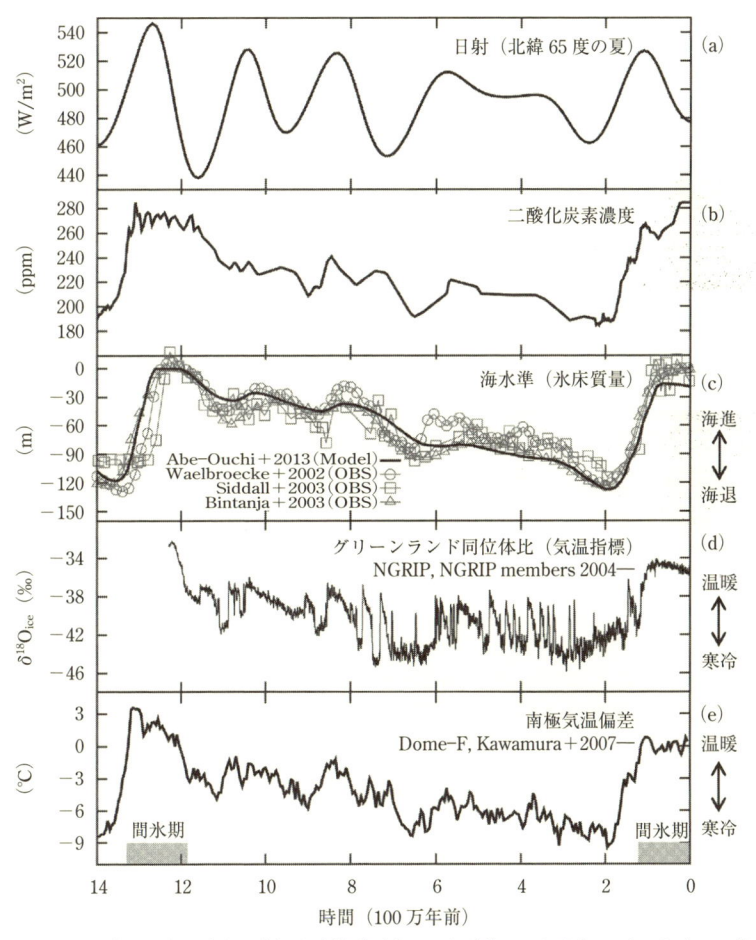

図2　過去14万年間の気候変化．(a) 地球軌道要素により計算された北緯65度における7月の日射量，(b) 大気中 CO_2 濃度，(c) 観測およびモデルによって推定された海水準 [4] [5] [6] [7]，(d) グリーンランドにおける気温の指標（氷の酸素同位体比）[8]，(e) 南極における気温の偏差（過去1万年の平均気温との差）[9]．

ンコビッチ理論では説明できない．また，約 100 万年前に卓越周期が 4 万年から 10 万年に変わった原因についても，その前後で地球軌道要素に変化がないことから，ミランコビッチ理論だけでは説明できない．

　このような氷期・間氷期サイクルの謎を解明するため，地球システムを構成する数多くのプロセスを組み込み，特に氷床の 3 次元変動を考慮した気候・氷床モデルを駆使することにより，10 万年周期の要因を解明するための研究が進められている．その結果，外的要因である日射の変動が，気候システムの内的要素である大気・氷床・地殻の間の相互作用を引き起こし，10 万年周期を生み出していることが解明された［4］．夏の日射の振幅（最大強度）を決める離心率（約 10 万年周期）が最小に近づくにつれ，気候は寒冷化し北半球の氷床が拡大するが，再び離心率が増加を始めると，日射が強くなることで氷床の後退が始まる．このとき，重い氷床によって沈み込んだ地殻の隆起に時間がかかるため，氷床末端付近の表面高度が低下（すなわち表面気温が上昇）し続けることになる．その結果，氷床の融解・後退が急速に起こると考えられる．

　氷期・間氷期サイクルにおける大気中 CO_2 濃度の 10 万年周期は，むしろ気候変動の結果として生じ，気候変動の振幅を増幅させる働きがあることも突き止められた．このほか，約 100 万年前より古い時代は氷期・間氷期サイクルが 4 万年周期であったことや，その後の 10 万年周期への変調も，大気中 CO_2 濃度のわずかな低下がきっかけになって起こることも示され，氷期・間氷期サイクルのメカニズムに関する理解が大きく前進した． ［阿部彩子］

参考文献

[1] 吉崎正憲，野田　彰，他（編）(2013)，図説地球環境の事典，p.378，朝倉書店
[2] Beerling, D. J., D. L. Royer (2011), Convergent Cenozoic CO_2 history, *Nature Geoscience*, 4, pp.418-420
[3] Lisiecki, L. E., M. E. Raymo (2005), A Pliocene-Pleistocene stack of 57 globally distributed benthic $\delta^{18}O$ records, *Paleoceanography*, 20, doi：10.1029/2004PA001071
[4] Abe-Ouchi, A. et al. (2013), Insolation-driven 100,000-year glacial cycles and hysteresis of ice-sheet volume, *Nature*, 500, pp.190-193
[5] Waelbroeck, C. et al. (2002), Sea-level and deep water temperature changes derived from benthic foraminifera isotopic records, *Quaternary Science Reviews*, 21, pp.295-305
[6] Siddall, M. et al. (2003), Sea-level fluctuations during the last glacial cycle, *Nature*, 423, pp.853-858
[7] Bintanja, R., R. S. W. van de Wal (2008), North American ice-sheet dynamics and the onset of 100,000-year glacial cycles, *Nature*, 454, pp.869-872
[8] NGRIP members (2004), High-resolution record of Northern Hemisphere climate extending into the last interglacial period, *Nature*, 431, pp.147-151
[9] Kawamura, K. et al. (2007), Northern Hemisphere forcing of climatic cycles in Antarctica over the past 360,000 years, *Nature*, 448, pp.912-916

1.6 古気候と気候変動要因（後氷期から現代）

◆ 過去は現在を解く鍵

「過去は現在を解く鍵」．過去の気候変動に関心が高まった20世紀初頭のイギリスのブルックスの名言である[1]．近年の地球温暖化を理解するためには，過去を調べ，地球システムに備わっている気候の変動特性を理解することが重要とされている．

過去150年間の気候変動は気象観測データを参照することで調べることができる．それ以前については，樹木年輪，サンゴ，海洋および湖沼堆積物，鍾乳石，植物・動物化石，氷床コアなどに記録されている気候変動を解読することで知ることができる．また，古文書や日記の記録，氷床や永久凍土の掘削孔温度や氷河の拡大・縮小などは気候変動を知る有効な手掛かりである．これらの代替的，あるいは間接的な気候変動の情報源は，「古気候指標」あるいはプロキシ（proxy）と呼んでいる．

樹木年輪，サンゴ，氷床コア，年縞を有する湖沼・海洋堆積物などの古気候指標から原理的には1年の時間分解能をもって気候変動を復元することも可能である．放射性同位体の壊変を利用した炭素14年代測定法やウラン系列年代測定法や年代モデルを用いて年代決定された海洋・湖沼堆積物や鍾乳石，氷堆石の分布変化，氷床や永久凍土の掘削孔温度は，地域的な気候変動の復元や長期間の気候変動の復元に用いられている．

このような研究から，半球・全球規模で後氷期以降の気候変動の全体像がようやく描くことが可能となってきた．

◆ 後氷期の気候異変

長く続いた最終氷期（12万～1万年前）が終焉を迎え，温暖な地域で棲息する動植物が北ヨーロッパや北アメリカに拡大していった．この地球規模の温暖化の末期，気候が劇的に寒冷な状態へ一時的に逆戻りしたとされている．ツンドラ地帯に棲息するバラ科のチョウノスケソウ（dryas octopetala）が温帯地域に急速に繁茂したことにちなんで，ヤンガー・ドリアス（younger dryas）期とよばれている．ヤンガー・ドリアス期は，1万2,900年前から1,300±70年間続いた寒冷期（地域によっては乾燥期）で，北半球の高緯度地帯を中心に広い地域で引き起こされた気候異変である．北半球の極域では，6℃/100年の速度で寒冷化し，ヤ

ンガー・ドリアス期の末期に 7℃/50 年の速度で温暖化が進行した．一人の人間が生涯のうちに体験できる急激な気候変動である（図1）．

ヤンガー・ドリアス期の寒冷化の成因として，1つのシナリオが提唱されている．最終氷期からの気温上昇に伴い北アメリカ氷床（「ローレンタイド氷床」ともいう）が融氷して巨大な古代湖（地質学では「アガシ湖」とよばれている）が形成され，やがてこの湖の一部が決壊することで「融氷水の鉄砲水」がセントローレンス渓谷を下り大量の淡水が海洋に流入し表層海水の塩分濃度が低下した．その結果，「海洋大循環」のエンジンともいえる「沈み込み」（北大西洋深層水の形成）が一時停止あるいは著しく減退し，その結果，広い地域で寒冷化が引き起こされたというシナリオである．

晩氷期から後氷期への変化に富んだ温暖化は，動植物の地理的分布に大きな変化をもたらした．人類が移動型の狩猟採集生活から定住型の狩猟採集生活に生業

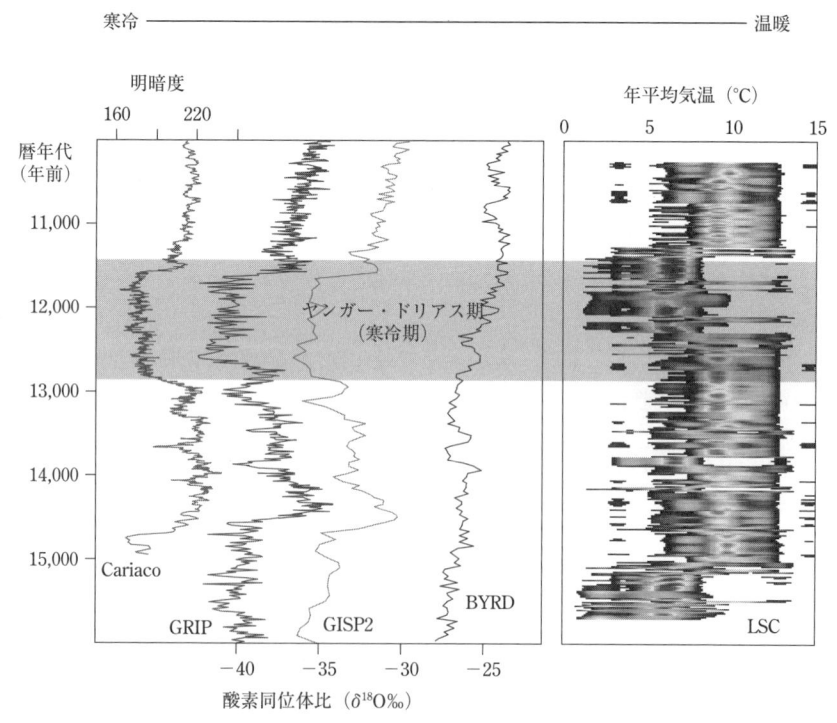

図1 ヤンガー・ドリアス期の急激な寒冷化．カリアコ海盆の深海底堆積物コアの明暗分析（Cariaco），グリーンランド氷床コア（GRIP・GISP2）および南極東部バード氷河（BYRD）の酸素同位体比分析，福井県水月湖の年縞堆積物コアの花粉分析．（LSC）を示す（[2]を改変）

を変化させ，最終的には栽培と飼育に代表される農業と牧畜業を創造し発展させた背景に，晩氷期から後氷期にかけた気候異変があったことは見逃せない．

◆ 完新世の準周期的な寒冷化

コロンビア大学ラモント・ドハティ地球観測所の G. ボンドらは，1997 年の米科学雑誌『サイエンス』の論文の冒頭で，「北大西洋深海コアには，これまで比較的安定だと考えられてきた完新世に，急激な気候変動があった証拠が刻まれている」と述べている [3]．グリーンランドで掘削された氷床コアには，現在から 8,200 年前に，短期間（〜150 年）の寒冷化イベント（8.2 Ka Coolingevent）が記録されている [4]．同様な寒冷化が，完新世を通しておおよそ 1,500 年ごとにくり返したことを裏づける証拠も報告されている．この気候イベントが引き起こされた地理的な広がりについては明確でないが，西大西洋やヨーロッパ各地の海洋・湖沼堆積物には同時代に約 2℃ ほど気温が低下し，同時期に熱帯地域の鍾乳石や海洋・湖沼堆積物からは著しく乾燥化した証拠が見出されている．

氷床コアや海洋コアの古気候指標の解析から，最終氷期（12 万〜1 万年前）には寒冷化と急激な温暖化が 1,000 年スケールの周期でくり返す気候イベント（ダンスガード－オシュガー・イベント）の存在が明らかにされている．ボンドらは，完新世（1 万年前以降）にも弱いながらもダンスガード－オシュガー・イベントと類似した気候変動が継続したと考えた．周期的に発生する寒冷化イベントは，ヤンガー・ドリアス期などと同じく，北大西洋深層水の形成と関連づけて説明されることが多い．完新世には，北大西洋に流入した融氷水が少なく海洋大循環を大きく変化させるに至らず，ヤンガー・ドリアス期のような大規模な寒冷化を引き起こさなかったと考えられている．最近の寒冷期は小氷期（16〜17 世紀）である．小氷期が完新世の準周期的な寒冷化の最後の寒冷化イベントなのか，将来も定期的に寒冷期がくり返し到来するかは，いまだ結論が得られていない．

◆ 気候最適期

地球の軌道要素にはミランコビッチサイクルとして知られる約 2 万年（歳差運動），4 万年（地軸の傾き），10 万年（離心率）の準周期変動がある．これらの変動によって地球が受ける太陽エネルギーが変化する結果，ほぼ同様の時間スケールで気候が変動したと考えられる．今日，地球が最も太陽に近づくのは 1 月で，9,000 年前には 7 月であった．約 1 万年後には，再び 7 月に再接近することになる．地球の軌道要素の変化で地球が受ける太陽エネルギーはほんの 0.2〜0.3% しか変化しないが，その地理的な分布は緯度や季節の違いによって 10% ほど変化

する．北半球の中高緯度帯では，9,000年前，夏至には現在より約8%多く，冬至には約8%だけ少ない太陽エネルギーを受けていたことになる．地球に入射する太陽エネルギーの地理的分布の違いは気候に直接的な影響を与えることができる．おそらく，7,000～5,000年前の間は最終氷期以降で最も温暖化が進んだ時期で，「完新世の気候最適期」（holocene climatic optimum）とよばれている．ヨーロッパや東アジアを含む世界のほとんどの地域では現在より温暖であった．北半球では熱帯収束帯やその高緯度側の亜熱帯高圧帯が北上したことで半球的あるいは全球的な温暖化が進行し，その影響で北半球の氷床が融けて海水準が上昇したとされている．日本列島でも，海水準が現在より数メートル高く，海岸に面した平野部では海が深くまで入り込んだとされる「縄文海進」が考古遺跡の発掘調査によって確認されている．

◆ 歴史時代の気候変動

1990年代以降，樹木年輪，サンゴ，氷床コア，海洋・湖沼堆積物からの古気候指標の解析，凍土・氷床の掘削穴の深度別温度，アルプス氷河の拡大・縮小などの記録の検討が進み，過去1,000～2,000年間の半球規模あるいは全球規模での気温変化が明らかになってきた（図2）．現段階では時代を遡れば各気候復元の不一致が拡大する傾向にあるが，世界各地で共通した気温変化の特徴を読み取ることができる．

ヨーロッパの各地に残されている歴史記録や伝承から，西暦900年から1300

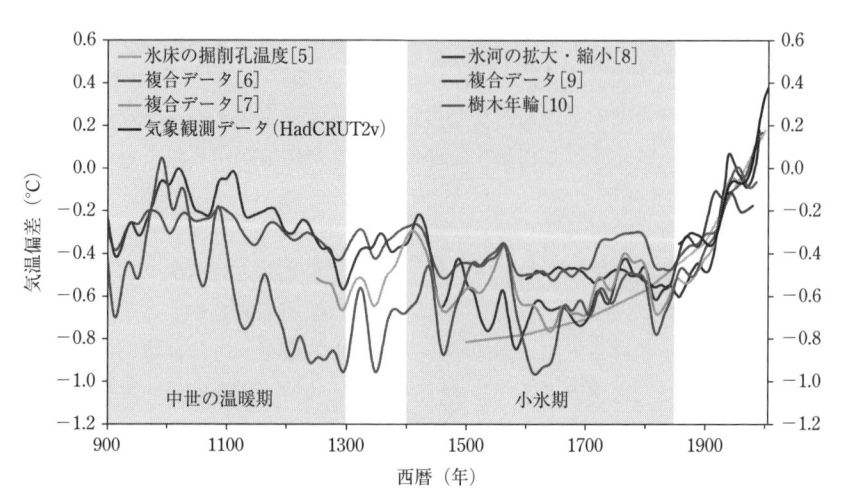

図2 北半球・全球規模の地上気温変化の推定（[11]を改変）

年にかけては天候が非常に良かったとされている．この時期は「中世の温暖期」（英語では，medieval warm period）とよばれている．この温暖期には，有名な城や大聖堂が多数建築され，ヴァイキングが凍結していない海を渡ってグリーンランドに入植し北方へ領土を広げた歴史的事実の記録が残されている．中国の宮廷記録，正史，年鑑，日記などには，渡り鳥の到来日，植物の分布，開花日，洪水・干ばつの記録が残されており，アジア地域も当時の気候が温暖であったことを伺い知ることができる．14世紀ごろから気温が徐々に低下し1700年前後に最も寒冷化した．1400～1850年頃の寒冷な時期を「小氷期」（英語では little ice age）と呼んでいる．ヨーロッパや北米では厳冬の到来や気候が不安定だった記録が多数残されて，長野県諏訪湖の平均凍結日の記録からは1800年代中頃に厳しい冬に見舞われた証拠が読み取れる．

◆ 近年の地球温暖化

歴史時代の気温変動復元データの詳細な検討で，地球が受ける太陽エネルギーや火山活動によって全球・北半球規模で気候が影響を受けることが明らかになった．地球大気に流入する太陽エネルギーは，主に地球の軌道要素と太陽活動度の変化によって影響を受ける．2,000年程度の時間スケールでは，地球の軌道要素は大きな変化はせず，地球が受ける太陽エネルギーは太陽活動の強弱によって変化することになる．太陽黒点数の出現頻度が極端に減少した「マウンダー極小期」（maunder minimum）には，地球が受けた太陽エネルギーが著しく減少した．太陽活動の低下と気温の寒冷化を結びつける明確な証拠は提示されていないが，小氷期の中で最も寒さが厳しかった時期とマウンダー極小期が時代的に一致する事実は，太陽活動と気候変動の因果関係を示唆している．

爆発的な火山噴火は大量の火山灰や硫黄ガスを大気に放出する．火山噴出物は地球表層へ到達する太陽エネルギーを減少させる．大気中に放出された大量の火山ガスは硫酸エアロゾルとなって成層圏を漂い続け，日傘効果で地球の気温を押し下げることができる．過去1,600年間で最大規模のフィリピンのタンボラ火山が噴火（西暦1815年）した翌年は，「夏がなかった年」(the year without a summer) といわれている．北ヨーロッパ，アメリカ合衆国北東部およびカナダ東部において夏の気候異常により農作物が壊滅的な被害を受けた．

世界各地の気象観測によると，1880～2012年において全球平均で0.85℃の気温上昇が引き起こされ，21世紀にはさらにシナリオによって0.3～4.8℃の温暖化が進むことが予想されている（IPCC第5次報告書）．人間活動による熱帯域のエアロゾル濃度の増加や土地利活用の変化による気候への影響については今後

の検討をしなければならないが，過去の気候変化の研究は，現在進行している地球温暖化は，太陽エネルギーの変化や火山噴火の影響などの地球に本来備わっている気候システムの変動特性だけでは説明できない急激な変化であることを明確に示している．　　　　　　　　　　　　　　　　　　　　　　　　［北川浩之］

参考文献
[1] Brooks, C.E.P. (1928), Climate through the Ages, Ernest Benn, London, p.439, 1926
[2] Nakagawa, T. et al. (2003), Asychronous climatic changes in the North Atlantic and Japan during the Last Termination, *Science*, 299, pp.688-691
[3] Bond, G. et al. (1997), A pervasive millennial-scale cycle in North Atlantic Holocene and glacial climates, *Science*, 278, pp.1257-1266
[4] Stuiver, M. et al. (1995), The GISP2 $\delta 18O$ climate record of the past 16,500 years and the role of the sun, ocean, and volcanoes. *Quaternary Research*, 44, pp.341-354
[5] Huang, S.P. et al. (2000), Temperature trends over the past five centuries reconstructed from borehole temperatures, *Nature*, 403, pp.756-758
[6] Mann, M.E., P.D. Jones (2003), Global surface temperatures over the past two millennia, *Geophysical Research Letters*, 30, 1820
[7] Hegerl, G.C. et al. (2006), Climate sensitivity constrained by temperature reconstructions over the past seven centuries, *Nature*, 440, pp.1029-1032
[8] Oerlemans, J. (2005), Extracting a climate signal from 169 glacier records, *Science*, 308, pp.675-677
[9] Moberg, A. et al. (2005), Highly variable Northern Hemisphere temperatures reconstructed from low- and high-resolution proxy data, *Nature*, 433, pp.613-617
[10] Esper, J. et al. (2002), 1300 years of climatic history for Western Central Asia inferred from tree-rings, Holocene, 12, pp.267-277
[11] National Research Council (2006), Surface Temperature Reconstructions for the Last 2,000 Years, p.160, National Academy Press

1.7　気候変化の将来予測

◆気候変化の将来「予測」の意味

　人間活動が地球の気候に及ぼす影響を見極め，適切な対策を講じるためには，将来の気候に関する何らかの見通しが必要である．物理学などの科学的な法則に基づき，この見通しを与えようとするのが，気候変化の将来予測である．しかし，現代の人間の科学技術や経済活動により，将来の気候の変化は将来の人間活動にも依存する．そして，将来の人間活動を確定的に予測することは不可能であるため，将来の気候も確定的に予測することは不可能である．したがって，ここで行おうとしているのは，狭い意味での（将来に実際に起こるであろうことを当

てようとする）予測ではなく，将来の人間活動に関する特定の仮定（シナリオ）に基づいた，条件つきの（人間活動が仮にこうなるとしたら，気候はどうなるかという）予測である点に注意が必要である．このような場合には，「予測」（prediction）と区別して「見通し」（projection）という語を用いるべきであるという考え方もあるが，本節および4章では，言葉の馴染みやすさに配慮し，「予測」の語を用いている．

◆ 気候変化の将来予測の方法

　気候変化の将来予測を行い，その結果を活用するために必要な手順を，ステップに分けて見てみよう．なお，気候変化の将来予測を行う際，最も典型的な時間スケールは100年程度である．

　＜ステップ1：社会経済・排出シナリオ＞
　前述したように，将来の気候変化を予測するためには，まず，将来の人間活動に関する仮定，すなわち社会経済シナリオ（4.1節参照）が必要である．社会経済シナリオでは，世界の諸地域における人口，経済活動，技術などについて，過去の経験に照らして矛盾のないように，将来100年程度の変化を描く．次に，これに基づいて，気候に影響を与える温室効果ガスなどの人為起源の排出量の将来変化を推定した，排出シナリオを作成する．

　＜ステップ2：大気中濃度シナリオ＞
　排出シナリオに基づき，大気中の温室効果ガスなどの濃度変化を推定する．例えば，二酸化炭素の場合，人間活動による大気への排出がある一方，海洋や陸域生態系による大気からの吸収があるため，その差し引きで大気中濃度の変化が決定される．この計算は，簡易モデル（EMICs）を用いて行う方法と，地球システムモデルを用いて気候予測と同時に行う方法がある（4.3節参照）．前者の場合，各排出シナリオに対応した，大気中濃度シナリオが用意される．後者の場合については後述する．

　＜ステップ3：気候変化の将来予測＞
　温室効果ガスなどの大気中濃度シナリオに基づき，気候変化のシミュレーションを行う．物理法則に基づく全球大気海洋結合気候モデル（気候モデル，4.2節参照）を用いて，温室効果ガスなどの大気中濃度シナリオを与えながら，将来100年程度の気候を計算する．これにより，シナリオに対応した将来の気温，降水量などの変化が予測される（4.4, 5.1, 5.4節参照）．

　もしくは，地球システムモデルを用いることにより，ステップ2を省略し，排

出シナリオに基づき，気候変化と大気中温室効果ガス濃度の変化のシミュレーションを同時に行う．地球システムモデルは気候モデルに炭素循環などの生物・地球化学過程を組み込んだものであり，気候と炭素循環などの相互作用を表現することができる．

　＜ステップ4：ダウンスケーリング＞
　ここまでのステップで得られた気候予測の計算が，目的に照らして十分に空間的に詳細でない場合，空間的に詳細な情報を得るために，ダウンスケーリングとよばれる処理を行う（4.5節参照）．ダウンスケーリングの方法には，地域気候モデルを用いる方法や統計的方法などさまざまなものがある．

　＜ステップ5：影響評価＞
　ステップ3あるいは4から得られた気候変化の将来予測を用いて，水資源，農業，健康，生態系など，さまざまな分野で，気候の変化がどのような影響をもたらすかを推定する（1.8節および5，6，7章参照）．

　ステップ5の影響評価を経て，例えば人類が避けるべき悪影響のレベルについて検討し，それを避けるための気候安定化目標を定め，目標達成に必要な排出削減対策を導入した新しい社会経済シナリオを構築すると，ステップ1に戻る．こうして，ステップ1から5の一連の分析を何度もくり返すものと考えることができる．
　また，将来予測と同様に気候モデルや地球システムモデルを用いて，過去の気候のシミュレーションを行うこともきわめて重要である（4.7節参照）．この場合，将来のシナリオの代わりに，実際に歴史的に生じた前提条件（例えば実測された大気中二酸化炭素濃度変化など）に基づいてシミュレーションを行う．このようなシミュレーションにより，過去に生じた気候変動の原因についての理解を深めることができるとともに，将来予測の信頼性についての知見を得ることができる．

◆ 気候変化の将来予測の不確実性

　気候変化の将来予測には，さまざまな不確実性が存在する（4.6節参照）．前提となる社会経済シナリオの不確実性，気候モデルが不完全であることに由来する科学的な不確実性，そして気候が不規則な自然変動をすることに由来する不確実性である．また，小さい空間スケールに注目するほど不確実性が大きいことにも注意が必要である．気候モデルの将来予測結果を見る際には，これらの不確実性に注意して，個別の予測の詳細ではなく，複数の予測の結果の幅を参考にすべき

である.

　さらにいえば,未知の重要なプロセスが自然界に存在している可能性は一般に否定しえないし,シミュレーションの前提条件を大きく逸脱する自然現象が起こる可能性も否定しえない.予測の幅は,あくまで現在の科学で知りうる幅でしかないことも心にとどめておくとよいだろう.　　　　　　　　　　　　［江守正多］

1.8　気候変動の影響・脆弱性

◆ 影響・脆弱性

　気候システムの変化が引き起こす影響は多分野にわたるとともに,複雑に絡み合っている.これらの影響は,氷河・氷床の融解や河川流量の変化といった物理システムへの影響,自然植生・野生生物の分布の変化といった自然システムへの影響,農作物収量の変化・熱中症の増加といった人間システムへの影響というように,影響を受ける分野やシステムで区分されることが多い.しかし,例えば,河川流量の変化は灌漑を通じて農作物収量を左右することがある一方で,収量変化に対応した土地利用変化や森林植生変化は逆に河川流量に大きな影響を及ぼすことがあるなど,分野間・システム間の相互作用にも注意が必要である.

　顕在化しつつある影響および今後の生起が予測される影響について把握することは,対策検討に関連して特に以下の2つの観点から重要である.1点目は,人類が温室効果ガス削減の取組みを行わずに大量排出を続けた場合に生ずる影響,ならびに何らかの削減努力を達成した場合の影響の軽減量を示し,国際協調のもとで目指すべき排出削減水準についての判断材料を提供することである.2点目は,温暖化影響を顕著に受ける地域・分野を特定し,それらの地域・分野での具体的な適応策の検討に資する情報を示すことである.なお,適応策の実施を考慮せず見積もられた影響を「潜在的影響」,適応策の実施を考慮したうえで見積もられた影響を「残余影響」と区別してよぶ場合もあるが,区別なく「影響」と一くくりによばれることも多い.生態系影響の場合は適応の余地が小さいため両者の差は一般的に小さいが,人間システムへの影響に関しては適応策の有無により評価結果に大きな差異が生ずることもある.

　IPCC（2007）[1]によると「脆弱性」は「気候変動性と極端な現象を含む気候変化の悪影響に対する,システムの感度および対処できない度合いのこと.脆弱性は,システムが曝される気候変化・変動性の性質・大きさ・速度,システムの感受性,適応能力の関数である.」と定義されている.例えば,もとより高温・

少雨により不作となりやすい地域(感受性:大)において,大幅な気温上昇や降雨減少が予測され(変化への曝露:大),かつ灌漑や高温耐性品種の導入といった適応を実施する技術力や経済力がない(適応能力:小)場合,きわめて脆弱性が高いということになる.なお,気候変動分野では以上の IPCC(2007)の定義が一般的に用いられてきたが,例えば防災分野のように,システムの感受性と適応能力のみの関数として「脆弱性」という用語が伝統的に使われる分野もあることには注意が必要である.実際,気候変動分野と防災分野の研究者らの協同作業によって作成された IPCC の特別報告書(IPCC, 2007)[2]では,防災分野での用語の定義が用いられた.

◆ 直接的／間接的影響・影響フィードバック・非気候因子

温暖化の影響には,気温や降水量の変化がシステムに直接作用する場合と,何らかの要素の変化を通じて間接的に作用する場合がある.例えば,農作物生産性は気温・降水量・日射量といった気象条件の影響を直接に受けて変化する.一方,その農作物の市場価格や生産者収入などは,農作物生産性の変化を通じて気候変化の影響を間接的に受けることになる.また,気候変化により生じた影響が,さらに気候変化を増幅もしくは減衰させる状況も想定できる(影響フィードバック).気候変化により自然植生の分布や生長に大規模な変化が生じることで,植生・土壌に吸収・固定される炭素量が変化し,大気中の温室効果ガス濃度の変化をもたらすといった因果関係(6.4節参照)は,影響フィードバックの端的な例である.

将来の気候変動影響は,気候の変化のみにより生ずるのではなく,その他の多様な条件(非気候因子)の変化とあわせて生ずることにも注意が必要である.例えば,農作物生産性は,気温・降水量・日射量などの気象条件のみならず,大気中 CO_2 濃度などの大気環境条件,肥沃度や排水性などの土壌条件,肥料投入・栽培管理・灌漑といった人為的条件など,多様な因子に左右される(7.2節参照).

◆ すでに顕れつつある影響

世界各地において,地域的な気候変動,とりわけ気温上昇の影響を多くの自然システムが受けつつある.具体的には,氷河融解に伴う氷河湖の増加・拡大,永久凍土地域における地盤の不安定化,山岳における氷雪・岩石雪崩の増加,氷河や雪融け水の流れ込む河川における流量増加と春の流量ピークの時期の早まり,湖沼や河川の水温上昇・水質変化,生物の春季現象(開花,鳥の渡り,産卵行動

など)の早期化,動植物の生息域の高緯度・高地方向への移動,といった変化が報告されている.また,人間社会への影響についても,気候以外の因子の寄与度が大きく切り分けが難しいが,気温上昇と関連して,北半球高緯度地域における農作物の春の植え付け時期の早期化,欧州における熱ストレスに関連した死亡数増加,北極圏居住者の生活様式の変化,標高の低い山岳地域でのスポーツ産業への影響,などが報告されている.

わが国でも,サクラの開花日の早まりやカエデの紅葉日の遅れ,北海道および高山における高山植物相の減少,南方の広葉常緑樹の分布拡大,ナガサキアゲハ・クマゼミ・スズミグモなど温暖な地域でのみ観測された昆虫の生息北限の北上,マガンの飛来時期の遅れや越冬地の拡大などが報告されている.

◆ 将来に予期される影響

図1では,全球平均気温別に各分野で懸念される影響が示されている(IPCC, 2007).例えば農業・食料に関連しては,中緯度から高緯度の地域では1~3℃以下の平均気温上昇では,農作物の種類によっては生産性がわずかに増加するものの,それ以上に気温が上昇すると一部の地域では生産性が減少に転じると予測されている.一方,低緯度,特に季節的に乾燥する熱帯地域では,平均気温が1~2℃上昇しただけで農作物の生産性が減少すると見込まれており,飢餓リスクの高まりが懸念される.地域・分野により差異があり,緩やかな温暖化では,上述の農作物生産性の増加,冬季の死亡率の低下,暖房エネルギー需要の低下などの好影響が期待できる地域・分野があるものの,いずれの地域においても温暖化の進行に従って悪影響が卓越・激化していくと見込まれている.なお,温暖化は気温や降水量といった気候要素の平均的変化だけではなく,強い雨や強い熱帯低気圧の頻度増加といった極端現象の変化としても現れ,その結果,洪水などの自然災害のリスクにも変化が生ずることに注意が必要である.また気候変化は,グリーンランド・西南極氷床の大規模な崩壊,海洋の深層大循環の停止,アマゾンの熱帯雨林の大規模な枯死といった,大規模な地球システムの状態変化をもたらす可能性があることが指摘されている.これらの大規模影響については,どの程度の気候変化によりそれらが誘起されるのか,まだ科学的理解が不足しているものの,万一に生起した場合の被害が甚大であるため,政策検討に際してやはり注意が必要な点である.

わが国においてもさまざまな温暖化影響が心配されている.例えば,代表的な天然林樹種であるブナ林の適域の減少,西日本におけるコメ収量の減少,東北地方での春先の雪解け時期の変化に伴う代掻き時期の水不足,リンゴ・ミカンなど

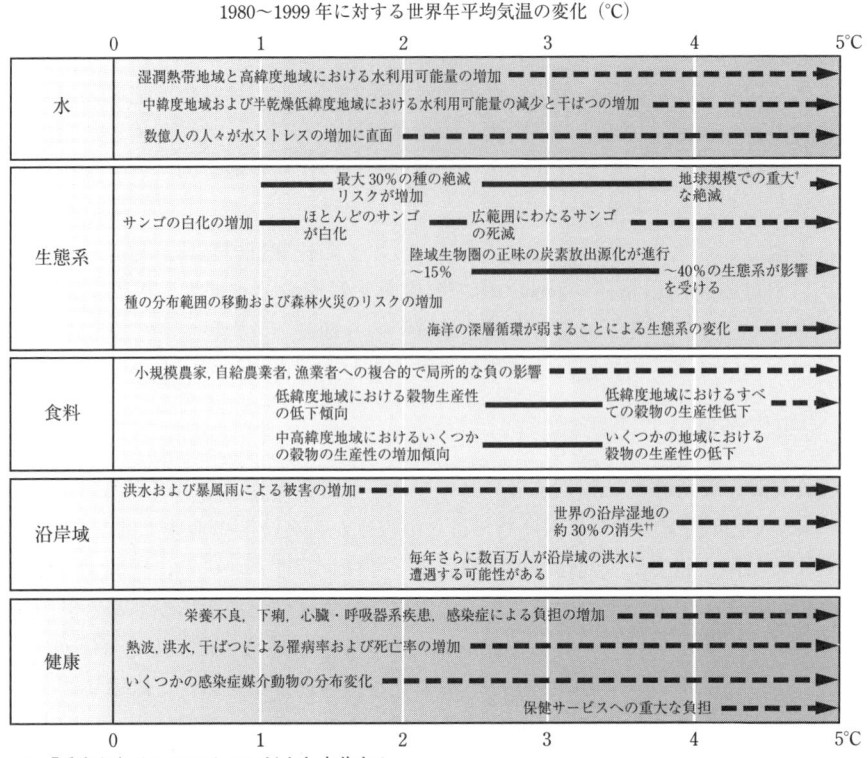

1980〜1999年に対する世界年平均気温の変化（℃）

水	湿潤熱帯地域と高緯度地域における水利用可能量の増加 中緯度地域および半乾燥低緯度地域における水利用可能量の減少と干ばつの増加 数億人の人々が水ストレスの増加に直面
生態系	最大30%の種の絶滅リスクが増加／地球規模での重大†な絶滅 サンゴの白化の増加／ほとんどのサンゴが白化／広範囲にわたるサンゴの死滅 陸域生物圏の正味の炭素放出源化が進行 〜15%／〜40%の生態系が影響を受ける 種の分布範囲の移動および森林火災のリスクの増加 海洋の深層循環が弱まることによる生態系の変化
食料	小規模農家, 自給農業者, 漁業者への複合的で局所的な負の影響 低緯度地域における穀物生産性の低下傾向／低緯度地域におけるすべての穀物の生産性低下 中高緯度地域におけるいくつかの穀物の生産性の増加傾向／いくつかの地域における穀物生産性の低下
沿岸域	洪水および暴風雨による被害の増加 世界の沿岸湿地の約30%の消失†† 毎年さらに数百万人が沿岸域の洪水に遭遇する可能性がある
健康	栄養不良, 下痢, 心臓・呼吸器系疾患, 感染症による負担の増加 熱波, 洪水, 干ばつによる罹病率および死亡率の増加 いくつかの感染症媒介動物の分布変化 保健サービスへの重大な負担

† 「重大な」はここでは40%以上と定義する.
†† 2000年から2080年までの海面水位平均上昇率4.2 mm/年に基づく.

図1　世界平均気温の変化に伴う影響事例

[出典] IPCC第4次評価報告書 (2007) [1]
黒い線は影響間のつながりを表し, 点線の矢印は気温上昇に伴い継続する影響を示す. 文章の左端がその影響が始めるおおよその気温上昇のレベルを示すように, 事項の記述が配置されている. 適応は考慮されていない.

果樹栽培の適域の変化, 豪雨頻度の増加に伴う洪水災害・土砂災害の増加, 海面上昇に伴う沿岸域の高潮被害の増加, 熱中症リスクの増加や感染症媒介生物の分布域の拡大といった人間健康への影響などが懸念されている. なお, 部門別の影響・脆弱性については, 5章と6章において, より具体的に取り扱われる.

◆ 気候変動に対して特に脆弱な地域

　気候変動は広く世界全域に影響を及ぼすが, その中でも諸条件が重なることで脆弱性が特に大きい地域・部門が存在する. 例えば, アジアに注目すると, 沿岸地域, 特に人口が密集するメガデルタ地帯では, 海洋もしくは河川からの洪水の

増加に起因して、非常に大きなリスクに直面すると予測される．また、今後さらなる人口増加が見込まれるアフリカについては、水ストレスに曝される人口の増加、半乾燥地域および乾燥地域の縁に沿った農業適地・栽培可能期間・潜在生産性の減少とそれに伴う食料安全保障のいっそうの悪化などが予測されている．また、複数のストレスに曝されると同時に、適応能力が低く、気候の変動・変化に対して最も脆弱な地域の1つであるとの見解が示されている．いくつかの小島嶼国は、海面上昇や高潮などへの曝露が増大する一方で、適応能力が限られているため、大きな影響を被る可能性が高い．

[高橋　潔]

参考文献

[1] IPCC (2007), Summary for Policymakers, In : Climate Change 2007 : Impacts, Adaptation and Vulnerability, Contribution of Working Group II to the Fourth Assessment Report of the Intergovernmental Panel on Climate Change, Cambridge University Press, Cambridge, UK
[2] IPCC (2012), Managing the Risks of Extreme Events and Disasters to Advance Climate Change Adaptation, Cambridge University Press, Cambridge UK

1.9　緩和策と適応策

◆2つの温暖化対策

　温暖化の対策は、原因物質である温室効果ガスの排出量を削減する（もしくは、例えば植林などにより吸収量を増加する）「緩和策（mitigation）」と、気候変化に対して自然生態系や社会・経済システムを調整することで温暖化の悪影響を軽減する（もしくは温暖化の好影響を増長する）「適応策（adaptation）」に大別することができる．図1は、温暖化問題の統合的枠組みを示しており、緩和策・適応策がどのように問題にかかわるかを示している．緩和策は、大気中の温室効果ガス濃度の制御、気候変化の制御を通じて、自然・人間システム全般への影響を制御する一方で、適応策は直接的に特定のシステムへの影響を制御する、という各々の特徴がある．

　多岐にわたる緩和策は、削減対象とする温室効果ガス（例：CO_2・N_2O・CH_4）、排出削減・吸収促進の実施部門（例：エネルギー供給・運輸・建築・産業・農業・林業／森林管理・廃棄物処理・家庭）などによって区分できる．また、個別技術・対策だけでなく、その実施を促す国内・国際の政策手段についても緩和策の一種ととらえることが可能である．例えば、石炭・石油・天然ガスなどの化石燃料に、各々を燃焼させた場合に排出される温室効果ガスの量に応じて

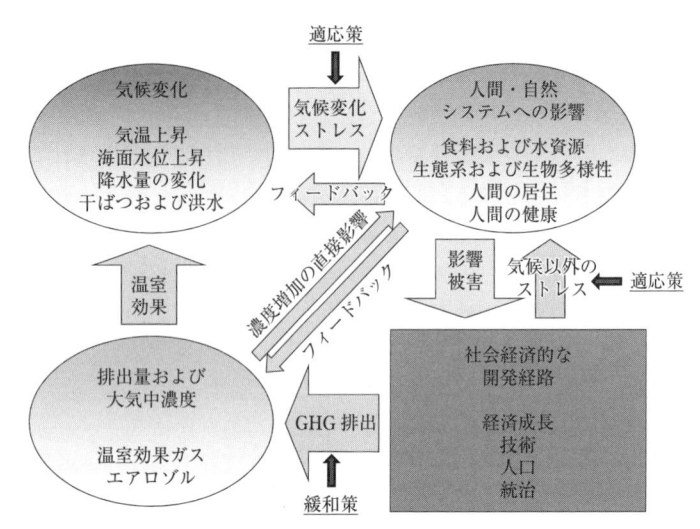

図1 温暖化問題の統合的枠組み（IPCC第3次評価報告書（2001）をもとに加筆作成）

税金をかける炭素税は，それ自体が温室効果ガス排出を直接的に抑制するものではないが，化石燃料やそれを利用した製品の製造・使用の価格を引き上げることで需要を抑制し，結果的に温室効果ガス排出の抑制を促すという点で，市場メカニズムを利用した経済的な緩和策に含められる．

　緩和策の大きな特徴の1つは，その効果がある特定の地域・部門にのみ現れるのではなく，気候システム変化の抑制を通じて全地域・全部門に現れるということである．それゆえ，大幅な排出削減・気候変化抑制を達成するためには，各国の協調的な取組みが強く求められることになる．なお，本書において緩和策については8章で詳しく取り扱う．

　一方，適応策は，「すでに発現しているもしくは予期される気候およびその影響に対してとられる，生態学的，社会的，経済的システムの調整」として定義され，言い換えると，生物・個人・集団などが，その生物反応，行動様式，制度，設備などを変更することにより，気候変化に起因する悪影響を軽減したり，さらには気候変化をうまく利用して好影響を増幅したりすることが，それに相当する．

　適応には，気候変化による被害を直接的に軽減すべく施されるものと，将来の適応能力を高めることで間接的に気候変化被害の軽減に資するものの両方が含まれる．例えば，気温上昇によりコムギの栽培が困難になる地域において，農家が耐高温性の作物への転換を行うのは前者に分類され，農家が気候変化下での栽培

に適した作物を知ることができるように情報システムを整備するのは後者に分類されるが，ともに適応とよぶことができる．

適応の主要な分類軸としては，部門・システムの別，意図性，実施時期などを挙げることができる．システムは，大きくは自然システムと人間システムに分類が可能である．6章で取り扱われる動植物の新たな生息適地への移動などは前者に分類される．意図性に関しては，公的機関の介入を要さない自主的なものと計画的なものに分類される．また実施時期については，影響が発現した後に実施する事後対応的なものと発現前に影響を見越して実施する予見的なものとに分類可能である．なお，自然システムの適応については，基本的には自主的かつ事後反応的なものとなる．また，海面上昇への適応について端的な例を見てとれるが，技術的手法を用いたハードな適応（例：堤防の増強）と法的手法・経済的手法などを用いたソフトな適応（例：沿岸域の居住に関する法規制の設置，ハザードマップや避難ガイドラインの作成）といった区分も可能である．なお，本書において適応策については7章において分野別の影響とあわせて具体的に触れる．

なお，われわれが最大限の排出削減努力を実現できたとしても，過去にすでに排出した温室効果ガスの大気中への蓄積があり，ある程度の気候変化は避けられない．その気候変化による影響に対してわれわれがとりうる対策は，変化した気候のもとで影響被害を小さく抑えるための適応策に限られる．一方，適応策のみによりあらゆる気候変化影響を和らげることは不可能であり，特に長期的に気候変化ならびにその影響が増加した場合には適応策では対処できにくくなるため，緩和策も同時に進める必要がある．緩和策の効果が現れるのには時間がかかるため，早急に大幅削減に向けた取組みを開始し，それを長期にわたり強化・継続しなければならない．

◆ 緩和と適応の同時検討

以上のように温暖化対策は緩和策と適応策に大別でき，その両者の時間スケールや実施主体が必ずしも一致しないことから，それぞれ分けて検討される場合が多い．しかしながら，緩和策・適応策を統合的に検討することが望ましい場合も存在する．以下では，両対策の統合的な検討の必要性を示唆するいくつかの観点について紹介する．

＜緩和と適応：共便益とトレードオフ＞

緩和策としても適応策としても同時に機能する対策が存在する．例えば，適切な森林管理・森林保全の実施により，CO_2排出削減・吸収増加と同時に，気候変

化による森林劣化の軽減を目指しうる．また，節水の推進は，上下水処理などに要するエネルギーの節約を通じて緩和策として機能するとともに，気候変化による水資源不足が懸念される地域においては適応策としても機能するだろう．その種の対策については，緩和もしくは適応のいずれかの機能のみで評価された場合には効率的・経済的な対策として選択されずとも，緩和・適応の同時検討により実施すべき対策となる可能性がある．

共便益が期待される対策がある一方で，トレードオフの関係をもつ対策も存在する．例えば，都市部において夏季の暑熱日が増加した場合，その被害を軽減するための適応策として室内冷房利用の強化が候補となるが，これは電力需要の増加を通じてより多くの温室効果ガス排出を引き起こしうる．また，逆の例としては，再生可能なエネルギー源としての水力利用の増加が，灌漑用水の制約を引き起こすことで温暖化の農業影響に拍車をかける地域もあろう．また，化石燃料消費の減少を目指したバイオマス燃料作物の増産による緩和策が，水資源・土地資源などに関して食料生産と競合する例もある．

共便益をもつことが必ずしも効率的な対策であることを意味しないし，逆にトレードオフの関係をもつ対策だからといって選択すべきでないということを意味しないが，対策の一面的な効果のみに注目した評価は避けなければならない．

＜緩和と適応：緩和と適応の相互代替性＞

どの種の適応策を，いつ，どこで，どの程度実施すべきか，またそれに要する費用がどの程度になるかは，全球規模の気候変化により各地の気候がどのように変化するかに基づき検討する必要がある．一方，地球規模の気候変化は，各種の緩和策が行われた結果としての温室効果ガス排出量に依存する．おおまかには，緩和策に資金・資源を多く投入し，将来にわたり大規模な排出削減を成しえた場合には，気候変化が比較的緩やかなものとなるため，適応に要する資金・資源の総量は相対的に小さくなると予想される．一方で，排出削減が十分に行われない場合は，急激な気候変化による実被害を軽減するために適応に要する資金・資源は相対的に大きくなるであろう．すなわち，排出削減に向けた国際的な合意，その合意に沿った各レベルでの排出削減，予期される気候変化・観測された気候変化，を考慮して適応策が検討・実施されるし，一方で適応がどの程度見込めるか，その結果としてどの程度までの気候変化であれば適応策をうまく利用して危険な影響を避けつつ耐えうるか，といったことを考慮して排出削減に向けた国際的な取組みが検討される．現実的には，それらの対策検討・実施・確認のプロセスを将来にわたり何度もくり返しながら，問題解決に継続的に取り組んでいくこ

とになろう.

＜緩和と適応：実践を促進・阻害する因子＞
　緩和・適応とも，多様な具体的対策オプションが提案されている（7章，8章）．しかしながら，あらゆる場面においてそれらの対策のすべてが実施可能であるというわけではない．いずれの対策に関しても，その実施の前提となる技術水準，経済力，制度，文化，認知といった諸条件が存在しており，その諸条件の欠如は対策の実践を阻害する．例えば，技術的には灌漑により降水パターン変化の影響を吸収できる場合でも，経済条件や制度がその実施を許さない場合があることは想像に難くない．同様のことは緩和策に関しても生じうる．緩和と適応の実践に要する条件は必ずしも同一ではないが，集団または国家の社会技術開発や経済開発の水準や政治的安定性といった点は緩和にも適応にも共通した実施要件であり，両対策を切り分けずに統合的に解決を目指すことが効率的である．またそれらの要件は，貧困・飢餓の解決や清浄な水へのアクセスといった持続可能な開発に向けた取組みとの共通点も多い．気候変動問題だけでなく，より幅広に社会の重要な問題についても視野にいれ，効果的・効率的に同時解決を目指すことが場合によっては必要になる． 　　　　　　　　　　　　　　　［高橋　潔］

参考文献
[1]　IPCC (2001), Climate Change 2001：Synthesis Report, Cambridge University Press, Cambridge, UK

1.10　低炭素社会

◆ 日本の二酸化炭素排出と低炭素社会

　日本で排出される温室効果ガスの95％が二酸化炭素である．2008年度の二酸化炭素排出量の内訳を部門別（図1）で見ると，産業部門からの排出が占める割合は34.5％，運輸部門では19.4％，業務その多部門では19.4％，家庭部門では14.1％となっている．また，2008年度の二酸化炭素排出量は，1990年度の排出量と比較して6.1％増加しているが，産業部門では13.2％減少し，運輸部門では8.3％，業務その他部門では43.0％，家庭部門では34.2％それぞれ増加している．このため，二酸化炭素の排出量を削減するうえで，業務その他部門および家庭部門の排出量の削減が重要な課題となっている．
　低炭素社会とは，再生可能エネルギーの導入や省エネルギーの推進などによっ

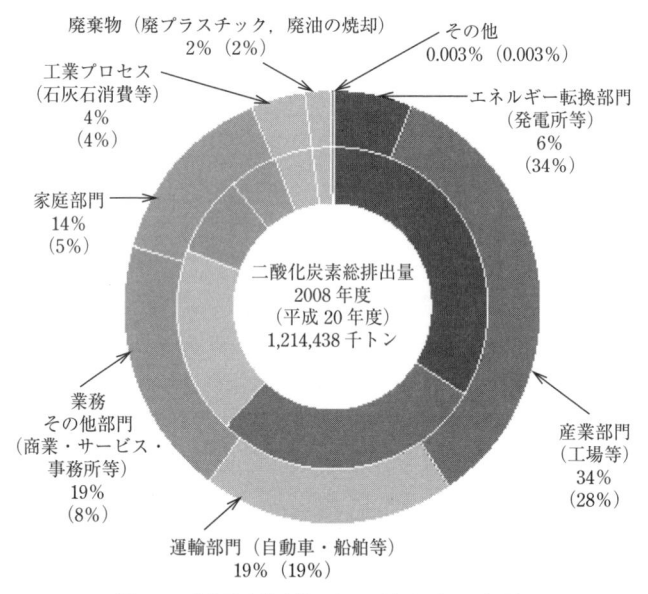

図1 二酸化炭素排出量の部門別内訳（2008年度）
［出典］ 環境省（2010）

て，温室効果ガスの削減を徹底した社会システムをいう．その実現に向けた方策として，「2050日本低炭素社会」シナリオチーム（（独）国立環境研究所，京都大学，立命館大学，みずほ情報総研(株)）は，『低炭素社会に向けた12の方策』（「2050日本低炭素社会」シナリオチーム（2008））を発表している．

◆ 低炭素社会に向けた12の方策

低炭素社会を実現するためには，私たちはどのような取組みを行えばよいだろうか．『低炭素社会に向けた12の方策』は，表1のように，民生部門（家庭やオフィス部門），産業部門，運輸部門，エネルギー転換部門および全部門が取り組むべき12の方策を示している（「2050日本低炭素社会」シナリオチーム（2008））．これらの方策をとることで，2050年において，1990年の排出量と比較して，産業部門で13〜15％程度，民生部門で21〜24％程度，運輸部門で19〜20％程度，エネルギー転換部門で35〜41％程度の削減が可能であり，その結果，全体で，70％程度の削減が可能であるとしている．

◆ 低炭素社会実現に向けた政府の対応

表1に示した方策が現実に実施され，低炭素社会を実現するためには，消費者

表1 低炭素社会に向けた12の方策

方策	方策の内容	関連する部門
1	建物の構造を工夫することで光を取り込み,暖房・冷房の熱を逃がさない建築物を設計・普及する	民生,産業
2	レンタル・リースなどで高効率危機の初期費用負担を軽減し,ものばなれしたサービス提供を推進する	民生,産業
3	露地栽培の農作物など旬のものを食べる生活をサポートすることで農業経営を低炭素化させる	産業
4	建築物や家具・建具などへの木材の積極的利用,温室効果ガスの吸収源の確保,長期林木養成策で林業ビジネスを進展させる	民生
5	消費者の欲しい低炭素型製品・サービスの開発・販売で持続可能な企業経営を行う	民生,運輸,産業
6	企業は,製品のライフサイクル(製造-物流-販売-消費-廃棄)において低炭素化を徹底的に進めるために,サプライチェーンマネジメントでむだな生産や在庫を削減し,産業部門でつくられたサービスを効率的に届ける	運輸,産業
7	商業施設や仕事場に徒歩・自転車・公共交通機関で行きやすい街づくりを行う	運輸
8	再生可能エネルギー,原子力,CCS(二酸化炭素隔離・貯留)併設火力発電所からの低炭素な電気を,電力系統を介して供給する	民生,運輸,エネルギー転換
9	太陽エネルギー,風力,地熱,バイオマスなどの地域エネルギーを最大限に活用する	民生,運輸,産業,エネルギー転換
10	水素・バイオ燃料など次世代エネルギーに関する研究開発の推進と供給体制を確立する	民生,運輸,産業
11	CO_2排出量などを「見える化」して,消費者の経済合理的な低炭素商品選択をサポートする	民生,運輸,産業,エネルギー転換
12	低炭素社会を設計する・実現させる・支える人づくりをする	民生,運輸,産業,エネルギー転換

[出典]「2050日本低炭素社会」シナリオチーム(2008)より筆者が作成

や企業の自主性だけに任せたのでは不十分であり,それを促進するための政府の政策が必要となる.そのための政策手段には,炭素税(環境税の一種),補助金,規制的手段,排出量(あるいは,排出権)取引制度,企業の環境パフォーマンスに関する情報開示,自主的取組み(エコアクションなど),環境教育や啓発などの手段がある.政策を選択する際に重要な観点が,社会全体の費用効果性である.費用効果性とは,より少ない社会全体の費用で低炭素社会を実現(排出削減)することをいい,経済への悪影響をできるだけ抑制しつつ,環境を保全して

いくためには，費用効果性の高い政策手段を選択することが大事になる（詳細は，8.8「政策的手段（炭素税，補助金，規制的手段，排出量取引）の経済学的評価」を参照）.

　低炭素社会を実現するという観点から望ましい技術（例えば，省エネ投資，太陽光発電や電気自動車）であっても，それを導入する費用負担が大きくなるために，そのような技術の普及が十分に進まないという問題がある．また，自動車を利用するより自転車は徒歩のほうが低炭素を実現するためには望ましいが，自転車や徒歩では移動に時間がかかるなどの不便さがあるために，環境意識の高い一部の人を除いて，必ずしも自転車や徒歩は選択されにくい．また，環境に優しい製品があっても，その価格が高ければ，そのような製品を選択しようとする人は少なくなるであろう．

　このような状況のもとで，低炭素化に貢献する行動を促進するためには，補助金を与える方法と，炭素税や排出量取引のように，低炭素化を妨げる行動（温室効果ガスの排出など）に対して税金を課したり，排出権の保有を義務づける方法がある．

　補助金の場合，低炭素化行動（例えば，企業の省エネ投資，消費者の高燃費自動車の購入，省エネ製品の購入）に対して与えられるものである．グリーン家電の購入を促進する家電エコポイント制度やエコ住宅の普及を促進する住宅エコポイント制度，低燃費車の購入促進のためのエコカー補助金などがこれに該当する．補助金は，その導入について多くの人や企業のコンセンサスを得やすい反面，補助金の財源を別の財源（消費税収や所得税収）によって賄わなければならない．このため，継続的に低炭素化のためのインセンティブを与えるために補助金を与え続けることは，政府の財運営上（財政赤字を減らす必要がある）の観点から持続可能ではないという問題がある．

　炭素税や排出量取引の場合，温室効果ガスの排出量が多いほど，排出者の費用負担が増加するため，排出者は，積極的に省エネ投資を行ったり，再生可能エネルギーを利用することで，温室効果ガスの排出量を減らそうとする．一方で，炭素税や排出量取引は，人や企業の費用負担を増やすため，その導入についてコンセンサスを得にくいという問題がある．特に，現在の日本のように，不況による企業業績の落ち込みや失業などの問題を抱える場合，企業の負担を増加させる政策手段（炭素税や排出量取引など）の導入は難しく，補助金などの政策が選択されがちになる．

　しかし，このような場合でも，炭素税などの導入によって財源が増加した分だけ，法人税減税，消費税減税などと組み合わせて導入することで（税制のグリー

ン化),企業負担の増加を抑えることは可能である.このため,税制改正などを含んだ,より包括的な観点から,低炭素社会実現に向けた政策を検討することが,重要なポイントである.　　　　　　　　　　　　　　　　　　　[日引　聡]

参考文献

[1] 環境省(2010),平成 22 年版環境・循環型社会・生物多様性白書
    http://www.env.go.jp/policy/hakusyo/h22/index.html
[2] 「2050 日本低炭素社会」シナリオチーム(2008),低炭素社会に向けた 12 の方策
    http://2050.nies.go.jp/report/file/lcs_japan/20080807_dozenactions_j.pdf
[3] 日引　聡・有村俊秀(2002),入門環境経済学—環境問題解決へのアプローチ,中公新書

1.11　IPCC 評価報告書

◆ IPCC の誕生と使命

1980 年代に,欧州や米国で異常気象が頻発したこともあり,地球温暖化が国際的な関心事となった.一連の国際的な科学会合が開催されたが,例えば 1985 年のフィラハ会合には科学者,政策担当者が一堂に会し,気候変動問題が喫緊の課題であることを確認している.こうした国際会合の結果を受け,WMO,UNEP, ICSU が 1986 年,IPCC (Intergovernmental Panel on Climate Change) の前身ともよぶべき「温室効果ガスの諮問グループ(Advisory Group on Greenhouse Gases:AGGG)」を設立し,議論が続けられた.こうした議論を受けて,WMO と UNEP は,地球温暖化の解決には政府間のメカニズムが必要であること,気候変動の科学的評価が国際的に必要であることから,1988 年 11 月に IPCC の第 1 回総会が開催された.

IPCC の使命は,気候変動の現象,影響,対策に関する最新の科学的な知見を評価して,その結果を各国政府や国際機関,世界の人々に知らせることである.1990 年に第 1 次評価報告書,1992 年に補足報告書,1995 年 12 月に第 2 次評価報告書をまとめ公表した.その後,IPCC の体制が更新され,2001 年 4 月には第 3 次評価報告書,2007 年 11 月には第 4 次評価報告書を公表し,気候変動にかかわる最新の科学的知見を世界に提供し続けてきた.設立 20 年目にあたる 2008 年には,地道な努力と功績が認められ IPCC はノーベル平和賞を受賞している.

◆ IPCC の組織・体制

IPCC は UNEP と WMO を母体とする国連機関であり,政府間パネルという名

前が示すように各国政府の代表からなる機関である．最高決定機関である総会，30カ国の代表からなる幹事団（ビューロ），そして，3つの作業部会，すなわち現象や予測を扱う第1作業部会，影響・適応・脆弱性を扱う第2作業部会，対策（緩和策）を扱う第3作業部会と温室効果ガス・インベントリ・タスクフォース（TFI）からなる．2007年に公表された第四次評価報告書は3つの作業部会がそれぞれまとめる作業部会報告書と，これらの報告書をもとに作成される包括的な統合報告書から構成される．各報告書は本文とそのまとめである政策決定者向け要約（Summary for Policymakers：SPM），技術的により詳細な技術要約（Technical Summary：TS）からなる．SPMは，世界の人々，とりわけ各国の政策担当者や政治家に手短に最新の科学的知見を提供するために作成されるもので，最も重要な内容を読みやすく，理解しやすいように工夫されている．

　2007年11月に第4次評価報告書が完成したが，次の第5次評価報告書へ向けた取組みがすでに開始され，2013〜2014年にかけて発表される予定である．2008年8月31日からジュネーブで開催された第29回IPCC総会においてIPCC議長，各作業部会の共同議長やビューロメンバーが選考され，新体制が決定した

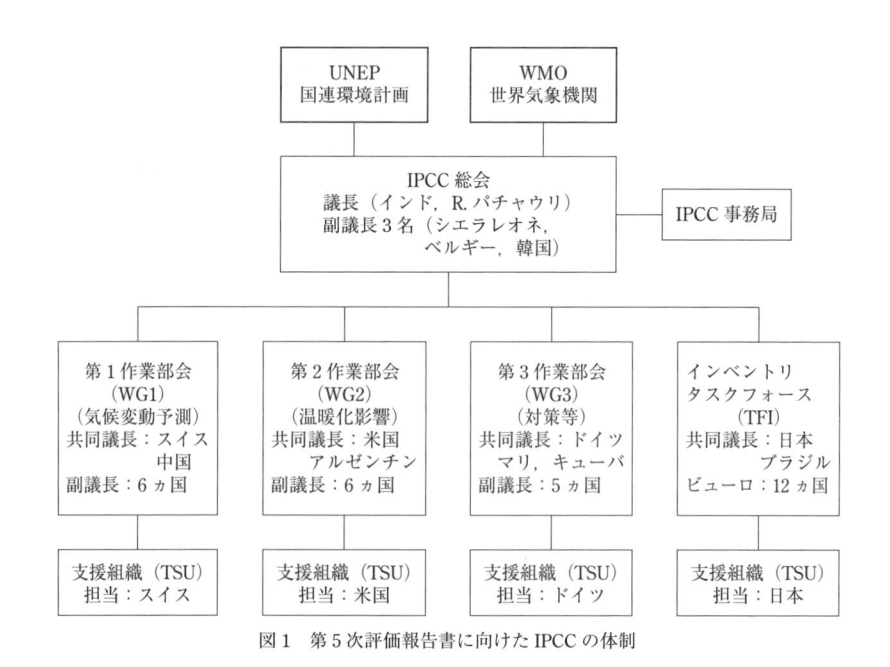

図1　第5次評価報告書に向けたIPCCの体制

(図1).引き続きインドのパチャウリ博士が議長を務めることに決まった.日本は,引き続き TFI の共同議長を務め,その事務局を引き受けている.

◆ IPCC 評価報告書の特徴

IPCC 評価報告書の特徴として,科学的アセスメント,政策的に中立を堅持,不確実性の取扱い,原稿作成・レビュープロセスが挙げられる.

＜科学的アセスメント＞
IPCC の使命は,温暖化や気候変動の研究を自ら企画・実施することではなく,温暖化や気候変動に関する最新の科学的知見を収集して,科学的な視点で評価することである.この評価は科学的アセスメントとよばれている.1990 年には第1回目の報告書を公表し,その年に開催された世界気候会議に提出した.この世界気候会議を契機として,地球温暖化に関する国際世論が高まり,気候変動枠組条約の締結に結びついた.以降,IPCC の評価報告書は,気候変動枠組み条約の締約国会議など,よって立つ科学的な知見として重要視されている.

＜政策的に中立を堅持＞
IPCC は国連機関なので,各国の代表(政策担当者)が総会に出席して,世界の科学者がまとめた評価報告書を審議して承認する.最新の温暖化にかかわる科学的知見をとりまとめ,各国の政策担当者が承認するという科学者と政策担当者が車の両輪となって,気候変動問題に対応するといったユニークな組織である.そのルーツは,オゾン層問題解決に向けた UNEP のオゾンパネルとされる.
各国の政策担当者が審議して承認するプロセスを経ることから,各国政府は承認された報告書を温暖化対策を検討する際に重要視することになる.こうした IPCC の科学と政治の協力関係は,一方では,科学へ政治が介入する機会にもなりうるリスクがある.この点については,IPCC は科学と政治の関係において,つねに policy Prescriptive ではなく,policy Relevant であること,すなわち政治的に中立な立場をとることをモットーとしてきた.

＜不確実性の取扱い＞
複雑な地球の気候システムを科学的に完全に解明することはできないので,つねに不確実性がつきまとう.この不確実性が人為的な温暖化は起きていないとする懐疑派や一部の国が温暖化対策へ反対する根拠の1つとなってきた.
IPCC では第2次評価報告書が完成した後に,温暖化に関する科学的知見の確

からしさを評価するための方法を検討し，各作業部会はその方法を共通に利用することにした．しかし，作業部会によって「確からしさ」の扱いが若干異なっていることが問題となっている．

第4次評価報告書のSPMの記載では「確からしさ」を，温暖化にかかわる現象・事象発生の確からしさ（likelihood）と記載されている科学的な知見の確信度（confidence level，確信度）の2種類を使うことになっていた．SPMを読む際に留意すべき点であるが，こうした「確からしさ」の考え方や2つの方法の使い分けがなかなか理解しにくい点があることも事実である．

＜原稿作成・レビュープロセス＞

報告書の作成は，執筆者の選考から始まる．第4次評価報告書を例にすると，おおよそ以下のように進められた．

IPCCは各国政府に対して報告書の目次案を示し，各章の執筆に相応しい科学者や専門家を推薦するように依頼し（2004年1月），各国政府は国内の科学者や専門家の履歴書をIPCCに送付して，その中から執筆者がIPCCビューロにより選考された．執筆者の決定以降，執筆者会合（4回）と専門家や政府のレビュープロセスを経て，報告書案がまとめられた．執筆者は次のようにいくつかのカテゴリに分かれる．

総括責任執筆者：Coordinating Lead Author（CLA）　章の執筆ととりまとめの責任者

代表執筆者：Lead Author（LA）　章の執筆を担当

査読編集者：Review Editor（RE）　章のレビューを支援

執筆協力者：Contributing Author（CA）　章の執筆の協力

図2は，評価報告書作成・レビューのプロセスを示したものである．IPCC総会で評価報告書の目次案が決定されると，各国政府に執筆者の推薦を依頼し，ビューロが選考した後，総会で承認を受け，執筆者チームがつくられる．

執筆開始後に作成される0次原稿（Zero order draft：ZOD）に対し，まずほかの章のCLAやLA（代表執筆者）の非公式なレビューが行われ，1次原稿（First order draft：FOD）が作成される．この1次原稿に対して，外部専門家による1回目のレビューが行われる．専門家レビューのコメントへの対応を執筆者会合やメールで検討し，2次原稿（Second order draft：SOD）が作成される．この2次原稿に対する外部専門家（2回目）および各国政府レビュー（1回目）が実施される．両者のコメントをもとに，修正した最終原稿（Final Government draft：

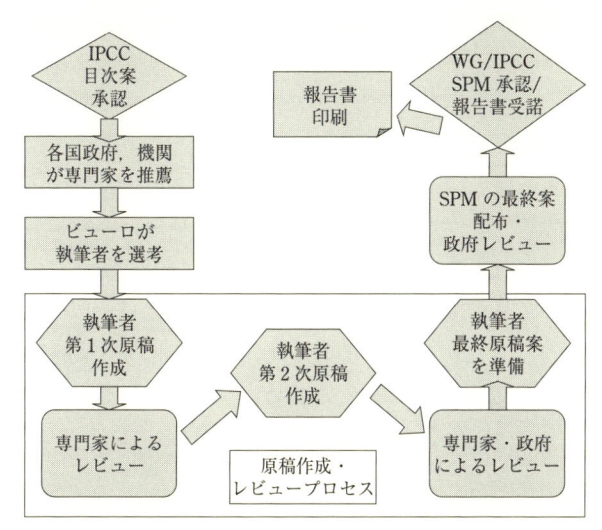

図2　IPCC評価報告書の作成プロセスの概要（IPCCのHPから引用）

FGD）が作成されて，2回目の各国政府レビューが実施される．この最後のレビューが報告書を審議・承認する総会の直前なので，修正・原稿作成作業があわただしいが，コメントを反映して提出原稿が作成され，作業部会総会に提出される．

　レビュー期間は8週間を確保することが，ルールとして決まっている．外部専門家，各国政府レビューのコメントに対しては，執筆者会合を開催して，議論しながら対応を検討し，修正原稿の作成を行う．IPCCの場合，査読は，学会における論文査読とは異なり，透明性を確保しつつ，関連分野の科学者，研究者のみでなく，各国政府の政策担当者もレビューに加わる．第4次評価報告書では，執筆者は800名程度であるが，査読者は4,000名に及ぶとされている．

◆ IPCC評価報告書の意義

　第4次評価報告書の意義を総括すると以下のようになろう[1]．
　①　人為的な温暖化は疑う余地がない（unequivocal）．
　気候変動の観測や現象解明が進み，地球の地上および海洋の気温上昇，平均海面の上昇，北極海氷や高山氷河の縮小から，気候システムが温暖化していることは非常に可能性が高い（very likely）と評価し，温暖化の原因は温室効果ガスの排出など人間活動によるとほぼ科学的に断定した．
　②　温暖化のもたらす影響の現状を明らかにした．

すべての大陸とほとんどの海洋で雪氷や生態系など自然環境に影響が現れていることが科学的にも明らかになった．また人間活動にも影響が出ていると指摘している．

③　温暖化のもたらす将来の気候変化や影響を明らかにした．

今後地球の平均気温が 1990 年頃に比較して 1.1～5.8°C 上昇し，海面が 18～59 cm 上昇すると予測した．このため，種々の分野や地域に影響が現れると予測される．影響の現れ方は分野によって，地域によって異なるが，1990 年で 1～3°C 以上気温上昇すると温暖化初期の段階での好影響（例えば，寒冷地が温暖化して穀物栽培ができるなど）が現れたとしても，この温度以上では悪影響が卓越する．

④　温暖化と極端現象の関係を明らかにした．

温暖化の進行とともに，極端な現象（異常気象）の規模と頻度が拡大すると予測され，平均的な気温上昇や降水量変化の影響に加えて，熱波，干ばつ，洪水，強い台風やハリケーンなどの極端な現象が短期的にも現れると予測される．

⑤　温暖化を防止するための緩和策について明らかにした．

温暖化を防止するための緩和策，温暖化の影響を低減する適応策，両方が必要である．両者をうまく組み合わせることにより，限られた資金のもとで，温暖化のリスクを低減することができる．しかし，両対策を進めるにあたっては，種々の制約条件もまだある．

⑥　ポスト京都の枠組みの検討に資する長期的な安定化濃度と対策の関係を示した．

温暖化を防止するためには，この 20～30 年に温室効果ガスの排出を増加傾向から減少傾向に転じ，2050 年には大幅な削減を行うことが必要である．日本政府が提案した 2050 年に温室効果ガス排出量を半減する，21 世紀環境戦略の 1 つの根拠ともなっている．

⑦　温暖化防止の緩和策のあり方，適応策とのポートフォリオを明らかにした．

緩和策として現在の技術，経済的対策，ライフスタイルや消費パターンの変更などによって十分削減することができ，その経済的費用は，副次的便益（co-benefit）を考慮すると，影響被害コストに比べると少ない．

⑧　気候変動および関連分野の研究の進歩に大きく貢献した．

IPCC 自体は研究を進める組織ではないが，IPCC の活動や評価報告書の作成は，関連分野の研究者をおおいに刺激し，その結果，この 20 年間に，気候変動および関連分野の研究がおおいに進展したことは間違いない．1 つの例をあげれ

ば,日本の地球シミュレータを活用した気候予測モデル研究の進捗があげられる.開発当初世界最高速の地球シミュレータを用いた気候予測モデルの開発は,IPCC が主導した気候モデルの比較や期限を切っての気候予測の成果の集大成に大きく貢献している.

また,第 3 次評価報告書の作成時には,開発途上国における気候変動研究,特に影響や適応研究の遅れが再三指摘されていたことから,報告書完成の後に,IPCC が中心となって途上国の温暖化影響プロジェクトを地球環境ファシリティ (Global Environment Facility:GEF) に提案した.予算が認められ,気候変動の影響・適応アセスメント (Assessment of Impacts and Adaptations to Climate Change:AIACC) として研究開発を進めることになった.IPCC にかかわった欧米の多くの研究者がこの AIACC に協力し,その成果は第 4 次評価報告書にも多く引用された.　　　　　　　　　　　　　　　　　　　　　　　　　[原澤英夫]

参考文献

[1] 地球環境研究センター (2007), IPCC 第 4 次評価報告書のポイントを読む, p.12
http://www.cger.nies.go.jp/publications/pamphlet/ar4_200806.pdf

2章　温室効果ガス

2.1　二酸化炭素

　炭素原子1個と酸素原子2個からなる化学的に安定な化合物で，化学式は CO_2 で表す．常温では気体であり，現在の大気中では水蒸気を除けば窒素，酸素，アルゴンに次いで4番目に多く存在する成分である．太陽光のエネルギーの大部分を占める可視光はほとんど吸収しないが，地球エネルギーの放射を担う赤外光の波長帯に強い吸収域をもつために，地球に温室効果をもたらす温室効果ガスである．産業革命以降の地球システムの放射強制力を変化させたいくつかの要因のうち，二酸化炭素濃度増加の寄与は最も大きく，+1.82（1.63〜2.01）Wm^{-2} である[1]．

　2012年における地球大気全体の平均濃度は約393 ppm（ppmは100万分の1）であり，2000年以降は1年あたり約2 ppmの割合で上昇を続けている[2]．大気中二酸化炭素濃度の増加傾向をはじめて明瞭に示したのは米国スクリプス海洋研究所のC. D. キーリングであり，1957〜1958年よりハワイ・マウナロア山と南極点で系統的な観測を開始し，現在でもその観測は継続されている（図1）[3]．

　原始の地球大気では二酸化炭素が主たる成分であり，地表での圧力は数十気圧にも達していたと考えられている．地球表面に海洋が形成されて大部分の二酸化炭素が海水中に溶け込んだことによって44億年ほど前の二酸化炭素分圧は数気圧程度にまで減少した．地質学的規模の年代スケール（数千万年から数億年）で考えると大気中の二酸化炭素は，岩石の化学風化（結果として石灰岩や苦灰岩が堆積する）と生物による有機物の生成に伴う大気からの除去，海底に固定された石灰岩・苦灰岩や有機物のプレートの沈み込みに伴う地殻内部への取込み，ならびに地下における石灰岩・苦灰岩，有機物の熱分解で生じた二酸化炭素の火山からの放出によって地球システムを循環しており[*1]，これらのバランスによって大気中濃度が決まっている．30〜25億年前に地球上に大陸が形成されると大陸地殻は沈み込むことが難しいために二酸化炭素の固定はさらに進み，いまから5億

---

*1　この循環を地質学的時間スケールでの「炭素循環」とよぶこともある．

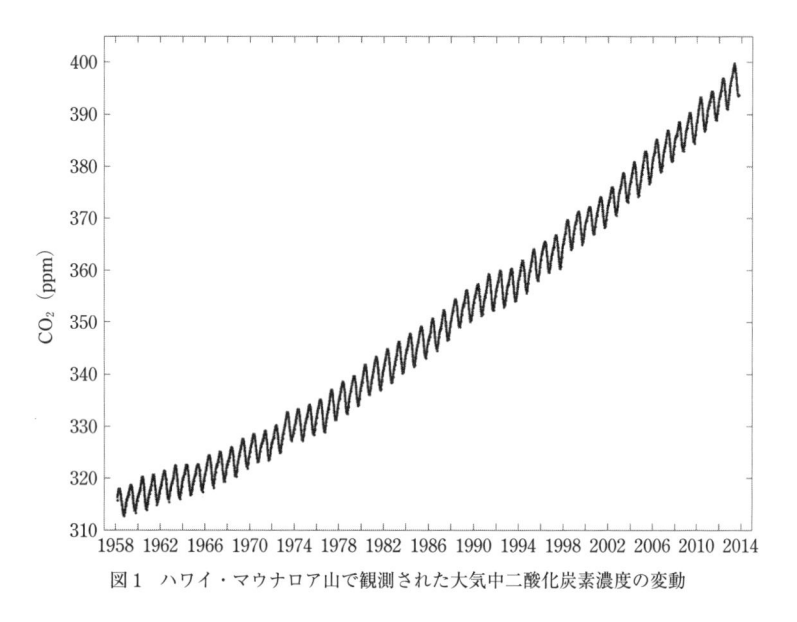

図1 ハワイ・マウナロア山で観測された大気中二酸化炭素濃度の変動

年ほど前のカンブリア紀の初期の大気中濃度は現在の10～20倍のレベルにまでなった．その後，生物が地上に出現して繁茂すると二酸化炭素濃度はさらに下がり，古生代や中生代には現在のレベルの1～3倍程度であった．新生代は地球史の中では寒冷化の時代であり，二酸化炭素濃度は現在のレベルに落ち着いている．

新生代後期における二酸化炭素濃度の変動は南極や北極（グリーンランド）で掘り出された氷（氷床コア）に含まれる気泡中空気を直接分析することによって精密に再現されている．図2は，南極の複数の氷床コアから解析された過去80万年間の二酸化炭素濃度の変動を南極における現在の気温からの偏差とともに示したものである［4］．二酸化炭素濃度は，8回にわたる氷期・間氷期サイクルに伴う気温の変動にきわめてよく対応しており，温暖な間氷期には約280 ppm，氷期の最寒期には約180 ppmの低濃度を示している．最近ではきわめて正確な氷床コア中の気泡の年代決定が可能になり，氷期から間氷期への変遷期における気温と二酸化炭素の上昇のきっかけは，気温のほうであること（ミランコビッチ説[*2]による氷期の終焉）が明らかになっているが［5］，日射量や反射率の変化だけではこの時期の気温変動の半分程度しか説明できない．このことから，気候変

[*2] 地球の公転軌道と自転軸の定期的な変動に伴って北半球の日射が変化し，ちょうど北極域の夏季の日射が増すフェイズにおいて氷床の後退とともに太陽光の反射が減ってさらに気温が上昇し，氷期が終わるとする説．

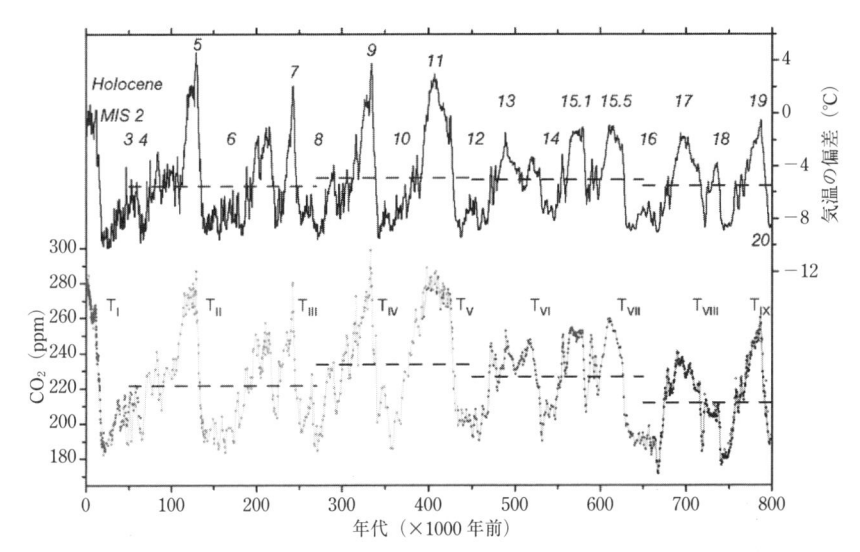

図2 過去80万年にわたる大気中二酸化炭素濃度の変動（下段）と気温の偏差（上段）

動によって増加した二酸化炭素などの気体成分が温室効果を強めて気温をさらに上昇させたことが推測される．このように，二酸化炭素などの温室効果ガスの変動は過去に実際の気候変動に寄与していたのである．

最終氷期が終わると地球は現在の温暖な完新生に入り，1万年前より18世紀の産業革命前までは二酸化炭素濃度はほぼ一定で280 ppmであった．産業革命以降は人為的な二酸化炭素の放出の影響で大気中濃度は増加の一途をたどり，わずか250年の間に100 ppm以上の上昇を記録した．この濃度上昇量は氷期・間氷期間の増加量と同じレベルであるが，氷期から間氷期にかけての自然起源の変動には数千年の時間を要したのに対して，人為的な濃度上昇は10倍以上のスピードで進行したことになる．さらに，250年間の増加率は一定ではなく，280 ppmから330 ppmまでの50 ppmの増加には200年以上の期間を必要としたが，330 ppmから380 ppmまでの50 ppmはわずか30年の間に増加してしまったことからも，最近の濃度上昇がいかに急激であるかがわかる．

大気中二酸化炭素の主たる放出源は石油や石炭，天然ガスといった化石燃料の燃焼である．20世紀に入るまでは石炭が主なエネルギー源として用いられていたが，第二次世界大戦以降に特に自動車の普及に伴い石油の消費が増大し，1970年代には二酸化炭素放出源として石炭を上回った．天然ガスは3番目に重要な二酸化炭素放出源であるが，使われるようになったのは主として20世紀後半からである．人為的な二酸化炭素放出源としてもう1つ無視できないものがセメント

製造の際の自然放出で,人為放出量の約2%を占めている.

　二酸化炭素は水に溶解しやすい性質があるので,古代より海洋の働きが大気中濃度に深くかかわってきた.現在の海洋には大気含有量の約50倍もの二酸化炭素が,溶存二酸化炭素,炭酸水素イオン,炭酸イオンのかたちで含まれている.このことは,もし大気-海洋間の二酸化炭素交換が十分に速く,かつ海洋の混合が十分に速ければ,大気中に加えられた余分な二酸化炭素は速やかにそのほとんどが海洋に吸収されることによって濃度増加の影響は50分の1に抑えられるはずであるが,実際の海洋は表層水と深層水の混合がそれほど早くないために二酸化炭素を吸収する速度には限界がある[*3].

　海洋表層の二酸化炭素分圧[*4]と大気中二酸化炭素濃度(理想気体の場合,濃度は分圧と同じ)の差には,季節や海洋の循環によって時間的・空間的な違いがあり,その差に応じて大気と海洋の間で二酸化炭素の交換が生じている.例えば赤道域は一般に湧昇があるので,二酸化炭素分圧の高い深層水が表層に供給されるために海洋から大気への二酸化炭素供給域になっている.反対に植物プランクトンが盛んに光合成を行う海域では表層水の二酸化炭素分圧が低くなり,大気から二酸化炭素を吸収する海域になる.また,北大西洋はメキシコ湾流から供給された高塩分の海水が低温になって密度が増すために沈降域となっているが,ここも重要な二酸化炭素吸収海域である.大気-海洋間の二酸化炭素交換量は産業革命以前にはほぼつり合っていたが,現在では大気中濃度の増加による分圧差があるので,海洋は全体として大気中二酸化炭素の吸収源になっている.IPCC第5次評価報告書(AR5)の見積りによれば,2000〜2009年の平均では海洋は炭素量にして年間800億トンの二酸化炭素を吸収して784億トンを放出しているので,正味の量として16億トンの吸収源ということになる[*5] [1].

　陸上の生態系(土壌も含む)も光合成と呼吸の活動を通じて大気と大量の二酸化炭素交換を行っている.IPCC AR5によれば,これらの交換量は炭素量にして年間1,200億トンでほぼつり合っている [1].ただし,両者の季節変動には位相差があり,主に太陽光強度に依存する光合成活動の極大期が,気温に依存する呼吸活動より数カ月単位で先んじているために,二酸化炭素フラックスに大きな季節変化が生じる.図1において二酸化炭素濃度が1年に一度の周期で変動しているのは両活動の位相差の結果であり,光合成の盛んな夏季に極小値を,光合成活動が盛んになる直前の春季に極大値を示す.

[*3] 海洋の深層循環には2,000〜3,000年の時間を要する.
[*4] 海水と平衡状態にある空気の二酸化炭素濃度のこと.
[*5] 正確には,陸域から河川を通して流入する9億トンの炭素も吸収している.

2.1 二酸化炭素

　産業革命前の陸上生態系は二酸化炭素をわずかに吸収していたが，現在では濃度の増加に伴って光合成効率が上昇していること（施肥効果）と，温暖化によって生態系活動が盛んになっていることのために，さらに吸収量が増している（年間43億トン）．一方で森林破壊などの土地利用の変化は陸上生態系からの二酸化炭素の人為的な放出源となる．産業革命直後には土地利用変化が大気中二酸化炭素濃度の増加の主な原因であった時期もあったとされている．現在の土地利用変化による二酸化炭素の放出は年間約11億トンと見積もられている [1].

　二酸化炭素は化学的に安定であり，地球大気の8割が存在する対流圏においては化学反応による分解プロセスはほとんど存在しない．また化学反応による生成量はその存在量に比べてきわめて小さい．したがって大気中の二酸化炭素は，化石燃料の燃焼とセメント生産による放出，海洋との交換，陸上生態系との交換のバランスでその濃度変化が決定されているといってよい．このような地球上の二酸化炭素の循環を「炭素循環」とよぶ[*6]．これらの放出・吸収量（フラックス）や変化量のうち，大気中濃度の変化（残留量）は観測により正確にわかっている．また，化石燃料の燃焼とセメント生産に伴う二酸化炭素の人為放出量は経済統計から比較的正確に算出できる．1959年から2005年の間に化石燃料の燃焼とセメント生産から放出された二酸化炭素のうち55％が大気に残留している．したがって残りの45％は海洋と陸上生態系によって吸収されているはずであるが，両者のフラックスには不明な点が多く，IPCC AR5による見積りにも大きな不確実性が含まれている．

　炭素循環における海洋と陸上生態系からのフラックスを定量化する方法として，大気中二酸化炭素の安定同位体比[*7]の観測データから見積もる手法がある．陸上生態系が光合成を行う際には同位体分別を生じ，質量数13の炭素（^{13}C）でできた二酸化炭素よりも質量数12の炭素（^{12}C）を多く取り込む性質がある．この結果，陸上生態系が二酸化炭素を吸収した際には大気中の濃度が減少し，大気に残った二酸化炭素の^{12}Cに対する^{13}Cの同位体比は上昇することになる．同じような同位体分別は大気と海洋が二酸化炭素交換を行った際にも生ずるが，同じ濃度を交換した際の同位体比の変動幅は大気-陸上生態系間の交換に対して10分の1程度である．同位体比観測の結果を利用して二酸化炭素濃度の季節変動をもたらす原因について解析すると，陸上生態系の寄与がほとんどであることがわかる．このことを経年変動に適用すると，例えばBattleらは1992年から1998年の観測データから海洋の吸収量を炭素量にして毎年15億トン，陸上生態系の吸

[*6] 地質的な炭素循環と区別するために「地球表層の炭素循環」とよぶこともある．
[*7] 炭素の質量数が12の二酸化炭素と13の二酸化炭素の比．

収量を毎年20億トンと見積もっている[6].

　同じようなフラックスの推定は大気中の酸素濃度を精密に測定することによっても可能になる．化石燃料を燃焼すると酸素濃度は減少するが，化石燃料の炭素・水素・酸素比がわかっていれば化石燃料の消費量から酸素の減少量を計算できる．陸上生態系は二酸化炭素を吸収すれば酸素を放出するが，その比は実験的に1.1であることがわかっている．一方，海洋が二酸化炭素を吸収する際には酸素濃度に変動はないので，大気中の酸素濃度の変動を観測的にとらえることができれば陸上生態系の二酸化炭素吸収量を計算でき，二酸化炭素濃度の観測結果と合わせれば海洋の吸収量も算出できる．酸素濃度はその絶対量に対して変動量がきわめて小さいので測定には非常に高度な技術が必要になる．はじめて大気中の酸素濃度の変動を正確に測定したのはC. D. キーリングの息子のR. キーリングであり，現在では世界の5つのグループが異なった方法で高度な観測を続けている．R. キーリングのグループは1990年代の平均値として海洋の吸収量を炭素量にして19億トン，陸上生態系の吸収量を12億トンと見積もった[7].

　二酸化炭素フラックスを見積もる新たな方法として，3次元大気輸送モデルを使う方法がある．特に最近では輸送モデルの逆計算（インバースモデルともよぶ）を行い，大気中二酸化炭素濃度の分布や時間変動からフラックスの分布や時間変化を推定する試みが盛んに行われている．上記の同位体観測値や酸素濃度観測値を使った解析では主として全球平均した結果しか求めていないが，インバースモデルは原理的にフラックスの空間分布まで知ることができるので，炭素循環のメカニズムを理解するにあたって非常に有用なツールとして期待されている．IPCC AR5のフラックス推定値はBattleらやR. キーリングらの結果やインバースモデルの推定値を含めた多くの最新の知見を総合的に評価した値である．

　以上のような多くのアプローチがあるにもかかわらず，海洋と陸上生態系の吸収量には地域による違いや年々の変動も大きく，未解明の部分が多い．インバースモデルを使ったフラックス推定の精度を上げるにはまだまだ観測値が足りないといわれている．将来の二酸化炭素濃度をより正確に見積もるためには炭素循環のメカニズムをさらに深く理解することが必須である． 　　　　　　　　　　　　　　　　　　　　　　　　　　　　　　　　[町田敏暢]

参考文献

[1] IPCC (2013), Climate Change 2013 : The Physical Science Basis, Contribution of Working Group I to the IPCC Fifth Assessment Report (AR5)
[2] WMO (2013), WMO Greenhouse Gas Bulletin, No.9, November 2013
[3] Tans, P., NOAA/ESRL (www.esrl.noaa.gov/gmd/ccgg/trends) and Keeling, R., Scripps Institution of Oceanography (scrippsco2.ucsd.edu/) (2013), Trends in Atmospheric Carbon Dioxide-Mauna Loa,

Hawaii
[4] Lüthi, D. et al. (2008), High-resolution carbon dioxide concentration record 650,000–800,000 years before present, *Nature*, 453, pp.379–382, doi：10.1038/nature06949
[5] Kawamura, K. et al. (2007), Northern Hemisphere forcing of climatic cycles in Antarctica over the past 360,000 years, *Nature*, 448, pp.912–916, doi：10.1038/nature06015
[6] Battle, M. et al. (2000), Global carbon sinks and their variability inferred from atmospheric O_2 and $\delta^{13}C$, *Science*, 287, pp.2467–2470
[7] Mannning, A.C. and Keeling, R.F. (2006), Global oceanic and biotic carbon sinks from the Scripps atmospheric oxygen flask sampling network, *Tellus* 58B, pp.95–116

2.2　メタン

　炭素原子1個と水素原子4個からなる化合物で，化学式は CH_4 で表す．常温では無色・無臭の気体である．永久凍土下や海底などの低温で高圧の条件下では，水分子と結合してメタンハイドレートとよばれる固体になる．地下に埋蔵する天然ガスの主成分である．水蒸気，二酸化炭素に次いで大気中の濃度が高い温室効果ガスで（2012年の全球大気平均濃度は約1,819 ppb），1分子あたりの温室効果は二酸化炭素より大きい．水素原子を含むため，水酸化ラジカル（OH）による水素引き抜き反応が起こり，大気中で分解する．

◆ 発生源と消失源

　自然界では，メタンは湿地や水田などの嫌気的な環境に住む微生物によって，二酸化炭素やギ酸，酢酸といった有機酸などから還元過程を経て生成される．嫌気的な土壌や水域では，メタンは有機物分解の最終生成物である．また，微生物に由来する発生源としては家畜やシロアリなどの動物の腸内発酵も挙げられる．これら微生物が放出するものに加え，化石燃料の使用やバイオマス燃焼によってもメタンが放出される．

　メタンの発生源と消失源の推定値を表1に示す[1]．これは，IPCC特別報告書がまとめた1980年代の大気におけるメタンの全球収支を表している．ここに示した推定値には，大きな不確実性があることに留意されたい．これ以降も多くの研究によってメタン収支が調べられてきたが，そのほとんどの値はこの範囲に入っている．人為起源の放出量は年間375 $TgCH_4$ で，自然起源の放出量（年間160 $TgCH_4$）の2倍以上を占める．人為起源のうち，化石燃料に関連したものが年間100 $TgCH_4$（天然ガスの採掘と輸送，石炭の採掘，その他には石油化学工業や石炭の燃焼など），ごみ処理に関連したものが年間90 $TgCH_4$（ごみの埋め立

表1　メタンの発生源と消失源の推定値と不確定性の範囲（単位：$TgCH_4$/年）[1]

自然の発生源	160（110〜210）
湿地	115（55〜150）
シロアリ	20（10〜50）
その他	25（10〜90）
人為的な発生源	375（300〜450）
化石燃料	
天然ガス	40（25〜50）
炭鉱	30（15〜45）
その他	30（5〜60）
ごみ処理	
埋め立て	40（20〜70）
その他	50（35〜110）
家畜（反芻動物）	85（65〜100）
水田	60（20〜100）
バイオマス燃焼	40（20〜80）
消失源	515（430〜600）
対流圏 OH	445（360〜530）
成層圏	40（30〜50）
土壌	30（15〜45）
大気中への蓄積	37（35〜40）

て，その他には動物排泄物や家庭廃棄物など）である．ほかに，ウシやヒツジなどの家畜，水田，バイオマス燃焼などが主な人為的な発生源である．自然の発生源を見てみると，その約70％は湿地からの放出が占め，その他シロアリや海洋の微生物などが挙げられる．

　メタンの消失源を見てみると，対流圏でのOHによる酸化がその約85％を占める．対流圏において，メタンはホルムアルデヒド，一酸化炭素を経て，最終的に二酸化炭素にまで酸化される．また，酸化反応の過程で，窒素酸化物ラジカルが豊富なときにはオゾンの生成を引き起こす．一方，メタンは成層圏で，オゾン層を破壊する塩素原子と反応して塩素のリザーバーへと変化する．また，メタンは成層圏でも酸化され，水蒸気の主要な生成源となる．ほかに，メタンは土壌に取り込まれて微生物によって分解される．

　こういった消失源があるため，メタンの大気中の寿命は，対流圏で安定して存在する二酸化炭素，亜酸化窒素，クロロフルオロカーボンといった，ほかの主要

な温室効果ガスに比べ短く，対流圏 OH による酸化に対して約 10 年，成層圏と土壌における除去を考慮すると，約 8 年である．また，メタン濃度が増加するとメタンの寿命が長くなる[*1]，という化学的なフィードバックを考慮すると，メタンの寿命は約 12 年となる［2］．したがって，メタンは短い時間スケールでは強い温室効果をもつが，長い時間スケールでは温室効果は小さくなる．一方で，メタンはその分解過程でオゾンと成層圏の水蒸気を生成するため，間接的な温室効果がある．これらを考慮すると，メタンの地球温暖化係数は，20 年のスケールで二酸化炭素の約 70 倍，50 年で約 25 倍，100 年では約 8 倍となる［3］．

1980 年代の大気中メタン濃度の増加率の観測値から，この期間におけるメタンの大気中への蓄積は 37 $TgCH_4$/年と推定された．後述するように，1990 年代からメタンの増加率が鈍化した．その結果を受けて，IPCC は，1998 年におけるメタン収支を，年間放出量 598 $TgCH_4$，消失量 576 $TgCH_4$（大気蓄積量 22 $TgCH_4$/年）［2］，2000〜2004 年のメタン収支を，年間放出量 582 $TgCH_4$，消失量 581 $TgCH_4$（大気蓄積量 1 $TgCH_4$/年）と報告した［3］．

◆ 大気中の分布と濃度変動

現在の大気中メタンの地球規模での分布を図 1 に示す．緯度分布を見てみると，メタン濃度は北半球の高緯度で高く，北半球中緯度から南半球中緯度にかけて急激に減少し，南半球中緯度以南ではほぼ一定となる．これは，主要なメタン発生源が北半球に存在すること，また南半球では大きなメタン発生源がなく，大気輸送でよく混合していることを反映している．高緯度における半球間の濃度差は，約 100〜150 ppb である．

季節変化を見てみると，メタン濃度は南北両半球ともに夏から秋に極小となり，冬から春に極大になる．これは，メタンを消滅させる OH 濃度が夏に最大となることと関係している．また，熱帯では発生源強度と OH 濃度ともに季節変化が小さいため，メタン濃度の季節変化はほとんどない．南半球では毎年ほぼ同じ振幅でなめらかな季節変動をするのに対し，北半球ではメタン放出量の変動の影響を受けるため，細かい極大・極小が見られ，振幅も年によって異なる．このように，大気中のメタン濃度の分布と時間変化は，発生源強度と OH 濃度の時間・空間的変動，ならびに大気輸送によって決まる．

次に，長期的な濃度変動を見てみる．大気中のメタン濃度は，過去 1 万年にわたって，580 ppb から 730 ppb の間をゆっくりと変動していたが，19 世紀の間に

[*1] メタン濃度が増加すると，メタンの酸化で生成される一酸化炭素が増加し，増加した一酸化炭素は OH と反応して OH を減少させるため，メタンの消滅反応が抑えられる．

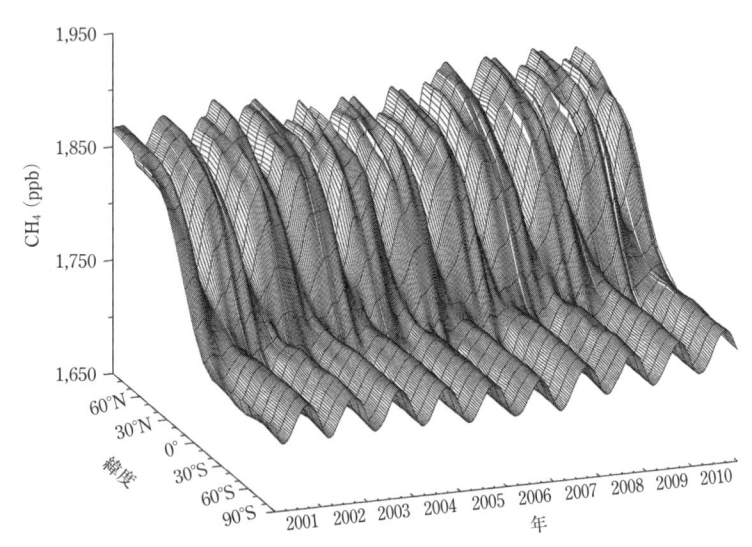

図1 米国海洋大気庁の観測から得られたメタン濃度の緯度・時間分布
(http://www.esrl.noaa.gov/gmd/Photo_Gallery/GMD_Figures/ccgg_figures/)

約200 ppb 増加し,20世紀の間に約800 ppb 増加した [3].特に,1970年代後半から1980年代にかけて,メタンの増加率は1%/年を超えた.このような急激な濃度増加は,上述した人為起源の放出量の増加が原因と考えられている.

しかし,1990年代以降,メタンの増加率は減少し,1999年から2006年の間はメタン濃度がほぼ一定になった.全球平均した大気中メタン濃度の1983年から2008年までの時間変化を図2に示す [4].1991年と1998年の大きな増加[*2]（約15 ppb/年）と2003年の小さな増加（約5 ppb/年）を除くと,80年代中旬には10～15 ppb/年あった増加が徐々に減少してほぼゼロ,年によってはマイナスになっているのがわかる.このメタン増加の減少の原因はまだ明らかになっていない.観測からは,OH濃度が増加しているという明らかな証拠はない.人為起源の放出量が減ったという説や,1980年代から1990年代は人為起源の放出量がほぼ一定で,その放出量と消失量が平衡状態に達している,という説などがある.しかし,最近のメタン放出量の推定 [5] では,2000年以降人為起源の放出量が増加しているという報告がある.

[*2] 1991年の増加は,同年に起こったピナツボ火山の噴火によって成層圏に硫酸エアロゾルが急増し,地上での日射が減ったことにより,OH濃度が減少したことに起因すると考えられている.1998年の増加は,エルニーニョ現象に伴う高温と多雨によって,森林火災と湿地からの放出が増加したことに起因すると考えられている.

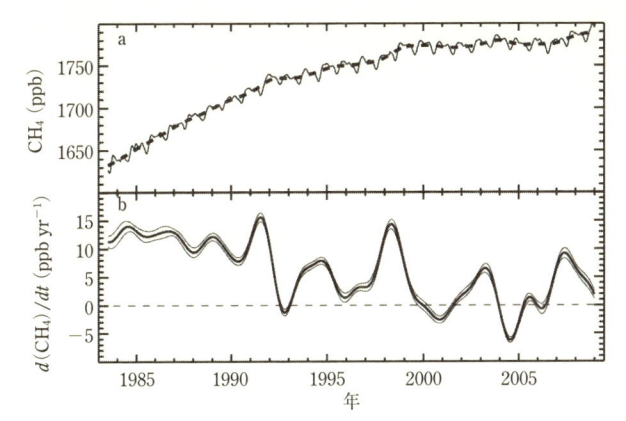

図2 全球平均した大気中メタン濃度の時系列（上：実線はメタン濃度，破線は季節変化を除去した経年変化成分），ならびにメタン濃度の変化率（下：細線は不確実性の範囲）[4]

最近の観測で，2007年以降，メタン濃度が南北両半球で再増加していることがわかった[4]．2013年時点で，メタン濃度は増加し続けている．より精緻なメタンの放出量と消失量の推定と，大気中メタン濃度の変動要因の解明が今後の課題である． ［寺尾有希夫］

参考文献

[1] IPCC (1994), Climate Change 1994：Radiative Forcing of Climate Change and An Evaluation of the IPCC IS92 Emission Scenarios
[2] IPCC (2001), Climate Change 2001：The Scientific Basis, Contribution of Working Group I to the Third Assessment Report of the Intergovernmental Panel on Climate Change
[3] IPCC (2007), Climate Change 2007：The Physical Science Basis, Contribution of Working Group I to the Fourth Assessment Report of the Intergovernmental Panel on Climate Change
[4] Dlugokencky, E.J. et al. (2009), Observational constraints on recent increases in the atmospheric CH_4 burden, *Geophys. Res. Lett.*, 36, L18803, doi：10.1029/2009GL039780
[5] The Emissions Database for Global Atmospheric Research (EDGAR) v4.0 (2009),
http：//edgar.jrc.ec.europa.eu/
メタンの大気化学反応は[6]が，メタン濃度の変動は[7]が詳しい．
[6] D.J.ジェイコブ著，近藤 豊訳 (2002)，大気化学入門，第11章 対流圏の酸化力，pp.203-235，東京大学出版会
[7] 秋元 肇，河村公隆，中澤高清，鷲田伸明編 (2002)，対流圏大気の化学と地球環境，1.3章 メタン，pp.31-43，学会出版センター

2.3 亜酸化窒素

◆ 大気中の亜酸化窒素

亜酸化窒素（または一酸化二窒素）は2個の窒素原子と1個の酸素原子が直線上に並んだ化合物で，化学式はN_2Oで表される．N_2Oは常温で無色の気体で，独特の甘い芳香をもち，鎮痛効果があることから手術の際の全身麻酔に用いられる．

大気中のN_2O濃度は2012年現在で約325 ppbであり，二酸化炭素（CO_2）の1,000分の1以下しか存在しない微量成分である．大気中濃度の系統的な観測は1970年代の後半から開始され，これらの観測からN_2O濃度が年間0.2～0.3％の割合で増加を続けていることがわかっている．図1は南極の氷床コア試料中に気泡として閉じ込められた空気の分析から明らかにされた過去250年間の大気中N_2O濃度の変動を示している[1]．18世紀中のN_2Oの平均濃度は約275 ppbであったものが，19世紀中葉から徐々に増加を始め，20世紀になると増加率が上昇したことがわかる．このような濃度増加傾向はCO_2やメタンの場合と類似し

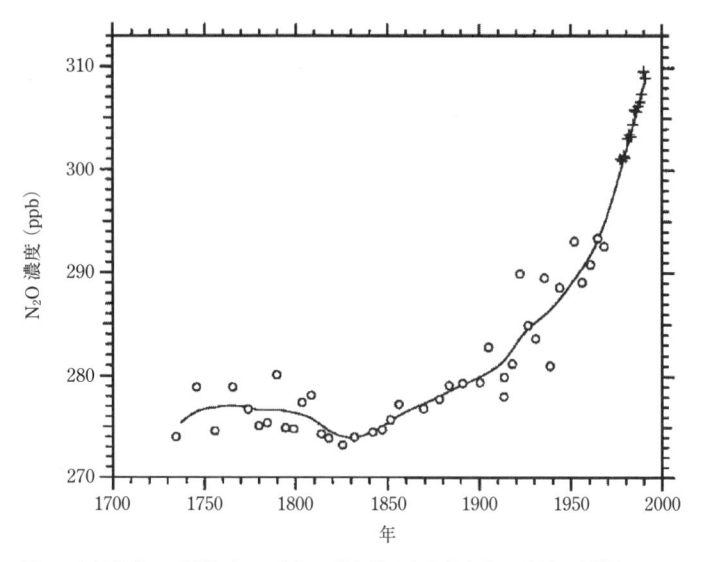

図1　南極氷床コア試料（2003年）に閉じ込められた気泡の分析から明らかにされた，過去250年間の大気中N_2O濃度の変動（○）[1]．1977～1991年の間に南極点で観測された大気中N_2O濃度の年平均値も＋で示されている．

ており，後述するように人間活動の増大に伴う人為発生源からの放出量の増加が原因と考えられている．

N_2O は CO_2 やメタンと同様に地表面から放射される赤外線を強く吸収する性質をもつ温室効果気体である．現在の大気組成における N_2O 1分子あたりの放射強制力は CO_2 の約200倍と高い．また，積算期間を100年とした場合の地球温暖化係数（GWP）で比べると，N_2O の GWP は約300となり，CO_2 に対して約300倍の温室効果をもつことがわかる．したがって，大気中濃度が微量であるにもかかわらず濃度増加による地球温暖化への影響は無視できないと考えられている．実際，1750〜2005年までの大気中の濃度増加による N_2O の放射強制力は $+0.16$（0.14〜0.18）Wm^{-2} であり，CO_2 の増加による放射強制力の約10％，全長寿命温室効果ガスの増加による放射強制力の約6％に達している［2］．

◆ **発生源と消滅源**

N_2O は主に土壌や水域における窒素循環の過程で微生物活動によって生成される．窒素は生物にとって必須元素であるが，植物が利用できるのはアンモニウムイオン（NH_4^+）や硝酸イオン（NO_3^-）などの無機態窒素に限られる．窒素は植物に吸収されると有機態に転換され，その遺骸が土壌や水圏に戻されると微生物によって NH_4^+ に分解され，再び植物に利用される．NH_4^+ は好気的環境下でアンモニア酸化細菌および亜硝酸塩酸化細菌によって NO_3^- にまで酸化される．このプロセスを硝化と呼び，N_2O はアンモニア酸化細菌により亜硝酸が生成される際の副産物として生成される．また，嫌気的な環境では NO_3^- は脱窒菌によって段階的に還元され，最終的には窒素ガスが生成される．このプロセスを脱窒とよび，N_2O は NO_3^- が窒素にまで還元される際の中間産物として生成される．なお，脱窒によって生成された窒素は最終的には大気に戻されるため，脱窒の進行により生態系の窒素栄養度は低下する．その一方で，マメ科植物の根粒菌などの窒素固定細菌は大気中の窒素を有機態窒素として取り込むことが可能で，生態系の窒素栄養度を高める．N_2O の自然発生源はほとんどがこの微生物活動によるものであり，土壌および海洋からの発生量の合計は全発生量の半分以上を占めていると考えられる．

一方，農業活動における窒素肥料の施肥は土壌中の無機態窒素を増加させることで硝化・脱窒プロセスに伴う N_2O の放出を増大させる．このような窒素肥料の施肥に伴う N_2O の放出は人為起源発生源に分類される．また，土壌に人為的に負荷された無機態窒素の一部は地下水や河川に流入し最終的には海洋にまで運ばれるため，河川や河口・沿岸域の水圏で無機態窒素濃度の増加に伴う N_2O の

発生も予想される．以上のような人為的な窒素循環フローの増大に伴う N_2O の発生以外にも，化石燃料の燃焼過程やナイロン用のアジピン酸の生産などの工業過程でも N_2O が放出されている．現時点における人為起源 N_2O の放出量の合計は自然起源 N_2O の放出量の半分以上に達していると推定されており（表1参照），大気中の N_2O 濃度の増加原因と考えられている．

N_2O は対流圏ではほとんど分解されることなく安定に存在するが，成層圏に輸送されると紫外光による光分解や励起酸素原子との反応により分解される．励起酸素原子との反応では NO が生成し，成層圏における NO の主要な供給源となっている．NO は成層圏におけるオゾンの消滅反応と密接に関連しているため，N_2O 濃度の変化は成層圏オゾンへ影響すると考えられている．最近の研究によると［3］，モントリオール議定書の締結によってクロロフルオロカーボン類（CFCs）の排出が世界的に規制されたため，現在大気中に排出されている人為起源物質の中で N_2O が最もオゾン層破壊に寄与している物質となっているとされる．世界のオゾン層のオゾン総量は20世紀末までに6％程度減少したが，CFCsの規制により今後はオゾン層が回復すると予想されている．しかし，人為起源 N_2O の排出増加が継続するとオゾン層の回復を遅らせる可能性があると指摘さ

表1 亜酸化窒素の発生源と発生量の推定値［2］

発生源	N_2O 発生量（TgN yr^{-1}）
人為起源	
化石燃料燃焼・工業プロセス	0.7（0.2～1.8）
農耕地土壌	2.8（1.7～4.8）
バイオマス燃焼	0.7（0.2～1.0）
屎尿	0.2（0.1～0.3）
河川・河口・沿岸域	1.7（0.5～2.9）
人為的影響を受けた農耕地以外の土壌	0.6（0.3～−0.9）
人為起源発生源の合計	6.7
自然起源	
自然植生状態の土壌	6.6（3.3～9.0）
海洋	3.8（1.8～5.8）
大気化学	0.6（0.3～1.2）
自然起源発生源の合計	11.0
合計	17.7（8.5～27.7）

れている．したがって，N_2O 排出量の抑制はオゾン層回復と温暖化抑制の両面に効果があると期待されている．

◆ 亜酸化窒素の収支

ここで大気中の N_2O のおおまかな収支を考えてみる．2007 年時点での大気中濃度 320 ppb および年間平均増加率 0.8 ppb yr^{-1} は，大気中の総量およびその増加率に換算するとそれぞれ約 1,590 TgN[*1] および 4.0 TgN yr^{-1} である．大気中の N_2O の寿命は大気化学モデルからおよそ 120 年程度と見積もられている．年間増加率は大気中の総量と寿命，年間放出量によって次式により表される．

$$年間増加率 = 総量/寿命 + 年間放出量 \qquad (1)$$

式(1)に上述したそれぞれの値を代入すると，年間放出量として約 17 TgN が得られる．さらに，人為発生源の影響が現れる前の大気中濃度が 275 ppb（約 1,370 TgN）であり大気中の寿命は現在と変わらないと仮定すると，年間放出量は約 11 TgN となる．したがって，放出量の増加分約 6 TgN が人為起源の N_2O 放出量に相当することになる．

各発生源を特定しその発生量を正確に見積もることは，将来の大気中 N_2O 濃度の推定や大気中濃度抑制のための放出量削減を実施するうえで重要な情報となる．しかし，N_2O の発生源の多くは地球表層に広く分布しており，その放出量の推定を著しく困難にしている．表 1 は IPCC の第 4 次報告書によって推定された 1990 年代における N_2O の発生量をまとめたものである [2]．自然発生源の中で土壌からの放出量が最も多く，次いで海洋となっている．一方，人為発生源を見ると，窒素肥料の施肥に伴う耕作土壌からの発生量が最も大きく，次いで河川・河口・沿岸域からの発生，さらに化石燃料の燃焼過程や工業活動，さらにはバイオマス燃焼と続く．

しかし，それぞれの発生源からの発生量の見積りには非常に大きな不確かさが存在しており，これらの不確かさを減らすことが今後の研究課題となっている．近年，大気輸送モデルの進歩により大気中の温室効果気体の濃度の時間・空間変化の観測結果から地球表層からの発生量を逆推定する手法（インバージョン解析）が実用化されるようになってきた．このような解析から精度の高い推定結果を得るためには，できるだけ多くの地点での観測結果が必要とされる．N_2O に関してのインバージョン解析はまだ数例しかないが，今後大気中 N_2O の観測が充実するにつれて，ますますその重要性は増すものと考えられる．

[*1] N_2O の放出量を窒素のみの量に変換したもので，Tg は 10^{12} g.

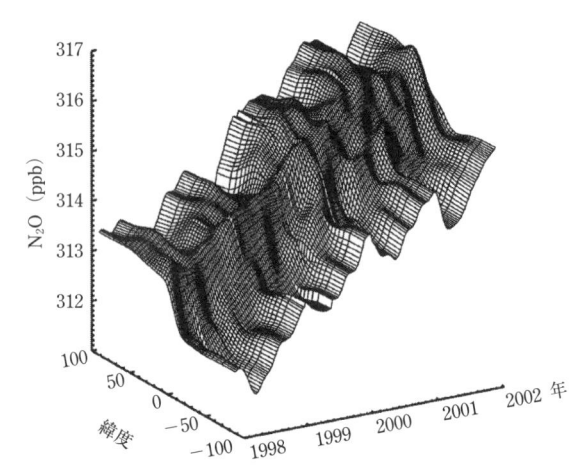

図2 NOAA/GMDのフラスコサンプリングネットワークによる観測で明らかにされた N_2O 濃度の緯度分布の時間変化（1998年1月～2002年12月）[4].

大気中の N_2O 濃度の観測結果の一例として，米国海洋大気庁/地球監視部（NOAA/GMD）が世界各地で実施している大気試料のフラスコサンプリングによる N_2O の緯度分布の1998～2001年までの4年間の時間変化を図2に示す[4]．N_2O は年々の増加傾向だけでなく，CO_2 などと同様に季節変化しており，北半球で0.4～0.8 ppb，南半球で0.3 ppb程度の振幅をもっていることがわかる．また，N_2O は南北半球間で濃度差が存在し，北半球のほうが南半球よりも約1 ppb程度高くなっている．このような大気中 N_2O 濃度の時間・空間的な変動は発生源・消滅源強度の時間・空間的な変動と大気輸送によって決まる．したがって，N_2O 観測網の充実と大気化学モデルや大気輸送モデルの進展によって，N_2O 発生量の地理的分布や時間変化の解明を進めることが今後の課題となっている．

[遠嶋康徳]

参考文献

[1] Machida T., T. Nakazawa, Y. Fujii, S. Aoki and O. Watanabe (1995), Increase in the atmospheric nitrous oxide concentration during the last 250 years, Geophys. Res. Lett., 22, pp.2921-2924
[2] IPCC (2007), Climate Change 2007：The Physical Science Basis, Contribution of Working Group I to the Fourth Assessment Report of the Intergovernmental Panel on Climate Change
[3] Ravishankara, A. R., J. S. Daniel and R. W. Portmann (2009), Nitrous oxide (N_2O): The dominant ozone-depleting substance emitted in the 21st century, Science, 326, pp.123-125
[4] Hirsch A. I., A. M. Michalak, L. M. Bruhwiler, W. Peters, E. J. Elugokencky and P. P. Tans (2006), Inverse modeling estimates of the global nitrous oxide surface flux from 1998-2001, Global Biogeochem. Cycles, 20, GB1008, doi：10.1029/2004GB002443

2.4 ハロカーボン

　ハロカーボンは，フッ素，塩素，臭素，ヨウ素などのハロゲン原子を含む炭素化合物の総称である．重要な温室効果気体として働くハロカーボンには，塩素・フッ素・炭素のみからなるクロロフルオロカーボン（CFCs），臭素を含むハロン，水素を含むハイドロクロロフルオロカーボン（HCFCs），塩素を含まないハイドロフルオロカーボン（HFCs），炭素とフッ素のみからなるパーフルオロカーボン（PFCs），トリクロロエタン，四塩化炭素などがある．これらのうち CFCs，ハロン，HCFCs，トリクロロエタン，四塩化炭素については成層圏オゾンを破壊するはたらきもある．これらのほとんどは人工的につくり出されたもので，一般に図1の規則に従った番号により略称される．ハロカーボンの用途は幅広く，スプレー缶の噴射剤，エアコンの冷媒，電子部品の洗浄用溶剤などとして使われている．これらのハロカーボンは，総じて熱的・化学的に安定なため，製造・使用・製品の廃棄過程などからいったん大気へ放出されると，長い間大気中に滞留する．このため，それらの地球温暖化への影響は長期間にわたって継続し，温暖化係数は二酸化炭素の数百から数千倍，あるいはそれ以上に相当する（表1）．大気中におけるハロカーボンの濃度は二酸化炭素の百万分の1程度と低いが，これらに六フッ化硫黄を加えたハロゲン系温室効果気体による放射強制力は，長寿命温室効果気体全体の約13%を占める．

◆ クロロフルオロカーボン（CFCs）

　いわゆる「フロンガス」として一般に知られる CFCs は，強い温室効果と成層圏オゾン破壊能をあわせもつハロカーボンである．CFCs の地球温暖化への寄与はハロゲン系温室効果気体全体の8割を占める．特に，主要な CFCs である CFC-12（CCl_2F_2）は強い放射強制力（$0.17\ \mathrm{W\ m^{-2}}$）をもち，二酸化炭素，メタンに次いで，3番目に重要な長寿命温室効果気体となっている．CFCs は，無色・無臭で，熱的・化学的に安定な取り扱いやすい気体として，工業的に広く使用されてきた．最初に開発された CFC-12 と CFC-11（CCl_3F）は，1930年代から冷蔵庫用の冷媒として使用が開始されたが，その後エアコンの冷媒，スプレー缶の噴射剤，洗浄用溶剤などへ用途が広がるにつれ，それらの生産量が急増していった．CFCs は大気中に排出されると，対流圏で分解されることなく大気中に蓄積し，成層圏で強い紫外線を受けることによりはじめて分解される．このときに放出される塩素原子が触媒となって成層圏オゾンの破壊を引き起こしていることが

① フルオロカーボン類

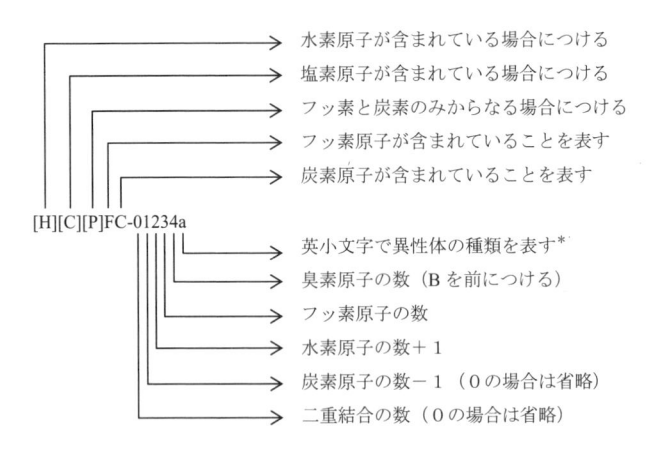

```
                    ┌─→ 水素原子が含まれている場合につける
                    │┌→ 塩素原子が含まれている場合につける
                    ││┌→ フッ素と炭素のみからなる場合につける
                    │││┌→ フッ素原子が含まれていることを表す
                    ││││┌→ 炭素原子が含まれていることを表す
     [H][C][P]FC-01234a
                  │││││└→ 英小文字で異性体の種類を表す＊
                  ││││└→ 臭素原子の数（Bを前につける）
                  │││└→ フッ素原子の数
                  ││└→ 水素原子の数＋1
                  │└→ 炭素原子の数－1（0の場合は省略）
                  └→ 二重結合の数（0の場合は省略）
```

＊　対称性が高い順に，a, b, c などと続く．

例：HFC-134（CHF$_2$-CHF$_2$），HFC-134a（CH$_2$F-CF$_3$）
　　HCFC-141 (CHFCl-CH$_2$Cl)，HCFC-141a（CHCl$_2$-CH$_2$F），HCFC-141b (CFCl$_2$-CH$_3$)

② ハロン

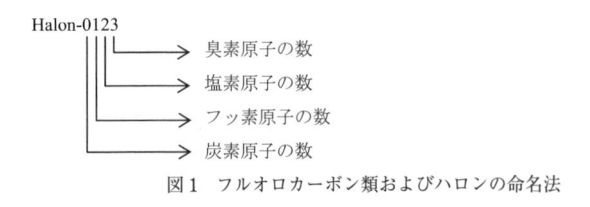

```
     Halon-0123
            ││││
            │││└→ 臭素原子の数
            ││└→ 塩素原子の数
            │└→ フッ素原子の数
            └→ 炭素原子の数
```

図1　フルオロカーボン類およびハロンの命名法

1970 年代半ばになって指摘されると，CFCs の大気中への放出を抑制するための国際的な規制の必要性から，1987 年にオゾン層破壊物質に関するモントリオール議定書が採択された．モントリオール議定書では，CFC-11，CFC-12，CFC-113（CClF$_2$CCl$_2$F），CFC-114（CClF$_2$CClF$_2$），CFC-115（CClF$_2$CF$_3$）の5種類の CFCs（特定フロンとよばれる）が後述のハロンとともに規制対象物質とされ（その後，成層圏オゾンの破壊に関与するその他のハロカーボンも追加された）．先進国での特定フロンの生産は 1996 年以降全廃された．これにより，CFCs の生産量は大きく減少し，2000 年代前半にはピーク時の数パーセント以下となった．CFCs の大気中濃度は 1980 年代まで急激に増加したが，モントリオール議定書による使用量の削減を反映し，1990 年代以降における蓄積速度は落ち

表1 主要なフッ素系温室効果気体の大気中平均濃度（2005年），大気寿命，地球温暖化係数，放射強制力

化合物名	化学式	大気中濃度 (pptv)	大気寿命 (年)	地球温暖化係数	放射強制力 (Wm^{-2})
CFC-11	CCl_3F	251 ± 0.36	45	4,600	0.063
CFC-12	CCl_2F_2	538 ± 0.18	100	10,600	0.17
CFC-113	CCl_2FCClF_2	79 ± 0.064	85	6,030	0.024
HCFC-22	$CHClF_2$	169 ± 1.0	12.0	1,780	0.033
HCFC-141b	CH_3CCl_2F	18 ± 0.068	9.3	713	0.0025
HCFC-142b	CH_3CClF_2	15 ± 0.13	17.9	2,270	0.0031
Methylchloroform	CH_3CCl_3	19 ± 0.47	5.0	144	0.0011
Carbon tetrachloride	CCl_4	93 ± 0.17	26	1,380	0.012
HFC-125	CHF_2CF_3	3.7 ± 0.10	29	3,450	0.0009
HFC-134a	CH_2FCF_3	35 ± 0.73	14.0	1,410	0.0055
HFC-152a	CH_3CHF_2	3.9 ± 0.11	1.4	122	0.0004
HFC-23	CHF_3	18 ± 0.12	270	14,300	0.0033
PFC-14	CF_4	74 ± 1.6	50,000	5,820	0.0034
PFC-116	C_2F_6	2.9 ± 0.025	10,000	12,010	0.0008
Sulphur hexafluoride	SF_6	5.6 ± 0.038	3,200	22,450	0.0029

［出典］ IPCC 第4次評価報告書（2007），WMO (2007), *Scientific Assessment of Ozone Depletion*：2006, Global Ozone Res., Monit. Proj. Rep. 50, Geneva, Switzerland を改変

ている（図2）．CFC-11 と CFC-113 の大気中濃度は，それぞれ1993年頃と1995年頃に最大となり，その後，徐々に減少している．CFC-12 は1990年代を通して増え続けたものの，2000年代前半になって約540 ppt で濃度が頭打ちし，減少に転じ始めている．なお，CFC の大気中濃度が，生産量ほど急激に減少しないのは，それらの大気寿命が数十年以上と長いためである．

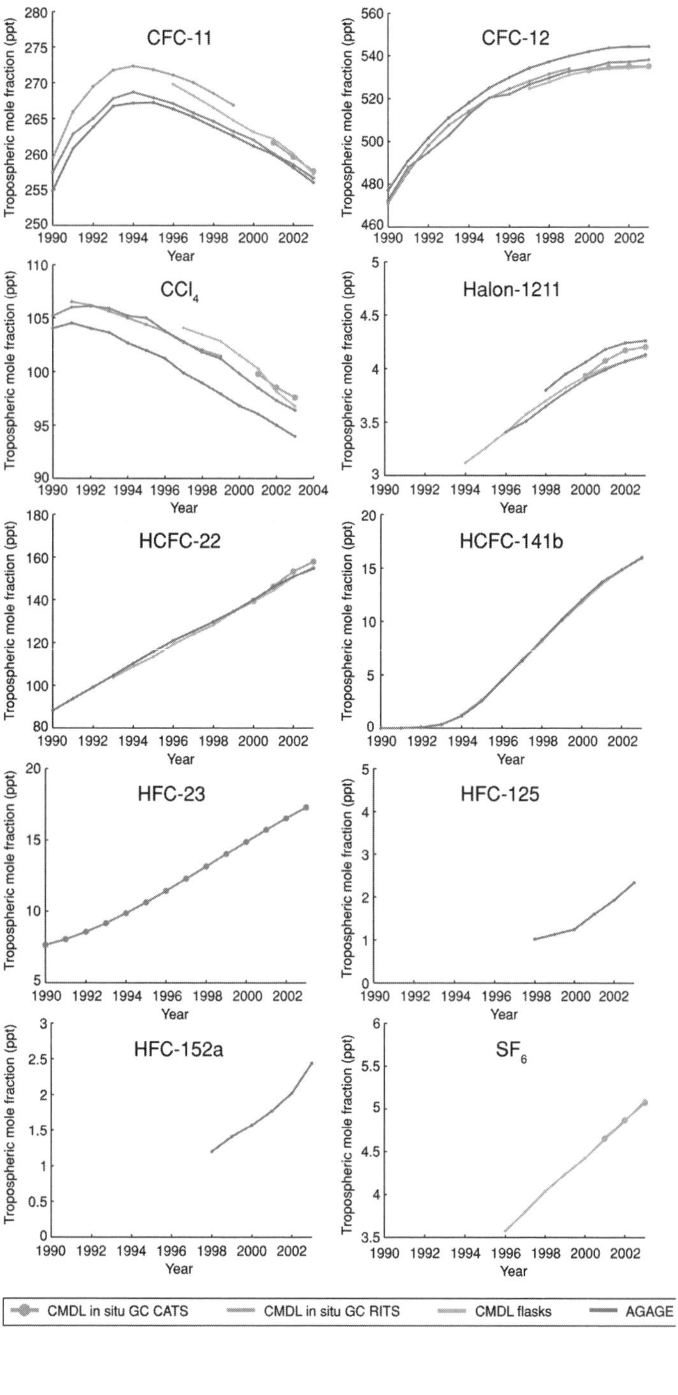
CFC-11
CFC-12
CCl4
Halon-1211
HCFC-22
HCFC-141b
HFC-23
HFC-125
HFC-152a
SF6
Tropospheric mole fraction (ppt)
Year
CMDL in situ GC CATS
CMDL in situ GC RITS
CMDL flasks
AGAGE

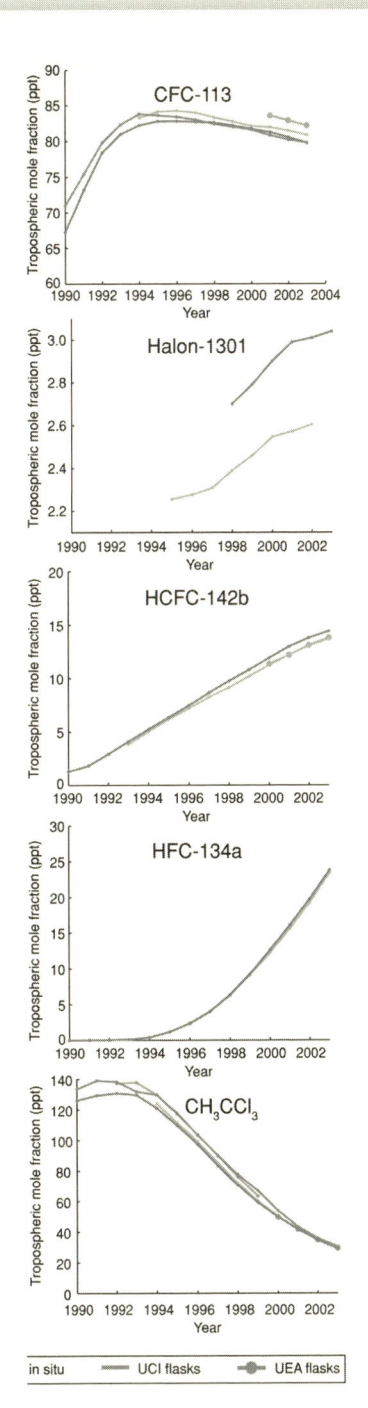

図2 主要なハロゲン系温室効果気体の地表付近における大気中平均濃度の推移

[出典] Verders, et al. (2005), p.146

Velders, G. J. M. and S. Madronich, (Co-ordinating Lead; Authors), C. C., R.G. Derwent, M. Grutter, D.A. Hauglustaine, S. I., M.K.W. Ko, J.-M. Libre, O. J. N., F. Stordal and T. Zhu (Lead; Authors), Chemical and radiative effects of halocarbons and their replacement compounds, In *IPCC/TEAP Special Report on Safeguarding the Ozone Layer and the Global Climate System*, B. Metz, L. K., S. Solomon, S.O. Andersen, O. Davidson, J. P., D. de Jager, T. Kestin, M. Manning, L. A. M., Eds. Cambridge University Press: Cambridge, 2005; p.478

◆ ハロン

ハロンは，塩素・臭素・炭素からなるハロカーボンである．ハロンの工業的な用途は消火剤であり，Halon-1211（$CBrClF_2$）は小型の消火器用として，Halon-1301（$CBrF_3$）は大型の消火設備用として用いられている．ハロンは，単位重量あたりの成層圏オゾン破壊能力がCFCsよりも高いため，特定ハロンとよばれる3種類のハロン（Halon-1211，Halon-1301，Halon-2402（$CBrF_2CBrF_2$））がモントリオール議定書により規制対象物質となっている．これにより，先進国における特定ハロンの生産は1994年までに全廃されたが，貯蔵分からの漏出や途上国での使用などにより2000年代に入ってもそれらの大気中濃度は上昇し続けている（図2）．

◆ 四塩化炭素およびトリクロロエタン

四塩化炭素（CCl_4）とトリクロロエタン（CH_3CCl_3）は塩素原子を含む比較的長寿命なハロカーボンであり，成層圏オゾンの破壊に関与するとともに，赤外域に強い吸収をもつ温室効果気体としてはたらく．四塩化炭素は主にCFC-11やCFC-12を生産する際の原料として使用されていたが，モントリオール議定書によりCFCsの生産が規制されたことに加え，1990年には四塩化炭素自体が規制対象に追加されたため，その生産量は大きく減少した．主に洗浄剤として使われていたトリクロロエタンも四塩化炭素とともに規制対象に加えられ，先進国における生産は1996年以降に全廃とされた．このため，これらの大気中濃度はともに1990年代初頭に最大となった後，減少に転じている（図2）．

◆ ハイドロクロロフルオロカーボン（HCFCs）

HCFCsは水素原子を含むハロカーボンで，主に対流圏においてOHラジカルとの化学反応により分解されるため，大気中の寿命は10～20年程度と比較的短い（表1）．このため，HCFCsはCFCsと比べて成層圏へ到達しにくく，オゾン層への影響はより小さいが，モントリオール議定書の改正により規制対象物質に追加されている．これにより，先進国におけるHCFCsの生産は2004年から段階的に規制され，先進国では2020年，途上国も2030年までに全廃される予定である．HCFCsは代替フロンとしての大きな需要により，大量に使用されているため，大気中濃度は増加しているが，その増加速度は近年低くなる傾向にある．HCFCsとしては最も古く，1970年代初頭から冷媒として使用されてきたHCFC-22（$CHClF_2$）の大気中濃度は，年間数パーセント程度で増加し，2005年

には約 170 pptv となった.これは代替フロンの中では最も高い濃度である.HCFC-142b（CH_3CCl_2F）と HCFC-141b（CH_3CClF_2）は,それぞれ 1980 年代と 1990 年代から主に CFC-11 の代替物質として発泡用途に使われており,それらの大気中平均濃度は 2005 年に 15～20 ppt となった.

◆ ハイドロフルオロカーボン（HFCs）

HFCs は,成層圏オゾンを破壊する塩素原子を含まないため,オゾン層の保護という観点からは理想的な代替フロンといえる.しかし,強力な温室効果気体であることから,PFCs,SF_6 とともに,気候変動枠組条約に基づく京都議定書の対象物質となった（これらは代替フロン等 3 ガスとよばれる）.代表的な HFCs には,HFC-134a（CH_2FCF_3）,HFC-23（CHF_3）,HFC-152a（CH_3CHF_2）,HFC-125（CHF_2CF_3）などがある.これらの大気中濃度は主要な CFCs と比べてまだ低いものの,代替フロンとしての使用量の増加を反映して急速に増加する傾向にある（図 2）.HFC-134a は CFC-12 の代替物質として開発された低温冷媒で,その大気中濃度は毎年約 20％という高い割合で上昇を続けており,2005 年には 35 ppt に達している.HFC-23 は主に HCFC-22 を製造する際に副生成物として発生する化合物で,大気中濃度は HFC の中で 2 番目に高い.HFC-23 はほかの HFCs と同様に主に対流圏で分解されるが,その大気寿命は 270 年と長く,二酸化炭素の 1 万 4,000 倍にも相当する強力な温室効果をもつ（表 1）.

◆ パーフルオロカーボン（PFCs）

完全にフッ素化された PFCs は,対流圏および成層圏において安定に存在し,大気高層における電子やイオンとの反応や真空紫外光の吸収などによってのみ分解されるため,大気寿命は数千年から数万年ときわめて長い（表 1）.さらに,赤外線に対して強い光吸収をもつため,強力な温室効果気体としてはたらく.PFCs の放射強制力は,京都議定書の対象とされている代替フロン等 3 ガス全体の 25％に相当する.主要な PFCs である PFC-14（CF_4）は,ハロゲン系温室効果気体としてはほとんど唯一,自然界に発生源をもち,大気中の存在量の約半分が天然の蛍石（CaF_2）からの脱ガスに由来すると推定されている.近年はアルミニウムの精錬過程における副生成物としての排出などにより,大気中濃度が毎年 1％程度の割合で増加している.PFC-14 に次いで大気中における存在量の多い PFC-116（C_2F_6）は,PFC-14 と同様にアルミニウムの精錬過程から副生成物として排出されるほかに,半導体産業のエッチングや洗浄の工程で使用される.

◆ 六フッ化硫黄（SF$_6$）

SF$_6$ はフッ素と硫黄からなる化合物で，絶縁性に優れた安定なガスであることから，主に送配電設備において変圧器の絶縁媒体として使われている．その大気寿命は3,200年と長く，単位重量あたりの温室効果は二酸化炭素の2万倍以上と大気中の化合物の中で最も大きい（表1）．このため，京都議定書の排出削減対象となっている．工業的な生産が開始された1950年代前半における大気中平均濃度は0.1 ppt 以下であり，大気中にほとんど存在していなかったと推定されているが，その後広く使われたため，2005年には6 ppt 近くまで上昇している．

[斉藤拓也]

参考文献

[1] IPCC 第4次評価報告書（2007）
[2] World Meteorological Organization（WMO）(2007), *Scientific Assessment of Ozone Depletion* : 2006, Global Ozone Res., Monit. Proj. Rep. 50, Geneva, Switzerland
[3] Velders, G. J. M. and S. Madronich, (Co-ordinating Lead; Authors), C. C., R. G. Derwent, M. Grutter, D. A. Hauglustaine, S. I., M. K. W. Ko, J.-M. Libre, O. J. N., F. Stordal and T. Zhu (Lead; Authors), Chemical and radiative effects of halocarbons and their replacement compounds, In *IPCC/TEAP Special Report on Safeguarding the Ozone Layer and the Global Climate System*, B. Metz, L. K., S. Solomon, S. O. Andersen, O. Davidson, J. P., D. de Jager, T. Kestin, M. Manning, L. A. M., Eds. Cambridge University Press : Cambridge, 2005; p.146

2.5 対流圏オゾンと反応性ガス

オゾンは3個の酸素原子からなる酸素の同素体である．分子式は O_3 で，折れ線型の構造をもつ．強い酸化力と特徴的な刺激臭をもつ物質であり，常温では気体である．そのため，高濃度のオゾンは人体や生態系にとって有害なはたらきをすることは古くから知られている．

地球大気中におけるオゾンは9割が成層圏に存在し，1割が対流圏に存在する．オゾンは紫外領域と赤外領域に強い光吸収帯を有している．このため，成層圏におけるオゾンは生物に有害な紫外線が地表面に届くのを防ぐ役割を果たしており，フロン類によるオゾン層破壊やオゾン量の減少が問題となっている．一方，対流圏におけるオゾンは赤外線を吸収することで地表面から放射される輻射熱が宇宙へ散逸するのを妨げており，地球の放射収支に強く影響する温室効果気体の1つとして重要な役割を果たしている．対流圏オゾン濃度は産業革命以降急激に

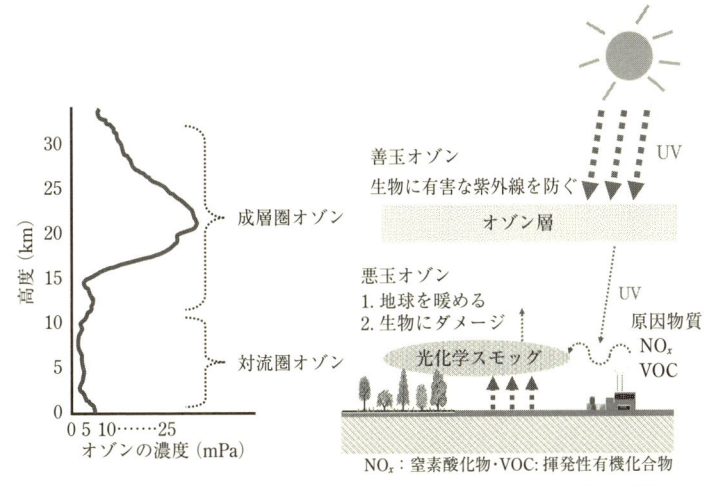

図1　オゾンの濃度分布（左）と対流圏オゾンと成層圏オゾンの役割（右）

増加しており，地球温暖化に大きく寄与している．このように，同じオゾンでも成層圏と対流圏で役割や環境影響が対照的であることから，成層圏オゾンは「善玉オゾン」，対流圏オゾンは「悪玉オゾン」とよばれてきた（図1）．

対流圏オゾンは，窒素酸化物と一酸化炭素，メタン，非メタン揮発性有機化合物が太陽からの紫外線を受けて光化学的に生成する．自動車や工場などの人間活動が盛んな大都市周辺ではこれらの物質が大量に大気中に放出されていることからオゾンの生成が大きい．そのため，排出規制が緩い発展途上国の大都市では大気中オゾン濃度が100〜200 ppb（10億分の1）にも及ぶことがあり，光化学スモッグ[*1]として社会問題になることもある．対照的に，離島や陸域から離れた海洋上など清浄地域における対流圏オゾン濃度は10〜50 ppb 程度である．近年では人間の社会経済活動の拡大により，特に北半球で清浄地域における対流圏オゾン濃度が増加していることが，対流圏オゾンの地球温暖化影響の点で問題視されている．現在の対流圏オゾンの放射強制力は$+0.35\ \mathrm{W\ m^{-2}}$（$-0.10$，$+0.30$）と推定されており，これは二酸化炭素，メタンに次いで3番目に大きい［1］．

図2は20世紀におけるヨーロッパで得られた観測データをまとめたものである［2］．過去100年間のうちにオゾン濃度が約10 ppbから約40 ppbにも増加しているようすが見てとれる．産業革命以降における対流圏オゾン濃度増加の主な原因は，人類による化石燃料の燃焼などによって放出されるオゾン前駆物質[*2]で

---

*1　オゾンなどの光化学オキシダントが高濃度になる大気汚染現象のこと．
*2　オゾンを生成するもととなる物質のこと．

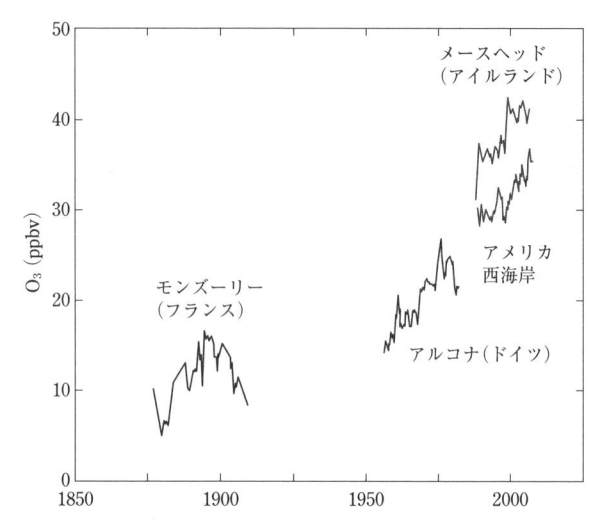

図2 欧州と北米で観測された過去100年間にわたる対流圏オゾン濃度の変動

ある窒素酸化物および揮発性有機化合物の増加であると考えられている．現在の対流圏オゾン濃度の測定には，精度や長期安定性に優れた紫外吸収法に基づく測定法が広く用いられているため測定データの信頼性は高いが，100年前の対流圏オゾン濃度の測定はヨウ化カリウム溶液を浸したろ紙の発色度の差から濃度を求めるシェーンバイン試験紙を用いた測定であるため信頼性が低い．対流圏オゾンを生成する前駆物質の放出や化学反応に関する現在の知識を組み込んだモデル計算によると産業革命以前の対流圏オゾン濃度は20 ppbと推定され，観測データと10 ppbの不一致があることが知られている．したがって，過去の測定データが不正確であるか，もしくはモデルに組み込んでいる産業革命以前のオゾン前駆物質の放出量が不正確であることが要因として考えられている．オゾンのような反応性の高い物質は，長寿命温室効果ガスのように氷床コアなどに保存されておらず，現在，産業革命以前の対流圏オゾン濃度を推定することは非常に困難である．4倍とはいわないまでも2倍は増加していることは確からしいと考えられているが，放射強制力の推定には産業革命以前から現在までの濃度増加が重要であるため，産業革命以前の濃度推定が対流圏オゾンの放射強制力の算出に伴う誤差として最も大きい要因となっている．

　対流圏オゾンは二酸化炭素やメタンなどの長寿命温室効果ガスと異なり反応性に富むため，大気中寿命も数日から数週間程度と比較的短い．それゆえ，観測される対流圏オゾン濃度の分布と増加には地域差が大きいことが知られている．過

去30年間における対流圏オゾン濃度の増加率は北米やヨーロッパで年率＋0.5〜1.0 ppb と報告されている．近年では，北米や欧州からのオゾン前駆物質の排出量が漸減している一方，人口増加著しい東アジア・南アジアからの排出が急増しており，対流圏オゾン濃度増加への影響が注視されている．しかしながら，対流圏オゾンに関する観測は，現在まで時間的・空間的に十分に網羅されておらず，地域代表性をもつ長期にわたる系統的な観測網（地上観測やオゾンゾンデによる観測を含む）のさらなる整備が望まれている．

対流圏オゾンはそれ自身が温室効果ガスとして地球温暖化へ重要な寄与をするほか，その光分解反応から生成するヒドロキシル（OH）ラジカルがメタンや代替フロン類など，ほかの温室効果ガスの大気中寿命をコントロールするという意味で，地球温暖化に対して間接的にも深いかかわりをもっている．OHラジカルの対流圏大気中濃度は約 10^6 分子 cm^{-3} と非常に低濃度であるが，大気中における主要な酸化剤である．OHラジカルはメタンや代替フロン類の大気中寿命に影響を及ぼすため，その濃度レベルと経年変化の把握はメタンや代替フロンの放出量の把握とともに重要である．しかしながら，OHラジカルの全球的な濃度推定は非常に困難であり，その試みは非常に限られている．

対流圏の大部分において，一酸化炭素とメタンはOHラジカルの主要な消失源である．それゆえ，この2つの気体成分はOHラジカルの濃度をコントロールする．一酸化炭素は化石燃料の燃焼やバイオマス燃焼[*3]が大きな発生源であり，

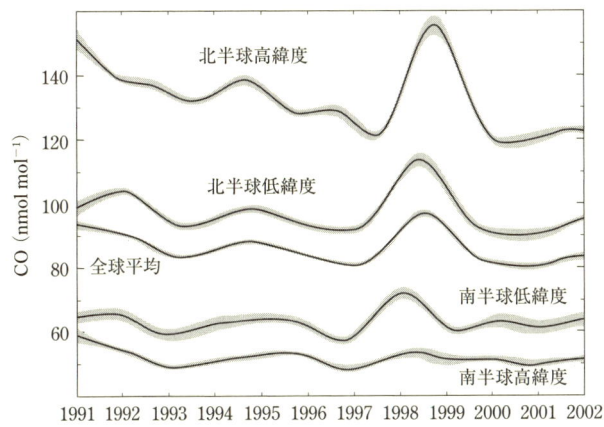

図3　1991〜2001年における一酸化炭素濃度の変動

---

*3　森林火災や農業残渣を燃やすこと．

メタンの酸化も主要な発生源である．現在，清浄地域における一酸化炭素の濃度は50～150 ppb 程度であり，その大部分は人間活動によるものである．一酸化炭素の主な消失減はOHラジカルによる酸化反応で，一酸化炭素の大気中寿命は平均的に2カ月程度になる．一酸化炭素の長期的な経年変化は単調ではなく，年々変動も大きいことが知られている．図3は地上付近における一酸化炭素の経年変化のようすである［3］．1990年代は全球的に濃度が減少してきたが，1997年から1998年にかけては東南アジアやシベリアで起こった大規模なバイオマス燃焼のためにそれぞれ南北両半球の低緯度帯および北半球高緯度帯で濃度が急増し，それが緩和されたその後数年間は緩やかな増加傾向を示していることが見てとれる． ［谷本浩志］

参考文献

[1] IPCC (2007), Climate Change 2007：The Physical Science Basis, Contribution of Working Group I to the Fourth Assessment Report of the Intergovernmental Panel on Climate Change
[2] Parrish, D.D., D.B. Millet and A.H. Goldstein (2009), Increasing ozone in marine boundary layer inflow at the west coasts of North America and Europe, Atmos. Chem. Phys., 9, pp.1303-1323
[3] Novelli, P.C., K.A. Masarie, P.M. Lang, B.D. Hall, R.C. Myers and J.W. Elkins (2003), Reanalysis of tropospheric CO trends：Effects of the 1997-1998 wildfires, J. Geophys. Res., 108 (D15), 4464, doi：10.1029/2002JD003031

2.6　エアロゾル

　エアロゾルとは空気中に浮遊する微粒子である．本来の定義は「空気中に微粒子が浮遊している分散系」であるが，微粒子そのものを指してエアロゾルとよぶことが多い．大気環境モニタリングにおいては，エアロゾルは粒子状物質（Particulate Matter：PM）とよばれる．直径 $2.5\,\mu m$（$1\,\mu m = 10^{-6}\,m$）以下のいわゆる微小粒子（PM2.5）は呼吸器の深部に沈着する可能性があるため，その健康影響リスクが問題視されている．

　このようにエアロゾルは大気汚染物質としての重要性が広く認知されている一方，その気候影響の重要性については一般にはあまり知られていない．CO_2 の気候影響は地球から放射される赤外線を吸収することによるものであるが，エアロゾルの気候影響は主として太陽光を散乱または吸収する作用，および雲を生成する核としての作用によるものである．本節では，エアロゾルの組成および発生源，計測方法，濃度分布の特徴，および放射影響を中心に解説する．

◆ エアロゾルの組成および発生源

　エアロゾルの発生源や生成過程は多岐にわたる．それを反映して，エアロゾルの大きさや化学組成も多種多様である．図1はエアロゾルの一般的な分類を模式的に表したものである．直径2.5 μm以下を微小粒子，それ以上を粗大粒子という．また，発生源から直接粒子の形で放出されるものを一次粒子といい，気体成分の化学反応を経て生成されるものを二次粒子という．以下，主要な発生源別にエアロゾル組成の特徴を記す．

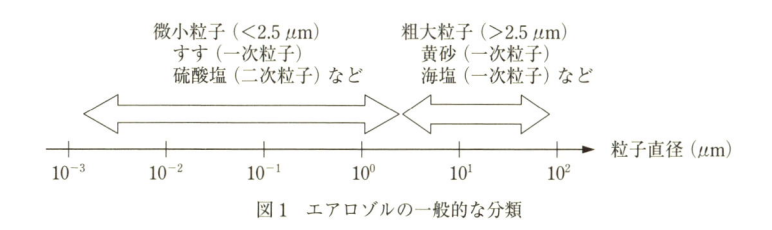

```
       微小粒子（<2.5 μm）        粗大粒子（>2.5 μm）
       すす（一次粒子）            黄砂（一次粒子）
       硫酸塩（二次粒子）など      海塩（一次粒子）など
   ←――――――――――――→       ←――――――――――――→
   ├────┼────┼────┼────┼────┼────→ 粒子直径（μm）
   10⁻³  10⁻²  10⁻¹  10⁰   10¹   10²
```
図1　エアロゾルの一般的な分類

＜人為起源エアロゾル＞

　化石燃料の燃焼など人間活動に起源をもつ一次または二次粒子．人為起源粒子の多くは微小側に存在する．典型的な都市域においては，すす（煤），有機物，無機物（硫酸塩 SO_4^{2-}，硝酸塩 NO_3^-，アンモニウム塩 NH_4^+ など）が主要成分である．すすおよび有機物の一部は一次粒子，それ以外は二次粒子である．硫酸塩や硝酸塩の原料となる気体はそれぞれ二酸化硫黄（SO_2）および窒素酸化物（NO_x）であり，その生成過程はよく研究されている．一方，有機物は非常に多くの物質からなり，未解明の部分が多い．

＜バイオマス燃焼エアロゾル＞

　森林火災や焼畑など植物の野外燃焼に起源をもつ一次または二次粒子．すすと有機物が主要成分である．焼畑のように人間活動に起因するものは人為起源エアロゾルに含めることが多い．

＜生物起源エアロゾル＞

　陸上植物に起源をもつ一次または二次の有機物粒子．一次粒子には植物のワックスや花粉などがある．生物起源の二次粒子はグローバルな寄与率が大きいという推定がなされているが，よくわかっていない．

<土壌起源エアロゾル>
砂漠など乾燥した土壌に起源をもつ一次粒子．土壌粒子は主に粗大側に存在する．中国内陸部の砂漠に由来する黄砂が有名である．その発生量は風速や土壌水分量に強く依存する．

<海洋起源エアロゾル>
海洋に起源をもつ一次または二次粒子．主要成分は海塩（塩化ナトリウム）である．海塩粒子もまた主に粗大側に存在する．その発生量は風速に強く依存する．植物プランクトン由来の有機物や無機塩も含まれるがその動態はよくわかっていない．

◆ エアロゾルの計測方法

エアロゾルの濃度，直径，形状，組成などの物理量を「正確に」計測することは一般に難しい．それは，計測方法そのものがこれらの物理量に強く依存するからである．エアロゾルの計測方法には，その場の空気を採取して測る直接計測と，レーザーなどを利用した遠隔計測がある．

<直接計測>
エアロゾルを直接計測する代表的な方法は，ポンプにより空気を吸引してろ紙（フィルタ）に捕集し，実験室において化学分析する方法である．この方法ではさまざまな化学成分を高精度で定量できる反面，捕集に数時間から数日を要するために連続的な計測ができない．また，捕集の際に蒸発や化学変化で失われる成分もある．これを改善するためにリアルタイムでエアロゾルを計測する方法も開発されているが，精度などの点でまだまだ問題がある．

<遠隔計測>
エアロゾルの遠隔計測には，日射光度計やレーザーレーダーがある．前者は太陽光強度がエアロゾルにより減衰することを利用した受動的な方法である．後者は，大気にレーザー光線を照射して，エアロゾルの散乱光を検出する能動的な方法である．これらを人工衛星に搭載したものもあり，グローバルに長期データをとるためには非常に有効な手段である．一方，これらは光を利用した方法であるため，化学組成と結びつけるにはさまざまな仮定を必要とする．

◆ エアロゾルの濃度分布の特徴

エアロゾルは乾性沈着または湿性沈着により大気中から除去される．乾性沈着とは，大気の運動や重力の影響によりエアロゾルが直接地表面に沈着する現象である．湿性沈着はエアロゾルが雲粒に取り込まれた後に降水として地表面に沈着する現象である．黄砂や海塩粒子など比較的大きい粒子を除くと，エアロゾルの除去過程としては湿性沈着が支配的である．

一般に，境界層（高度2 km程度以下）に比べて自由対流圏（高度2〜12 km程度）は風が強いため，地表面から発生する物質であっても自由対流圏に上がれば非常に広域に輸送されうる．逆に，自由対流圏に上がりにくい物質は発生源の近傍に多くとどまることになる．境界層から自由対流圏に空気が運ばれる過程では，気温が下がり水蒸気の凝結が起こるため，雲の生成（条件により降水）を伴うことが多い．すなわち，エアロゾルは主に湿性沈着により自由対流圏には運ばれにくいため，発生源近傍の境界層で高濃度になる．すなわち，エアロゾルの濃度は空間的な不均一が非常に大きいのが特徴である．

図2に人工衛星の観測データと数値モデルの組み合わせにより導出された人為起源エアロゾルの分布を示す[1]．図中の数値はエアロゾル光学厚みという物理

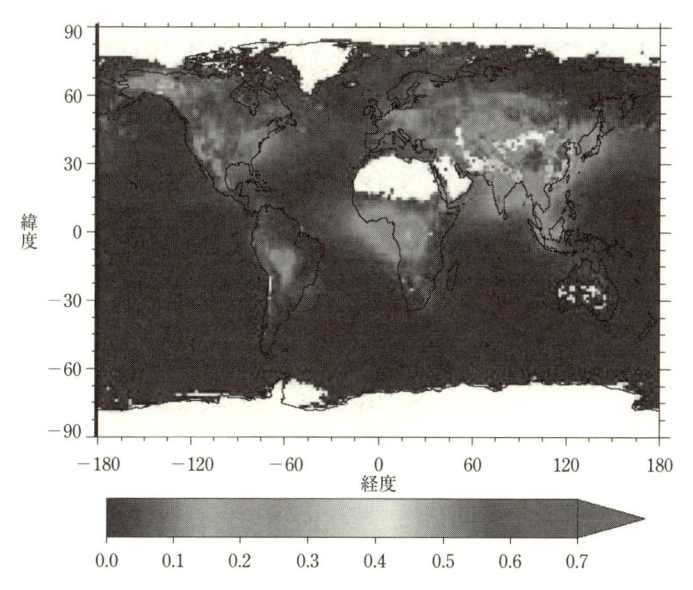

図2 人工衛星の観測データと数値モデルの組み合わせにより導出された人為起源エアロゾルの光学厚み[1]

量であり，濃度と近似的に比例関係にあると考えてよい．アジア，北米・南米，ヨーロッパ，アフリカなどの発生源近傍で高濃度であることがわかる．

◆ エアロゾルの放射影響

　エアロゾル粒子は太陽光を効率的に散乱または吸収する作用があるため，地表に到達するエネルギーを減衰させる効果がある．これを直接効果という．一方，対流など空気の上昇運動に伴って気温が下がると，粒子に水蒸気が凝結することにより雲が生成する．大気中の水蒸気量を同じ条件で比較すると，エアロゾル数が多いほど雲粒数が多くなり，雲粒1個あたりの大きさが小さくなる．この結果，太陽光に対する雲の反射率が増えると同時に，雨が降りにくくなって雲が長い時間大気中に存在するようになる．これを間接効果という．直接・間接効果ともにグローバル平均では地球大気を冷却する効果（温室効果を一部相殺する効果）があると推定されている．IPCC第4次報告書では，産業革命前と比較したグローバル平均の放射強制力がCO_2では$+1.66$（± 0.17）Wm^{-2}であるのに対し，エアロゾル直接効果は-0.5（± 0.4）Wm^{-2}，間接効果は-0.7（$-1.1/+0.4$）Wm^{-2}と推定されている[2]．誤差幅の大きさからわかるとおり，エアロゾルの放射影響の推定にはまだまだ大きな不確定性がある．

　なお，エアロゾルの直接効果および間接効果は，グローバルな放射収支という観点では温室効果を一部相殺する効果があるが，これは温暖化を打ち消すようなものではなく，「部分的にマスクしている」といったほうが適切である．すなわち，図2のような不均一なエアロゾル濃度分布に対応して，ある領域では強い冷却効果，ほかの領域では弱い冷却効果となっており，それらを積算した結果が上記のIPCCの数字である．また，エアロゾルは雲生成に影響を与え，降水パターンを変化させる可能性もあることから，単純に放射収支だけでは気候影響を適切に評価することはできないことにも注意が必要である．　　　　　　[竹川暢之]

参考文献

[1] Myhre, G. (2009), Consistency Between Satellite-Derived and Modeled Estimates of the Direct Aerosol Effect, *Science*, 325, pp.187–190
[2] Forster, P. et al. (2007), Changes in Atmospheric Constituents and in Radiative Forcing. In：Climate Change 2007：The Physical Science Basis, Contribution of Working Group I to the Fourth Assessment Report of the Intergovernmental Panel on Climate Change

2.7　温室効果ガスの衛星観測

◆ 衛星観測の歴史

　人工衛星を用いて温室効果ガス濃度の全球分布を測定したいという機運が高まったのは，1990年代後半から2000年にかけてである．もともと1970年代から1980年代にかけて米国が打ち上げた気象衛星TIROS-N[*1]/NOAAシリーズでは，地球大気中の二酸化炭素濃度の鉛直分布がほぼ一定であることを利用して，大気からの熱赤外光の放射輝度を観測することで人工衛星から気温の高度分布が測定されていた．逆に熱赤外光を利用して主要な温室効果ガスである二酸化炭素やメタン濃度を人工衛星から実用的な精度で測定するには，別の手段で気温と気圧の高度分布を高い精度で知る必要があり，当時としては難しい挑戦であったといえる．

　それでも，米国航空宇宙局（NASA[*2]）の地球観測衛星AQUA（2002～2011年）に搭載されたAIRS[*3]は，この仕組みで上部対流圏の二酸化炭素濃度を精度良く観測した．同じく地球観測衛星AURA（2002年～）に搭載されたTES[*4]からは，メタンが測定されている（二酸化炭素の測定も試みられているが，プロダクトとしては提供されていない）．欧州気象衛星開発機構（EUMETSAT[*5]）の極軌道気象衛星MetOpシリーズ（2006年～）に搭載されているIASI[*6]からは二酸化炭素とメタン濃度が測定されている．カナダ宇宙庁の人工衛星SCISAT-1（2003年～）に搭載されたACE-FTS[*7]からは二酸化炭素やメタン濃度が導出されている．これらはいずれも熱赤外センサーとよばれるもので，温室効果ガス濃度の高度分布を測定できるという利点はあるが，測定の感度は高度数kmから上空にあり，いわゆる上部対流圏から成層圏にかけての濃度しか測定できない．

　地球温暖化が世界共通の地球環境問題と認識され始めた1990年代後半からは，人類を含む生物の活動圏である大気の下部対流圏における温室効果ガス濃度を測定する衛星の開発が計画された．その観測原理は，それまでの熱赤外線の大気放

＊1　TIROS-N：Television InfraRed Operational Satellite - Next-generation
＊2　NASA：National Aeronautics and Space Administration
＊3　AIRS：Atmospheric InfraRed Sounder
＊4　TES：Tropospheric Emission Spectrometer
＊5　EUMETSAT：European Organisation for the Exploitation of Meteorological Satellites
＊6　IASI：Infrared Atmospheric Sounding Interferometer
＊7　ACE-FTS：Atmospheric Chemistry Experiment - Fourier Transform Spectrometer

射の観測とは異なり，太陽光が地球表面（陸面や水面）で反射して衛星センサーに到達する間に吸収される近赤外または短波長赤外とよばれる波長の短い赤外線の強さを波長ごとに観測（分光観測）することによって，下部対流圏に存在する観測対象の温室効果ガス濃度を測定しようとするものである．

この観測手法では，対象気体の地表面付近のみの濃度や高度分布を求めることはできず，「カラム平均濃度」とよばれる地表面から大気上端までの対象気体の分子数の積算値から換算される濃度が測定される．また，太陽光の地球表面反射を測定するという原理から，観測視野内に雲があると正確な濃度推定ができない．すなわち気体濃度が測定できるのは，晴天域に限られる．この近赤外の分光観測を利用した初の衛星センサーは，欧州宇宙機関（ESA[*8]）の Envisat 衛星（2002～2012 年）に搭載された SCIAMACHY[*9][1] である．SCIAMACHY は，主要な温室効果ガスである二酸化炭素とメタンのカラム平均濃度を観測した．SCIAMACHY の観測データからは，約 10 年間にわたる陸上の二酸化炭素とメタンの濃度とその季節変動，年々変動が推定されている．ただし，温室効果ガス観測の観測を主目的としてセンサーが設計されたのではなく，その光学分解能はそれほど高くないため，二酸化炭素の測定精度は 3～6 ppm 程度で，空間分解能も 1 万 8,000 km^2 と粗い．

さらに欧州では，CARBOSAT 計画が 2001 年に ESA に提案されたが，内部の研究者グループによる綿密な検討の結果，科学的に十分な精度での測定は不可能との判断に至り，2003 年 5 月にその提案は取り下げられた．米国では 2001 年頃に二酸化炭素観測衛星（OCO[*10]）計画[2]が NASA に提案され，その後採択された後に，NASA は 2009 年 2 月に衛星を打ち上げたが，ロケットの不具合により衛星の観測軌道への投入は失敗に終わった．

日本では衛星による温室効果ガス観測の検討が 2002 年より始まり，欧州と米国の動向を調査し，計測可能性を検討した後に，温室効果ガス観測技術衛星「いぶき」（GOSAT[*11]）プロジェクト（http://www.gosat.nies.go.jp/）が，宇宙航空研究開発機構，国立環境研究所，そして環境省の三者により，2003 年から立ち上がった．その後，衛星とセンサーの開発・試験を経て 2009 年 1 月に H-IIA ロケット 15 号機による衛星の打上げに成功し，GOSAT は 2013 年 11 月現在も順調に観測を続けている．すなわち，GOSAT は温室効果ガスの観測を主目的とし

[*8] ESA：European Space Agency
[*9] SCIAMACHY：SCanning Imaging Absorption SpectroMeter for Atmospheric CHartographY
[*10] OCO：Orbiting Carbon Observatory
[*11] GOSAT：Greenhouse gases Observing SATellite

た世界初の人工衛星となった．また，SCIAMACHY が運用を停止した 2012 年 4 月以降は，下部対流圏の二酸化炭素とメタンの測定が可能な世界で唯一の人工衛星となっている．

◆ 分光と観測原理

　GOSAT を例に，近赤外光を分光して人工衛星から温室効果ガス濃度を観測する原理の概要を示す．

　GOSAT は高度約 666 km の太陽同期準回帰軌道で，3 日の回帰日数，すなわち 3 日ごとに同一地点に戻るような軌道を周回している．観測装置（センサー）は，「温室効果ガス観測センサー（TANSO[*12]–FTS[*13]）」と，「雲・エアロゾルセンサー（TANSO–CAI[*14]）」が搭載されている．

　衛星搭載センサーの赤外光の分光方式には，フーリエ変換分光器（FTS）を用いる方法と，回折格子を用いる方法とがある．

　前者は，光の干渉縞をフーリエ変換することにより波長別輝度（スペクトル）を求める測定法であり，1 回の観測にある程度の時間（GOSAT では約 4 秒間）を要するが，その間にセンサー入射する光の信号が積分されるため，信号対雑音比が高く，精度の高い分光スペクトルを取得することができる．また，装置には可動部分があり，長期間の稼働中における故障の要因となりうる．

　一方，回折格子を用いる方法は，規則的に並んだ溝に光を当て，光の回折（回り込み）によって進行方向が変えられる原理を利用して分光する方法なので，可動部分をもたない．また，瞬時に分光スペクトルが得られるため，次々に変化する入射信号の分光に適するが，十分な SNR を得るには強い入射光を観測するか，大きなサイズの回折格子を用いるか，回折格子による分光分解能を下げるしかない．また，スペクトルの形状を特定するための装置関数もスペクトル方向（検出素子）で異なり，温度変化によって回折格子が微妙に変形することがある．すなわち特性は装置の温度に依存するため，各装置関数の高精度な決定に難しさがある．OCO は回折格子型の装置である．衛星センサーの観測する分光放射輝度には，観測光が通過した大気中に存在する気体固有の吸収線スペクトルが見られる．その吸収線の形状や深さなどを精密に測定し，その情報を計算機により解析することで観測対象の気体の濃度を推定することができる．

　図 1 に GOSAT の観測した分光スペクトルと各気体の吸収帯を示す．気体の種

---

*12　TANSO：Thermal And Near infrared Sensor for carbon Observation
*13　FTS：Fourier Transform Spectrometer
*14　CAI：Cloud and Aerosol Imager

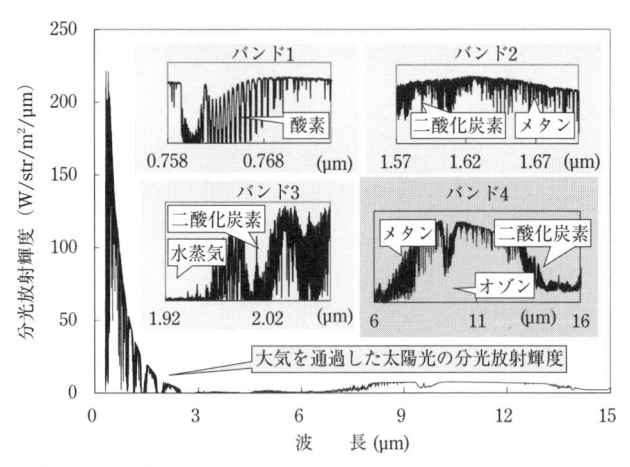

図1 大気を透過した太陽光スペクトルとGOSAT搭載TANSO-FTSによる分光スペクトルの例（JAXA/NIES/環境省）．バンド1〜3は可視・近赤外，バンド4は熱赤外．各図には気体の吸収箇所を示す．

類によって吸収帯の波長位置が異なるため，1つのセンサーで複数の気体の濃度を測定・解析することができる．

◆ 衛星データからの二酸化炭素濃度の解析と月別濃度分布

　衛星による観測スペクトルから対象気体の濃度を導出するために，複数の導出手法が世界の研究グループによって開発されている．その多くの導出手法では，最適推定法の1つである最大事後確率推定法（Maximum A Posteriori（MAP）estimation）とよばれる，実測データの分布から未知の量の最も確からしい分布を推定する解法が用いられている．衛星観測データ解析の際の最大の誤差要因は，観測大気中に存在する巻雲とエアロゾルである．これらによって観測光は散乱や迷光の影響を受け，実効的な観測光路長が変化して推定される気体濃度に誤差が生じる．エアロゾルや巻雲の影響に適切に対処できる解析手法の開発研究が現在も世界で進められている．

　解析された気体濃度データはどの程度正しいかを示すには，ほかのより精度の高い計測手段で測定した濃度と比較する必要がある．そのための作業を「検証作業」とよんでいる．検証作業によって正しさを示さなければ，衛星観測データはほかの温室効果ガス観測データとあわせて適切に科学研究に利用できない．GOSATのTANSO-FTSの短波長赤外データから解析された二酸化炭素カラム平均濃度（2012年までの処理結果）については，GOSATの観測に同期して取得さ

(a) 2009年7月（北半球の夏）

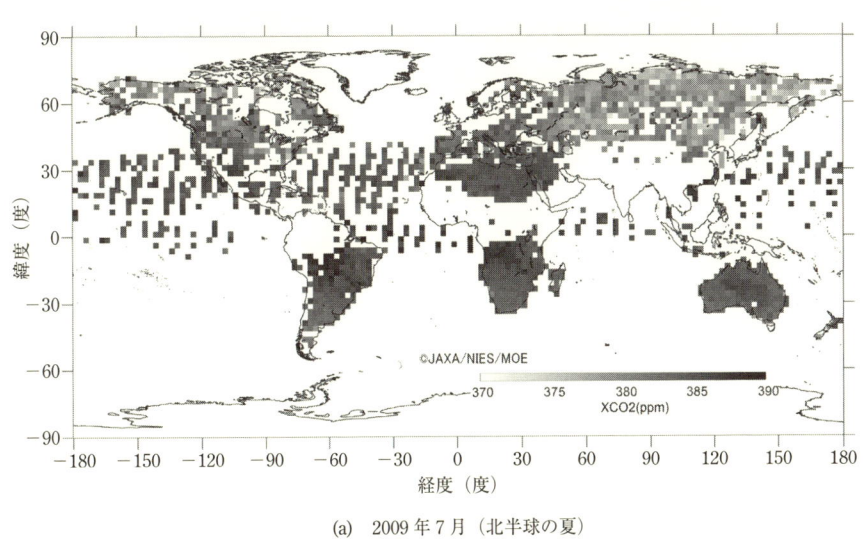

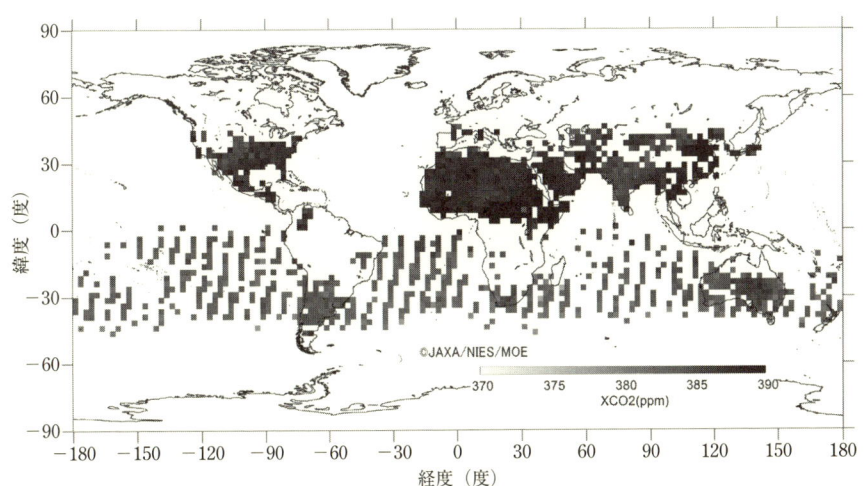

(b) 2010年1月（北半球の冬）

図2 GOSATによる二酸化炭素カラム平均濃度の2.5度メッシュ月平均マップ．濃度が高いほど濃い色で示す．白色のメッシュ地点は，雲などにより，観測してもその月には解析結果が得られなかったことを示す．

れた世界に配置された地上設置の高分解能フーリエ変換分光器網（TCCON[*15][3]）の観測・解析データとの比較検証の結果，バイアス（平均的なずれ）が

---

*15 TCCON: Total Carbon Column Observing Network

−1.5 ppm，ばらつき（1標準偏差）が 2.0 ppm であることがわかった [4]．

　GOSAT 搭載 TANSO-FTS によって観測され，入射信号の強度が適度に強く晴天域の地点について解析された二酸化炭素カラム平均濃度の月別 2.5 度メッシュ平均マップを 2009 年 7 月と 2010 年 1 月を例に図 2 に示す．これらの図から，衛星観測によって得られる温室効果ガス濃度の観測領域は季節によって変化すること，乾燥域（砂漠）はデータが取得されやすく，雲の多い赤道付近の熱帯域は解析データが取得されにくいことがわかる．また，北半球の夏には陸域植生の光合成活動などにより，シベリアなどの二酸化炭素濃度は低く，逆に北半球の冬には北半球の中緯度は高濃度になることが読み取れる．

◆ 炭素の地域別吸収・排出量推定への衛星観測データの貢献

　人工衛星による温室効果ガス濃度の観測データは，地上観測データとあわせて大気輸送モデルを利用することにより，全球における地域別・月別の炭素の吸収・排出量（炭素収支量）の推定に利用されている [5]．地上観測データに衛星観測データを加えることにより，地域別の吸収・排出量の推定誤差が数％〜50％程度低減した [6]．

　このような大気輸送モデルを使った炭素循環の研究グループは世界に複数あり，TransCom3 [7] では，GOSAT の観測データを利用して，それぞれの輸送モデルを用いた二酸化炭素の地域別吸収・排出量の推定結果の比較研究が進められている．また，二酸化炭素だけでなくメタンについても，衛星観測データを利用した地域別の収支推定の研究が世界で進められている．

◆ 今後の温室効果ガス観測衛星計画

　GOSAT は，2014 年 1 月に定常観測運用計画期間の 5 年間を迎えた．SCIAMACHY が 5 年計画のところ 10 年間稼働したように，GOSAT の観測運用もさらに数年間継続すると期待されている．

　以下に，2014 年以降の世界の温室効果ガスの観測衛星計画を示す．

　米国 NASA は，二酸化炭素の観測専用衛星 OCO-2（運用予定期間 2 年）の 2014 年 7 月の打上げ準備を進めている．2015 年には中国が TanSat（運用予定期間 3 年）を打ち上げる予定である．日本では GOSAT の後継機である GOSAT-2（運用予定期間 5 年）の 2018 年の打上げを目標に，プロジェクトが進められている．なお，人工衛星ではないが，2017 年には米国が国際宇宙ステーションに OCO-3 を搭載して観測を始める予定である．さらに，フランス国立宇宙研究センターでは 2018 年の打上げを目標に MicroCarb（運用予定期間 3 年）が提案さ

れており，ESA には 2020 年の打上げを目標に CarbonSat[*16]（運用予定期間 5 年）が提案されている．

以上のように，今後も温室効果ガスを観測する人工衛星は世界で計画されており，その観測・解析データは，今後も研究の進展によって精度が向上し，幅広く科学研究に利用されるものと期待される． ［横田達也］

参考文献

[1] Bovensmann, H. et al. (1999), SCIAMACHY : Mission Objectives and Measurement Modes, J. Atmos. Sci., 56(2), pp.127–150
[2] Crisp, D. et al. (2004), The Orbiting Carbon Observatory (OCO) mission, Adv. Space. Res., 34(4), pp.700–709
[3] Toon, G. et al. (2009), Total Column Carbon Observing Network (TCCON), in *Advances in Imaging*, OSA Technical Digest (CD) (Optical Society of America, 2009), paper JMA3
[4] Yoshida, Y. et al. (2013), Improvement of the retrieval algorithm for GOSAT SWIR XCO_2 and XCH_4 and their validation using TCCON data, Atmos. Meas. Tech., 6, pp.1533–1547, doi : 10.5194/amt-6-1533-2013
[5] Maksyutov, S. et al. (2013), Regional CO_2 flux estimates for 2009-2010 based on GOSAT and ground-based CO_2 observations, Atmos. Chem. Phys., 13, 9351–9373, doi : 10.5194/acp-13-9351-2013
[6] Takagi, H. (2011), On the Benefit of GOSAT Observations to the Estimation of Regional CO_2 Fluxes, SOLA, 7, pp.161–164, doi : 10.2151/sola.2011-041
[7] Gurney, K. R. (2004), TransCom 3 inversion intercomparison : Model mean results for the estimation of seasonal carbon sources and sinks, Global Biogeochemical Cycles, 18(1), GB1010, doi : 10.1029/2003GB002111

---

*16 CarbonSat : Carbon Monitoring Satellite

3章　地球システム

3.1　気象と気候

◆ 気象と気候，その違い

　「気象」とは，大気中で実際に起こる物理化学的な現象（風，降水，雷など）や，大気の物理化学的な状態（気温，湿度など）を指す一般的な概念であり，われわれの前に時々刻々とその様相を変えながら出現する大気全体を指し示していると考えてよい．同様な用いられ方をする用語に「天気」があるが，これはある特定の時間・場所における大気の状態や生じている現象，すなわちその時間・場所における気象，という意味合いをもつ．また，天気より時間スケールの長い概念として，5日から1カ月程度の期間における平均的な天気のことを「天候」とよぶ．これらに対して「気候」とは，ある期間と場所において，最も出現頻度が高く，最も期待される平均的な気象（や天気，天候）をいう．つまり，気象（や天気，天候）は，実際に大気中で発生した現象・状態であり，気候は長期的な気象の観測に基づいて統計的に求められた，大気現象・状態の平均像ということができる．有名な宮沢賢治の詩"雨ニモマケズ"に「サムサノナツハオロオロアルキ」という一節が出てくるが，彼が狼狽しているのは，期待に反する気象状態が続いたことによる農作物への影響を心配しているからであろう．ここで彼が期待している通常の夏（＝寒くない夏）が，まさにその場所での夏の気候ということができる．実際上，気候とは日々出現し観測される気象の長期間平均として定義されている．例えば，ある期間・場所における気温のデータが長期（複数年）にわたって存在する場合，そのデータの複数年平均値を，その期間・場所における気温の気候値（あるいは平年値）とよぶ．ここで，気候値を考える際の時間スケールや対象にはさまざまあることに注意したい．気温の例でいえば，年平均気温の気候値，季節平均気温の気候値，月平均気温の気候値などに加えて，気温の年変化や日変化の気候値といったものも，目的に応じて考える場合がある．気候値を計算する際の平均期間として，日本の気象庁では30年という年数を用いている．

◆ 気候の違いが生じるのはなぜか

　ある場所における気候は，植生や土壌などに大きな影響を与え，その場所独自の風土を形づくり，人間の産業活動をも大きく左右する．場所による気候の違いは，人間社会に大きな多様性をもたらしているわけであるが，こうした気候の地理的分布の違いをつくり出している要因（気候因子）には，さまざまなものがある．最も基本的な気候因子としては緯度による太陽入射量の違いがあり，同じ緯度帯でも，海洋・大陸による違い，暖流・寒流どちらの影響を受けるかによる違い，大規模山脈の効果，などの比較的空間スケールの大きな気候因子が，さらなる気候の違いをつくり出している．また，より細かな気候の相違に着目すれば，小規模な地形（山，谷，盆地）や陸水の分布（湖沼，河川）による影響があり，さらには，森林，田畑，草地，都市といった土地の利用形態の違いによっても小さな空間スケールの中に異なった気候が実現されうる．人工排熱や人工構造物の影響により都市とその郊外に顕著な気温差が生じるヒートアイランド現象はその好例であり，自然条件だけではなく人間の活動も気候因子として作用しうることを示している．

◆ 気候の区分

　さまざまな気候要因からつくられるさまざまな気候を，その特徴によってグループ分けすることを気候区分という．区分の手法には，着目したい空間スケールや，区分の目的によっていくつかの異なったものが存在しているが，地球規模の比較的大きな空間スケールの気候を区分する手法としては，気候をよく反映するものとして自然植生の分布を指標にしたケッペン（W. P. Köppen）の気候区分や，気候の成因として気団や前線の位置・季節変化に着目したアリソフ（B. P. Alissow）の気候区分がよく知られている．

　最もよく知られているケッペンによる気候区分では，世界の気候を，降水量・気温の条件が悪くて植物が生育できない無樹林気候2つ（乾燥気候，寒帯気候）と，植物の生育が可能な樹林気候3つ（熱帯気候，温帯気候，冷帯気候）の計5つに大別し，降水量・気温の季節変化を考慮してそれらをさらに細分する（図1）．この図によれば，日本は温帯多雨気候（東・西・南日本）と冷帯多雨気候（北日本）に分類されるが，実際には，北海道，本州の太平洋側，同じく日本海側，中央高地，瀬戸内，南西諸島，のそれぞれで特徴的な気候の違いが知られており，こうした比較的小さいスケールにおける気候を区分する場合には，それにより適した手法を用いることが必要となる．

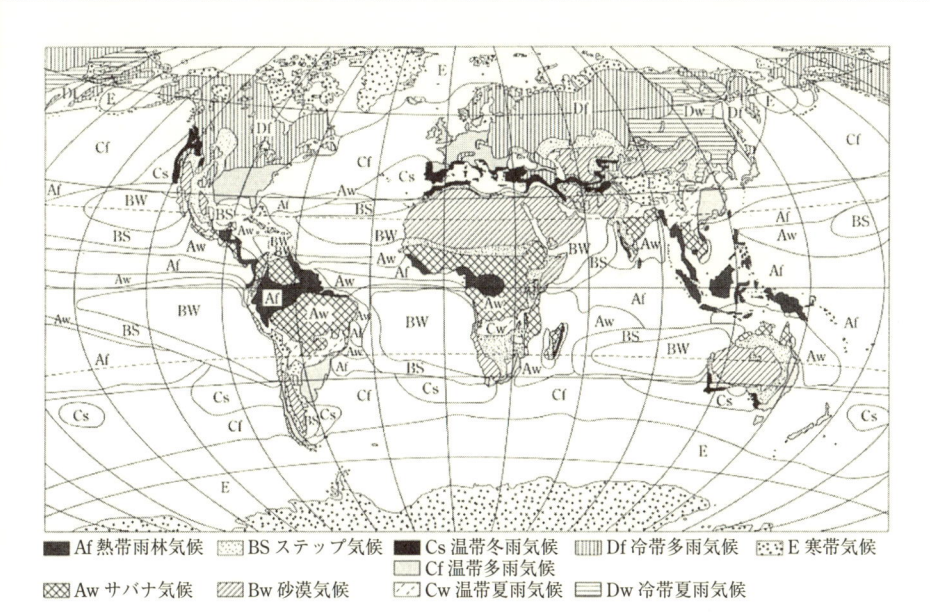

図1 ケッペンによる気候区分図
［出典］ 気象科学事典（日本気象学会編）

凡例：
- Af 熱帯雨林気候
- BS ステップ気候
- Cs 温帯冬雨気候
- Df 冷帯多雨気候
- E 寒帯気候
- Cf 温帯多雨気候
- Aw サバナ気候
- Bw 砂漠気候
- Cw 温帯夏雨気候
- Dw 冷帯夏雨気候

◆ 変動する気候，変化する気候

　ケッペンの気候区分などに示された気候は，各地域で毎年おおよそ同じように実現されるが，実際に各地域で観測される気象（や天気，天候）には年ごとにばらつきがある．経験上明らかなように，実際には夏の暑さは毎年同じではないし，梅雨期に降る雨の量も毎年異なっているのである．このような，長期間平均としての気候に対する，その平均期間内におけるばらつきのことを気候変動（climate variation）とよんでいる．定義から，気候変動として取り扱われる事象の時間スケールは，気候値の平均期間よりは短い．30年を平均期間とした場合には，おおよそ10年程度より短い時間スケールの現象が主な対象となり，そのような現象としては，赤道季節内振動，ブロッキング高気圧，偏西風の蛇行などの数十日の周期で起こる変動や，3〜7年程度の周期で起こるエルニーニョ・ラニーニャ現象などが知られている．これらの現象は，地球の表層環境を物理・化学的なシステム（気候システム）を構成する，大気，海洋，陸面といったサブシステム内の力学過程，あるいはサブシステム間の相互作用，つまり気候システムの内的要因による自然変動として理解されている．

　一方，気候変動の基準たる気候の様相が，ある時間を隔ててそれ以前の様相か

ら有意に変化することを気候変化（climate change）とよぶ．気候変化が起こるパターンとしては，①長期的・持続的なある一方向への変化（図2 (b)），②長い周期をもった変化（図2 (c)），などが考えられるが，産業革命以降の人間活動に伴う温室効果ガスの大量排出が引き起こしている地球温暖化は，①タイプの気候変化の例といえる．一方，②タイプの気候変化としては，太陽活動の周期的な変化によるものや，地球の公転軌道や自転軸の傾きといった軌道要素の変化によって引き起こされると考えられている，非常に長周期（数万年〜10万年規模）の変化（氷期・間氷期サイクル）を挙げることができる．また，大規模な火山噴火によって成層圏まで運ばれたエアロゾルが日射を遮り（日傘効果），地表気温の低下をもたらすような事象も気候変化の1つといえる．このような気候変化を引き起こす要因（人間活動，太陽活動，軌道要素の変化，火山噴火）は，いずれも気候システムに対する外的要因と考えることができる．ただし，気候変化のすべてが気候システムの外的要因により引き起こされるわけではなく，大きな熱容量をもち，ゆっくりと変動する海洋の大循環が，大陸氷床の融解を発端に長期的に変化することによって生じたと考えられる気候の変化もある（新ドリアス期（約1万2,000年前）前後の気候変化）．

なお，メディアなどにおいて，気候変動と気候変化という言葉が，必ずしも上

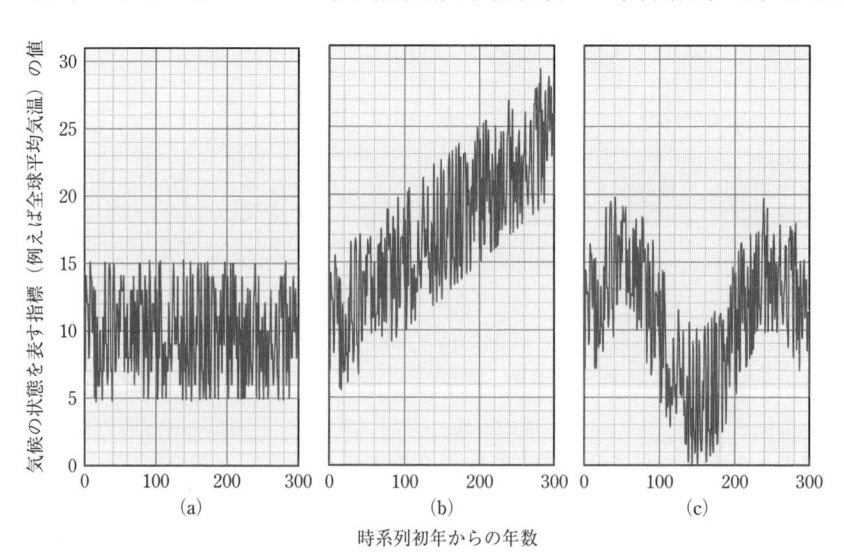

図2 気候の時間変化の模式図．(a) 短い時間スケールの気候変動は見られるものの，大きな気候変化がない場合．(b) (a)に長期的・持続的な気候変化を重ねたもの．(c) (a)に長い周期をもつ気候変化を重ねたもの．
（WMO気候の事典，p.15の図を参考に作成）

記したように区別されず，主に気候変化を意味する文脈で「気候変動」が用いられている場合も多い．しかしながら，地球温暖化を考えるうえでは，気候変動と気候変化を区別して考えることは，大変重要である． ［永島達也］

参考文献
[1] 近藤洋輝訳（2004），WMO 気候の事典，丸善
[2] 近藤洋輝（2004），地球温暖化予測がわかる本　スーパーコンピュータの挑戦，成山堂
[3] 住　明正，他（1996），気候変動論（岩波講座　地球惑星科学 11），岩波書店

3.2 大気圏

　地球の重力によりとらえられている気体を総称して大気といい，地球の表面から宇宙空間に向けて大気が広がっている領域を大気圏という．大気圏は大気の諸特性に基づいていくつかの層に分類されているが，図1に示すような気温の鉛直構造に基づいた分類が一般的である．

◆ **対流圏**

　高度とともに気温がほぼ直線的に減少している地表面から 12 km 程度までの

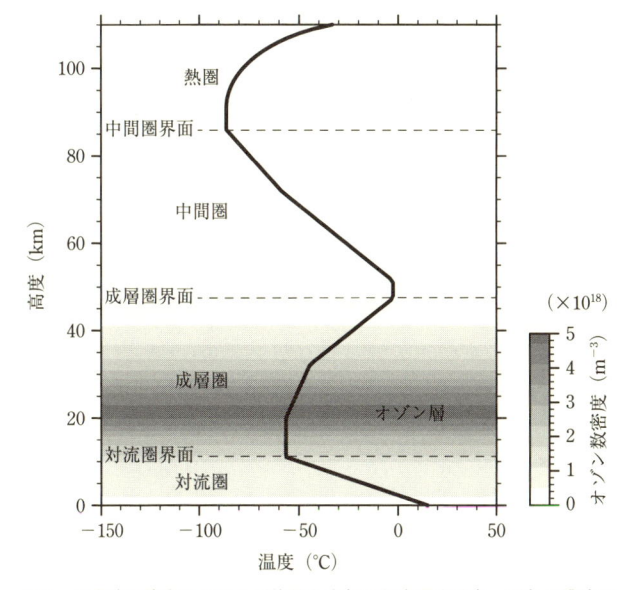

図1　北半球中緯度における平均的な大気の鉛直温度分布．灰色の濃淡はオゾン数密度の分布を示す．（米国標準大気（1976）をもとに作成）

層を対流圏という．対流圏において気温が高度とともに減少する割合（気温減率）は平均的には約 6.5℃/km である．ただし，この値は季節や緯度，高度によって変化する．例えば，赤道付近よりも高緯度地域のほうが気温減率が小さい．対流圏では，上層大気を透過してきた太陽放射を吸収する地表面や地球からの赤外放射を吸収する水蒸気など，加熱源が下層に存在して大気層が不安定となって対流運動が卓越するため，鉛直方向に大気がよくかき混ぜられている．対流圏での気温分布が高度とともに直線的になっているのも，このためである．対流圏での気温分布は，このような対流運動に伴う鉛直熱輸送による加熱と，二酸化炭素や水蒸気などの温室効果気体の赤外線射出による冷却とがつり合うことで維持されている．気温が極小となっている対流圏の上端を対流圏界面という．対流圏界面の高度は全球一様ではなく，赤道を中心とした低緯度地域で高く 17 km 程度，高緯度地域で低く 9 km 程度である．また，対流圏界面での気温は低緯度地域で低く $-80℃$ 前後，高緯度地域で高く $-50℃$ 前後である．なお，対流圏界面の高度は高・低気圧などの気象現象によっても変化する．

　大気の密度は高度とともに急激に減少するため，質量的には地球大気全体の約 8 割程度が対流圏に存在する．大気中の水蒸気も対流圏下層に最も多く存在している．また，われわれが日常的によく目にする雲や降水などの気象現象や高・低気圧，前線，台風などは，そのほとんどが対流圏で生じている．対流圏の中でも，大気の流れが摩擦の影響を受ける地表面付近の薄い層を大気境界層，その上の地表面による摩擦をほとんど受けない領域を自由大気という．また，季節や場所によっては，高度とともに気温が上昇して気温減率が負となる領域が存在することもある．このような層を逆転層といい，地表面気温が著しく低下する冬の高緯度地域の地表面付近などでよく見られる．

◆ 成層圏

　高度とともに気温が増大している対流圏界面から 50 km 程度までの層を成層圏という．上層ほど気温が高いため鉛直方向の運動に対しては比較的安定であるが，水平方向には大気波動を駆動源とする激しい運動が生じている．成層圏には高度 25 km 付近を中心としたオゾン濃度が高い領域（オゾン層）が存在し，太陽紫外線を吸収するために気温が高くなっている．大気はその密度が小さいほど効率良く暖められるため，気温の極大域はオゾン濃度が極大となっている高度よりも上層に存在している．成層圏での気温分布は，このようなオゾン層の太陽紫外線吸収による加熱と二酸化炭素の赤外線射出による冷却とがつり合うことで維持されている．

気温が極大となっている成層圏の上端を成層圏界面という．成層圏界面の気温は太陽高度の高い夏の高緯度地域（夏極）で高く，太陽高度の低い（太陽放射が届かない）冬の高緯度地域（冬極）で低い．

◆ **中間圏，熱圏**

成層圏界面から 80 km 程度までの高度とともに気温が減少している層を中間圏という．中間圏の気温分布は，オゾンや酸素分子による太陽紫外線の吸収と二酸化炭素による赤外線射出の放射平衡により維持されているが，大気運動の効果も無視できない．中間圏においても，成層圏と同様に大気波動を駆動源とした循環が生じており，成層圏と中間圏をあわせて中層大気とよぶこともある．気温が極小となっている中間圏の上端を中間圏界面という．中間圏界面の気温は夏極で低温，冬極で高温となっているが，これは大気波動に起因する循環の効果と考えられる．

中間圏界面より上層の領域は熱圏とよばれ，気温は高度とともに急激に上昇している．これは，酸素や窒素の原子・分子が X 線や太陽紫外線を吸収しているためである．高度 200～300 km より上層では気温がほぼ一定となるが，その温度は太陽活動度（すなわち，X 線や太陽紫外線の強度）によって大きく異なり，太陽活動が活発なときには 2,000 ℃ 近くにも達する．ただし，このような高高度領域では大気の密度も極端に小さく，（温度の本質である）原子・分子の衝突がほとんど生じなくなっているため，人間がその場にいたとしても，熱さを感じることはないであろう．また，上部熱圏で気温がほぼ一定となっているのも，原子・分子の衝突がほぼ生じないことによる．熱圏の上端は必ずしも明確には定義されていないが，一般的には，大気の密度や組成が宇宙空間とほぼ変わらなくなる高度約 500 km までを指すことが多い．

下部熱圏の高度約 80 km までは大気の組成（存在比率）はほぼ一様であるが，その上では分子量の小さい（軽い）気体ほど上層に多く存在するようになる．このように，大気組成がほぼ一様である領域を均質圏，その上層の重力分離により大気組成が異なる領域を非均質圏という．また，高度約 110 km を超えると，大気の物理的な振る舞いが渦運動よりも分子運動による拡散に支配されるようになる．大気の運動が渦過程に支配される領域を乱流圏，その上層の分子拡散に支配される領域を拡散圏という．これらはいずれも，気温以外の物理特性による大気圏の分類の例である．

[野沢　徹]

3.3 水 圏

　地球表層にある水の総量は約 1.4×10^{21} kg と推定されており，これは地球全体の質量のわずか約 0.02％にすぎない．しかし，宇宙から地球を眺めたとするならば，その約半分には雲がかかっていて，雲がなくても 2/3 は海で覆われ，陸上にも植生が繁茂するなど，まさにその表層は水の存在ならではという様相を呈していて，たとえ惑星を構成する絶対量としてはわずかであっても，やはり地球は水の惑星だと実感されるに違いない [1]．

　太陽からの放射エネルギーが緯度帯によって地球表層上に不均一に吸収され，結果として暖かい赤道地域から冷たい高緯度地域へとその不均一を解消するため大気と海洋は循環してエネルギーを輸送している．その大循環に伴って水は地球表層を循環しているだけではなく，固体（氷），液体（水），気体（水蒸気）の間で相変化する際にエネルギーを放出したり吸収したりして大気や海洋の循環そのものにも影響を与えており，また，地球表層の放射収支にも大気中の水蒸気量が支配的な影響をもつなど，水の存在とその循環は地球表層の環境を決めている主要因である．

　特に，大気中の水蒸気は，重さにして大気の約 0.3％，体積にして約 0.5％を占める微量成分にすぎないが，液体の水に相変化する際に 2.5×10^{6} J/kg もの熱（潜熱とよばれる）を出すため，地球表層のエネルギー輸送に対して大きな役割を負っている．大気上端に到達した太陽からの放射エネルギーは雲や大気に反射されたり吸収されたりしてその約半分が地表面に吸収され，吸収された分の約半分が蒸発するためのエネルギーとなる．蒸発した水蒸気は上空に持ち上げられたりして冷やされると雲粒や氷の粒となり，その際に蒸発に要した熱を放出して大気を暖める．したがって，水蒸気の輸送はエネルギーの輸送と同じであり，赤道付近から両極へ向かってのエネルギー輸送にも水蒸気の移動は大きく寄与している．

　地球表層のどこにどの程度の水が存在し，どの程度の速度で動いているのかについて，観測値や推計値に基づいてとりまとめたのが図 1 である [2]．枠に囲まれた数字が水の貯留量（10^{3} km^{3}），矢印の脇に記された数字が水の移動量（10^{3} km^{3}/年）でフラックスともよばれる．降水量と蒸発量に関しては主な土地利用ごとの数字（内数）も記されており，それらの土地利用区分の地球表層における面積（10^{6} km^{2}）が（　）内の数字で示されている．地球表層全体をマクロに見ると，海洋上では降水量よりも蒸発量のほうが多く，その分，海洋上から陸上へ

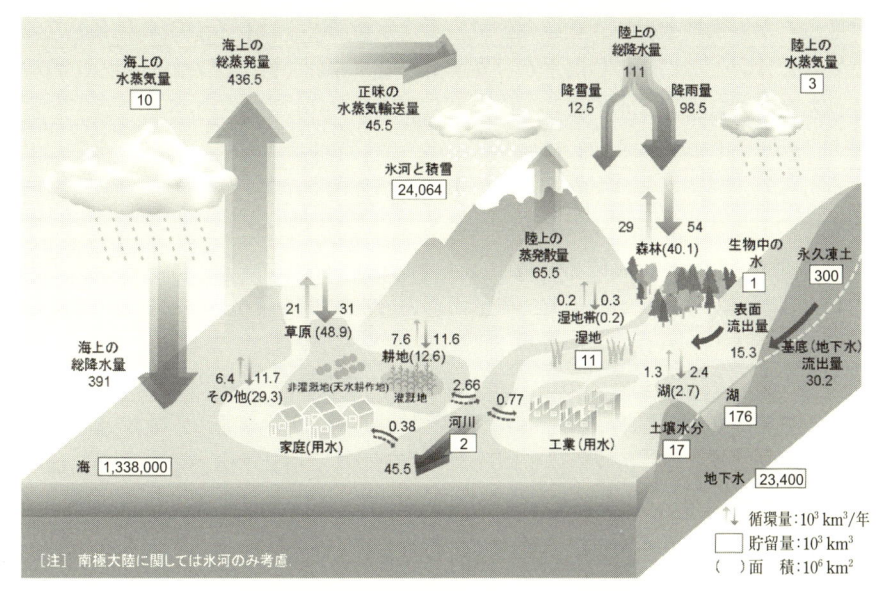

図1 観測値や推計値に基づいたグローバルな水循環の模式図
（Oki and Kanae, (2006) の耕地，その他面積の誤りを修正）

と正味の水蒸気の輸送があり，雨や雪として降った水は蒸発散として大気に戻ったり，河川流出として海洋へと運ばれたりしている．図1では，農業，工業，生活用水のための取水量も書き込まれているが，これらのうちどの程度が蒸発し，残りが再び河川へ戻ったり地下水に浸透したりしているかは，まだつまびらかではない．しかし，グローバルスケールの水循環に対してもこうした人間活動の影響は無視できない量となっており，「自然」の水循環に人間活動の影響を加えた「現実の」水循環を研究対象とすることが地球環境科学では重要である［3］．

　水の循環は，洪水や渇水といった災害にかかわっているのみならず，生命の維持に不可欠であり，生態系が健全に機能するためには健全な水循環が不可欠である．飲み水の質は短期的・長期的な健康の維持と深くかかわっており，食料生産に対しても地域によっては水が生産性向上を左右する主要な要因となっている．洗浄用や冷却用などの媒体として工業生産にも水は不可欠であり，日本では全発電量の4%を占めるにすぎない水力発電も，カナダやブラジルあるいはラオスのように発電量の半分以上あるいは大半を占めている国もあって，さらに大河川や湖沼のような内陸水面は原材料や製品の輸送路として重要な役割を果たしているなど，水循環の適切なマネジメントは人間の健康の維持と社会の経済発展のために不可欠である．

そうした人間社会が使う資源としての水は水資源とよばれるが，水資源を考える場合には，どこにどの程度水が存在するか，すなわち図1において枠内に記載された数字ではなく，水の流れ，すなわち図では矢印に沿って示された数字が重要となる．それは化石資源とは異なり，水資源はストックではなくフローを利用するものだからである．すなわち，河川から水を使う，といっても，ある瞬間に世界中の河道内に存在していると推定されている 2,000 km^3 が資源量だと考えるのではなく，1年間に河道を通過する 45,500 km^3/年が資源量だと考えるべきであり，これと例えば農業，工業，生活用水の合計約 3,800 km^3/年とを比べて需給が満たされるかどうかを議論すべきなのである．ちなみに，この全流出量には，地下水が直接海に流出する分も含まれていて，その量は総河川流量の約10%程度だと推定されている．地球上の水資源の希少性を論じる際に，地球上の水の97.5%は海水であり，残りの淡水のうちでも大半は深層地下水や氷床で人間は簡単には利用できない，といった説明がなされることがある．しかし，水資源はフローであることを考えると，これはやや誤解を招く説明であることがわかるであろう．

グローバルスケールの水循環や水収支の推定には数値モデルによるシミュレーション結果に基づく推定値も含まれているが，同じ気象条件データに基づいて算定しても数値モデル（ここでは陸面モデルとよばれる陸上の水・エネルギー収支を算定する数値シミュレーションモデル）間のばらつきのほうが，モデル推定値の平均値の年々のばらつきよりも大きいことがわかっている．全球土壌水分プロ

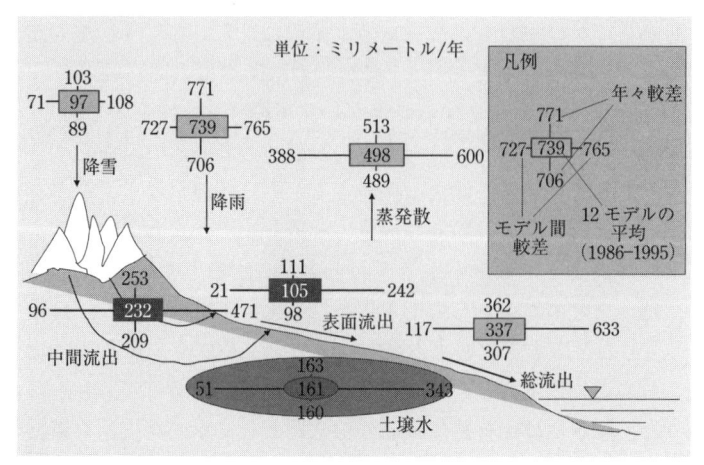

図2　陸面モデルによる10年平均のグローバルな水収支推定における年々変動とモデル間のばらつき [4]

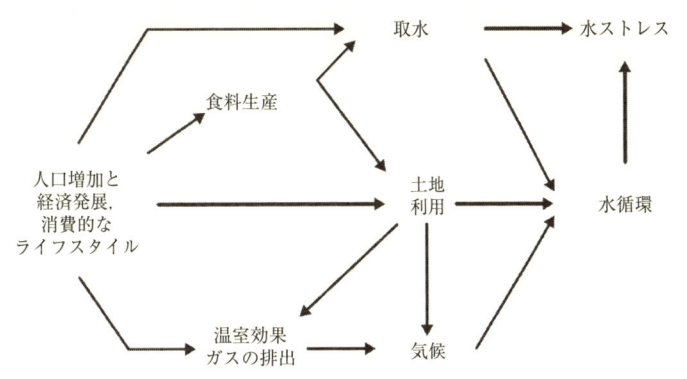

図3　人口増加や経済発展による人間活動の増大が土地改変，気候変動や食料生産などを通じて地球規模の水循環に及ぼす影響 [1]

ジェクト第2期の結果に基づいてとりまとめたのが図2であるが，雨として降るのか雪として降るのかすらモデル推定によって大きく異なる，ということもわかる [4]．積雪は可視光に対する反射率（アルベド）が大きく，いったん地表面を覆うと吸収する熱量が小さくなり持続しやすく，地表面から大気への顕熱や潜熱といったエネルギーの移動量が小さくなるなどを通じて気候システムにも影響を与える．

地球規模の水循環の長期的な変動とその社会への影響を模式化したのが図3である．気候変動の影響だけではなく，人口増加や経済発展に伴う食料生産の増加や水使用量の増大，土地被覆の改変なども水文循環の変化をもたらし，渇水に対する脆弱性である水ストレスの増減，あるいは洪水に対するリスクの増減として社会に影響を及ぼすことになる．こういう枠組みで考えると，氷床・氷河や積雪面積，湖沼分布，土壌水分，地下水変動など，直接水循環にかかわるいわゆる水文量のみならず，気候変動をもたらすいわゆる温室効果ガスや食料生産にかかわるような土地被覆・土地利用，植生分布も重要な要素であることがわかる．

[沖　大幹]

参考文献

[1] Oki, T. (2005), The Hydrologic Cycles and Global Circulation, *Encyclopedia of Hydrological Sciences*, vol. 1, p.656, M.G. Anderson and Jeffrey J. McDonnell (eds), John Wiley & Sons Ltd., pp.13–22

[2] Oki, T. and S. Kanae (2006), Global Hydrological Cycles and World Water Resources, *Science*, 313 (5790)

[3] Oki, T., C. Valeo and K. Heal (eds.) (2006), Hydrology 2020 : An Integrating Science to Meet World Water Challenges, *IAHS Publication*, 300, p.190＋xxxii

[4] Dirmeyer, P. A., X. Gao, M. Zhao, Z. Guo, T. Oki and N. Hanasaki (2006), The Second Global Soil Wetness Project (GSWP-2): Multi-model analysis and implications for our perception of the land surface, *Bull. Amer. Meteo. Soc.*, 87, pp.1381–1397

3.4 地球の熱収支

　地球は1億5,000万km離れた太陽から熱エネルギーを受け取り，その熱エネルギーが大気・海洋・陸面において交換がされ，最終的には受け取った量と同じだけのエネルギーが地球から宇宙空間へと逃げていく．このような熱エネルギーの流れの出入りを「熱収支」とよぶ．地球の気候状態（気温・降水・風など）は，このような熱エネルギーの流れの収支によって決まる．これはちょうど，収入（エネルギーの流入）と支出（エネルギーの流出）のバランスによって，その人の保有金額（その場所でのエネルギー量＝気温・降水・風の大小強弱）が決まるのと似ている．

　地球全体の熱収支，地球における熱エネルギーの流れの全地球平均値を表現したのが図1である．熱エネルギーとしては，大きく1)太陽から地球に入射する熱エネルギー，2)地球から宇宙空間に逃げていく熱エネルギー，3)大気と地表の間でやりとりされる熱エネルギー，に分けることができる．さらに，これ以外にも，4)大気および海洋における熱エネルギーの流れ，が重要である．

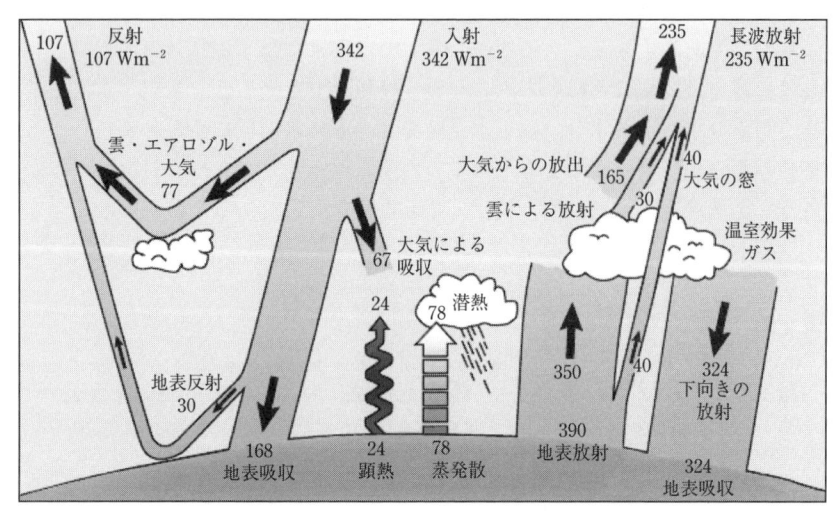

図1　地球における熱エネルギーの流れの全球平均値 [1]

◆ 太陽から地球に入射する熱エネルギー

太陽の内部では水素とヘリウムによる核融合反応が起こり、莫大なエネルギーが生成されている。そのため太陽表面の温度およそ 6,000 K になり、そこから大きなエネルギーが電磁波として宇宙空間に放出される。このような電磁波のエネルギーを「放射エネルギー」とよび、一般に、物体の温度が高いほど、電磁波の波長は短くなる。太陽放射の波長は 0.1〜1 μm であり、可視光の波長に対応する。一方、地球が放射する電磁波の波長は 1〜10 μm であり、赤外線の波長をもつ。このような波長の特徴から、太陽からの放射を「短波放射」、地球からの放射を「長波放射」ともよぶこともある。

図1に示すように、太陽から地球の大気上端に流入する放射エネルギーの全地球平均値は、342 Wm^{-2} である。ここで W（ワット）はエネルギーの単位で、例えば家庭用の電球は 100 W 程度のエネルギーを発する。太陽放射により、1 m四方の面積に、全地球平均では 342 W のエネルギーが注がれる。この太陽放射の流入量は、低緯度域や夏半球で大きく、高緯度域や冬半球で小さくなる。このうち、およそ 22%（77 Wm^{-2}）は雲・エアロゾル（2.6 節参照）・空気分子によって宇宙空間に向かって反射される。一般に雲やエアロゾルの量が多いほど、太陽放射の反射量も多くなる。また、地球に流入する太陽放射のおよそ 20%（67 Wm^{-2}）は大気によって吸収される。この吸収の大部分は大気中の水蒸気によるものである。雲・空気分子・エアロゾル・水蒸気によって反射も吸収もされなかった太陽放射 198 Wm^{-2} が地表に達し、そのうちの 15%（30 Wm^{-2}）は地球表面によって反射されて宇宙空間に逃げ、残り 85%（168 Wm^{-2}）は地球表面によって吸収される。一般に白い物体の反射率は高く、例えば高緯度域で降り積もった雪、氷河や氷床、海氷の反射率は高い。逆に黒に近い物体の反射率は低く、例えば氷のない海面の反射率は低い。太陽放射に対する物体の反射率を、その物体の「アルベド」とよぶこともある。大気中と地球表面による太陽放射の反射量はあわせておよそ 107 Wm^{-2} になり、地球全体が吸収する太陽放射は、およそ 235 Wm^{-2} となる。

◆ 地球から宇宙空間に逃げていく熱エネルギー

太陽から放射エネルギーを受け取った地球は、受け取った量と同じだけの放射エネルギー（およそ 235 Wm^{-2}）を、宇宙空間に放出する。この値に比べて、地表が放射するエネルギーは 390 Wm^{-2} と、2 倍近い値に大きくなっている。これは大気の温室効果がはたらくためである。温室効果がまったくなければ、地表か

らの放射エネルギーも 235 Wm^{-2} となるはずである．しかし，地表からの放射エネルギーの一部は，大気によって吸収される．この吸収は，およそ6割が水蒸気，2割が二酸化炭素，残りが雲などによって生じる．このような大気による吸収によって，地球表面からの放射は宇宙空間に逃げにくくなる．また，大気は温められることによって，地球表面に向かって放射エネルギーを発する．これらの効果により，地表の温度は上がり，地表が放射するエネルギーは 235 Wm^{-2} よりも大きくなる．最終的には，地表から発せられた放射エネルギーが，大気で吸収されながらも，宇宙空間に逃げるエネルギーが 235 Wm^{-2} に達するまで，地表の温度は上昇する．このように地球全体の熱収支がつり合った状態では，地表が発する放射エネルギーが全地球平均値でおよそ 390 Wm^{-2} となる．

　大気による地球放射の吸収と放出は，大気分子の特性によって決まっている．水蒸気や二酸化炭素分子は，赤外放射を吸収しない波長帯（8〜12 μm）があり，これを「大気の窓領域」とよぶ．大気の窓領域を通して，地表から放射されたエネルギー 390 Wm^{-2} のおよそ 10%（40 Wm^{-2}）が，そのまま宇宙空間に逃げる．地球放射の残りの 350 Wm^{-2} は大気によって吸収され，温められた大気は，地表に向かって 324 Wm^{-2} のエネルギーを放出し，そのほぼすべてが地表によって吸収される．また地球放射を吸収した大気は，宇宙空間に向かって 195 Wm^{-2} の放射エネルギーを放出する．これに対する大気の寄与がおよそ 85%（165 Wm^{-2}），残りが雲の寄与（30 Wm^{-2}）である．この 195 Wm^{-2} と大気の窓領域からの 40 Wm^{-2} とあわせて，235 Wm^{-2} のエネルギーが宇宙空間に放出される．

◆ 大気と地表の間でやりとりされる熱エネルギー

　太陽から地球表面に到達したエネルギーが宇宙空間に逃げていく過程は，大部分は上に述べた赤外放射によるが，別の過程も存在する．

　その1つが地球表面の水分の蒸発にかかわるものである．水分を含んだ陸面や海面に太陽放射などのエネルギーが与えられ，温められると，水分が蒸発する．あるいは植物の葉面においても，植物が根から吸った水分が蒸発する（これを「蒸散」とよぶ）．このように地表付近で蒸発した水分は，上昇気流に乗せられて大気の上空に運ばれる．基本的に大気は上空ほど温度が低いため，上昇した水蒸気は水あるいは氷に凝結する．水蒸気凝結の際にはエネルギーを放出するため，大気を温めることになる．これを「潜熱の解放」とよぶ．これは，汗が蒸発すると人の体が冷えることと同じ原理である．このようにして，地表に加えられた熱が水分の形で大気に運ばれ，大気中で凝結することにより，およそ 78 Wm^{-2} の熱エネルギーが地表から大気に運ばれることになる．この潜熱の解放過程以外に

も，大気の運動によって地表から大気へと熱エネルギーが運ばれる．地表の温度が，地表付近の大気に比べて高い場合，地表付近の大気がかき混ぜられることにより，地表から大気へと熱エネルギーが運ばれる．逆に地表の温度が地表付近の大気の温度よりも低い場合には，大気から地表へと熱エネルギーが運ばれる．地球全体で平均すると，およそ $24\,\mathrm{Wm}^{-2}$ の熱エネルギーが地表から大気へと運ばれている．このような熱エネルギーの輸送を「顕熱輸送」とよぶ．

◆ 大気と海洋において流れる熱エネルギー

　図1はエネルギーの流れを全地球で平均したものであるが，実際には，緯度・経度方向にもエネルギーの流れが存在する．上記したように，地球の熱収支を決めるエネルギーの源は太陽放射である．そして地球は自転しているため，地球に入射する太陽放射の年間平均値は，経度方向に違いがない（経度が違っても緯度が同じなら同じ太陽放射が入射する）．このため，地球の熱収支と気候状態を特徴づけるうえで，特に緯度方向のエネルギーの流れが重要である．

　地球に入射する太陽放射の年平均値の緯度分布を図2に示す．太陽放射量は低緯度域で大きく，極域で小さい．これは公転面に対する自転軸の傾きが23.4度と，それほど大きくないためである．もし自転軸の傾きが大きく，例えば90度倒れていたら，赤道に入射する太陽放射が最も小さくなる．地球は赤道で最大の太陽放射エネルギーを受け取り，そのエネルギーは，大気と海洋によって高緯度方向に運ばれる．熱帯（緯度20度以下）付近では地表が強く加熱され，大気中で大きな上昇気流が生じ，持ち上げられた大気は亜熱帯（20～30度）付近で下降する．この循環を「ハドレー循環」とよび，これにより赤道付近の熱エネルギーが高緯度方向に運ばれる．また中高緯度では，地球の自転の影響と空間的な気圧の変化によって，1,000 km スケールの低気圧・高気圧の渦が生じる．この渦は偏西風に流されながら，低緯度側の暖かい空気を高緯度方向に運び，逆に高緯度側の冷たい空気を低緯度方向に運ぶことで，全体として熱エネルギーを低緯度側から高緯度側へと運ぶことになる．海洋では，海洋上の風と自転の影響により，北半球では時計回りの，南半球では反時計回りの大きな海流が存在する．これを「風成循環」とよび，太平洋の南を流れる黒潮や，メキシコからヨーロッパに向かうメキシコ湾流も風成循環の一部である．風成循環によって，低緯度の温かい海水が高緯度方向に運ばれ，また高緯度側の冷たい海水が低緯度方向に運ばれることで，全体として熱エネルギーが低緯度側から高緯度側に運ばれることになる．さらに，低緯度の温かい海水が高緯度域に運ばれると，非常に寒冷な大気による強い冷却により温度が低下し，また海氷の形成によって塩分濃度がさらに

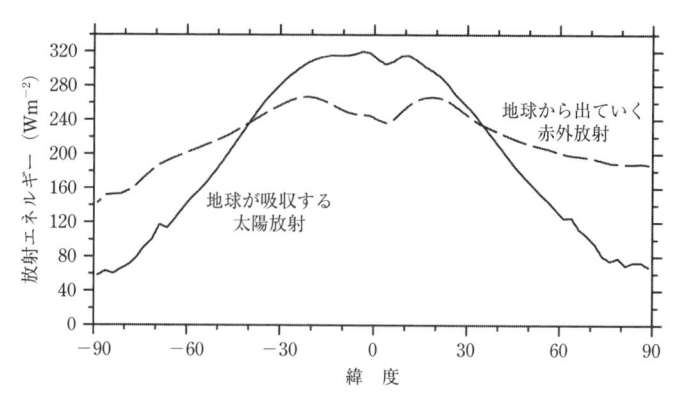

図2 地球が吸収する太陽放射（実線）と地球から出ていく赤外放射（点線）の緯度分布（NASA の ERBE 衛星による観測データ [2] の 1985～1989 年の年平均値を利用して作図）

高くなる．海水は温度が低いほど，また塩分濃度が高いほど密度が高い．このため，このように生成された海水は非常に密度が高くなり，海洋の中層～深層まで沈み込む．沈み込んだ冷たい海水が低緯度側まで運ばれ，結果として，低緯度側の熱エネルギーが高緯度方向に運ばれることになる．この循環を「深層循環」あるいは「熱塩循環」とよぶ．

　以上のような大気と海洋におけるさまざまな循環によって，低緯度側の熱が高緯度方向に運ばれる．図2で示される太陽放射と地球放射のバランスは，そのことを端的に表している．低緯度域（緯度 30 度以下）では，地球に入射する太陽放射に比べて，地球が射出する赤外放射が小さい．これは，低緯度域に入射した太陽放射エネルギーの一部が，大気と海洋の循環によって高緯度域（緯度 30 度以上）に運ばれたため，その分だけ地球放射が少なくなっているためである．一方で高緯度域では，地球に入射する太陽放射に加えて，低緯度側から大気と海洋の循環を通して熱エネルギーが運ばれ，両者の和が，赤外放射として宇宙空間に流れている．このため，緯度 30 度以上の高緯度域では，太陽放射に比べて地球放射が大きくなっている．　　　　　　　　　　　　　　　　　　　　　　　　［横畠徳太］

参考文献

[1] IPCC 第 4 次評価報告書（2007），第 1 章 気候変化科学の歴史的概観（Historical Overview of Climate Change Science），Le Treut 他
[2] http://eosweb.larc.nasa.gov/PRODOCS/erbe/table_erbe.html

3.5 大気大循環

　地球規模の視点から見た大気の循環を大気大循環（general circulation）とよぶ．大循環には，地球上のさまざまな時間空間スケールの流れが含まれるが，月平均程度で現れる一般的な循環を指すことが多い．大気は，高さ方向に対流圏・成層圏とよばれる明瞭な層構造をもち，それぞれにおいて特徴的な循環がある．大気の平均的な温度構造は図1のようになっている（米国標準大気）．高さ約10～15 km までは，上層に向かって温度が減少しており対流圏とよばれる．それより上層の約 50 km までは温度が逆に増加し，成層圏とよばれる．それより上層の中間圏ではさらに温度が減少し，さらにその上層に熱圏がある．対流圏と成層圏の境界面は対流圏界面（または単に圏界面）とよばれる．

　大気の温度構造は，太陽放射と地球からの赤外放射によって近似的に決まる．太陽放射は雲や地表面により約 30% 反射され，残りは大気中あるいは地表面で吸収される（3.4節参照）．特に，成層圏でのオゾン層において吸収され，高度 50 km 付近の温度の極大をもたらす．一方，赤外放射は，地表面の温度に応じて上向きに射出されるとともに，大気中の温室効果ガス（水蒸気，二酸化炭素など）により吸収・放射が生じる．対流圏・成層圏の層構造は，放射平衡，放射対流平衡の概念を用いて説明される．太陽放射と赤外放射のバランスのみによって定まる大気の平衡構造を放射平衡とよぶ．一般に，放射平衡の状態は成層不安定であり，大気の下層では対流運動が生じざるをえない．大気の対流運動を考慮し

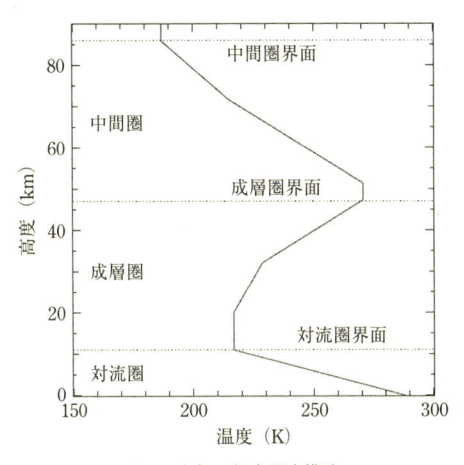

図1　大気の鉛直温度構造

て定まる大気の平衡構造を放射対流平衡とよぶ．放射対流平衡における下層の対流層が対流圏，その上層が成層圏に対応する．

　大気大循環は，東西方向に平均した子午面構造によって特徴づけることができる．図2に子午面流線関数，東西風，温度，および水蒸気の分布を示す．子午面流線関数を見ると，一般に各半球に3セル構造が現れる．低緯度からハドレーセル，フェレルセル，極セルとよばれる．ハドレーセルは低緯度から約30度まで，フェレルセルはその高緯度側の約60度まで広がっている．これらのセルは季節とともに南北にシフトする．東西風については，下層では30度より赤道側で東風，30度から60度までは西風，さらに極側では東風である．上層では，緯度30度付近に西風の極大があり，亜熱帯ジェットとよばれる．60度付近には成層圏に向けて極大となる西風の別の極大があり，極夜ジェットとよばれる．温度について，地表付近では低緯度のほうが高温であるが，上層では低緯度のほうが低温である．熱帯の圏界面付近で200 K以下となり，対流圏で最も温度が低くなっている．圏界面の高度は赤道付近で高く，亜熱帯から高緯度にかけて低くなる．対流圏の温度構造は，熱帯と中高緯度で成因が異なる．ハドレーセル領域では，水平方向に温度がほぼ一様であり，湿潤断熱線に近い鉛直温度構造をもつ．一方で，フェレルセルや極セルの領域の温度は，乾燥断熱線と湿潤断熱線の中間的な温度減率になっている．図1に示した標準大気では中緯度の代表的な6.5 K/kmの温度減率をもつ．

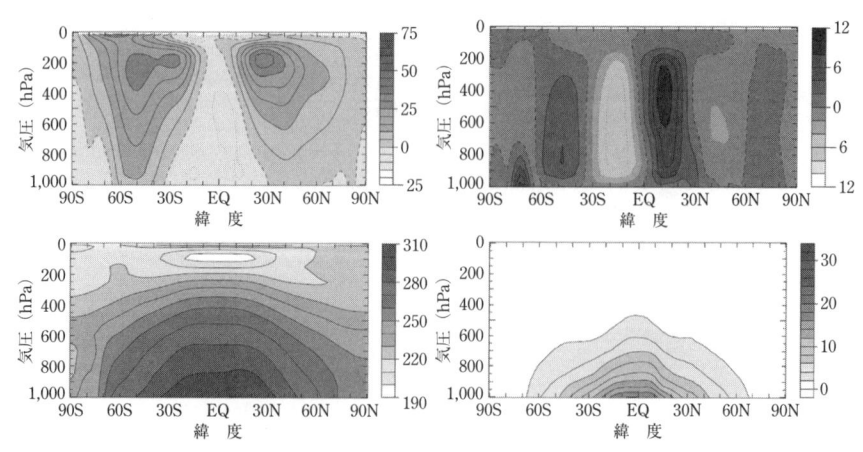

図2　大気の子午面構造東西風 (m/s)．子午面流線関数 (10^{10} kg/s)，温度 (K)，比湿 (kg/kg)，4月の平均．
　　（NCEP客観解析データ 1982～1994年平均による）

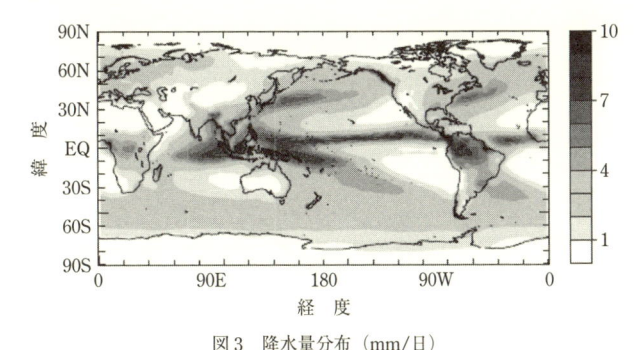

図3 降水量分布 (mm/日)
(Global Precipitation Climatology Project の 1979〜2008 年の年平均データによる)

ハドレーセルの赤道付近の上昇流部分は，地表付近から圏界面付近まで達する深い積雲対流による上昇流および降水と結びついている（図3）．この上昇流領域を熱帯収束帯（Inter-Tropical Convergence Zone：ITCZ）とよぶ．熱帯収束帯の外側は広く下降流域になっており，亜熱帯高気圧が覆っている（図4）．大気中の水蒸気量については，基本的には温度が高いほど水蒸気量（比湿）が大きいが（図2），相対湿度で見ると，熱帯収束帯では飽和に近い高い値をもつのに対して，亜熱帯高気圧では沈降流のため比較的が低い値になっている．

東西平均した場では，セルの循環の向き，地表面の気圧の分布，東西風の分布は互いに関係している．地表付近の南北風は，ハドレーセルや極セルでは赤道向きであり，逆にフェレルセルでは極向きである．一般に，地表面付近では高気圧から低気圧に向かって風が吹くため，赤道付近で低圧帯，ハドレーセルとフェレルセルの境界の30度付近で高圧帯（亜熱帯高気圧帯），フェレルセルと極セルの60度付近で低圧帯，および極付近で高気圧となっている（図3）．この気圧分布に対応する東西風のバランスを考えると，ハドレーセルと極セルの地表風は東風，フェレルセルでは西風になる．

亜熱帯ジェットは，ハドレーセルの上層の流れによって低緯度の大きな角運動量が中緯度に運ばれることによってもたらされている．ハドレーセル領域では，地表風が東風であるため，固体地球から大気に向けて角運動量が流入し（大気を加速），逆にフェレルセル領域では，地表風が西風であるため大気から固体地球に向けて角運動量が流出する（大気を減速）．極セルの寄与を無視して考えると，ハドレーセル領域からフェレルセル領域に向けて角運動量が輸送していることになる．このようなセル間の輸送は，東西に非一様な擾乱成分によって賄われていることが理解される．

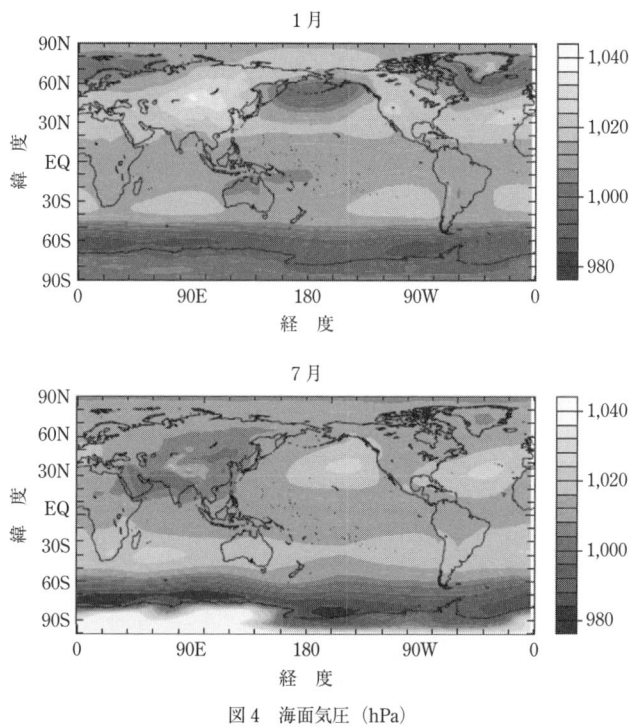

図 4 海面気圧 (hPa)
(NCEP 客観解析データ 1982～1994 年平均による)

　フェレルセル領域の循環は，傾圧不安定波によって特徴づけられる．傾圧不安定波は，回転系において水平温度勾配・鉛直シアが存在する場（傾圧帯とよぶ）において生じる不安定波であり，中緯度の温帯低気圧・温帯高気圧に対応するものである．フェレルセルの子午面流線関数は，傾圧不安定波に伴う循環を東西平均することによって現れるものであり，東西に一様な南北風は実際には存在しない．大気大循環の視点からは，傾圧不安定波が統計的に地球全体の循環に及ぼす効果を考えることが重要である．傾圧不安定波は角運動量を下向きに輸送する一方で，極向きに熱を輸送する．この熱輸送は，温帯低気圧・高気圧の通過に伴い，暖かな南風と冷たい北風が交互に入れ替わることに対応している（北半球の場合）．

　低緯度側で上昇流，高緯度側で下降流となるセルを直接循環とよび，逆に，低緯度側で下降流，高緯度側で上昇流となるセルを間接循環とよぶ．ハドレーセルは直接循環であり，フェレルセルは間接循環である．一般に，直接循環はセル自体の流れによって熱を極向きに輸送するのに対して，間接循環は逆向きに輸送す

る．フェレルセル領域では，傾圧不安定波が熱輸送を担っており，フェレルセル全体で見れば極向きに熱輸送が生じている．このように，ハドレーセル，フェレルセルともに極向きに熱を輸送するので，大気全体で見ると，低緯度では太陽放射の入射のほうが赤外放射の射出より大きく，高緯度では赤外放射の射出のほうが太陽放射の入射より大きい（3.4節参照）．

　ハドレーセルは，太陽放射の緯度方向の加熱差によって駆動されていると考えることができる．仮に地球の自転がない場合を考えると，太陽放射の入射量の差異により，赤道の高温域で上昇流，極付近の低温域で下降流の1セル型の直接循環となるであろう．これが，自転がない場合のハドレーセルに対応する．地球に自転がある場合には，セルが中緯度までしか到達しなくなる．ハドレーセル上部の極向きの流れによって上層に西風が生じるが，セルがより高緯度まで到達する場合には，より強い西風が形成され，これにバランスするための強い南北温度差が形成されなければならない．しかし，この温度差は，駆動源である太陽加熱による温度差より小さくなければならないため，セルの幅には制約が与えられることになる．

　ハドレーセル領域にも，もちろん東西方向の非一様性があり，大気大循環の重要な要素となっている．特に西太平洋から東南アジアにかけての領域で降水量が最も多く（図3），平均上昇流が強くなっている．赤道に沿って見ると，西太平洋で上昇，東太平洋で下降する東西のセル構造があり，ウォーカー循環とよばれている．ウォーカー循環は，熱帯の積雲活動の変動とともに変調し，季節内変動，年々変動などの気候の内部変動と密接に結びついている（3.9節参照）．

　降水量の緯度分布を考えると，熱帯のITCZの領域と中緯度の傾圧帯においてピークが現れている（図3）．降水領域では，潜熱放出による非断熱加熱があり，大気の上昇流をもたらしている．しかし，いままで見てきた大気の子午面内の3セル構造は，ハドレーセルを除いて，このような非断熱加熱に対応した大気の上昇運動と直接対応しない．熱やトレーサー物質のような流れに沿って近似的に保存する量の輸送を調べる場合には，ラグランジュ平均循環（あるいは変形オイラー平均循環）を使うのが便利である．この循環は，大気中の加熱領域で上昇流，冷却領域で下降流になるようなセル構造になる（図5）．大気中ではITCZ領域で最も非断熱加熱が大きく，その他の領域では傾圧帯を除いて赤外放射による冷却を受けている．このため，上記のような平均操作を行うと，ITCZと傾圧帯で上昇，ほかの領域で下降する1セル型の循環が現れる．すなわち，大気中の物質は，ITCZの対流活動によって上層に持ち上げられ，亜熱帯から中高緯度にかけてゆっくり沈降していくという描像が得られる．

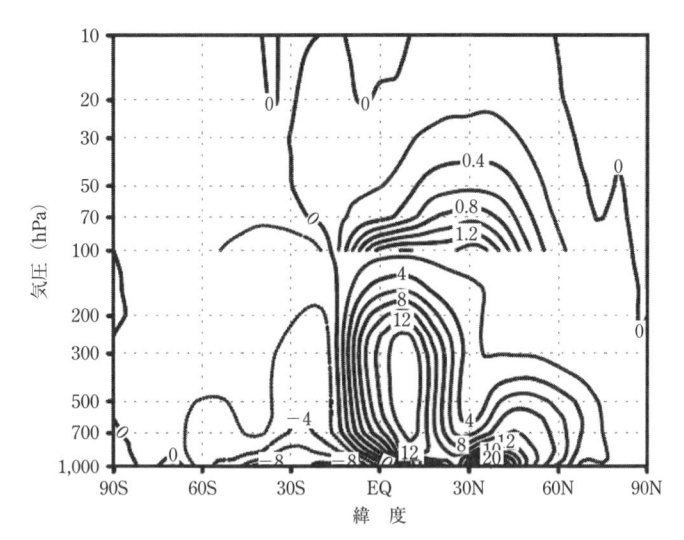

図5 変形オイラー平均による子午面流線関数（10^{10} kg/s）1月の平均，100 hPaの上下で等値線間隔を変えている．成層圏ではブリューワ・ドブソン循環に対応する．
（NCEP客観解析データ 1990〜1999年平均による）

1セル型のラグランジュ平均循環は，対流圏だけにとどまらず，成層圏にも存在している（図5）．成層圏の部分をブリューワ・ドブソン循環とよぶ．ただし，成層圏では循環の成因が異なる．成層圏の温度はほぼ放射平衡によって決まっており，それにバランスする東西風が維持されている．しばしば対流圏から成層圏に伝播する波動擾乱によってバランスが崩され，極向きの循環が引き起こされる．成層圏におけるオゾンは，ブリューワ・ドブソン循環によって，生成域である低緯度から高緯度に輸送されている．

対流圏と成層圏との大気の交換にはさまざまなスケールの現象が寄与している．局所的に見ると，熱帯での積雲対流の圏界面付近での乱流や，中高緯度の温帯低気圧に伴う成層圏大気の取込みとして，交換が生じている．全球規模で見ると，ブリューワ・ドブソン循環によって，緯度15度より赤道側で対流圏から成層圏への空気の流入，高緯度側において成層圏から対流圏への空気の流入が生じている．流入量は約 2.7×10^{17} kg/年である．仮に成層圏の大気全体を対流圏・成層圏の大気交換によって入れ替えるとすると，それに要する入れ替え時間は約2年である．実際には成層圏はよく混合されているわけではないので，この時間で空気が完全に入れ替わるというわけではない．

［佐藤正樹］

3.6 海洋大循環

　海洋大循環とは，大洋[*1]全体をめぐる，ないしは大洋間をまたぐ，海洋の大規模な循環を指す．その原因は大きく分けて2つ存在し，1つは風が海面を引きずる作用，もう1つは海面での熱・水交換が空間不均一なことである．海洋全体がもつ熱容量や炭素量は地球システムのほかの構成要素が比肩しえない莫大なものであるため，海洋大循環に伴う熱やさまざまな溶存物質の輸送は気候の大規模な様相と変動において本質的に重要な役割を果たす．

◆ 風成循環

　海洋大循環のうち，風が海面を引きずる作用によってできる部分を風成循環とよぶ．風成循環の主な特徴は，図1に示すように各大洋（南大洋と北極海を除く）でいくつかの緯度帯ごとに閉じた環状の水平循環であること，それぞれの環状循環の西端には特に強い海流が存在すること，および海面から深さ数百メートルにわたって存在することである．また，緯度帯による環状循環の分かれ方は大洋間で共通しており，さらに南北半球間ではおおよそ鏡像をなしている．こうした循環の概要は大洋航海によって古くから認識されてきた．

　地球が回転する効果のため，風成循環による海流の向きや速さは，直上を吹く風と直接には対応しない．海上の風は全体的に南北方向よりも東西方向に強く吹き，低緯度では東風（貿易風）が，中高緯度では西風（偏西風）が卓越する．風

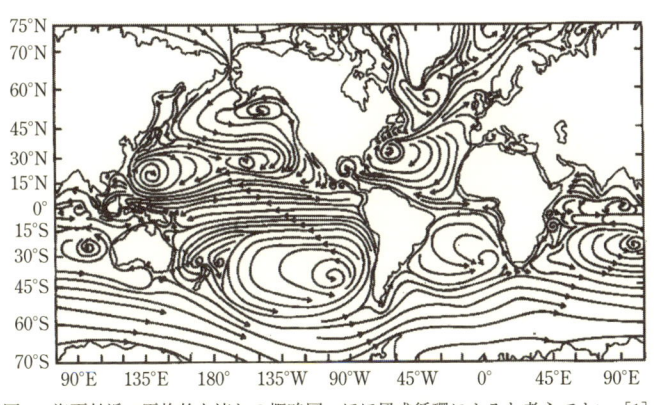

図1　海面付近の平均的な流れの概略図．ほぼ風成循環によると考えてよい［1］．

---

*1　英語で sea ではなく ocean とよばれる，太平洋・大西洋・インド洋・南大洋・北極海のこと．

成循環のおおまかな構造はこの大規模風系が決めている．すなわち，緯度が高くなるにつれて西風が強まる（あるいは東風が弱まる）緯度帯においては，北半球では時計回りの循環が，南半球では反時計回りの循環が形成される．これはおよそ緯度15〜45度にあたり，そこに存在する環状循環は亜熱帯循環と総称される．一方，緯度が高くなるにつれて西風が弱まる緯度帯においては，それとは逆向きの循環が形成される．これはおよそ45度より高緯度側にあたり，そこに存在する環状循環は亜寒帯循環と総称される．

各環状循環の西端に特に強い海流が存在する原因もまた，地球の回転である．亜熱帯循環の西端には高緯度に向かう強い流れが存在し，低緯度側から暖かい水を運ぶ暖流となる．日本南岸の黒潮やアメリカ東岸のメキシコ湾流がその代表例である．一方，亜寒帯循環の西端にはそれとは逆に低緯度向きの強い流れ，すなわち寒流が存在する．日本沿岸では親潮がそれにあたる．これら暖流・寒流の存在は，周辺の大気の状態に大きな影響を及ぼすことはもちろん，その効果が大気中を伝播することなどを通して，全地球規模の気候にとっても重要性をもつ．

風成循環が深海にまで達しないのは，海洋に温度躍層とよばれる構造が存在するためである．これは，高緯度以外の海洋の上層数百メートルにわたる，深さとともに温度が大きく変化する領域を指す．もしも温度躍層が存在せず，水温に上下差がなければ，風成循環は海底まで達し，流れの速さは全体的に弱まるであろう．この温度躍層が存在する原因は，次に述べる熱塩循環の存在である．

◆ **熱塩循環**

海面温度が30℃にも達する赤道付近でさえ，温度躍層より下に位置する深層の温度は0℃に近い低温である．海洋内部ではさまざまな混合現象が温度を一様化するようにはたらく一方で冷却源が存在しないことを考えると，これは高緯度の海面付近にある低温水が深層に沈んで低緯度に広がるという循環の存在を示す．その低温水が中低緯度で上昇し，一方で中低緯度の海面が加熱を受けることが，温度躍層という構造のそもそもの原因である．

海水の密度は温度と塩分によって決まり，（純粋な水とは若干異なり）低温および高塩分であるほど密度は高い．なお，塩分以外の溶存物質も海水密度に影響を及ぼすが，その濃度は通常きわめて低く，考慮する必要がない．海面付近の冷却または高塩分化（蒸発・結氷[*2]）は海水密度を高め，特に高密度が実現される場所において深層への下降が生じる．この高密度水は深層を水平的に流れつつ，

[*2] 海水が結氷した海氷は若干の塩分を含み，陸上の淡水を起源とする氷山とは区別される．海氷結氷時にはもとの海水がもつ塩分の大部分が周囲に排出される．

3.6 海洋大循環

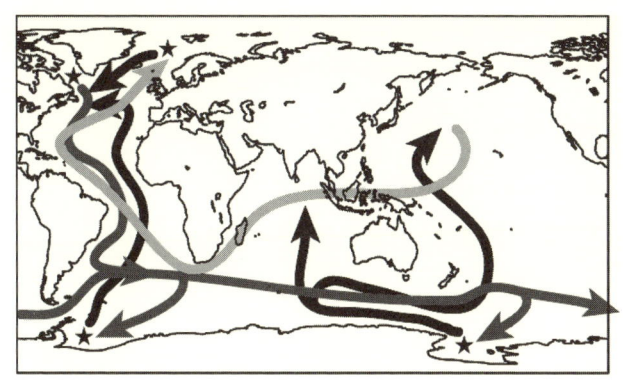

図2 熱塩循環の概略図．星印は深層水形成場所を示し，矢印は色が淡いものから順に表層（温度躍層から上）・深層（温度躍層から3,000 m深程度）・底層（3,000 m程度以深）の水平流を示す．深層・底層の流れは徐々に上昇し，表層の流れとなる．実際の表層の流れには，これに風成循環が重なる．

上層に存在する低密度水と混合して密度を下げながら上昇する．その結果，海洋には上層と深層を結ぶ鉛直的な循環が形成される．海洋大循環のうち，このように海水密度の変化に関係してできる部分を熱塩循環とよぶ．

図2に概略を示す熱塩循環の主な特徴は，高密度水の海面から深層への下降（深層水形成）が生じる領域がきわめて限られること，および大洋間を結ぶことである．熱塩循環の具体的な形態が認識されたのは比較的新しく，未解明の部分が大きく残されている．W. ブロッカーは観測された溶存物質の分布に基づき，図2をより単純化した形の循環像を1980年代に示した．この循環が大量の溶存物質を輸送することから，ブロッカーはこれを海洋のコンベヤーベルトとよび，その名称でも広く知られるようになった．熱塩循環は溶存物質だけでなく熱も運び，特に深層水形成領域に向かって大量の熱を輸送する．北緯50度程度のオホーツク海が冬季に海氷で覆われる一方で，北緯80度にも達するノルウェー沿岸が冬季でも凍結しないことには，この熱輸送の有無が大きく関与している．

熱塩循環は深層に流れをもたらす主要因であるが，その流れはとても緩やかであり，深層水形成領域で下降した海水が再び同じ場所に戻るのには数千年を要すると見積もられている．この特徴のため，熱塩循環は気候の長期かつ大規模な変動と深くかかわる．例えば，最終氷期（およそ2万年前）には大西洋の熱塩循環がほぼ停止していたことが知られており，それが北大西洋高緯度の広い領域が氷に覆われていたことと深く関係すると考えられている．地球温暖化によっても熱塩循環の大きな変化が予測されており，ひとたび大きく変化してしまえば，たと

え変化の原因を取り除いてももとには戻らない，もしくは戻るのに数百年以上を要すると考えられている．

◆ 海洋大循環と水塊

海洋内部の温度・塩分分布には，連続的な空間変化というよりは，広い領域を特定の温度・塩分が占めるという特徴が見られる．例えば大西洋の2,000～4,000 m深には温度3℃・塩分34.9‰程度の海水が南北半球にわたって広く分布しており，南大西洋の1,000 m深付近には温度5℃・塩分34.4‰前後の海水が南北に舌状に伸びて分布する（図3）．特定の温度・塩分をもって広く分布するこうした海水は水塊とよばれる．

海洋内部には熱や塩分の発生・消失源がほぼ存在せず，海水の温度や塩分に特徴的な値をもたせる原因は海面にしかない．また，海洋内部に存在する海水は，循環のもとをたどれば，過去のどこかの段階では海面に露出していたものである．これらの前提に基づくことで，水塊の分布と特性から海洋大循環をある程度知ることができる．なお，水塊を特徴づける量としては，温度・塩分だけでなく，密度の鉛直勾配やさまざまな溶存物質の濃度も用いられることがある．先述のブロッカーが導いた熱塩循環像もそうして得られたものである．

海水の流速を直接計測することは，温度・塩分・溶存物質濃度の場合に比べて大きな困難を伴う．特に深層での計測は容易でなく，深層流の実態把握については水塊分布からの推算に依存している部分がいまなお大きい．地球温暖化に伴っ

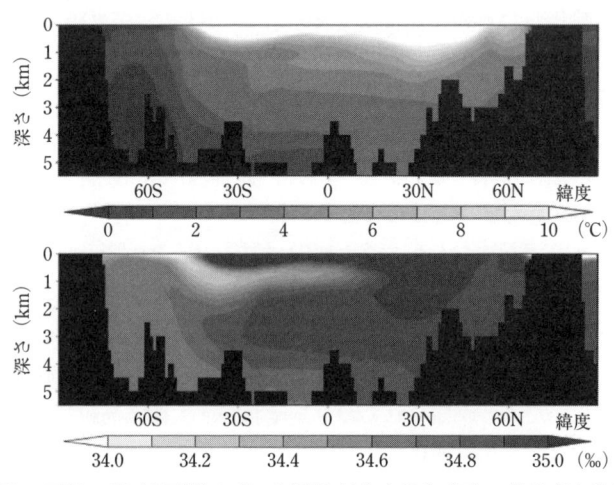

図3　西経30度（大西洋）に沿った温度（上）と塩分（下）の緯度-深さ分布

て起こると危惧される海洋大循環の大規模な変化をモニタリングするという目的においても，水塊特性の変動を調べることが必要かつ有用である． ［羽角博康］

参考文献
[1] Trenberth, K. E. (1992), Climate System Modeling, Cambridge University Press, Cambridge, UK, p.123 を改変

3.7 モンスーン

◆ モンスーンの成因

　モンスーンは，大陸と海洋の地理的分布に起因する大規模な海陸風循環の一種である．陸地の比熱は海洋よりも小さいため，太陽入射に対して暖まりやすく，冷めやすい．このため，夏のアジア大陸上の気温は，周辺の海洋よりも相対的に高くなり，海洋から大陸に向かって風が吹き込む．一方，冬季には大陸の冷却が顕著になるので，大陸から海洋に向かって寒気が吹き出す（図1）．このように，モンスーンは卓越風向の反転によって特徴づけられることから，古来より「季節風」とよばれている．

　海陸風循環という概念は，第一次近似としては正しいが，実際には地球の回転による転向力がはたらくので，低気圧性・高気圧性の循環が生じる．また，風による水蒸気の輸送や収束の結果として，アジアモンスーン域は世界的に見ても多雨地域となっている．降水時に生じる潜熱解放は，モンスーン循環を強化する駆動源としてはたらくことから，近年では大気の熱源応答という視点でモンスーンを解釈する研究も多い．

◆ 温暖化時のモンスーンの変調

＜夏季モンスーン＞

　現在，多くの人口を抱えるモンスーンアジア域は急速な経済発展を続けており，これらを支える水資源の確保が国境を越えた課題となっている．このような社会的な要請を背景に，温室効果ガスの増加による夏のアジアモンスーンの変動予測に向けて，気候モデルを用いた数値実験が各国で行われている．

　図2（a）は，世界の8つの気候モデルでシミュレートされた，温暖化に伴う広域アジアの降水量の変化予測を示す．日降水量 0.5 mm 以上の増加域（陰影部）は，北インド洋から西太平洋の海洋上で見られ，南アジアからチベット高原の東

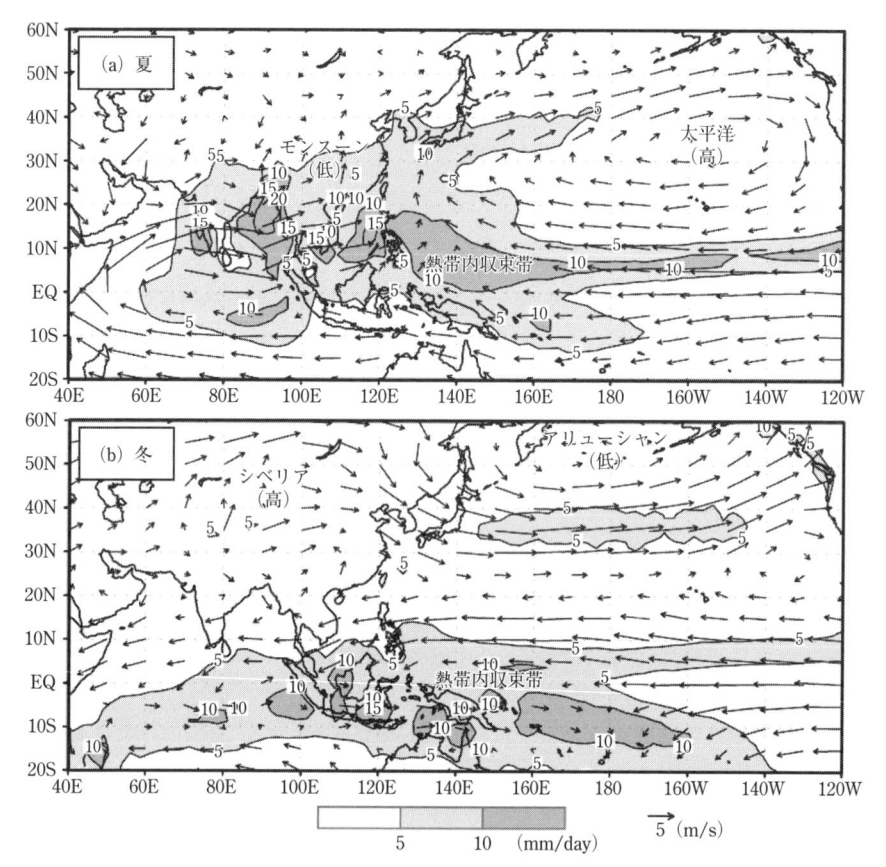

図1 降水量と対流圏下層（850 hPa）の風ベクトルの気候値．(a) 夏季（6〜8月），(b) 冬季（12〜2月）．

部にかけての大陸上においても増加傾向にある．また日本付近の降水量も増えることが予測されている．興味深いことに，下層のモンスーン気流は東風偏差となっており，夏の西風モンスーン気流の弱化，すなわち循環強度の低下が見られる．

上述の「風と降水のパラドックス」を解く鍵は，水蒸気輸送と温度コントラストにある．海洋上では海の温暖化に伴って蒸発が盛んになり，対流圏の下層では大気がより湿潤になる．このため，温暖化時の水蒸気フラックスの偏差を見ると（図2(b)），風速の減少に対して水蒸気量の増大が打ち勝つことで，インド洋からアジア大陸に向かう水蒸気輸送が増大し，このことが降水量の増加の要因になっている．一方，対流圏の中上層の夏期平均気温は，すべての領域で上昇して

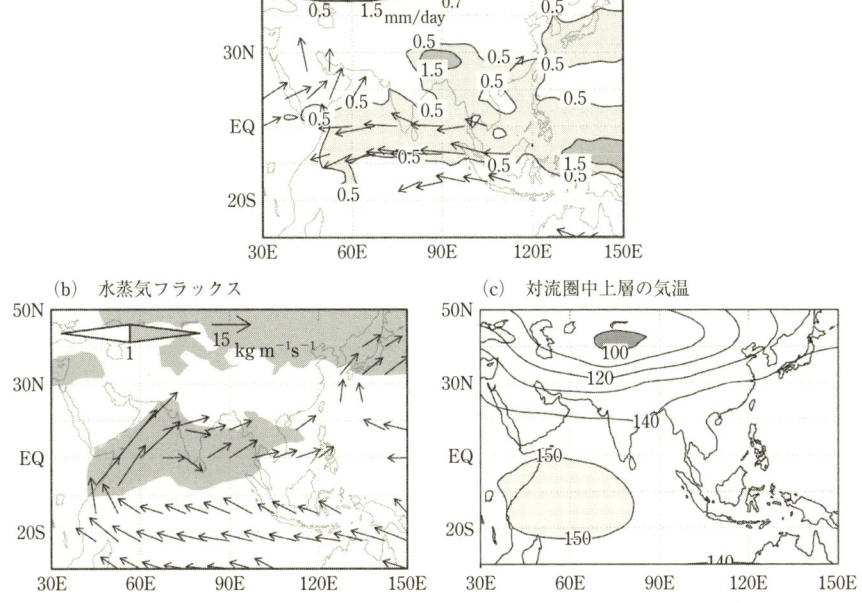

図2 複数の気候モデル平均値に基づいた,温暖化時(2100〜2200年)と現在気候(1981〜2000年)との差分量.(a)夏の降水量と対流圏下層(850 hPa)の風ベクトル,陰影は日平均降水量が0.5 mm以上増加している領域を示す.(b)ベクトルは鉛直積分した水蒸気フラックス(kgm^{-2})を表し,陰影は統計的に有意な領域を示す.(c)対流圏中上層の平均温度(500〜200 hPaの層厚).
(Ueda, et al.(2006:GRL)を改変)

いるが(図2(c)),赤道付近の昇温量はアジア大陸よりも大きくなっている.夏のアジアモンスーン循環は南低北高の温度コントラストによって駆動されているので,温暖化時に見られる南高北低の昇温偏差は,駆動力の減少を介した下層の西風モンスーン気流の弱化と整合的である.

＜冬季モンスーン＞

アジア域での冬季降水量の変化予測は,夏の将来予測とは大きく異なっている.IPCCの第4次評価報告書に掲載された気候モデルのアンサンブル平均値は,赤道域を除く広範な地域での降水量の減少傾向を示している.この原因として,水蒸気輸送を含む熱・水循環,インド洋の大気海洋相互作用などの観点から説明が試みられており,その実態の解明が待たれている.

日本の冬季降水(雪)量は,シベリア高気圧の弱化に伴って寒気の吹き出しが

弱まることで，減少するとされている．しかし，北西モンスーン気流の吹き込み先であるアリューシャン低気圧は，多くのモデルで強北・北上するという研究もあり，日本付近の冬季モンスーンの強弱に関しては，慎重な検討が必要である．

◆ 段階的な季節変化と日本の天候

　アジアモンスーンの季節変化は，単調な太陽入射量に対して，大気・海洋・陸面相互作用を通して大きく変形されている．降水や循環場の気候平均値における盛夏期に至る季節進行を見ると（図3），5月の中旬の広域モンスーンオンセット，6月中旬のインドモンスーンの開始・フィリピン東方海上でのITCZの出現，そして7月中旬の西部北太平洋上での対流活発化のように，ほぼ1カ月おきに場所を変えて，急激に降水量と循環場が急激に変化している．

　この段階的な季節変化は，日本の天候とも密接に関係している．5月中旬の夏のモンスーンの開始に伴って，南シナ海上では，モンスーン西風気流と太平洋上の偏東風が収束し，オンセットボルテックスとよばれる低気圧性の循環が生じる（図3（a））．この南シナ海での渦度強制によって励起された定常ロスビー波は，日本付近の高気圧性循環を強化することで，晴天の特異日である5月中旬の「五月晴れ」を引き起こしている．6月中旬は本州の梅雨入りに相当する．この時期はフィリピンの東方海上で熱帯内収束帯（ITCZ）を構成する対流活動が活発化

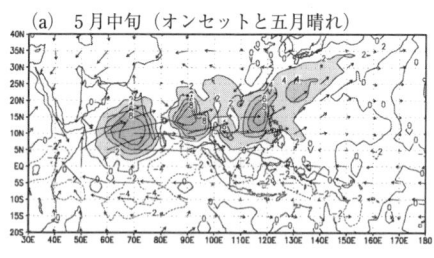

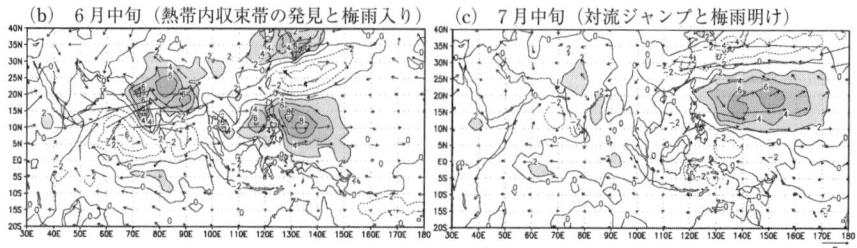

図3　観測に基づく降水量と対流圏下層（850 hPa）の風ベクトルの段階的な季節変化．(a) 5月中旬の変化，(b) 6月中旬の変化，(c) 7月中旬の変化．
　　（Ueda, et al.（2009：JCLIM）を改変）

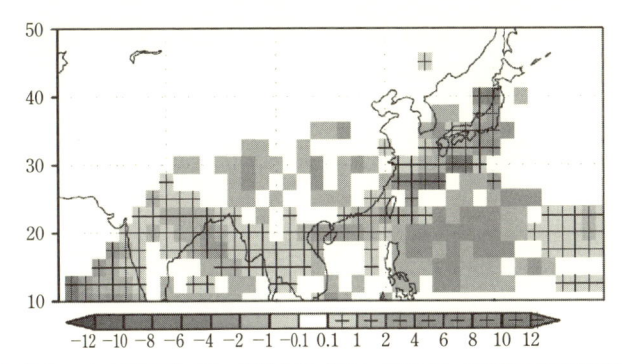

図4 複数の気候モデル平均に基づく，温暖化時（2081〜2100年）の雨期の終了時期の変化．正の値は，雨期の終了が現在（1981〜2000年）に比べて遅延することを意味する．数字は半旬値（5日）．
(Kitoh and Uchiyama (2006：JMSJ) を白黒に改変)

し，その北側に形成された高気圧性循環の西側を回り込む形で，日本付近に水蒸気が運ばれている．梅雨前線の出現要因については，温度コントラストに帰着させる見方もあるが，水蒸気輸送の視点に立つと，大局的には熱帯の対流活動の強化と密接に関係しているといえる．7月中旬の西北太平洋上の対流強化は，別名対流ジャンプ（convection jump）現象とよばれ，定常ロスビー波によるテレコネクションを介して，関東以北の急激な梅雨明けを引き起こす要因の1つとなっている．

気候モデルに基づくアジア域での雨期の将来予測では，台湾から日本付近にかけては雨期の終了が遅くなるものの，揚子江流域では反対に早まる傾向があることが指摘されているが（図4），その原因については不明な点が多く，水資源管理のうえからも喫緊の課題となっている．　　　　　　　　　　　　[植田宏昭]

参考文献

[1] Kitoh, A. and T. Uchiyama (2006), Changes in onset and withdrwal of the East Asian summer rainy season by multi-model global warming experiments, *J. Meteor. Soc. Japan*, 84, pp.247-258
[2] Ueda, H., A. Iwai, K. Kuwako and M.E. Hori (2006), Impact of anthropogenic forcing on the Asian summer monsoon as simulated by 8 GCMs, *Geophs. Res. Lett*, 33, L06703, doi：10.1029/2005GL025336
[3] Ueda, H. M. Ohba and S.-P. Xie (2009), Important factors for the development of the Asian-Northwest Pacific summer monsoon, *J. Climate*, 22, pp.649-66

3.8 熱帯低気圧

　熱帯の海洋上で発生する低気圧を熱帯低気圧という．熱帯低気圧のうち，強く発達したものは，北西太平洋では台風，北東太平洋と北大西洋ではハリケーン，北インド洋ではサイクロンというように，地域によって異なる名称でよばれる．これらの，強く発達した熱帯低気圧は，非常に強い風や雨を伴い，しばしば大きな災害をもたらす．地球温暖化によって，熱帯低気圧がいまよりも強大になり，災害も増大するのではないかと懸念されている．

◆ 熱帯低気圧の分類

　熱帯低気圧は，その強さ（最大風速）によって，いくつかの階級に分類されている．世界気象機関（WMO）が定めた国際分類と名称は，表1のとおりである．日本では，このうち，tropical storm 以上（最大風速約 17 m/s 以上）の強さの熱帯低気圧を台風とよんでいる．したがって，国際分類の typhoon と台風は同じ

表1　世界気象機関（WMO）による熱帯低気圧の国際分類

国際分類	m/s	ノット
tropical depression (TD)	〜16	〜33
tropical storm (TS)	17〜24	34〜47
severe tropical storm (STS)	25〜32	48〜63
typhoon, hurricane	33〜	64〜

表2　日本（気象庁）の台風の分類

階級	m/s	ノット
（修飾語なし）	17〜32	34〜63
強い	33〜43	64〜84
非常に強い	44〜53	85〜104
猛烈な	54〜	105〜

階級	風速 15 m/s 以上の半径
（修飾語なし）	500 km 未満
大型（大きい）	500 km 以上 800 km 未満
超大型（非常に大きい）	800 km 以上

表3 アメリカのハリケーンの分類（Saffier Simpson Scale）

カテゴリー	m/s	ノット	マイル/時
1	33～42	64～82	74～95
2	43～49	83～95	96～110
3	50～58	96～113	111～130
4	59～69	114～135	131～155
5	70～	136～	156～

ではない．また，国際分類の tropical depression に相当する熱帯低気圧を以前は「弱い熱帯低気圧」とよんでいたが，最近は，防災上の観点からこの名称は用いないことになっている．日本では，台風をさらに強さと大きさによって表2のように分類している．この分類でも，以前は，強さに関しては「並」や「弱い」，大きさに関しては「並」や「小型」という表現も使われていたが，これについても最近は，防災上の観点から，このような表現は用いないことにしている．また，強さに関しては，以前は，主として中心気圧によって分類が行われていたが，最近は，最大風速による分類に国際的にも統一されている．アメリカでは，ハリケーンを強さによって，表3のように，5つのカテゴリーに分けている．アメリカのハリケーンは，国際分類の hurricane と同じで，最大風速が64ノット以上（33 m/s 以上）の熱帯低気圧である．これは，日本でいう「強い台風」以上の台風に相当する．最近は，表3のカテゴリーは，アメリカのハリケーンだけでなく，世界のほかの地域でも使われることが多い．台風に関しては，このカテゴリーとは別に，最大風速130ノット以上（67 m/s 以上）のものを，super typhoon とよぶことがある．日本では，台風に各年ごとに発生順に通し番号をつけている．また，日本の台風に相当する，tropical storm 以上（最大風速約17 m/s 以上）の強さの熱帯低気圧については，地域ごとに担当の地域気象機関が名前をつけることになっており，これらの熱帯低気圧は named storm とよばれる．

◆ 熱帯低気圧の構造・発達のメカニズム

熱帯低気圧は，発達した積乱雲群が出す凝結熱をエネルギー源として発達する．この点で，南北の気温差をエネルギー源として発達する温帯低気圧と発達のメカニズムと構造が大きく異なっている．温帯低気圧は前線を伴い，気圧分布は前線のところで折れ曲がるような，非対称な分布をしている．風や雲や雨の分布も前線の位置に対応したものとなっている．これに対し，熱帯低気圧は前線を伴わず，気圧分布はほぼ同心円状で，下層の風は，ほぼ等圧線に沿って低気圧性

図1　2003年台風10号の衛星雲画像とレーダーエコー（左上）[1][2]
レーダーエコーでは図の黒い部分が降水域を表す．

（北半球では反時計回り）の回転をしながら，低気圧の中心に向かって吹き込む．発達した熱帯低気圧では，図1の衛星雲画像のように，中心付近に「眼」とよばれる雲のない部分が見られる．中心から数十キロメートルのところには，眼を取り囲むように「眼の壁雲」とよばれる非常に発達した積乱雲群があり，さらに外側には，下層の風に沿うように，いくつかのスパイラル状に並ぶ積乱雲群に対応した降水帯（レインバンド）がある．図1の雲画像では，低気圧の中心付近は眼の壁雲から外側に吹き出す上層雲によって覆われているためスパイラル状の降水帯がはっきりしないが，左上のレーダーエコーでは，スパイラル状の降水帯が明瞭である．熱帯低気圧の下層で中心に向かって吹き込んだ空気は，眼の壁雲とスパイラル状の降水帯を構成する積乱雲群の中の強い上昇気流によって上空に運ばれ，上層では中心から外に向かって吹き出す．これらの積乱雲の中では，水蒸気が凝結して雲ができるときに大量の熱を放出する．この熱によって，熱帯低気圧の上空の空気は暖められ，発達した熱帯低気圧では，中心付近の上空の気温は，同じ高さの周辺の気温と比べて10℃以上も高くなり，熱帯低気圧の中心の上空には暖気核（ウォームコア）が形成される．その結果，地上（海面）気圧が低くなり低気圧と強い渦が発達する．中心気圧が低くなると，下層での吹き込みが強くなり，積乱雲がさらに発達し，上空でより多くの熱が出て，低気圧はさらに発達する．以上のような一連の過程のくり返しにより熱帯低気圧は発達する（図2）．

　熱帯低気圧の発達過程では，そのエネルギー源となる水蒸気が十分に補給されることが重要である．このため，熱帯低気圧は水蒸気を多く含む，水温の高い熱帯の海洋上で発達する．図1の衛星雲画像は，発達した熱帯低気圧のものである

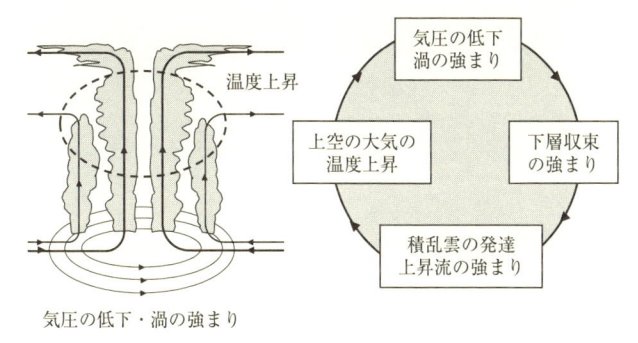

図2 熱帯低気圧の発達メカニズム

が，熱帯低気圧の発生期，発達期，最盛期，衰弱期のそれぞれの段階で特徴的な雲のパターンが見られる．このことを利用して，最近は，衛星の雲画像から熱帯低気圧の強さを推定する方法（ドボラック法）により，熱帯低気圧の最大風速や中心気圧を推定している．

◆ 熱帯低気圧の発生・移動・分布

　熱帯低気圧は，通常，国際分類の tropical storm の強さ（最大風速が 17 m/s 以上）になった時点で「発生した」とされる．発生場所の分布や，年々の発生数の統計などは，このようにして決めた「発生」に基づいている．最大風速が 17 m/s というのは，やや便宜的な値とも考えられるが，およそこの段階まで発達すると，その後は上述のメカニズムで急速に発達することが知られている．熱帯低気圧の発生過程（発生時点までの比較的緩やかな発達過程）においても，活発な積乱雲群が持続・発達することが重要である．したがって，熱帯低気圧は海面水温の高い熱帯の海域で発生する．1年の中でも，海面水温の高い夏から秋にかけて多く発生する．熱帯でも，比較的海面水温の低い東部南太平洋や，南大西洋では発生しない．また，発生過程では，地球の自転の効果で流れがもつ低気圧性の回転成分が下層で低気圧の中心に向かって収束することが重要であるため，地球自転の効果が小さい赤道付近では熱帯低気圧は発生しない．さらに，発生場所の大規模な大気の流れが上層と下層で大きく違うと，温暖核の形成・発達が妨げられるので，このような場所（夏のモンスーン期の北インド洋など）では熱帯低気圧は発生しない．年間の平均発生数は，全球で約 85 個で，そのうち北インド洋で 5 個，北西太平洋で 27 個，北東太平洋で 17 個，北大西洋で 11 個，南インド洋で 16 個，南西太平洋で 10 個となっている（図3）．低緯度で発生した熱帯低気圧は，盛夏期や秋の初めには亜熱帯高気圧の縁に沿って，はじめ西寄りに進

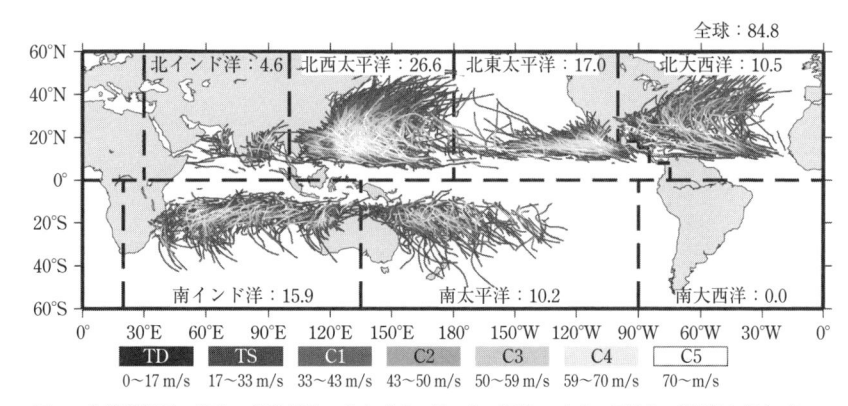

図3 熱帯低気圧の発生・移動経路の分布 [3]．線の色（灰色～白色～灰色）は強度を表す（C1～C5は，表3のカテゴリー1～5）．図の数字は，各海域の年平均発生数．

み，しだいに高緯度に向かうようになり，ある程度高緯度に到達すると，転向して，東寄りの向きに進み，最後は温帯低気圧に変わるという経過をとることが多い．夏の初めや秋には，転向しないで西寄りに進むものも多い．

◆ 熱帯低気圧よる災害

日本では，1959年の伊勢湾台風（死者・行方不明者5,098名）の後には，1,000名以上の死者・行方不明者を出す台風災害は起きていないが，インド洋周辺では，1970年と1991年にバングラデシュでサイクロンにより死者・行方不明者が50万人および14万人を出す大災害が起きている．最近では，2008年に，サイクロン・ナルギスによって，ミャンマーで，14万人の死者・行方不明者を出す大災害が起きている．伊勢湾台風や，これらのインド洋周辺国の犠牲者の多くは高潮によるものである．1975年に中国で起きた台風災害では，ダムの決壊などにより17万人の死者・行方不明者が出ている．また，2005年にアメリカで，ハリケーン・カトリーナによる湖の堤防の決壊などにより1,836人の死者・行方不明者が出ている．熱帯低気圧による災害は，熱帯低気圧の強さだけでなく，そのほかのいろいろな条件によっても大きく変わるので一概にはいえないが，地球温暖化で熱帯低気圧が強大になることで，熱帯低気圧による災害が増大することが懸念されている．

◆ 地球温暖化に伴う熱帯低気圧の変化

熱帯低気圧は，海面水温の高い熱帯の海洋上で発生・発達するので，地球温暖化により海面水温が上昇すると，熱帯低気圧の発生数が増え，強さも強くなるの

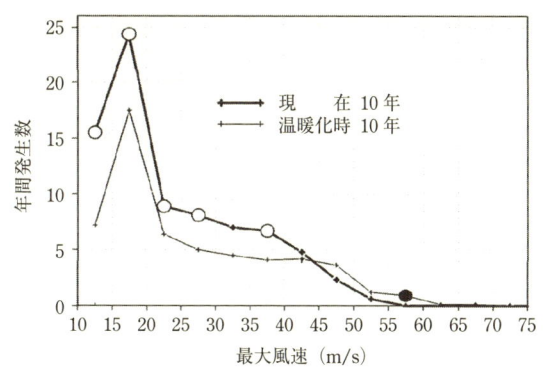

図4 最大風速別の熱帯低気圧の発生数（[4] より改変）

ではないかと考えられていた．ところが，数値モデルによる計算結果では，強さは強くなるが，発生数は減るという予測結果が得られている（図4）．この理由としては，地球が温暖化すると，大気の上層が下層より昇温量が大きいため大気が安定化して，積乱雲に伴う上昇流が弱くなり，熱帯低気圧が発生しにくくなるためと考えられている．発生はしにくくなるが，いったん発生すると，温暖化により大気中の水蒸気が多くなるので，より強い熱帯低気圧に発達すると考えられる．モデルの予測結果では，将来地球が温暖化した場合，全球の熱帯低気圧の発生数は減るが，地域ごとの発生数は必ずしも減るとは限らない．また，強さについても，地域によっては弱くなる可能性もある．地域ごとの発生数や強さの変化については，現状では予測の不確実性が大きい．

◆ 過去の熱帯低気圧の変動

最近のIPCCの報告書では，「気候システムの温暖化は疑う余地がない．また，20世紀の半ば以降に観測された世界の平均気温の上昇のほとんどが，人為起源の温室効果ガスの増加によってもたらされた可能性が非常に高い」としている．それでは，熱帯低気圧の発生数や強さの変動に地球温暖化の影響が現れているだろうか．図5は，台風（北西太平洋の熱帯低気圧）の発生数，日本への接近数，上陸数の経年変化である．いずれの量も，温暖化によると考えられる一方的な増加や減少傾向は見られない．10年から数十年規模の大きな変動が見られる．最近，熱帯低気圧の全体の数はほぼ変わらないが，カテゴリー4や5の強い台風やハリケーンは増加しており，それらは，海面水温の上昇傾向と一致しているという研究報告 [6] もあるが，それらが，人為起源の温暖化によるものという確かな証拠はまだ得られていない．　　　　　　　　　　　　　　　　　　[杉　正人]

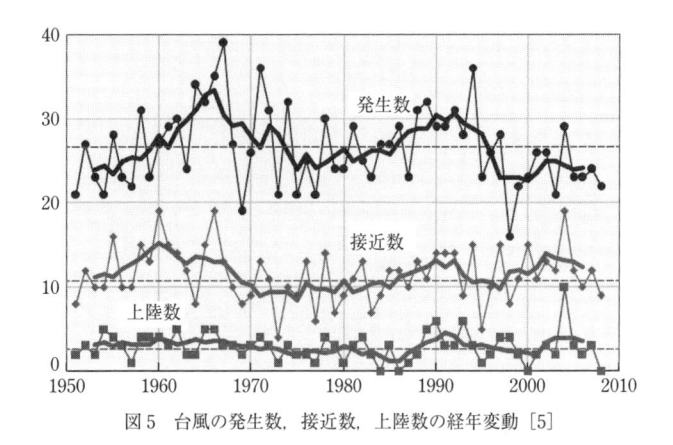

図5 台風の発生数，接近数，上陸数の経年変動 [5]

参考文献
[1] http://agora.ex.nii.ac.jp/digital-typhoon/wnp/by-name/200310/0/512x512/GOE903080703.200310.jpg
[2] http://www.jma-net.go.jp/okinawa/menu/syokai/kansoku/rader/rader_1.htm
[3] Murakami, H., Y. Wang, H. Yoshimura, R. Mizuta, M. Sugi, E. Shindo, Y. Adachi, S. Yukimoto, M. Hosaka, S. Kusunoki, T. Ose and A. Kitoh (2012), Future changes in tropical cyclone activity projected by the new high-resolution MRI-AGCM, *J. Climate*, 25, pp.3237-3260
[4] Oouchi, K., J. Yoshimura, H. Yoshimura, R. Mizuta, S. Kusunoki and A. Noda (2006), Tropical cyclone climatology in a global-warming climate as simulated in a 20km-mesh global atmospheric model：frequency and wind intensity analysis, *J. Meteorol. Soc. Japan*, 84, pp.259-276
[5] 気象庁地球環境・海洋部気候情報課
[6] Webster, P. J., G. J. Holland, J. A. Curry and H.-R. Chang (2005), Changes in tropical cyclone number, duration, and intensity in a warming environment, *Science*, 309, pp.1844-1846

3.9 気候の内部変動

　気候システムは海陸分布や大気組成，太陽からの放射といった外部条件で駆動され，非平衡複雑系であるがゆえに，仮にそれらの外部条件が時間変化しなくても自律的にゆらぎを生じる．システムのゆらぎは気候学的な平均状態（季節変化を含む30年程度の平均）からのずれ（偏差）で定義するが，そこには数日程度の気象擾乱から数千年スケールの海洋循環の変動まで幅広い時間スケールの現象が含まれる．明確な境界はないが，それらのうち1カ月程度の時間スケールよりも長い変動を一般に気候変動とよぶ．観測データからは，外部条件の変化によらず気候システムに内在する変動と，大気組成など外部条件の長期変化により生じる気候変化を区別することは困難であるが，気候モデルを用いたシミュレーショ

ンにより，以下の諸現象は気候の内部変動であることがわかっている．なお，気候の内部変動は数多くあり，ここで紹介する現象は代表的なものにすぎない．

◆ **大気循環変動**

中高緯度の大気循環はカオス的性質が強く，流れのようすは日々変化する．しかし，月平均や季節平均の大気場はいくつかの地理的に固定された偏差分布を示す傾向にあることが知られている．これらの偏差分布は日々の高低気圧よりも大きな空間スケールをもち，したがって遠く離れた地域の天候が連動しやすい．このことから，それら中高緯度大気に現れやすい偏差分布は遠隔結合（テレコネクション）パターンと総称されている．テレコネクション・パターンは時間的には特定の周期をもたないので，次に述べる大気海洋結合系のより時間スケールの長い気候変動においても重要な役割を果たしている．

北半球冬季（12〜2月）の代表的なテレコネクション・パターンは，太平洋/北米（Pacific/North American：PNA）パターン，北大西洋振動[*1]（North Atlantic Oscillation：NAO），および北極振動（Arctic Oscillation：AO）である（図1）．これらのパターンは鉛直に節をもたず，おおまかには対流圏全体で同符号の偏差を示すので，海面気圧あるいは対流圏中層の等圧面高度（気圧と等価）偏差で表されることが多い．PNAパターンは北太平洋から北米大陸にかけて波列状に生じ，正位相ではアリューシャン低気圧が平年より強まる状況に対応する（図1(a)）．一方，NAOは古くから知られていた北大西洋に中心をもつ気圧の南北シーソーで，正位相時にはアイスランド低気圧が強く，北偏するジェット気流の

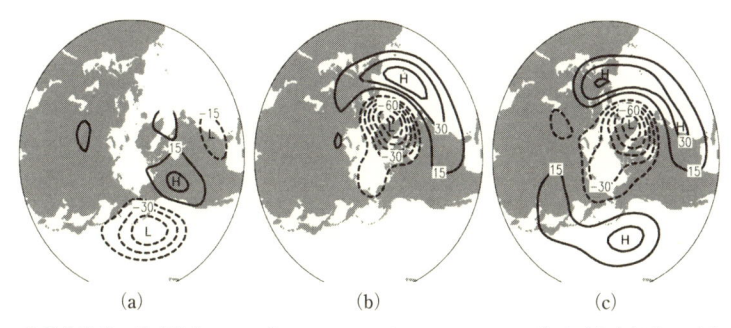

図1 冬季北半球の代表的なテレコネクション・パターン．500 hPa等圧面高度偏差で示す．(a) PNA，(b) NAO，(c) AOパターン．実線は気圧の正偏差，破線は負偏差を表す．単位はm，等値線は15 mごと．

[*1] NAO，AOともに慣習的に振動とよんでいるが，実際の時間変化は非周期的．

上を移動する低気圧も平年より北へずれるため，北欧で湿潤，南欧で乾燥した状態になりやすい（図1（b））．AOは比較的最近（1990年代）になって認知されたテレコネクション・パターンで，負のPNAと正のNAOが合わさったような偏差分布である（図1（c））．AOは古くは3波型パターンとよばれていた循環変動に相当し，正位相時には東アジア，北米東岸，および西ヨーロッパが温暖になりやすい．また，AOはしばしば成層圏の極渦変動を伴い，その経度方向に延びた構造から環状モード（annular mode）とよばれることもある．南半球には北半球ほど多様なテレコネクションは見られないが，AOに対応する南極振動（Antarctic Oscillation：AAO）が存在する．

テレコネクション・パターンの力学的生成メカニズムは諸説あるが，有力なのは時間スケールの短い高低気圧波動集団との相互作用によって励起されるというものである．また，東西に一様でない気候学的な大気循環の構造自体も，テレコネクション・パターンの分布を決めるのに重要であると考えられている．これらのメカニズムは大気の非線形な性質にかかわるものであるため，テレコネクション・パターンがいつ，どちらの位相で現れるかを予測するのはたいへん難しい．ただし，偏差のある部分は大気にとっての外部条件である海面水温変動によりつくられており，時間スケールの長い海洋あるいは大気海洋系の変動に伴って生じる場合には，ある程度出現の予測が可能と考えられる．テレコネクション・パターンは本質的に気候の内部変動であるが，温暖化のような外部条件が引き起こす気候変化時にもその構造は現れ，温暖化が進むにつれAOおよびAAOが正位相の方向へ偏っていくと予測されている［1］．

◆ 大気海洋結合系変動

よく知られた気候変動にエルニーニョ現象がある．エルニーニョは赤道東太平洋の海面水温が4～7年おきに上昇する現象で，全球の天候に影響する．エルニーニョは異常な状態ではなく，熱帯気候の準周期的な振動の1つの位相に相当し，逆の位相はラニーニャとよばれる．エルニーニョ・ラニーニャは熱帯太平洋の表層海洋の変動を指すが，同時に熱帯大気にも東西方向に大規模な気圧偏差が生じ，こちらは南方振動とよばれている．当初これらの変動は独立なものと考えられたが，現在では大気と海洋が相互作用することで生じる現象の各側面であることがわかっており，まとめてエンソ（El Niño-Southern Oscillation：ENSO）とよばれている．ENSOは現在の気候における最大の内部変動であるが，こうした大気海洋系で生じる変動はほかにも見つかっている．

ENSOについては，1982/83年のエルニーニョを契機に研究が進み，そのメカ

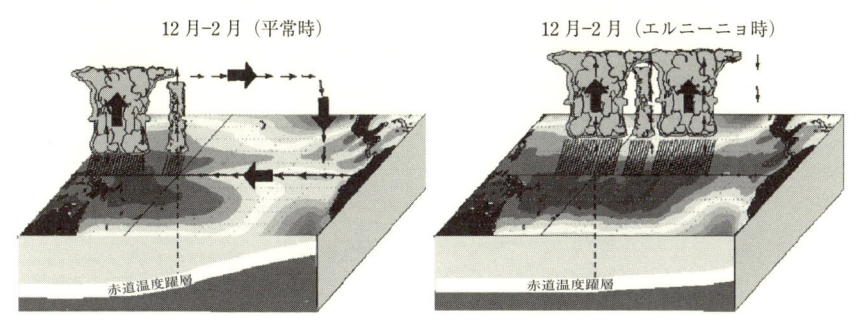

図2 熱帯太平洋の対流活動，大気循環，海面水温，および温度躍層のようす [2]．（左）平年時，（右）エルニーニョ時．

ニズムはおおむね理解されているといってよい．ENSOを増幅させる主役はビヤクネス・フィードバックとよばれる大気海洋の相互作用である．例えばエルニーニョ時に積雲対流活動が東へ拡大するのに伴い，赤道貿易風が弱まり，その応力でつくられる海洋の表層西向き流も弱くなる（図2（右））．その結果，西太平洋にとどまっていた暖水が東へ移動し，積雲活動の偏差を強める．一方，ENSOの準周期的な振る舞いには，海洋の流れが深くかかわる．エルニーニョ時に励起される海洋波動は，徐々に赤道域の海水を亜熱帯へ押し出すようにはたらき，やがて温度躍層が浅くなると東太平洋で湧昇による海水の冷却が効くようになり，エルニーニョを終息させる．

ENSOは，海洋の幅が十分広く，平年状態（図1（a））において海面水温が西側で高く東側で低ければ生じる．実際，熱帯大西洋にも似た現象が見つかっており，大西洋のエルニーニョ（Atlantic Niño）とよばれることがある．一方，インド洋では海面水温の東西傾度および貿易風の向きが逆であり，ENSOのような現象は存在しない．代わりに，インド洋ダイポールとよばれる変動が報告されているが [3]，そのメカニズムはENSOほど明らかにはなっていない．

大気海洋系の内部変動には，さらに時間スケールの長い10年から数十年規模のものもある．太平洋10年規模振動（Pacific Decadal Oscillation：PDO）はその代表である．PDOは20～40年の時間スケールをもち，正位相時には熱帯太平洋で水温が高く，中緯度で低い（図3）．また，アリューシャン低気圧が強く，上層ではPNAに似た気圧偏差が見られる．全体にエルニーニョ時の偏差分布に似ており，そのメカニズムもENSOと類似しているという主張もあるが，ENSOのように準周期的であるかどうか自体よくわかっていない．PDOは日本を含む環太平洋域の気候にも影響があり，特に北太平洋の水産資源などへは大きなインパクトをもつ [5]．

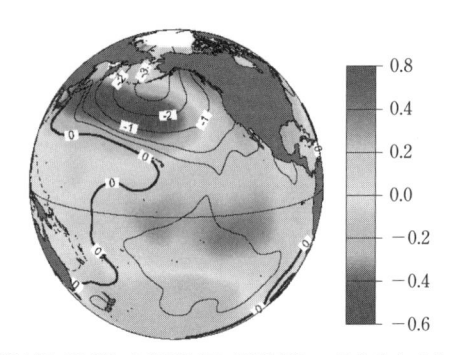

図3 PDOに伴う海面水温（陰影）と海面気圧（等値線）の偏差分布 [4]．ともに，1900〜1992年の冬季平均偏差をPDOの指数に回帰したもので，単位は℃およびhPa．

　また，大西洋では赤道をはさんで南北反対称な海面水温偏差を伴う，大西洋数十年振動（Atlantic Multi-decadal Oscillation：AMO）の存在が報告されている．AMOは大西洋の海洋子午面循環（Meridional Overturning Circulation：MOC）と関係すると考えられており，温暖化時にMOCが弱まるという予測 [1] とAMOの関連が議論されている． 　　　　　　　　　　　　　　　　[渡部雅浩]

参考文献
[1] IPCC (2007), Climate Change 2007：The Physical Science Basis, p.996
[2] 米国大気海洋庁気候予測センターのウェブサイト（http://www.cpc.noaa.gov）
[3] Saji, et al. (1999), A dipole mode in the tropical Indian Ocean, *Nature*, 401, pp.360-363
[4] Mantua, et al. (1997), A Pacific interdecadal climate oscillation with impacts on salmon production, *Bull. Am. Met. Soc.*, 76, pp.1069-1079
[5] 川崎　健，他編著（2007），レジーム・シフト―気候変動と生物資源管理―，成山堂

3.10　植生と土壌

　植生と土壌は，陸面と大気間のエネルギーや水のやりとりを担っている．陸地は地球表面の29.2%を占めているにすぎないが，土壌や植生などを含む土地被覆は，人間活動によって変化し，その結果もたらされる地表付近の気候変化は，人間の生活環境に密接にかかわる．
　本節では，地表面でのエネルギーや水のやりとりにおける植生と土壌のさまざまなはたらきについて概説する．

◆ 地表面でのエネルギーと水の交換過程

地表面でのエネルギーのやりとりにおいては，太陽からの日射と大気からの赤外線（大気放射）がエネルギーの入力源となり，地面や土壌を暖めること（地中伝導熱），地表面の水分を蒸発させること（潜熱輸送），大気を暖めること（顕熱輸送），地表面から赤外線を放出することによってバランスしている．

一方，水のやりとりでは，雨や雪（降水）が地表面での水の入力源となり，地面に水分を補給して（浸透），残りが流出するとともに，土壌や植生から蒸発散（蒸発と蒸散）として大気中に放出される（図1）．

ここで，蒸発散は地表面での大気とのエネルギーと水の両方のやりとりにかかわっていることに注意が必要である．日射や大気放射が大きければ，蒸発散も大きくなろうとするが，土壌が乾燥していると，十分な水分がないために蒸発散は抑制され，その分，顕熱輸送や赤外線放出が大きくなり，地面や植生面の温度は高くなる．逆に，土壌が十分に湿っていれば，エネルギーの入力に見合うだけの蒸発散が起こり，顕熱輸送や赤外線放出はあまり大きくならないため，地面や植生面の温度はそれほど高くならない．すなわち，大気の変化に対して，地表面から大気にフィードバックするエネルギーや水，また地上の温度がどのように変化するかは，地表面の状態によって異なる．

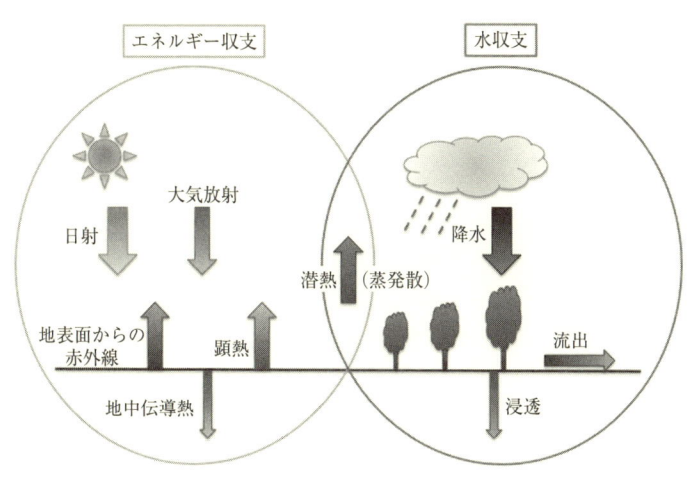

図1 地表面でのエネルギーと水の交換過程．エネルギー収支では，日射と大気放射が入力となって，顕熱，潜熱，地表面からの赤外線，地中伝導熱に分配される．水収支では，降水が入力となって，蒸発散と流出，浸透に分配される．潜熱（蒸発散）はエネルギー収支と水収支にかかわっており，両方のバランスでその量が決まる（徐，他（2013）図1を改変）

◆ 土壌のはたらき

地表面の状態はどのようにして決まるのだろうか．土壌は，大気からの伝導熱や降水の浸透を受けて温度や水分量が変動する．腐植土のように熱伝導の効率（熱伝導率）が小さく熱容量が大きい土壌の場合，土壌深くまで伝導熱の変化が伝わりにくく，温度の変動が小さくなる．また，粘土のように水分の浸透効率（透水係数）が小さい土壌の場合，浸透水の変動が土壌深くまで伝わりにくくなる．

土壌の熱特性や透水係数は，土質だけではなく，土壌水分によっても変化する．土壌の熱容量は土壌水分の増減とともに徐々に増減するが，熱伝導率は土壌が乾燥してくると急激に小さくなる．透水係数も土壌が乾燥してくると急激に小さくなり，蒸発しようとするエネルギーに対して水の供給効率が小さく（すなわち蒸発抵抗が大きく）なる．したがって，土壌が乾燥しているときには，日射や大気放射のエネルギー入力に対して，潜熱や地中熱伝導を効率良く行うことができず，主に顕熱輸送や赤外線の放出によってバランスをとることになって，地表面温度の変化が大きくなる．このように，土壌水分量は蒸発を介して，地表面でのエネルギー収支と水収支に強く結びついている．

土壌温度が0℃以下になると土壌中の水分が凍結して凍土となり，ここでもまた，土壌の熱特性や透水係数が大きく変化する．水分が凍結／融解するときには

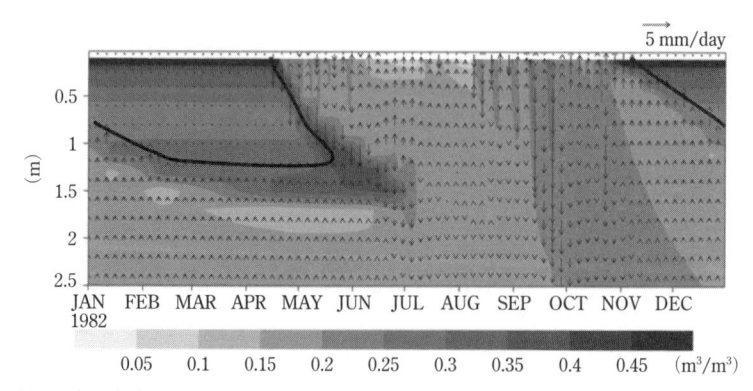

図2　凍土域（ハバロフスク，ロシア）での土壌水分の季節変化シミュレーション結果．縦軸は土壌の深さ，横軸は時間，色は土壌水分量で単位は体積含水率，矢印は土壌水分の移動量と向き，黒太線は凍結面．秋に地表から土壌深部に向かって凍結が進行し，春に地表から融解が始まる．そのとき，凍結部分の上部に水分（降水，融雪水，土壌融解水）が滞留して，局所的に湿潤な状態になる．（Takata（2002），図4aを改変）

凍結融解の潜熱[*1]を放出／吸収し，見掛け上の熱容量が大きくなる．また，氷の熱伝導率は液体の水の約4倍である[*2]ため，凍結すると土壌の熱伝導率が増大する．透水係数は，土壌水分が凍結すると指数関数的に小さくなり，土壌中での水分の移動はきわめて起こりにくくなる．したがって，凍結した土壌層が地中にあると，その上で水分が滞留して，湿った状態が保たれやすい（図2）．東シベリアでは地下に永久凍土があるために，少ない降水量でも地表付近に水分が保持されて，針葉樹林を維持できると考えられている．そのような地域では，温暖化して永久凍土が融解すると，植生にも大きな影響が及ぼされると考えられている．

◆ 植生のはたらき

植生があると，葉などが日射や大気放射，地面からの赤外放射を遮り，自らも（地面と同じように）赤外線を放出する．また，葉や幹などで降水を捕捉し，そこから降水が直接蒸発したり，根から地中の水を吸い上げて，葉から蒸散として放出したりする（図3）．

蒸散には植物の生理学的なプロセス（光合成など）と，大気・植生間の物理環境（気温・湿度など）が関係しており，その大きさは日射，気温，湿度，土壌水分，大気中の二酸化炭素濃度などによって変化する．蒸散の大きさは植物による炭素固定量と結びついており，炭素循環や陸上生態系の変化とも関係している．それらについては，6章を参照されたい．

植物の葉などが日射を吸収する割合は地面（土壌・積雪）と比べて大きいため，植生があるとより多くの日射を吸収することになり，その効果は葉などの量が多いほど大きくなる．積雪は日射の反射率が特に高く，積雪の有無がエネルギー収支に大きな影響を及ぼすことが知られているが，植生が積雪の上に突き出ていると反射率が数十パーセント小さくなることもある（図4）．

植生は空気力学的なプロセスにも影響を及ぼす．植生があると地表付近の風が弱められ，植生の高さや密度に応じて乱流の強さが変化する．地表面（地面や植生面）から大気に輸送される顕熱や潜熱（蒸発散）は，乱流によって輸送されているが，植生はその輸送効率が影響を与えているのである．乱流は植生が適度な高さと密度のときに最大となり，それより高くても低くても，また粗でも密でも

[*1] 潜熱：気体，液体，固体の間を変化するときに吸収・放出される熱．気体-液体間の変化のときは蒸発凝結の潜熱，液体-固体間の変化のときは凍結融解の潜熱になる．気体から液体に，液体から固体に変化するときには熱を放出し，逆に，液体から気体に，固体から液体に変化するときには熱を吸収する．

[*2] 水と氷の熱伝導率：水の0℃での熱伝導率は0.561 W m^{-1} K^{-1}，氷の0℃での熱伝導率は2.2 W m^{-1} K^{-1}．

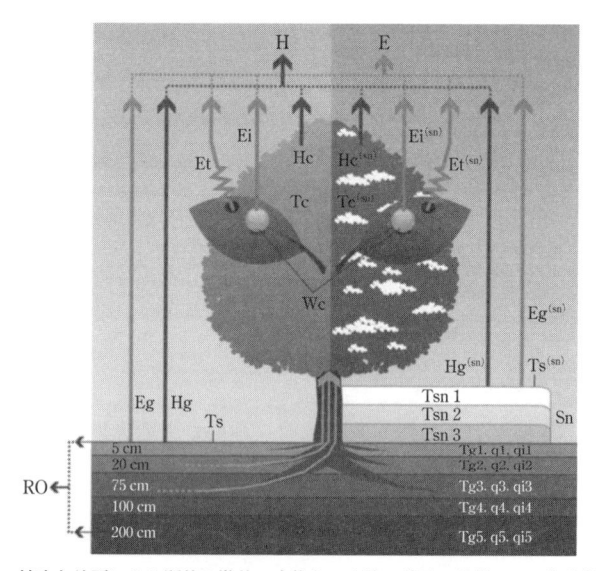

図3 植生と地面による顕熱や潜熱の交換と,土壌や積雪の状態.Eは蒸発散,Hは顕熱,Tは温度,qは土壌水分,Snは積雪量,ROは流出を表す.添え字のgは地面および土壌,cは植生,tは蒸散,snは積雪,sは地表面を表す.Wcは植生に捕捉されている水を,Eiは遮断蒸発を,qiは凍結している土壌水分を表す.図の右側は積雪がある場合を表し,左側は積雪がない場合を表す.

図4 灌木地・裸地での積雪のようす.左下の白い部分は積雪,中央の黒い部分は積雪の上に植生が突き出ているようす,右上の灰色の部分は薄い積雪の下に地面が透けて見えているようす(写真はコロラド州立大学グレン,E.リストン博士の提供による)

乱流は弱くなる.

　植生の水収支に対する影響では,葉などで捕捉された降水(降雨や降雪)がそこから直接蒸発したり(遮断蒸発),地面に滴下したりする.遮断蒸発の場合,

降水が一度地面にしみ込んでから蒸発するのに比べて，降水が起こってから蒸発が起こるまでの時間が短い特徴がある．植生による蒸散では，根から吸い上げた水分が光合成や呼吸に伴って気孔から放出される．蒸散は生理学的なプロセスにも依存することから，降水直後の地表付近が湿った環境でなくても，地中の深い土壌から水分を吸い上げ，光合成や呼吸によって蒸散が起こることもある．

植生は，乾燥すると深い地中まで根を伸ばしたり，二酸化炭素濃度などに応じて光合成速度を調節したりするなど，環境の変化に応じて個体の応答が変化する特性がある．また長期の気候変動に対しては大陸スケールでの植生分布が変化する可能性もあり，全球スケールの炭素収支にも影響を及ぼすのではないかと指摘されている．このような植生動態を含めた気候システムの応答を明らかにしていくことが，温暖化予測の研究において重要な課題の1つになっている．

［高田久美子］

参考文献
[1] 近藤純正，他（1994），水環境の気象学-地表面の水収支・熱収支，朝倉書店
[2] ウィリアム・ジュリー，ロバート・ホートン，取出伸夫，他（2006），土壌物理学-土中の水・熱・ガス・化学物質移動の基礎と応用，築地書館

3.11 人間活動の気候影響

人間活動が地球規模の気候に無視しえない影響を及ぼしていることが広く認識されるようになってきたのは1980年頃からである．人間活動に伴い，二酸化炭素をはじめとする大気中の温室効果ガス濃度が増加し，地球規模の温暖化を招いている可能性が非常に高い．一方で，気候に影響を及ぼす人間活動は温室効果ガスの増加のみにとどまらない．大気中に浮遊する微粒子であるエアロゾルや土地利用変化なども地球の気候に少なからず影響を及ぼしている．

以下では，このような人為起源の要因のうち，温室効果ガス，オゾン，エアロゾル，土地利用変化（森林破壊，都市化）の気候影響について解説する．

◆ 温室効果ガス

人間活動に伴い大気中に放出される主要な温室効果ガスとしては，二酸化炭素（CO_2），メタン（CH_4），亜酸化窒素（N_2O），ハロカーボン類（フッ素（F），塩素（Cl），臭素（Br），ヨウ素（I）のハロゲン元素を含む有機化合物）が挙げられる．これらの気体は寿命が長いために大気中でよくかき混ぜられており，季節

や海陸配置によって多少の変動はあるものの，ほぼ一様に分布している．いずれも，18世紀の産業革命以降，大気中の濃度が加速度的に増加しており，その大半は人間活動が原因であると考えられる．

CO_2 の主要な人為的排出源は石炭・石油などの化石燃料の燃焼と森林伐採などの土地利用変化である（森林伐採により，光合成を通して大気から生物圏に吸収される CO_2 が減少するため）．CH_4 の場合にはバイオマス燃焼や水田などが主要な人為的排出源であり，化石燃料が関連する工業活動からの排出はそれらよりも小さい．N_2O の主要な人為的排出源は農業活動に伴う土地利用変化と考えられている．ハロカーボン類は純粋に人為起源の温室効果ガスであり，工業活動が主要な排出源である．

大気中の温室効果ガス濃度が増加すると対流圏の気温は上昇するが，その理由は正味の温室効果が増大するためであり，定性的には以下のように説明される．

温室効果ガスは地表面から射出された赤外線を吸収するだけでなく，その温度に応じた赤外線を宇宙空間および地表面に向けて射出するため，地表面温度は温室効果ガスがない場合よりも高くなる（図1(a),(b)参照）．大気中の温室効果ガス濃度が増加した場合，大気（温室効果ガス）は地表面から射出された赤外線をさらに吸収してその温度が上昇するだけでなく，地表面に向けて射出される赤外線の放射強度も増加するため，地表面温度も上昇する（図1(b),(c)参照）．一方，成層圏ではオゾン層の太陽紫外線吸収による加熱と温室効果ガス（主には CO_2）の赤外線射出による冷却とがつり合っているため，大気中の温室効果ガス濃度が

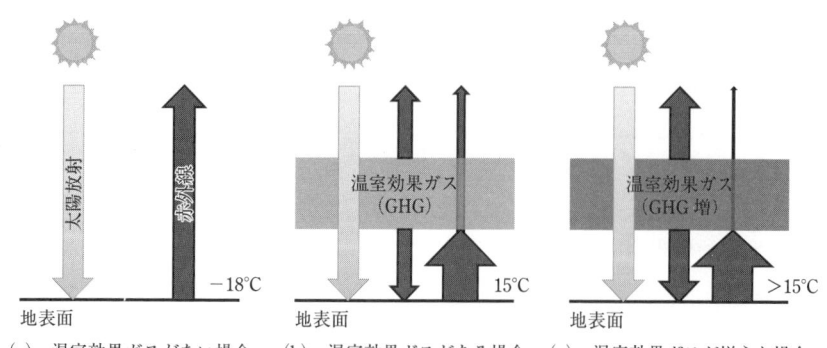

(a) 温室効果ガスがない場合　(b) 温室効果ガスがある場合　(c) 温室効果ガスが増えた場合

図1　温室効果の概念図．(a) 温室効果ガスがない場合：地球は，吸収する太陽放射と同じだけの赤外線を射出する．このときの地表面温度はおよそ−18℃である．(b) 温室効果ガスがある場合：地球は太陽放射に加えて温室効果ガスから射出された赤外線も吸収するため，地表面温度はおよそ15℃となる．(c) 温室効果ガスが増えた場合：温室効果ガスが射出する赤外線が増加するため，地表面温度はさらに上昇する．

増加すると成層圏の気温は低下する．

◆ オゾン

　オゾンは大気中での寿命が比較的短い温室効果ガスであり，その濃度分布は時間的にも空間的にも変動している．大気中では成層圏に最も多く存在しており，光化学反応により生成・維持されている．成層圏オゾンは工業活動に伴って放出されたフロンガス（クロロフルオロカーボン（CFCs）類やハイドロクロロフルオロカーボン（HCFCs）類など）により破壊され，その濃度は1970年代頃から急激に減少しはじめた．成層圏では，オゾンの減少により太陽紫外線の吸収量が減少し，気温も低下する．対流圏では，成層圏を透過する太陽紫外線が増加するために地表面付近に到達する日射量が増加して大気を加熱する一方で，成層圏オゾンから射出される赤外線の放射強度が減少する（すなわち，成層圏オゾンによる温室効果が減少する）ことで大気が冷却される．正味の気温変化は両者の兼ね合いで決まるが，温室効果の減少による冷却効果がわずかに上回り，成層圏オゾンの減少は地表面気温を低下させるはたらきをもつ．成層圏オゾンの減少は中・高緯度地域の春季に顕著であり，南極大陸上空に出現するオゾン濃度が極端に少ない領域はオゾンホールとよばれる．また，大気運動の変化を通しても対流圏の気候に少なからず影響を及ぼしている可能性が高い．

　なお，1980年代後半からのフロンガスの排出規制により，地球全体の成層圏オゾンの減少傾向は頭打ちとなりつつあり，将来的には徐々に回復すると予想されている．

　対流圏のオゾンはその前駆物質（一酸化炭素（CO）や窒素酸化物（NO_x），揮発性有機化合物（VOCs）など）の化学反応により生成される．産業革命以降，人間活動に伴ってこれら前駆物質の排出量が増加したことにより，対流圏のオゾン濃度は増加している．短寿命の温室効果ガスであることから，対流圏オゾンの増加は地表面気温に対して正味の温室効果をもつ．対流圏オゾン濃度の時間・空間的な変化は（オゾン前駆物質を含む）大気汚染物質や気温の変動と大きく関係しており，低緯度地域での増加傾向が顕著である．また，夏の都市域において地表面付近の高濃度オゾンと気温との強い相関を示す例が多い．

◆ エアロゾル

　大気中に浮遊する微粒子であるエアロゾルは，砂ぼこりや海水の巻き上げなどにより自然界にも存在するが，化石燃料やバイオマスの燃焼，工業活動，農業活動などの人間活動によっても大気中に放出・生成される．主要な人為起源エアロ

ゾルには，硫酸塩，有機炭素，黒色炭素，硝酸塩などがあり，一般にこれらは混合された状態で存在している．硫酸塩は化石燃料の燃焼や工業活動などにより放出された二酸化硫黄（SO_2）が大気中で酸化されてできた化合物である．同様に，硝酸塩はNO_xが酸化されてできた化合物である．有機炭素および黒色炭素はそれぞれ，化石燃料やバイオマスの燃焼により放出される有機物およびすすの微粒子である．砂ぼこりは農業活動によっても大気中に放出される．

これら人為起源エアロゾルの排出量は産業革命以降に増加しており，近年では欧米などの先進国で排出量が減少している一方，中国やインドなどの新興国，発展途上国での排出量増加が著しい．大気中での寿命は数日から2週間程度と短いために排出源の近傍とその風下側に多く存在しており，空間的なばらつきが大きい．

エアロゾルは太陽からの直達日射を散乱・吸収することにより直接的に気候を変化させるだけでなく，雲の微物理特性や寿命などを変化させることにより間接的にも気候に影響を及ぼす（図2参照）．前者を直接効果，後者を間接効果というが，特に間接効果については必ずしも十分な理解が進んでいるわけではない．

人為起源エアロゾルの直接効果は，その種類や物理的・化学的特性などにより大きく異なる．硫酸塩や有機炭素，硝酸塩などの親水性のエアロゾルは，太陽放射を効率良く散乱して地表面に到達する太陽放射を減少させるため，地表面気温

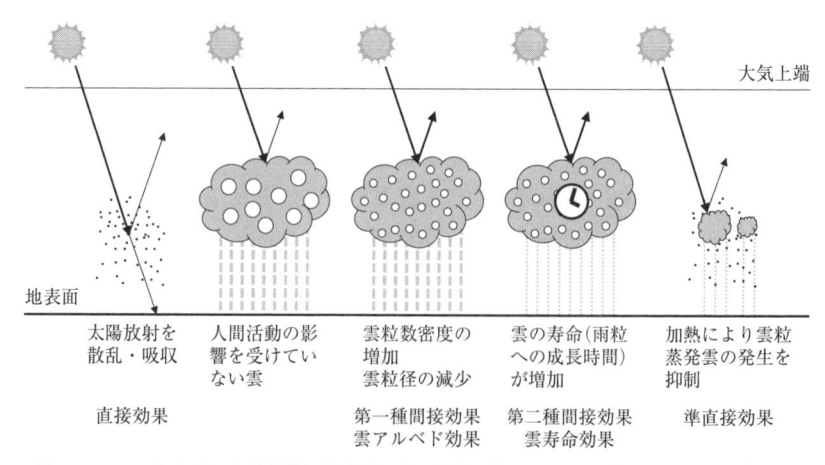

図2　エアロゾルによる気候影響の概念図．小さな黒い点はエアロゾル粒子を，大小の白丸は雲粒子を，直線は直達日射および反射日射をそれぞれ表す．雲の中に充満している白丸の数は雲粒数密度を意味する．人間活動の影響を受けていない雲と比較して，人間活動の影響を受けた雲は雲粒径の小さい雲粒を数多く含んでいる．縦の灰色の点線は降水を表す．
（IPCC（2007）をもとに作成）

を低下させる.一方,黒色炭素や砂ぼこりなどは太陽放射を吸収してエアロゾルを含む大気を直接暖める（このような性質をもつエアロゾルを光吸収性エアロゾルという）.地表面に到達する太陽放射を減少させる一方で,エアロゾルを含む大気の温度が上昇することにより地表面に向けた赤外線の放射強度が増加するため,地表面気温への影響はエアロゾルの量や存在高度などに依存する.

エアロゾルはそれ自身が核となり,大気中の水蒸気の凝結により雲粒へと成長する雲の種（雲凝結核）としてのはたらきをもつ.人間活動に伴い大気中のエアロゾルが増加すると,同じ量の水蒸気がより多くのエアロゾルに配分されるため,一定の領域内に含まれる雲粒の数（雲粒数密度）が多くなる一方で,1つ1つの雲粒の粒径（雲粒径）は平均として小さくなる.雲粒径が小さくなると太陽放射を反射する効率（アルベド）が高くなり,地表面に到達する太陽放射を減少させる.このようなエアロゾルの効果を第一種間接効果もしくは雲アルベド効果という.また,雲粒径が小さくなると雨粒に成長して除去されるまでに要する時間が長くなり,雲として存在している時間（寿命）が長くなる.雲の寿命が長くなることで,より多くの太陽放射を反射し,地表面に到達する太陽放射を減少させる.このようなエアロゾルの効果を第二種間接効果,もしくは雲寿命効果という.これらの間接効果はいずれも地表面気温の低下を招く.

雲の中や周辺に光吸収性エアロゾルが存在する場合,太陽放射を吸収することでエアロゾルを含む大気が加熱され,大気が安定化して雲の発生が抑制されたり,雲粒が蒸発したりする.このような光吸収性エアロゾルの効果を準直接効果といい,地表面に到達する太陽放射を増加させて気温を上昇させるはたらきをもつ.

また,光吸収性エアロゾルは高緯度地域の雪氷面に付着することで,そのアルベド低下を招き,雪氷の融解を促進するなどして温暖化を加速する.このような雪氷面での光吸収性エアロゾルの効果は,人間活動が盛んな北半球の春季に顕著である.

◆ 土地利用変化

土地利用の変化は陸面の物理的特性（アルベド,蒸発効率,粗度（地面などの粗さの程度）など）を変化させ,大気・陸面間の熱・水・運動量のやりとりの変化を介して,さまざまな形で気候に影響を及ぼしている.産業革命以前にも,人類は植生を焼くなどして土地利用を変化させてきたと考えられるが,人為的な森林破壊は過去数十年ほどの間に急速に進行してきた.一般に,森林が伐採されて牧草地や耕作地になったり,さらには過剰耕作・放牧の結果として沙漠化したり

すると，地表面アルベドが高くなって入射する太陽放射が減少するとともに，植生や土壌水分の減少により蒸発散量も減少する．日射量の減少は地表面温度の低下を招くが，蒸発散量の減少は逆に地表面温度の上昇を招く．また，風の場や雲量，降水量などの変化とも相まって，局地的な気候に顕著な影響を及ぼす可能性がある．

このように，森林破壊に伴う気候影響は想像以上に複雑であり，地域差も非常に大きい．

人間活動に伴う，ほかの深刻な土地利用変化の例としては都市化が挙げられる．都市の気温が周辺の農村地域と比べて著しく上昇している現象をヒートアイランドといい，以下に示すような要因が考えられる．

緑地の減少や（雨水の排水効率の向上に伴う）土壌水分の減少は，地表面からの蒸発散量が減少するために気温上昇を招く．エアコンなどからの人工廃熱も直接的に気温を上昇させる要因である．道路のアスファルトやビルのコンクリートなどは，太陽放射を効率良く吸収して蓄えた熱を夜間に放出するため，地表面付近の放射冷却を妨げている．また，ヒートアイランドは気温だけでなく，都市での降水や風系の変化にも影響を及ぼしている．

このように，都市化は局地的な気候には非常に大きな影響をもつが，大陸規模以上の全球〜広域スケールで平均した気温への影響は小さいと考えられる．

［野沢　徹］

参考文献
[1]　IPCC(2007), Climate Change 2007 : The Physical Science Basis, p.996
[2]　近藤洋輝訳（2004），WMO 気候の事典，丸善
[3]　近藤洋輝（2004），地球温暖化予測の最前線，成山堂
[4]　神田　学編（2012），都市の気象と気候，日本気象学会

3.12　大気の組成

◆ 大気組成の進化

地球大気に含まれる化学物質の種類とその存在量（大気組成）は，地球誕生から長い歳月をかけて現在のような姿になったと考えられている．それは，おおむね次のようなものであったと思われる．

地球の創成期（40数億年前）に原始地球の内部から噴出したガスによって形

成された原始大気は，水蒸気（H_2O），二酸化炭素（CO_2），窒素分子（N_2）を主成分とするものであったが，しばらく経つと地球の冷却に伴って主成分の H_2O が雨となって失われ，降った雨によって地表に海洋が形成される（約40億年前）．一方，CO_2 はその雨に溶け込んで地表を構成する岩石を風化させながら海洋に流れ込み，そこで炭酸カルシウム（石灰石：$CaCO_3$）などの炭酸塩となって海底に沈殿し，また，貝やサンゴといった生物の骨格としても使われ，やはり大気中からかなりの量が失われる．さらに，約27億年前に光合成を行う生物が海水中に出現すると，大気中の CO_2 は有機物として生物の体内に固定されて酸素分子（O_2）が大気中に放出されるようになる．長い年月をかけて大気中に O_2 が蓄積し，いまから約4億年前に現在の約10％程度の O_2 濃度になると，O_2 の光化学反応によって生成されるオゾン（O_3）の濃度が生物に有害な太陽紫外線を十分に吸収するほどにまで達してオゾン層が形成される．すると，陸上での生物の存在が可能になり，生物圏の範囲が格段に広がると，大気中の CO_2 濃度の減少と O_2 濃度の増加はさらに進む．一方，この間，化学的に安定な N_2 は比較的原始大気に近い濃度を維持することができたため，ほかの主要成分の減少につれて大気に占める割合が増加し，最終的に現在のような大気組成になったと考えられている．

このように，現在の地球の大気組成は，地球システムを構成する，大気圏–水圏–岩石圏–生物圏が有機的に関連しあって実現されたものということができる．そして，人類の誕生以降，人間が行う活動の規模と範囲が拡大するにつれて，「人間圏」から発生するさまざまな化学物質により，大気を構成するいくつかの物質の濃度が顕著に増加したり，自然界には存在しないような化学物質が大気中に蓄積されたりするなど，地球誕生からの過程とは違った形での大気組成の改変が急速に進んでいる．

◆ 地球の大気組成と気候への影響

現在の地球の大気は，全体の約99％が N_2 と O_2 によって占められており，残りの約1％はまとめて「大気微量成分」とよばれる，さまざまな化学成分によって構成されている（図1）．

大気微量成分の中で O_2 に次ぐ3番目に大きな存在比をもつものが希ガス元素のアルゴン（Ar）であり，同じく希ガスであるネオン（Ne）やヘリウム（He）も比較的大きな存在比をもっている．これは，希ガス元素が化学的に安定でほとんど反応を起こさないため，大気に残留・蓄積しやすく，結果的に存在比が大きくなったものである．ただし，存在比は大きいものの化学的な反応性は低く，ま

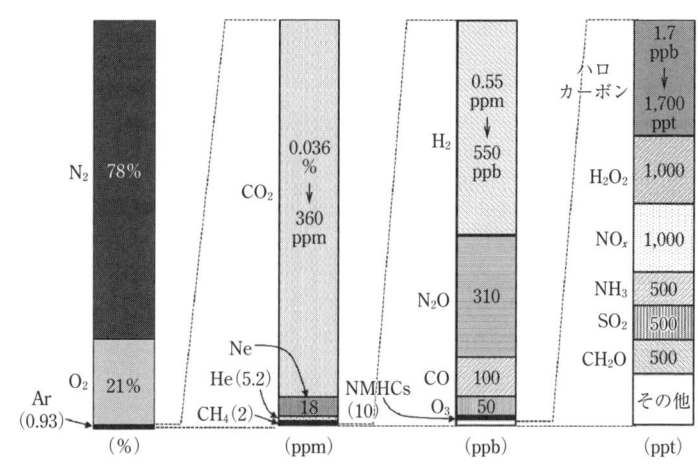

図1 地表付近における平均的な大気組成．各物質の存在比は，同じ体積に含まれる全気体分子数に対するその物質の分子数の比（体積混合比）で表されており，比較的清浄な地域での典型値を示している．

た温室効果などの放射特性ももたないため，気象や気候にとって重要な作用を及ぼすことはないと考えてよい．

　一方，4番目に大きな存在比をもつ CO_2 も，大気中での化学的な反応性自体は決して高くはないものの，地表面や大気自体から放出される熱放射（赤外放射）をよく吸収し，顕著な温室効果をもっているため，地球の気候を考えるうえで非常に重要な物質である．大気微量成分には，CO_2 以外にも大きな温室効果をもつ化学物質が多く含まれており，比較的大きな存在比をもっているメタン（CH_4），一酸化二窒素（N_2O），対流圏の O_3 は，産業革命以降の正の放射強制力（地球を暖める効果の大きさ）が CO_2 に次いで大きく，3物質合計で CO_2 の約6割にのぼると評価されている．さらに，塩素や臭素などを含んだ炭素化合物であるハロカーボン類は，存在比はそれほど大きくないものの，単位量あたりの温室効果が非常に大きいため，ハロカーボン類全体で対流圏 O_3 に匹敵する大きさの正の放射強制力をもつとされている．

　これらに対して，一酸化炭素（CO），非メタン炭化水素（NMHCs），窒素酸化物（NO_x），二酸化硫黄（SO_2）などの物質は，いずれも顕著な温室効果をもってはいないが，CO と NMHCs は，紫外線下において水素酸化物（HO_x）と NO_x を触媒とする連鎖反応を通して対流圏内で O_3 を生成し，間接的に正の放射強制力をもつ．一方，NO_x と SO_2 は大気中の酸化反応によってそれぞれ硝酸（HNO_3）と硫酸（H_2SO_4）になると，大気中で凝結して微小な粒子（エアロゾル）を生じ

る．同様に NMHCs も大気中での化学反応によって蒸気圧の低い物質に変化して凝結し，有機物のエアロゾルを形成する．

　これらのエアロゾルは，それ自体が光を散乱させたり，雲の性質に影響して雲による光の反射効率を上げたり，雲の滞空時間を長くしたりなどの効果を通して地表へ届く太陽光を減少させ，負の放射強制力（地球を冷やす効果）をもつと考えられている．

　大気中での水蒸気は，気温などの環境要因による存在比の変動が大きいため，図1には含まれていない．しかし，水蒸気は広い波長領域で赤外放射を吸収することができ，大気中で温室効果をもつ物質の中で最大の寄与をもっている．また，気温の変化に応じて気相-液相-固相の間を行き来するが，この過程の中で，潜熱という形でエネルギーの輸送を担ったり，雲や雪という形で地球のアルベドを増加させ，太陽から地球の表層システムに入力されるエネルギーの総量に大きく影響したりするなど，大気微量成分の中で最も気候に対する影響の大きな成分ということができる．

◆ 化学物質の寿命と分布

　大気微量成分の存在比は，実際には時空間的に変動するのが普通であり，変動の大きな物質の場合には，図1に示した値と数オーダー異なることもありうる．

　変動の要因はさまざまであるが，まずはそれぞれの物質がもつ化学的な反応性を知ることが重要であり，そのために化学的寿命という指標がしばしば用いられる．これは，物質がいったん大気中に放出（あるいは生成）されてから，光化学反応によって別の物質に変化し，大気から消失するのに要する時間の目安であり，その物質の消失反応速度の逆数で定義される．例えば，NO_x のような反応性が高く消失速度の速い物質はこの化学的寿命が短く，その空間分布は物質の放出源や生成に適した場所の近傍に限定され，極端に非一様なものとなる．逆にあまり活発な化学反応を起こさない CO_2 のような物質は化学的寿命が長く，大気の運動によってよく混合され，一様な空間分布を示す．

　図2左図は，大気微量成分を構成するいくつかの化学物質を，化学的寿命と分布の空間スケールを指標として整理したものである．化学的寿命の長い物質ほど分布の空間スケールが大きくなっていることがわかる．実際に，図右上に示された長寿命化学種のうち，化学的な寿命が100年に近いような物質（CFC：クロロフルオロカーボン）の観測結果からは，南半球と北半球での存在量にほとんど差がなく，全球的な大気循環によって非常によく混合された状態にあることが確かめられている．

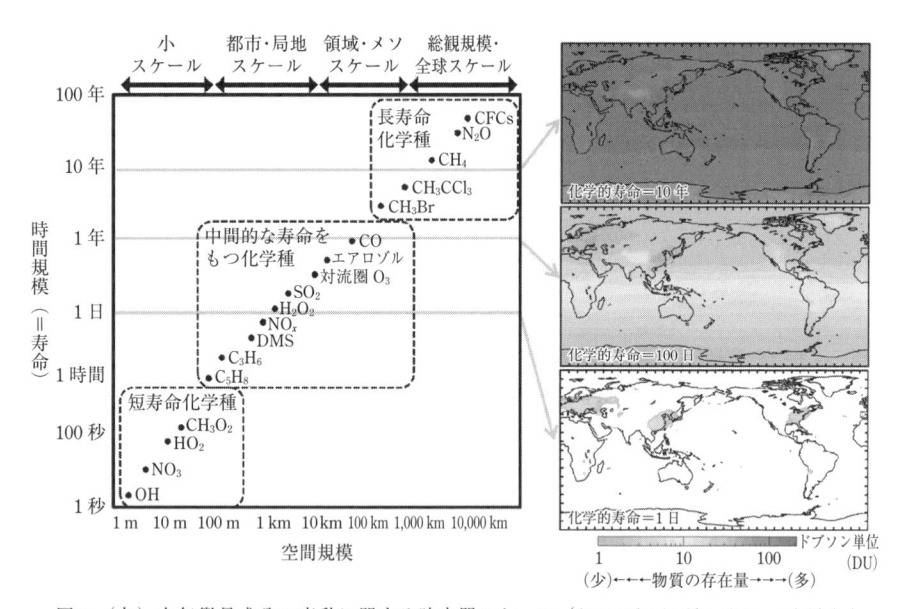

図2 （左）大気微量成分の変動に関する時空間スケール（Atmospheric Chemistry and Global Change（Oxford University Press）の図3.15を改変）
（右）化学輸送モデルによって計算された，異なる化学的寿命をもつ仮想的物質の年平均分布．化学的寿命は，（上）10年，（中）100日，（下）1日．物質の存在比を地表から対流圏界面まで鉛直に積算した値（鉛直カラム量）で表示．

一方，図左下に示されているのは，化学的な寿命が数秒から数分のオーダーをもつ非常に短寿命な物質（ラジカル）であり，一般にかなり反応性が高い．これらの存在比と分布は，その生成に不可欠な太陽放射の局所的な条件によって決まっており，大気の輸送による影響はほとんどない．このような両極端なケースにはさまれた時空間領域に，図中で中間的な寿命をもつ化学種と示されたような数多くの物質がある．こうした物質の空間的な分布は，大まかには，その化学的寿命のうちに移動できる範囲に限定されるが，化学的寿命や大気運動の季節による違いを反映して，その範囲の広がりと存在比は大きく季節変動する．

対流圏の O_3 を例にとると，地表付近では，光化学反応が活発な暖候期に，存在比は大きくなるものの化学的寿命が短くなって分布の範囲は狭くなる一方，寒候期では逆に存在比は小さくなるが範囲は広くなるのが一般的である．ところが，暖候期には対流活動によって大気の上方への輸送が活発化するため，対流圏の上部においては逆に暖候期のほうが大きな存在比となり，分布の範囲も広くなる傾向がある．実際には，これらに加えて，物質の放出量と降水などによる地表面への沈着量の季節変化も，大気中の物質の存在比や分布範囲の変動に影響を及

ぼし，特に雲や雨に取り込まれやすいエアロゾルの分布にとって，沈着過程の影響は大きい．

図2の右側に示した3つの図は，化学的寿命の長短による物質分布の違いを概念的に示したものである．これらの図は，大気中の化学物質の分布を計算する数値モデル（化学輸送モデル）の計算結果であり，物質の排出領域や排出量は同一にしたうえで，化学的寿命のみをそれぞれ，10年（上），100日（中），1日（下）と設定した仮想物質の対流圏での存在量を年平均値として表している．化学的寿命が1日のケースでは物質の分布は排出領域の周囲にほぼ限定されていたものが，化学的寿命が100日になると，物質の分布は大半の排出領域が存在する北半球全体を覆うようになる．ただし，まだ南半球までの分布の広がりには欠けており，半球規模の分布となる．さらに寿命を10年まで延ばすと，分布は全球にほぼ一様に広がる．これらは仮想的な物質の計算結果ではあるが，人工衛星によって観測された，NO_x（短寿命），CO（中間的な寿命），CO_2（長寿命）という化学物質の実際の分布の特徴をよくとらえている．

◆ 化学物質の寿命と環境問題

以上で触れてきた大気微量成分には，人間の活動をその排出源としているものが多い．具体的な活動には多種多様なものがあるが，化石燃料や木材燃料の燃焼のような，異なった化学的寿命をもつさまざまな化学物質が同時に排出される過程を含む場合が多い．人類の誕生以降，人間活動の拡大に伴って，こうした化学物質の大気中濃度が増加してきた中で，比較的寿命の短い SO_2 による煤煙の問題や，NO_x，NMHCs からつくられる O_3 やエアロゾルによる光化学スモッグの問題が，まずは先進工業地域において大気汚染という地域的な環境問題として認識されるようになった．これは，短寿命な物質はその反応性の高さから人体や生態系にとって有害である場合が多く，その負の影響が認知されやすかったためであると考えられる．

一方，長寿命な物質は反応性が低く，一般に有害性が低くて認知されやすい被害に乏しいため，それらによって引き起こされる環境問題の認識は遅れる傾向になるだろう．実際，各地域において大気汚染への対策がとられ，問題が沈静化していった後に，長寿命な物質であるハロカーボン類による成層圏オゾンホールの問題が発生し，さらには CO_2 などの温室効果気体による地球温暖化が問題視されるようになる，という経過をたどって環境問題の空間スケールが地域から地球へと広がってきたのが，これまでの経緯である．

このように，化学物質の化学的寿命の差とそれによる影響の違いは，環境問題

の歴史にも垣間見ることができる． ［永島達也］

参考文献
[1] D. J. ジェイコブ著，近藤　豊訳（2002），大気化学入門，東京大学出版会
[2] 安成哲三，他（1999），大気環境の変化，岩波講座 地球環境学 3，岩波書店

3.13　炭素循環

◆ 全球規模炭素収支の全体像

1980年代以降現在までの温暖化傾向に対しては，人間活動の影響が大きいといわれる．人間活動はさまざまな過程を通じ気候に影響を与えるが，中でも最も寄与が大きいのが二酸化炭素（CO_2）の排出による大気中 CO_2 濃度の上昇であり，現在までの温暖化の6割がこれによるものと考えられている．人間活動によって排出された CO_2 のうち半分近くは陸域生態系や海洋に吸収され，残りが大気中に蓄積する．また自然にもとから存在する CO_2 も，陸域生態系や海洋と

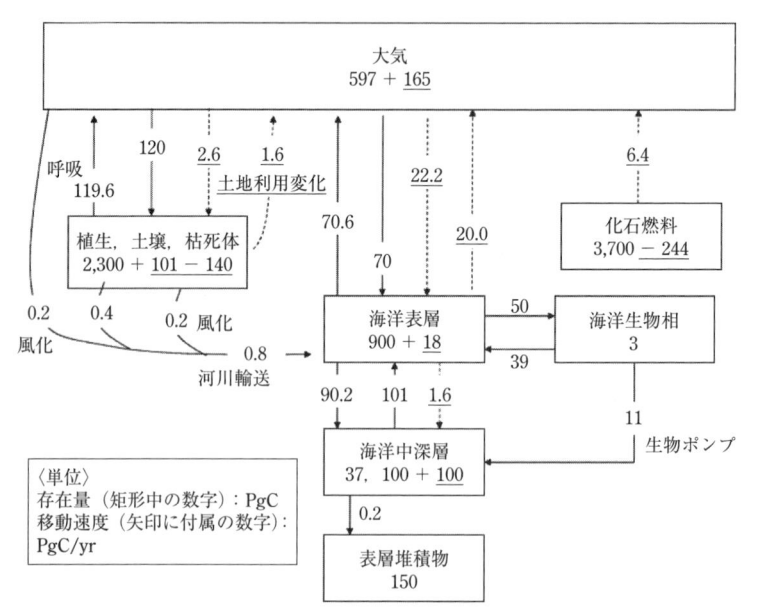

図1　地球規模炭素循環の模式図（1990年代に対応）．実線の矢印と下線のついていない数字は産業革命以前の収支を，破線の矢印と下線つきの数字は人間活動による攪乱を示す．
（IPCC 第4次報告書（2007）Figure 7.3 に基づく）

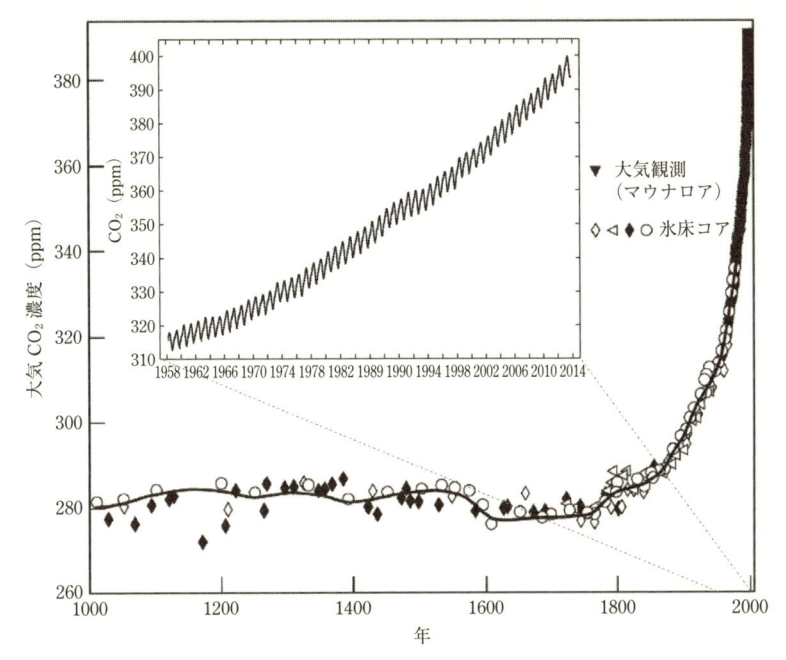

図2 氷床コアのデータから得られた，過去1,000年間の二酸化炭素（CO_2）濃度の変化．挿入図は，マウナロア（ハワイ）での1958年以降の直接観測結果．
(Doney and Schimel (2007), Annu. Rev. Environ. Resour., 32, 14.1～14.36 の Figure 2 を改変．CO_2 データは，http://www.cmdl.noaa.gov から入手可能)

大気との間でつねに交換されている．こうした CO_2 の吸収や交換は，大気，陸域生態系，海洋といった炭素リザーバーの間を，炭素が形態を変えながら地球規模で循環する過程の1つである．したがって，将来の CO_2 濃度および温暖化の予測を行うためには，地球規模の炭素循環についての理解が不可欠である．

図1は，地球規模の炭素の循環や各リザーバーにおける炭素貯留量について，現在までの知見をまとめたものである．実線の矢印や数字は，人間活動による擾乱が加わる1750年頃以前のもの，破線はそれ以後加わった擾乱を示す．1750年以前には，陸域生態系と大気の間，海洋と大気の間それぞれで，年間総計約120 PgC, 70 PgC の炭素を交換していたようすがわかる．こうした循環の結果として決まる大気中の CO_2 濃度は，1800年頃以前の800年ほどの間，280 ppm 前後で安定していたことが氷床コアの分析から明らかになっている（図2）．

◆ 海陸炭素循環の素過程

陸域の生態系への大気中の CO_2 の取込みは光合成を通じて行われ，その結果，

有機物が形成される．取り込まれた炭素は，動植物による呼吸や微生物による分解を通じて大気中へ CO_2 として——嫌気的な環境ではメタン（CH_4）として——戻される．また森林火災によっても CO_2 や CH_4 が大気中に放出される．森林火災による放出は，10年規模の時間スケールで見た場合には森林の再成長による炭素の取込みとほぼつり合っている．

　海洋-大気間の CO_2 交換量は，大気と海洋それぞれにおける CO_2 分圧の差に比例する形で決まる．大気中の CO_2 分圧のほうが高ければ正味で海洋への吸収となり，逆の場合は海洋からの放出となる．海洋に吸収された CO_2 は水と反応し，HCO_3^-（重炭酸イオン），CO_3^{2-}（炭酸イオン）を形成する．海洋中の CO_2，HCO_3^-，CO_3^{2-} を合わせて溶存無機炭素（Dissolved Inorganic Carbon：DIC）とよぶことが多い．海洋中の DIC 鉛直分布は，1,000～2,000 m 以深でほぼ一定，それ以浅では表層に向かうにつれ浅くなる形をしている．これは1つには，海洋中の植物プランクトンが光合成などによって DIC を取り込んだ後，生物の枯死体などが深層に沈降することによる．この過程は生物ポンプとよばれる．また，高緯度の低温の海水が多くの DIC を溶かし込みながら沈み込んで深層水を形成する過程によっても DIC の鉛直勾配はつくられ，これは物理ポンプとよばれる．これらの過程は，表層付近の海洋中 CO_2 濃度を低く抑え，大気海洋の CO_2 交換を通じ大気中の CO_2 濃度を下げる効果をもっている．

　上述のような陸域-大気間や海洋-大気間の CO_2 交換過程は，1750年頃以前はほぼ定常状態を保っていたと考えられる．現代（1990年代）では，化石燃料の使用やセメント生成，森林伐採などで合計年間 6.4 PgC の炭素が大気中に放出されて，大気中 CO_2 濃度は増加している．CO_2 濃度の増加は，CO_2 施肥効果や大気 CO_2 分圧の上昇を通じてそれぞれ陸域生態系と海洋の CO_2 吸収量を増大させる．また，森林伐採後や耕作地放棄後の森林の再成長も，陸域生態系による CO_2 吸収量増大をもたらす．しかしこれらの効果によっても人間活動によって放出される CO_2 をすべて吸収することはできず，現在（2005年前後）で大気中 CO_2 濃度上昇率は 1.5～2 ppm/y 程度となっている．

◆ 全球規模炭素循環収支の評価手法

　人為起源 CO_2 の吸収に対する陸域生態系と海洋それぞれの寄与の評価については，数値モデルなどさまざまな手法が用いられる．中でも大気中の酸素（O_2）濃度を用いる手法は，全球規模での炭素収支を推定するのに最も有効なものの1つである．以下に，その概略を説明する．

　人間活動による CO_2 排出は主に化石燃料の使用によるものであり，排出の際

は O_2 の吸収を伴う．これに対し，陸域生態系による CO_2 吸収は光合成によって行われるため，同時に O_2 が放出される．一方，海洋の CO_2 吸収は，生物活動を介さない大気-海洋間の気体交換を通じて行われるため，O_2 の放出や吸収は発生しない．このため，大気中の CO_2 と O_2 の濃度を同時に精度良く観測することができれば，図3に示すとおり，観測結果を説明しうる陸域生態系と海洋それぞれの吸収量は一意に決定されるのである．なお，O_2 濃度については，背景の濃度に対して CO_2 の排出・吸収に伴う変化がきわめて小さいため精密な測定が困難である．この点に関しては，光学的な測定により O_2/N_2 比を測定することで解決が図られている．

さらに近年は，海洋表層が温暖化していることで海水の気体溶解度が低下傾向にあり「海洋は O_2 を放出していない」という，図3の推定法にとって重要な仮定が成立しなくなってきている．海洋の温暖化傾向を定量的に解析し，溶解度の計算から海洋による O_2 の放出速度を推定することで，こうした効果による誤差を補正する試みも行われており，図3には補正済みの結果を示してある．この解析によれば，陸域生態系と海洋の吸収速度はそれぞれ 1.4 ± 0.7 PgC/y と 1.7 ± 0.5 PgC/y となる．なお，図1では，数値モデルや後述のインバージョンによる計算結果なども考慮に入れた評価を示してあるため，海陸の正味の吸収量は，図3のみに基づいた数字とは異なっている．

図3の解析で導出される陸域の人為起源 CO_2 吸収量は，森林伐採や耕地拡大などの土地利用変化による放出と，森林の成長などによる自然生態系の吸収との差で表される正味の吸収量であることに注意する必要がある．土地利用変化による放出は，耕地面積などのデータに基づいて別途評価する必要がある．IPCC第4次評価報告書にまとめられた，土地利用変化による CO_2 放出量評価の範囲は $0.5\sim2.7$ PgC/y にわたる．評価のもととなるデータや，時には「土地利用変化」という語の定義によって放出量の評価は大きく異なり，地球規模の炭素収支における不確実性の大きな要因となっている．

限られた観測データから地球規模の炭素収支を描くのに用いられる手法としては，O_2 濃度によるもののほかにインバージョンとよばれる手法がある．これは，数値モデルを利用し，観測された CO_2 濃度分布を再現するような，CO_2 の吸収・放出源の分布を推定するもので，以下のような手順で計算を行う．まず，ある領域にどの程度の強さの吸収・放出源があると全球の CO_2 分布はどうなるかを，いくつかの領域についてあらかじめ数値シミュレーションで計算しておく．そして次に，上で得た分布のさまざまな足し合わせとして CO_2 分布を計算し，観測された分布に最も近くなるようなケースの吸収・放出源の分布を，最良の推定と

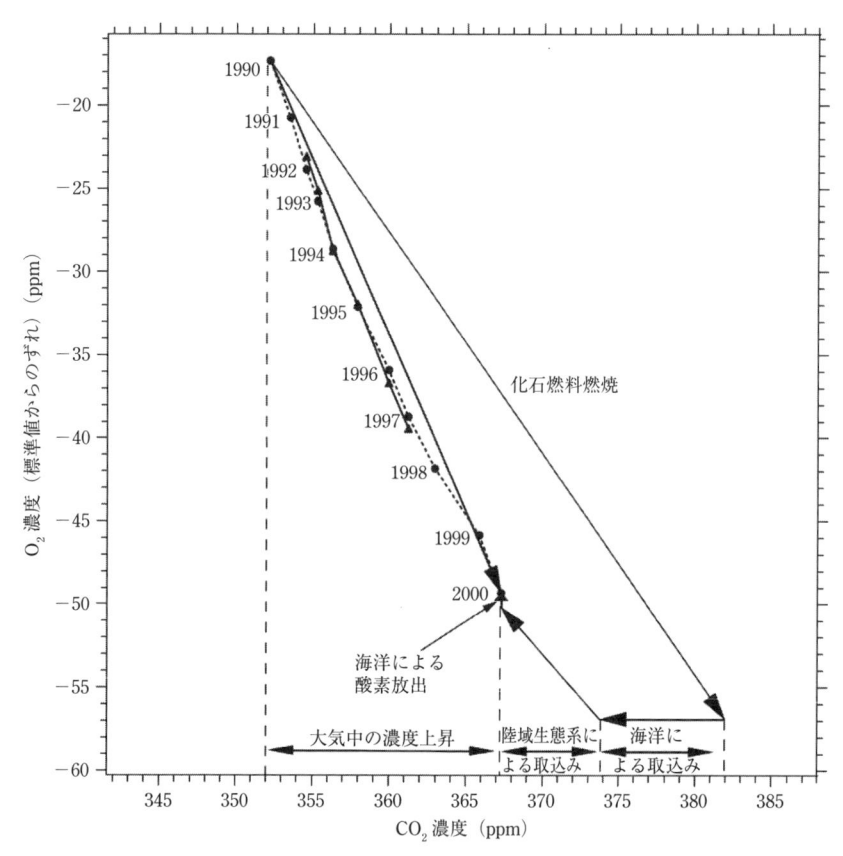

図 3 　酸素（O_2）濃度データを利用した，1990 年から 2000 年にかけての全球規模炭素収支の推定．右端の矢印が，化石燃料燃焼により放出された二酸化炭素（CO_2）がすべて大気中に蓄積したと考えた場合の CO_2, O_2 濃度の変化を表す．左端の矢印が当該期間に観測された濃度変化を示す．陸域生態系による CO_2 の取込みは O_2 の放出を伴い，海洋によるものは伴わないことを考えると，観測された濃度変化を説明する陸域，海洋の CO_2 吸収量は一意に決定される．
（IPCC 第 3 次評価報告書（2001）の Figure3.4 を改変）

するのである．O_2 濃度を用いる手法に比べ吸収・放出源の地理分布まである程度推定できる利点がある．しかしながら，CO_2 濃度を継続的に行っている観測点は世界でも限られており，このことがインバージョンによる推定の誤差の大きな要因になっていた．CO_2 濃度分布を計測する人工衛星「いぶき」（GOSAT）の打上げ（2009 年 1 月）により，そうした状況が改善され今後インバージョンによる推定の精度が大きく向上することが期待されている．

◆ 気候-炭素循環フィードバック

　温暖化予測を行う際には，人間活動により排出される CO_2 量について一定の仮定に基づいた予想（シナリオ）を立て，そうしたシナリオから CO_2 濃度を予測して気候モデルに入力として与える必要がある．CO_2 排出量の予想データから CO_2 濃度を計算するためには，将来の全球規模炭素循環の振る舞いを予測することが必要となる．この際，将来の気候変化が炭素循環過程に与える影響を考慮すると，考慮しない場合に比べ海陸の CO_2 吸収量が減少する可能性が指摘されている．温暖化により土壌有機物の分解が促進すること，海洋の溶解度（水が気体を溶かし込む能力）が低下することが主な原因である．温暖化が炭素循環に影響を与えることで CO_2 吸収量が減り，その結果 CO_2 濃度がより上昇して温暖化につながるため，この現象は「正のフィードバック」（ある現象の出力が入力に影響を与え，その結果出力を増幅すること）といえる（図4）．

　この正のフィードバックはしばしば「気候-炭素循環フィードバック」とよばれるが，その強度については，世界の主だった研究機関による評価にばらつきが大きい．この気候-炭素循環フィードバック強度についての不確実性の定量化あるいは低減は，今後の温暖化研究における大きな課題となっている．

［河宮未知生］

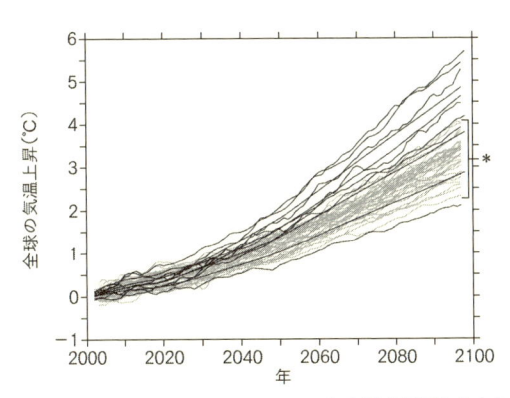

図4　IPCC 第4次評価報告書における温暖化予測結果．炭素循環過程を含まない標準的なモデルによるもの（灰色および＊印）と，炭素循環過程を含むモデルの予測結果（黒色）．気候-炭素循環フィードバックのため，炭素循環過程を含むモデルのほうが高い昇温を予測する傾向があるが，フィードバックの強さはモデル間で大きな違いがある．
（IPCC 第4次評価報告書（2007）の Figure10.20 を改変．［河宮（2007），岩波「科学」，77 (7)，pp.723-729]）

4章 気候変化の予測と解析

4.1 社会経済・排出シナリオ

◆ 地球温暖化問題と政策

　公害問題に代表されるこれまでの環境問題は，原因（汚染源）と結果（被害）の因果関係が解明されてはじめて対策がとられることがほとんどであった．つまり，環境問題に対して科学が先行し，その結果を受けて政策が動き出すという構造である．これに対して，地球温暖化問題は，さまざまな人間活動の結果として大気中に放出された温室効果ガスが，大気中に蓄積することで起こる現象，いわゆる「温室効果」が原因であり，温暖化問題の有する巨大性，超長期性，複雑性がもたらす不確実性から，完全にそのメカニズムが解明されても将来の温暖化を正確に予測することは不可能である．一方で，温暖化が引き起こされると，短期間にもとに戻すことは困難という不可逆性が指摘されており，仮に将来を正確に予測することがいつか可能になるとしても，その結果を待って対策を導入したのでは手遅れになる可能性がある．

　こうした状況では，科学的な知見を深めて温暖化のメカニズムを解明し，将来の気候予測の精度を上げるとともに，温室効果ガス排出量の削減という行動をあわせて行うことが必要であり，政策と科学の緊密な連携，同時進行が重要となる．このとき，政策と科学の間に立って重要な橋渡しとなる［1］——将来の温暖化の状況を示すとともに，温暖化対策としてどのような手だてが有効になるかを示す——のが，シナリオの役割である．

◆ シナリオとは

　シナリオとは，さまざまな定義が存在するため，ここでは「将来に関する複数の描写」と広く定義しておく［2］．単に将来を叙述するというだけでなく，将来起こりうるさまざまな出来事に対して準備をしておき，いかなることが生じても対応できるように未来を経験できるような，不確実性下における意思決定の支援ツールとして，シナリオ・プランニングが活用されている．地球温暖化問題が取

表1 環境問題を対象としたシナリオの例

- メドウズら（1972），（1992），（2004）：成長の限界
- カーン（1973）：未来への確信
- 米国（1980）：西暦2000年の地球
- IPCC（Intergovernmental Panel on Climate Change）：IS92（1995），SRES（2000），post-SRES（2001），RCPsおよびSSPs（2013）
- SEI（Stockholm Environment Institute）（1997），（1998），（2002）：Global Scenario Group
- WBCSD（World Business Council for Sustainable Development）（1997），（2000），（2005）
- ハモンド（1998）：未来の選択
- オランダ（2000）：欧州持続可能シナリオ
- 世界水フォーラム（2000）：世界水ビジョン
- OECD（2001），（2007）：世界環境白書
- UNEP：GEO3（2002），GEO4（2007）
- MA（Millennium Ecosystem Assessment）（2005）：生態系シナリオ
- 国立環境研究所，他（2006）：日本を対象とした脱温暖化シナリオ

り扱うような世紀を超える超長期の課題に対しては，将来の変化や新しい傾向の出現に対する想像力に富んだアプローチが要請され，シナリオはそうした要請に応えるものである［3］．表1にこれまでに記述されている環境問題を対象としたシナリオの例を示す．なお，シナリオの種類については，8.1「温暖化対策シナリオ分析」で言及されている．

◆ IPCCとシナリオ［4］

IPCCではじめてシナリオが示されたのは1990年である．地球温暖化がどの程度進むかは，自然の系の不確実な挙動を別にすれば，人間社会がどのような方向に発展するかによって大きく左右される．将来の社会の発展方向の描き方により，エネルギー利用（技術）などの予想が大きく変わり，その結果，温室効果ガスをはじめとした各ガスの排出シナリオが大きく違ってくる．こうした排出シナリオの違いは，温暖化の予測に大きな差として現れ，また，どの程度の温暖化対策を必要とするかにも大きな違いが出る．つまり，社会の発展方向の違いが温暖化の程度やその対策に決定的な影響を及ぼしてしまうのである．

1990年代における地球温暖化予測のほとんどは，1992年にIPCCによって作成された排出シナリオ［5］を前提にしてきた．このシナリオはIS92a（IPCCで作成した参照シナリオ1992年版のaケースの意味）とよばれ，当時6つつくられたうちの1つであり，あくまでも1つの社会の発展方向を描いたものにすぎな

い．しかも，このシナリオは1985年のデータを基礎にして描かれ，1990年以降に生じたいろいろな社会変化——ソ連崩壊，アジア発展途上国の経済の急激な成長，自由貿易体制の導入など——は，反映されていなかった．さらに，1992年のシナリオには先進国の研究者の一方的な考え方が反映されているとして，発展途上国からの批判もあった．このような問題点は，1994年のIPCC特別報告書[6]によってレビューされ，新しい温室効果ガスなどの排出シナリオの作成が勧告された．これを受けてIPCCでは，1996年から特別のプロジェクトチームを組織し，新しい排出シナリオの作成作業を進めた．IPCCは本来，すでに発表された学術論文の科学的レビューを行う機関であり，このような独自の研究プロジェクトを組織することは例外的であるが，排出シナリオは地球温暖化問題を科学的に解明するための基本情報であり，この基本情報の提供がIPCCに求められ，それに応えるためのプロジェクトであった．一連の成果は「排出シナリオに関する特別報告書（Special Report on Emissions Scenarios）」[7]として2000年に報告され，報告書の頭文字をとって，この排出シナリオは「SRES」とよばれている．

SRESは温暖化問題のみならず，長期の世界規模の評価が必要なシナリオにおいて先導的な役割を果たしてきた．一方で，新たなシナリオづくりに対する機運も高まってきた[8]．特に，SRESで示されたような，いわゆるなりゆき（Business as Usual）シナリオではなく，気候モデルと連携した温暖化対策のシナリオ，特に大気中の温室効果ガス濃度を安定化させるシナリオや，近年の社会経済活動や技術，土地利用などを反映させたシナリオである．また，これまでの「社会経済・排出シナリオ→気候モデルによる将来の気候変動予測→温暖化影響の評価」という過程では分析期間が長くなるために，はじめに気候モデルへの入力を目的として放射強制力を安定化させるような温室効果ガス排出量を示したRCPs（Representative Concentration Pathways）が提示され，気候モデルを用いた将来の気候変動予測と平行して，温暖化の影響分析の基礎となる社会経済シナリオ SSPs（Shared Socio-economic Pathways）の検討が行われた．第5次評価報告書（2013）では4つのRCPシナリオ（RCP2.6, RCP4.5, RCP6.0, RCP8.5）が設定された．RCPシナリオによる予測は，シナリオの違いを考慮すれば，第4次評価報告書で示されていた将来の気候変動予測と大きな相違はない．

◆ 社会経済シナリオの構成要素と定量化

シナリオ・アプローチでは，将来シナリオを記述するにあたって，重要（ほかへの影響力が大きい）でかつ不確実性の高い要素が選定され，それらの将来の可

能性を対象にいくつかのストーリーが記述される［9］．また，近年では，Story and Simulation とよばれる叙述的なシナリオと定量的なモデルを用いたシナリオを組み合わせて示されることが多い．定量モデルの代表が統合評価モデルとよばれるモデルであり，SRES のようにストーリーとして描写された将来の社会経済活動から温室効果ガス排出，さらには温暖化とその影響も含めて整合的な結果が提示される．

SRES では，経済活動に変化をもたらす要因であるドライビングフォースとして，人口，経済活動，技術発展，エネルギー，土地利用が取り上げられ，これらの諸要因が将来どのように変化し，その帰結として温室効果ガスがどれだけ排出されるかについて，4つのシナリオが示された．また，RCPs では，グリッド別の土地利用変化や排出量の情報もシナリオとして求められたことから，土地利用モデルや排出量をダウンスケールするためのモデルも用いて定量化が行われてきた．

日本を対象とした中期目標検討や 2020 年の温室効果ガス排出量を 1990 年比 25％削減するための施策の評価においても社会経済シナリオが設定され，それに基づいた分析が行われた．ここでは，前提として経済成長率や素材生産量，輸送量などの社会経済活動のほか，国際エネルギー価格などを前提に温室効果ガス排出量の削減目標を達成するための技術やそれらを導入するための追加費用，経済影響などが提示された（詳細は，8.10「中期（〜2020 年）の温暖化対策」を参照）．

一方で，大幅な温室効果ガス排出量の削減を目指したシナリオでは，技術的な対策だけでは不十分であり，社会経済活動そのもの（生産やライフスタイルなど）の見直しも求められる場合がある．社会経済シナリオは，そうしたさまざまな将来の可能性に対応した姿を描写することが可能であり，将来の発展経路や温暖化対策の姿を議論するための土台であるといえる． ［増井利彦］

参考文献

[1] Alcamo, J. (2001), Scenarios as tools for international environmental assessments, European Environment Agency, Environmental Issue Report, No.24
[2] 増井利彦, 他 (2007), 環境シナリオ・ビジョンおよびその作成方法のレビューと 2050 年の社会・環境像, 環境システム, vol.35, pp.277-285
[3] 宮川公男 (1994), 政策科学の基礎, p.237, 東洋経済新報社
[4] 森田恒幸, 増井利彦 (2005), 排出シナリオ, 新田　尚, 野瀬純一, 伊藤朋之, 住　明正編, 気象ハンドブック（第 3 版）, pp.746-751, 朝倉書店
[5] Houghton, J.T. et al. (1992), Climate Change 1992 the Suppliment Report to The IPCC Scientific Assessment, Cambridge University Press

[6] Alcamo, J. et al. (1994), An Evaluation of the IPCC IS92 Emission Scenarios, In Climate Change 1994, pp.233-304, Cambridge University Press
[7] Nakicenovic, N. et al. (2000), Emissions Scenarios, Cambridge University Press
[8] Moss, R. et al. (2010), The next generation of scenarios for climate change research and assessment, *Nature*, 463, pp.747-756
[9] Jäger, J. et al. (2007), Scenario development and analysis, GEO Resource Book, Training Module 6, http://www.unep.org/dewa/Docs/geo_resource/FINAL_GEO_Mod6_06_qx.pdf.

4.2 大気海洋結合気候モデル

◆ 大気海洋結合気候モデルとは

　大気海洋結合気候モデルとは，物理法則に基づき，地球の気候の形成，維持，変動を数値計算（コンピュータ・シミュレーション）により表現する手法，あるいはそれを実現する計算式またはコンピュータ・プログラムのことである．

　歴史的に，別個に開発された大気大循環モデルと海洋大循環モデルを結合することにより生まれたことから，大気海洋結合気候モデルとよばれる．実際には，大気と海洋に加えて，数メートルまでの深さの土壌を含む陸地表面の熱・水の循環を表すモデル，および海上に浮かぶ海氷のモデルを含む．通常，大気は対流圏および下部成層圏を含む少なくとも 30 km 程度までの高さを扱い，海洋は海底に至るまでのすべての深さを扱う．

　また，通常は地球全体を計算する全球大気海洋結合気候モデルのことをよぶ．しばしば GCM の略称でよばれるが，これは General Circulation Model（大循環モデル）に由来する．しかし，近年は Regional Climate Model（地域気候モデル）との対比で Global Climate Model（全球気候モデル）の意味で GCM とよばれることもある．

　大気海洋結合気候モデルは主として気候の物理的な側面を表現しており，これに生物・地球化学的な過程を加えたものは地球システムモデルとよばれる．ただし，大気中のエアロゾルの過程は大気海洋結合気候モデルに含まれることがある．

　本節の以下では，全球大気海洋結合気候モデルのことを単に気候モデルとよぶ．

◆ 変数と方程式

　気候モデルでは，大気，海洋，陸面，海氷における種々の状態量が時々刻々変

化するようすを，物理法則に基づき計算する．主な状態量は，モデルの計算手法によって多少異なるが，典型的には以下のようなものがある．

　大気：東西風，南北風，地表面気圧，気温，水蒸気量，雲水量，各種エアロゾル濃度（エアロゾル過程を含む場合）

　海洋：東西流，南北流，海面高度，水温，塩分濃度

　陸面：土壌温度，土壌水分，土壌凍結水分，積雪量，積雪温度，植生上の水分，河川水量

　海氷：海氷面積，海氷厚，東西方向速度，南北方向速度

　これらの時間変化を表す物理法則の方程式は，物理学の一分野である流体力学においてよく知られたナビエ・ストークス方程式とよばれるものを基礎にしており，以下のような法則の組み合わせからなる．

　運動量保存の法則，質量保存の法則，エネルギー保存の法則，気体の状態方程式，海水の状態方程式，各種物質量の保存法則（水蒸気，雲水，エアロゾル，海洋塩分など）

　また，計算の際に必要となる外部条件には，以下のようなものがある．

　地球の半径，地球の重力，地球の自転・公転軌道要素

　海陸分布，陸上地形，海底地形，河川流路

　大気の化学組成（ただし，水蒸気濃度はモデル中で計算するので除く）

　土地被覆分布，土壌種類分布，植生量分布などの陸面諸量

　すなわち，これらの物理法則と外部条件に基づき状態量の時間変化を計算することにより，現実の地球におけるものとおおむね似通った状態量の空間分布および時間変動が模擬（シミュレート）される．

◆ 計算方法

　コンピュータを用いて物理法則の数値計算をするにあたっては，本来は連続体である大気，海洋および陸面を水平2次元および鉛直（大気については高さ，海洋・陸面については深さ）方向の3次元に格子分割し，本来は時間・空間についての偏微分方程式である物理法則を時間・空間についての差分方程式で近似する．格子の大きさ（特に水平方向の大きさ）をモデルの解像度（または分解能）とよぶ．

　計算に利用するコンピュータの規模・能力が大きいほど解像度を細かくすることができる．地球温暖化の予測に用いられる気候モデルでは，現在の典型的な解像度は水平方向に数十〜数百kmである．鉛直方向には大気，海洋とも数十層（層の厚さは不均一で，通常は地表面に近い層ほど薄い）をとる．

格子よりも大きな空間規模の大気および海洋の運動に伴う現象を表現するには，物理学的に確立されたナビエ・ストークスの方程式を計算すればよい．しかし，地球の気候の形成，維持，変動においては，格子よりも小さな空間規模の大気・海洋の運動や，大気・海洋の運動以外の物理的な現象が重要な役割を果たしている．これらの現象の効果を気候モデルの方程式中で表現する方法をパラメタ化（またはパラメタリゼーション）とよぶ．

パラメタ化で表現される過程には，以下のようなものがある．

- 大気の放射過程（気体分子，雲，エアロゾルによる可視光線や赤外線など電磁波の吸収・射出・散乱）
- 大気の湿潤過程（大気中の水分が気体，液体，固体の間で相変化する過程，それに伴う潜熱の放出・吸収，雲粒が衝突併合して雨粒として落下する過程など）
- 格子規模以下の大気運動（地表面付近の境界層乱流，雲に伴って生じる対流運動や乱流，重力波など）
- 格子規模以下の海洋運動（海面付近の境界層乱流，中規模渦，密度差によって生じる対流運動など）
- 陸面の諸過程（土壌中の熱・水移動，植生による蒸発散，積雪・融雪の過程など）
- 海氷の諸過程（海氷の生成，融解，熱伝導，密集による変形など）

これらの過程の効果は，実験・観測データや理論計算に基づき，現象の平均的な振る舞いを表す近似式によってパラメタ化され，気候モデルの方程式に組み込まれる．気候モデルが現実の地球の気候をうまくシミュレートするか否かは，これらのパラメタ化が現実の過程をうまく近似できているか否かに大きく依存する．

◆ 数値気象予報モデルとの違い

気候モデルの大気部分（大気大循環モデル）は，日々の天気予報に用いられる数値気象予報モデルと基本的に同じものである．ただし，モデルの使用方法には大きな違いがある．

数値気象予報では，現在の世界中の大気状態（気圧，風，温度，湿度の分布）をできる限り正確に表現した初期条件から計算を開始することがきわめて重要である．これにより，例えば個々の低気圧の移動や発達を予測する．しかし，この際，初期条件に含まれるわずかな誤差が時間とともに拡大し，計算を続けるに従って計算結果が現実から離れていくことが知られている．方程式のこのような

性質をカオスとよぶ．カオスの存在により，通常，1週間程度以上先の気象を予測するのは難しい．

これに対して，気候モデルの場合，注目する対象は日々の気象ではなく，長期間（例えば30年間）の気象の平均状態として定義される気候である．すなわち，気温や降水量などの長期間平均値，あるいは長期間における変動特性などの統計量である．これらの長期的な平均量，統計量は，初期条件の選び方に大きく依存しない．したがって，気象予報の場合に生じるカオスの問題が，気候モデルの場合にそのままあてはまるわけではないことに注意が必要である．

◆ 気候モデルの性能

最新の気候モデルは，気温，風，湿度，海水温などの3次元分布，および降水量，海氷などの2次元分布の地理的な特徴をおおむね現実的に再現する（図1）．さらに，昼夜の気温差などの日変化，温帯低気圧の発生・発達などの数日規模の変動，気候の季節進行，そしてエルニーニョ・南方振動のような数年規模の変動の特徴も，おおむね再現することができる．

ただし，どの気候モデルにも現実の気候と比較した際の系統的な誤差（バイアス）が多かれ少なかれ存在するので，注意が必要である．一般に，大陸規模などの平均ではバイアスは比較的小さいが，小さな空間規模の分布や変動に注目するほど，大きなバイアスが見出される．バイアスが存在する原因としては，解像度の不足により大気・海洋の運動が十分に現実的に表現されていないこと，および各種のパラメタ化が十分に現実的でないこと，の2つがあげられる．

初期の気候モデルでは，大気大循環モデルと海洋大循環モデルのそれぞれでバイアスが大きかったため，両者を結合すると現実的な気候状態を維持することができなかった．そこで，大気と海洋の結合面である海面において，熱および水の人為的な補正項を加え，現実的な気候状態を維持する必要があった．この補正をフラックス調節とよぶ．最新の気候モデルの多くは，改良を経てバイアスが小さくなったため，フラックス調節を用いずに現実的な気候状態をシミュレートすることができる．ただし，フラックス調節は外部条件によって変化しない定数項なので，フラックス調節を用いたモデルと用いないモデルの間で，例えば温室効果ガスの増加に対する気候の応答のようすが大きく異なることはない．

また，さまざまな検証を経てバイアスが小さいモデルが性能の良いモデルと見なされることが多い．しかし，バイアスが小さいモデルほど将来予測の信頼性が高いという関係があるかどうかはケースバイケースであり，一般にはそのような関係は不明であることに注意が必要である．

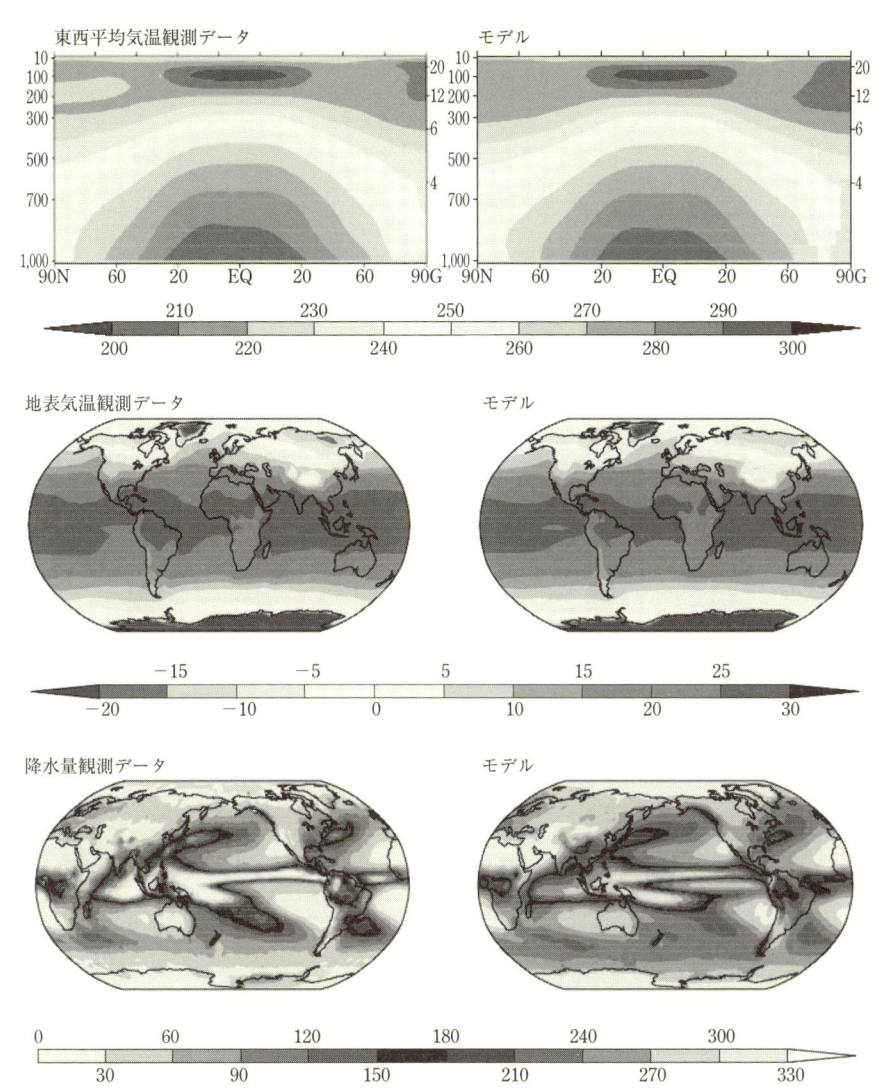

図1 観測された物理量と気候モデルで計算された物理量の比較の例．上段から順に，東西平均気温の緯度-高さ分布，地表気温（海上については海面水温）の地理分布，降水量の地理分布．左側が観測データ，右側がモデル結果（複数モデル平均）．(IPCC 第4次評価報告書，2007)

◆ 気候モデルの開発と利用の現状

2007年のIPCC第4次評価報告書の時点で，11カ国，16の研究グループにより，計23の気候モデルが開発され，地球温暖化の研究に利用されている．

地球温暖化にかかわる気候モデル実験は，結合モデル相互比較プロジェクト（Coupled Model Intercomparison Project：CMIP）として国際的にコーディネートされ，世界中の各モデルが共通の設定で実験を行い，共通の様式で結果を提出し，世界中の研究者が結果のデータベースにアクセスして解析研究を行うことができる．この体制はIPCC第4次評価報告書に先立って行われたCMIP3においてはじめて本格化した．IPCC（2013）第5次評価報告書ではCMIP5が利用可能になっている．

CMIPにおいて共通に行われる主な実験には以下のようなものがある．
- コントロール実験（外部条件を工業化以前などの状態で一定にして100年以上計算し，気候モデルの基本的な振る舞いを見る）
- 理想化実験（大気中二酸化炭素濃度が年率1%複利で増加するなどの単純な条件を与えて，気候モデルの応答を計算する）
- 過去再現実験（19世紀半ば頃から現在までの歴史的な外部条件の変化を与えて，その期間の気候変化を計算する）
- 将来シナリオ実験（将来の社会経済シナリオに基づく外部条件の変化を与えて，将来100年あるいはそれ以上の気候変化を計算する）

計算結果の詳細は気候モデルによって異なる．そこで，モデル間の比較を行って結果の妥当性を検討したり，モデル結果の幅を把握したりするため，複数の気候モデルの計算結果の集まり（マルチモデルアンサンブルとよぶ）を用いて解析することが重要である．　　　　　　　　　　　　　　　　　　　　　［江守正多］

4.3　地球システムモデル

◆ 地球システムモデルとは

地球の気候は大気・海洋の物理的な運動だけではなく，大気の組成を変化させる化学反応や，生物圏の物質循環，さらには人間社会といったさまざまなコンポーネント（構成要素）との相互作用で決まっている．数百万年といった長い時間スケールで見れば，大陸移動や岩石の風化といった地質学的なプロセスも無視できない．地球システムモデルとは，大気海洋結合気候モデル（4.2「大気海洋結合気候モデル」参照）などの物理気候モデルを核として，陸上・海洋の生態系における炭素循環（3.13「炭素循環」参照），オゾンなどの大気化学プロセス，さらには長期的な植生の分布移動や，土地利用変化などの人間活動を組み込み，地球で行われている営みをより現実的に再現しようとするモデルである（図1）．

4.3 地球システムモデル

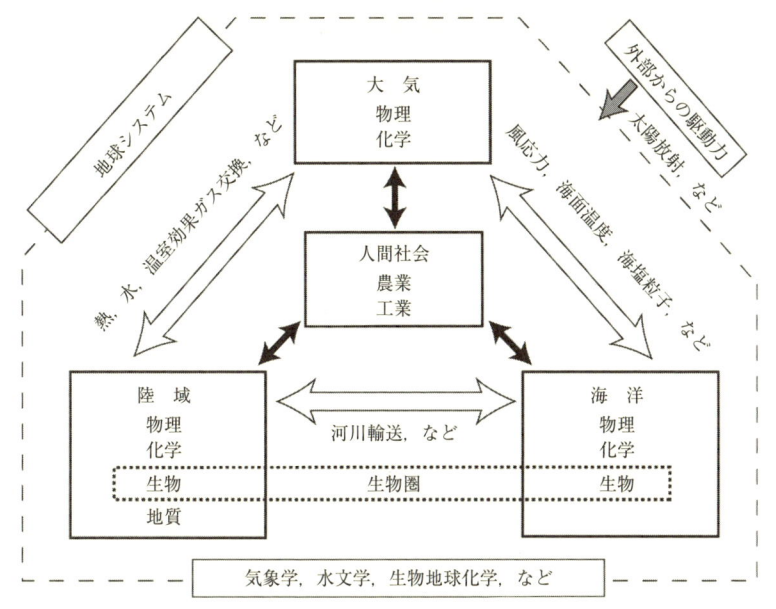

図1 地球システムモデルの概念図

地球システムモデルを温暖化の研究に用いると以下のようなメリットがある．炭素循環や人間活動は，中長期的に大気 CO_2 濃度に大きな影響を与えるので，それらをモデルに取り入れることで気候へのフィードバックをより現実的に評価することが可能になる．また大気化学を取り入れることで，大気中のオゾン濃度や雲の形成に影響する微粒子（エアロゾル）の分布変化も考慮できるようになる．しかし，それは逆に短所ともなりうる．生物圏や大気化学に関するプロセスはきわめて複雑で，非線形的な応答をしがちであり，学問的にも理解が不十分である．そのような不確実性の多い要素を気候モデルに加えてしまうと，必ずしも予測信頼性は向上しないかもしれない．また，多くの要素を取り入れることでモデルが複雑になり，開発や実行計算がたいへんになるおそれもある．

現在では，地球システムモデルの開発には大きく2つの方向性がある．1つは，大気海洋結合気候モデルをベースにして，各コンポーネントの詳細モデルを組み込んでいき，なるべく現実に近い大規模なモデル，いわば「バーチャル地球」を目指すものである．このような方向性は，地球シミュレータに代表されるような高性能コンピュータの発展により，近年になって実現可能となった．もう1つの方向性は，各コンポーネントについて必要最低限の要素だけを取り出した簡略モ

デル（EMIC）*1 を目指すもので，計算コストが節約できるので多数の長期シミュレーションを行うこともできる．このようなモデルは，現実らしさと精度はやや落ちるが，数百年以上の長期変動やシステムの内部的振る舞いを解析するには有効なツールとなりうる．

地球システムモデルは，温暖化の長期予測だけでなくさまざまな目的の研究に利用されている．例えば，氷期・間氷期サイクルのような数万年スケールの気候変動や，人間活動を含めたグローバルな炭素循環の変化，といった直接的な実験や観測が難しいテーマの研究に適している．また EMIC は，現在の温暖化研究においても，将来の大気中の温室効果ガス濃度シナリオをつくる際に，人間活動による排出だけでなく海や陸との交換をおおまかに評価するために利用されている（例えば後述の BERN-CC）．

◆ 大気中の微量物質のはたらき

大気中では，微量ではあるが反応性が高い物質が，実は気候システムの中で重要な役割を果たしている．例えば，オゾン（O_3）は成層圏では紫外線を吸収し，対流圏では温室効果ガスとしてはたらくが，寿命が短いため大気中の濃度はとても変動が激しい．また，海から生じた飛沫や植物が放出する物質，また人間活動から放出された煤煙などは，大きさが数ミクロン程度の微粒子（エアロゾル）となってさまざまなはたらきをする．例えば日射を散乱させたり，水分を集めて雲粒をつくったりすることで気温や降水などの条件に影響を与える．さらに，大気からの栄養塩・酸性物質の降下量やオゾン濃度は，陸や海の生物にも強い影響を与える場合がある．このように，大気の微量ガスを考慮することで，生物や人間活動を含めた連鎖的なフィードバックを扱えるようになる．そのため微量ガスを扱うモデルは，大気中での化学反応やエアロゾルの形成をシミュレートするが，そこでは多数の複雑なプロセスを考慮する必要がある．

◆ 生物圏のはたらき

ほかの惑星と比べたときに，地球の特徴の1つは，陸上や海洋の生物が特異な役割を担っていることである．生物は熱帯多雨林のような大きく発達したものから，寒冷域・乾燥域や深海のような極限環境まで地球上に広く分布し，多様な生態系を形づくっている．生態系では，生物の活動が周りの温度・水分などの物理条件や，水質や土壌などの化学条件を変化させる（環境形成作用といわれる）．

---

*1　EMIC（Earth-system Model with Intermediate Complexity）は中程度の複雑さをもつ地球システムモデルをいう．

また，植物の光合成や動物・微生物の呼吸による CO_2 の交換，さらに微生物によるCH$_4$の放出などにより，周りの大気も生物の影響を徐々に受けていく．地域から大陸スケールを覆う生態系が同時にはたらくことで，地球スケールで大気の組成や気候を変化させうる．

地球システムモデルに生物プロセスを取り入れるには，海と陸でそれぞれの生態系モデルを用意し，物理気候モデルと相互にリンクさせる．海洋生態系のモデルは，プランクトンや栄養塩の動きをシミュレートし，その多くは物質の量と流れを簡単化したモデルで表現するものである（一般に魚類や甲殻類，クジラなどほ乳類は省略されている）．その計算は，大気海洋結合気候モデルで計算された温度や海流の分布を用いて行われる．植物プランクトンの生産から始まる海中の炭素動態をシミュレートし，大気との間のCO_2交換，つまり気候変動に対する海洋生物からのフィードバックを与えることができる．

陸上生態系についてはさまざまなモデルが開発されているが，大きく分けて次の3種類がある．①地表面のエネルギー交換など物理プロセスに着目するモデル，②植物の光合成や土壌分解など物質循環に着目するモデル，③森林や草原といった植生の分布とその変化に着目するモデル．それらは，地球システムにおける，大気と地表面の間のエネルギーやガスの交換をシミュレートするもので，最近では3つを統合するようなモデルも開発されている．気候変動による植生の活動や構造の変化，土壌中に貯められた炭素や栄養塩の変化といった，気候システムに生じる複雑なフィードバック効果を扱う．

◆ 人間活動の影響

人間活動は，特に産業革命以降に飛躍的に拡大しており，地球環境問題を引き起こしていることからもわかるように，地球システムのコンポーネントとしてますます重要性を増している．いうまでもなく，化石燃料の消費や工業活動から放出されるCO_2は，地球温暖化の最も重要な原因となっている．現在，陸地面積の約15％は農耕地であるが，それは主に森林を伐採してつくられたものであり，近年でも熱帯では農地をつくるための大規模な破壊が進行している．農地・放牧地は，温室効果ガスであり大気中の化学反応にも関与するCH_4やN_2Oの大きな放出源になっていることも無視できない．また，多くの半乾燥地や亜寒帯林で人為的な火災が頻発化している（逆に防火活動によって火災が減った地域もある）．ダムや灌漑による水利用は，河川から沿岸域への淡水や栄養塩の運搬にも影響を与えている．

現在の地球システムを再現するためには，人間活動をモデルに組み込む必要が

あるが，社会経済的な活動を数式で表現することはきわめて難しい．温暖化対策を評価するための社会経済的なモデル（8.2「温暖化対策モデル」参照）が開発されているが，現在のところはそれを地球システムモデルに取り入れて予測を行う，といった試みは行われていない．その一方で，森林から耕地への転換に伴って大量の炭素（正味で年間約 $1.1\,\mathrm{GtCyr}^{-1}$）が放出されているため，炭素循環によるフィードバックを扱うモデルでは土地利用変化の影響を導入している．そこで通常用いられる方法は，世界の耕作地分布について，過去のデータと将来シナリオを用意しておき，モデルへの入力データとするものである．森林破壊は，地表面でのエネルギーや水の収支を変化させ，ローカルから広域の温度や降水に影響を与える点でも重要である．概して，地球システムモデルにどのように人間活動を組み込んでいくかは，この分野の大きな課題である．

◆ 日本・世界で開発されているモデルの現状

　地球システムモデルは，これまでの物理気候モデルを用いた温暖化予測における問題の1つであった，温室効果ガス濃度の時間変化がシナリオとして与えられるという点をある程度まで解決することになる．そのため，次世代のより現実に近い温暖化予測シミュレーションの主流になっていくと考えられる．そこに到達するには，海や陸の生態系，大気化学，人間社会のさまざまなフィードバック効果を考慮しなければならないため，気象学だけでなく多くの分野の研究者が参加する学際的なプロジェクトとして開発が進められている．

　世界の主要な気候研究機関で地球システムモデル開発が進められている．英国のハドレー・センターは，大気海洋結合気候モデルを核とした詳細な地球システムモデルの開発において最先端に位置している．日本の海洋研究開発機構・東京大学大気海洋研究所・国立環境研究所では，地球シミュレータ上での大規模計算を想定した詳細な地球システムモデル（MIROC-ESM）を開発している[*2]．ここでは，国内で開発された大気化学モデルや詳細な植生動態モデルを採用することで，独自の高度化が盛り込まれている．一方で，諸プロセスを簡略化した地球システムモデル（EMIC）は，ドイツのマックスプランク研究所（CLIMBER）やカナダのビクトリア大学（UVic），スイスのベルン大学（BERN-CC）などが代表的なモデル開発を行っている．

　地球システムモデルを用いることで新しい知見がもたらされている．陸や海の炭素循環プロセスを取り入れると，温度上昇に伴って海洋への CO_2 溶解度が低

[*2] 文部科学省「21世紀気候変動予測革新プログラム」による．

下したり，陸上の土壌有機物分解が加速されたりして，より大気 CO_2 濃度が高まる傾向がある．これは温暖化を増長する正のフィードバックとなるため，これまでの物理気候モデルによる予測よりも高い温暖化が生じる可能性が示されている．また，地域によっては大気の循環と降水量の分布にまで影響が及び，例えば広大な熱帯雨林が広がるアマゾンでは，将来的に降水量が減少して森林の衰退が生じる危険性があることが示された．

　温暖化予測のための地球システムモデル開発が本格的に始まったのは，最近10年ほどのことであり，将来予測の信頼性を高めるためには解決しなければならない課題も多い．また，全体の中で物理気候モデルの完成度は格段に高いが，それにリンクされる諸コンポーネントのモデルは簡素な経験モデルである，といった構造のいびつさも残されている．大規模なモデルの場合，1回の計算に大きなコストを要するため，異なる複数の初期値から計算を始めるアンサンブル実験や，不確実性の原因を洗い出すための系統的な感度分析を行うことは簡単ではない．しかし，各機関のモデルを同一条件で実行し，シミュレーション結果を比較した研究によると，将来的な炭素循環フィードバックの規模には，非常に大きなモデル間の差違（不確実性）が見出されている．今後は，より高性能なコンピュータが開発され，さらに複雑なモデルが実行可能になると予想されるが，同時に地球システムを構成する各要素・プロセスへの基礎的な理解を深め，適切にモデルに反映させていくことも必要である．

[伊藤昭彦]

4.4　予測される気温変化

◆ 全球平均気温変化の概念

　外部条件の変化がなく十分に時間が経過した状態では，単位時間あたりに地球が吸収する日射エネルギーと地球から宇宙へ放出される赤外線エネルギーはつり合っており，地球全体で平均した地表付近の平均気温（全球平均気温，または世界平均気温）は気候的な意味で（数十年の平均をとると）一定に保たれる．この状態を平衡状態という．工業化以前（1850年頃）の地球は近似的に平衡状態と見なすことができる．

　外部条件の変化により地球が吸収するエネルギーまたは放出するエネルギーが変化するとき，この変化を放射強制力とよぶ．大気中の温室効果ガスが増加すると，地球から宇宙へ放出される赤外線エネルギーが減少し，地球を暖める向きの（正の）放射強制力がもたらされる．地球に余分にもたらされたエネルギーは主

に海洋によって吸収される．同時に地表面（海面と陸面）の温度が上昇し，これに応じて宇宙へ放出される赤外線エネルギーが増加する．

温室効果ガスの増加が止まって十分に時間が経過したとすると，宇宙へ放出される赤外線エネルギーの増加が放射強制力とつり合ったところで温度上昇が止まり，新しい平衡状態が実現する．このとき海洋の熱吸収はゼロに戻っている．与えられた放射強制力に対する，最初の平衡状態から新しい平衡状態までの気候の変化を平衡応答とよぶ．また，平衡状態に達しない状態での気候の変化を過渡応答とよぶ．

◆ 全球平均気温変化における不確実性

全球平均気温の長期的な変化の予測に影響を及ぼす科学的な不確実性には，気候感度の不確実性，海洋熱吸収の不確実性，気候-炭素循環フィードバックの不確実性がある．

気候感度は，与えられた放射強制力に対する全球平均気温の平衡応答の大きさを表す指標であり，しばしば大気中二酸化炭素濃度の倍増に対する応答（二酸化炭素倍増平衡気候感度）で表される．IPCC（2013）では，二酸化炭素倍増平衡気候感度は可能性の高い推定値の幅（66％信頼区間）で1.5～4.5℃とされている．気候感度の不確実性は，気温上昇に伴う雲などの変化を通じた物理的なフィードバックの大きさの不確実性に由来する．

当面の地球温暖化においては，大気中温室効果ガス濃度は連続的に上昇し続け，全球平均気温は平衡に達しないまま上昇を続けると考えられる．このときの全球平均気温の過渡応答の速度は，気候感度に加えて海洋熱吸収に依存する．ほかの条件が同じであれば，海洋熱吸収の効率が高いほど過渡応答における気温上昇速度は小さくなる．気候感度と海洋熱吸収を組み合わせた効果は20世紀に実際に起こった気温上昇から比較的精度良く推定することができるので，過渡応答の速度は平衡応答の大きさに比べると不確実性が小さい．

さらに，二酸化炭素の排出量と大気中濃度の関係において気候-炭素循環フィードバックの不確実性が存在する．気候-炭素循環フィードバックとは，海洋および陸域による大気中二酸化炭素の吸収量が温暖化によって変化し，これが温暖化の進み方に影響を与えることである．IPCC（2013）では，気候-炭素循環フィードバックは温暖化を促進する（正の）効果をもつと考えられているが，その大きさの推定には幅がある．

◆ 予測される全球平均気温変化

　将来の人間活動に伴う全球平均気温の変化は，将来の社会経済シナリオによって異なる．したがって，科学的に推定することができるのは，与えられたシナリオに対する気温変化の「見通し」(projection) であり，通常の意味での「予測」(prediction) ではないことに注意が必要である．しかし，以下では用語のなじみやすさに配慮し，この見通しのことを「予測」とよぶ．

　2100年までの全球平均気温変化は，IPCC (2013) によれば図1のように予測されている．第5次評価報告書では温室効果ガスの緩和策を前提とした将来の温室効果ガス安定化レベルとそこに到達する代表的経路を選んだ4つのシナリオ（RCP2.6, RCP4.5, RCP6.0, RCP8.5）が設定された．RCPシナリオによる予測は，シナリオの違いを考慮すれば，第4次評価報告書で示されていた将来の気候変動予測と大きな相違はない．これらのRCPシナリオについて，大気海洋結合気候モデルによる計算結果（モデル平均およびばらつきの幅）が示されている（図1）．また，4つのシナリオすべてについて，世界平均地上気温の予測平均値と可能性の高い予測値の幅が示されている．例えば，最も気温上昇が小さいRCP2.6シナリオでは，1986〜2005年の平均気温と比較して，2081〜2100年の平均気温が1.0℃上昇，可能性の高い幅として0.3〜1.7℃，最も大きいRCP8.5シナリオでは平均3.7℃上昇，可能性の高い幅として2.6〜4.8℃である．

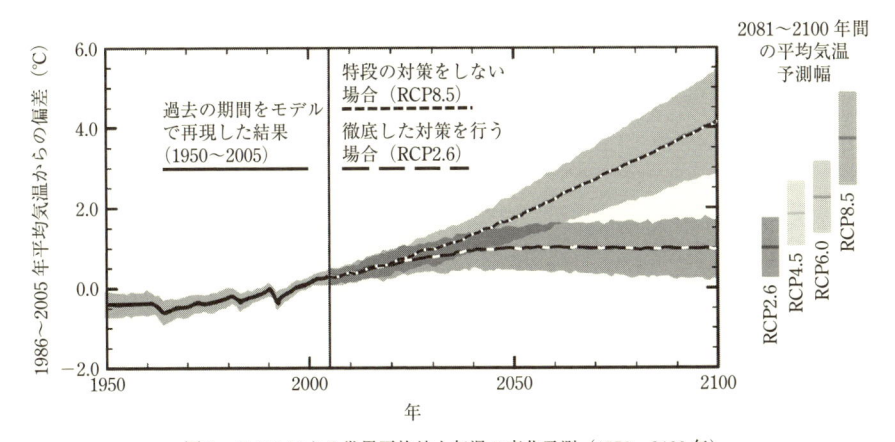

図1　モデルによる世界平均地上気温の変化予測（1950〜2100年）
[出典] IPCC第5次評価報告書WG1・SPM（一部加筆編集）

◆ 予測される気温変化の空間分布

予測される気温上昇量は地域によって異なる．分布の特徴はシナリオにはほとんど依存せず，IPCC（2013）では図2のように予測されている．

北極海や北半球高緯度の陸上では特に大きな気温上昇が見られる．図は年平均であるが，大きな気温上昇は主に北半球の冬季に見られる．これらの地域では，日射の反射率の大きい海氷や積雪が温暖化により減少し，それにより日射の吸収が増加することにより，さらに温暖化が加速するというフィードバック（雪氷アルベドフィードバック）がはたらくことで，温暖化が促進される．また，地表が低温のため安定な逆転層が生じており，地表付近が効率的に暖められやすいという原因もある．

北極海を除けば，一般に海上は陸上よりも気温上昇が小さい．これは，熱容量の大きい水が上下に混合しながら暖まることに加えて，陸上と比べて水分の蒸発が起こりやすいことによる．

陸上でも，水分の蒸発の効果により，湿潤な地域のほうが乾燥な地域よりも気温上昇が小さい傾向がある．また，沿岸域よりも内陸の地域で気温上昇が大きい傾向がある．

また，北部北大西洋と南極周辺の海域で，気温上昇が極小となっている．これらの海域では重い海水が沈み込んでおり，深い混合が生じるので海表面の温度が上がりにくい．加えて，温暖化が進むと沈み込みが弱まり，沈み込みによって駆動される海洋の大循環（熱塩循環，または子午面循環）が弱まることにより，この海域へ到達する暖流が弱まるという原因もある．

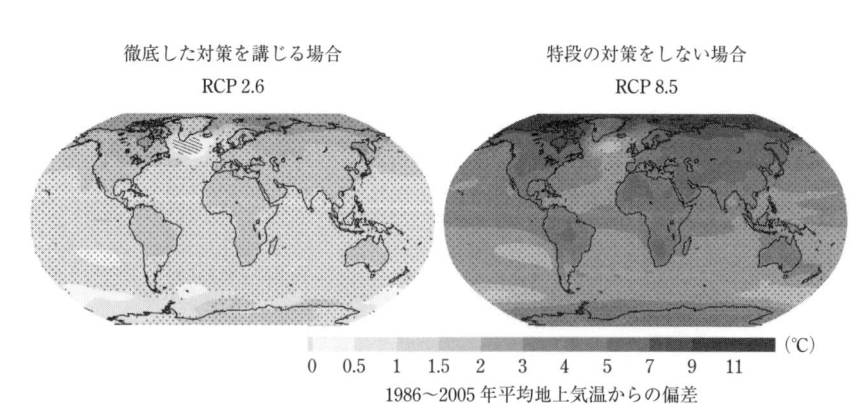

図2 モデルによる年平均地上気温変化（1986〜2005年平均と2081〜2100年平均の差）
［出典］ IPCC第5次評価報告書WG1・SPM（一部加筆編集）

日本は中緯度に位置し，周囲を海に囲まれているため，陸上としては気温上昇が比較的小さい．日本平均の気温上昇量は全球平均に比べて若干大きい程度と予測される．

これらの亜大陸規模の地理分布の特徴は複数の大気海洋結合気候モデルの結果においてほぼ一致して見られ，過去の気温上昇の傾向ともおおむね整合的であることから，不確実性が小さいと考えられる．これよりも詳細な地域規模の地理分布に注目すると，モデル間の一致度が一般に悪くなり，小さな空間規模の分布ほど不確実性が大きいと考えられる．

また，高さ方向に見ると，低緯度の対流圏上層で気温上昇が特に大きいと予測されている．成層圏では寒冷化が予測されている．

◆ 近未来の気温変化の予測

以上は気温変化の長期的傾向の予測についてであるが，年々の気温の変動はこの長期的な傾向に短期的な自然変動が重なったものである．自然変動はカオスの性質をもって不規則に生じるので，長期間にわたり予測することは一般に不可能である．しかし，10年〜数十年の時間規模をもつ長周期の自然変動に注目すれば，現時点の現実的な海洋の初期条件から予測を開始することにより，10年程度の変動の予測がある程度可能かもしれない．

この観点から，2030年程度までの近未来について，温室効果ガスの増加などのシナリオを与えつつ，現実的な初期条件を与えて長周期の自然変動を含めた予測を行う試みが始まっている．2013年現在では，このような近未来予測実験は，自然変動がどの程度予測可能であるかの検討を含めて研究の途上にある．IPCC (2013) には世界各国の初期的な研究成果が盛り込まれている． ［江守正多］

4.5 ダウンスケーリング

◆ ダウンスケーリングとは

主に大気海洋結合気候モデル（以下，全球気候モデルという）によって計算される気候シナリオと，気候変動の影響評価において必要とされる情報の空間解像度には大きな違いがあることが多い．現在の典型的な全球気候モデルの水平格子間隔は数十〜数百 km であり，局所・地域スケール（数 km〜数十 km）の影響評価に用いるには解像度に不つり合いがある．

ダウンスケーリングは，より格子間隔の粗いモデルや客観解析データ（さまざ

まな時間・場所で観測されたデータから規則的な格子点での大気の最適な推定値を計算したもの）から局所／地域スケールの情報を導く手法のことである．主に力学的ダウンスケーリングと経験的／統計的ダウンスケーリングの2つの手法に分類される．

力学的ダウンスケーリングでは，地域気候モデル，格子間隔可変の全球大気モデル，または高解像度の全球大気モデルを用いる．経験的／統計的ダウンスケーリングでは，大きなスケールの大気変数と局所／地域スケールの変数間の統計的関係を導く．全球気候モデルをダウンスケーリングするツールとしては，地域気候モデルと統計的モデルが用いられることが多い．

◆ 高解像度の全球大気モデルと格子間隔可変の全球大気モデル

多くの場合，地域気候シナリオが必要とされるのは数十年の期間である．その目的とする期間について，より空間詳細な情報を得るために，全球気候モデルより高い解像度の全球大気モデルもしくは格子間隔可変の全球大気モデルを用いる．

典型的な全球大気モデル実験において，目的とする期間（例：現在気候1970〜2000年，将来気候2070〜2100年）の温室効果ガスおよびエアロゾル濃度を全球気候モデルと同様に規定する．海面水温，海氷分布は全球気候モデルによって計算されたものを用いるが，全球気候モデルの系統的誤差が大きい場合は観測データで補正することもある．大気・陸面の初期条件は全球気候モデルの計算結果を内挿したものを用いる．格子間隔可変の全球大気モデルの場合も同様である．

このアプローチは2つの前提に基づく．1つは全球気候モデルとより高い解像度の全球大気モデル間で大規模循環場が大きく変化しないことである．もう1つは，ゆっくり変化する海洋・海氷によって与えられる下部境界条件と大気場が平衡状態を保つと考えるというものである．

この手法のおもな利点は，高解像度全球気候モデルによる連続積分を行わなくても，比較的高解像度の情報が得られることである．また，全球で計算結果に一貫性があり，高解像度化した影響が局所／地域だけでなく，離れた場所へ影響することも表現できる．

格子間隔可変の全球大気モデルの場合，モデルの物理過程（雲，降水，放射，乱流，陸面過程など）が，そのモデルで扱う異なるすべての格子間隔で有効であり，適切に機能しなければならない．また，現実の大気では，局所／地域スケールから大きなスケールへのフィードバック効果は異なる地域で生じ，それぞれ相

互作用するが，このモデルでは注目した領域で生じたものしか表現できない．

　高解像度全球大気モデルまたは格子間隔可変の全球大気モデルを用いる手法は多くの計算機資源を必要とするため，高解像度化には制約がある．そのため，この手法は地域気候モデルまたは統計的モデルによる全球気候モデルのダウンスケーリングの中間ステップとして用いられることがある．

◆ 地域気候モデル

　一般に地域気候モデリング手法は，全球モデルの計算結果または客観解析データを用いて高解像度の地域気候モデルに初期条件と時間発展する側方境界条件（気温，風，湿度，気圧），下部境界条件（海面水温，海氷）を与えて駆動するものである．この手法の一種として，全球モデルの計算結果または客観解析データの大規模スケールの成分のみを地域気候モデルの計算領域内部に与えるやりかたもある．

　多くの場合，この手法は一方向であり，駆動する全球モデルに対して地域気候モデルからのフィードバックはない．基本的には，全球モデルは大規模な強制力に対する全球規模の応答を計算するために用いられ，地域気候モデルは，

1) 全球モデルのサブグリッドスケールの強制力（例：複雑地形や不均一な土地被覆）を物理的に考慮し，
2) 詳細な空間スケールで大気循環や気候変数を計算するために用いられる．

この手法は基本的に数値気象予報に起源がある．現在では古気候から人為的気候変化研究まで気候分野の幅広い範囲で用いられており，現実の観測による制約の違いによって4つのタイプに分類される．

- Type Ⅰ：日々の気象予報
  制約条件：現実に観測された初期・側方境界条件，海面水温（観測値），地形など陸面の下部境界条件，太陽放射，十分混合した温室効果ガス
- Type Ⅱ：季節的な気象シミュレーション（再現実験）
  制約条件：現実に観測された側方境界条件（解析値），海面水温（観測値），地形など陸面の下部境界条件，太陽放射，十分混合した温室効果ガス
- Type Ⅲ：季節予報
  制約条件：全球大気モデルによる側方境界条件，海面水温（観測値），地形など陸面の下部境界条件，太陽放射，十分混合した温室効果ガス
- Type Ⅳ：気候予測
  制約条件：全球気候モデルによる側方境界条件・海面水温，地形などの陸面の下部境界条件，太陽放射，十分混合した温室効果ガス

Type ⅠからⅣになるに従って，現実の観測による制約が少なくなり，力学的ダウンスケーリングによる予測スキルが小さくなる．

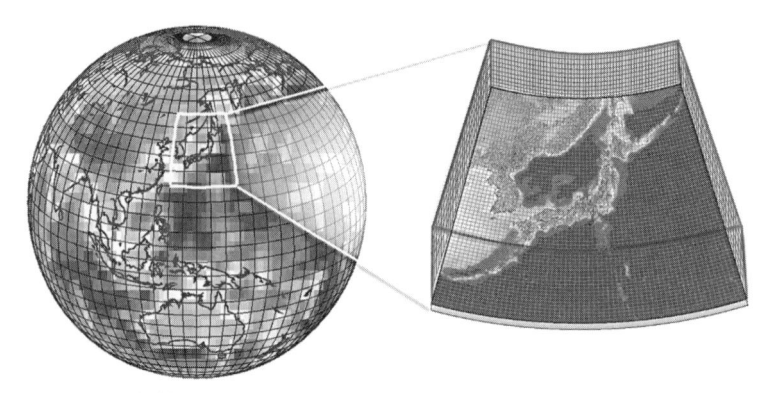

図1　全球気候モデルから地域気候モデルによる力学的ダウンスケーリング

Type Ⅰは，初期・境界条件に観測された情報が与えられ，力学的ダウンスケーリングは短期的な天気予報の基礎情報を提供する．Type Ⅱは，地域気候モデルは初期値を忘れているが，観測に基づく客観解析データによって駆動されるためType ⅢとⅣで可能な予測スキルの上限をテストすることができる．Type Ⅲでは，観測された海面水温を下部境界条件とした全球大気モデルによって地域気候モデルが駆動される．Type Ⅳでは，全球気候モデルまたは生物圏や雪氷圏も結合した地球システムモデルによって地域気候モデルが駆動される．

　この手法の主な制約は，全球モデルによる大規模場の系統誤差の影響があること，地域気候と全球気候の間に双方向の相互作用がないことである．全球モデルによる大規模場の変動は，地域気候モデルを用いて改善することはできない．地域気候モデリング手法で可能なのは，大規模場の予測精度を改善することではなく，下部境界の状態（地形，土壌，土地利用・土地被覆，土壌水分，植生，エアロゾルなど）に大きく依存した小さなスケールの現象を解像し，付加価値をつけることである．しかし地域気候モデルが下部境界の状態に強く影響を受けている場合であっても，側方境界条件における大規模場の系統誤差が大きいと予測精度を向上させることはできない．また，物理過程の選択，計算領域の大きさと解像度，大規模場を強制する手法，境界条件による強制とかかわりなく生じる非線形力学による内部変動によって地域気候シミュレーションに生じる不確実性に関して注意が必要である．

◆ 経験的／統計的ダウンスケーリング

　統計的ダウンスケーリングは，地域気候が大規模な気候状態と局所／地域的な地形学的特徴（例えば地形，海陸分布，土地利用）の２つの要素によって条件づけられると考える．局所／地域の気候情報は，大規模な気候変数（predictor，予測因子）と局所／地域変数（predictand，予測量）を関連づける統計モデルを決定することから導かれる．それから，全球気候モデルの大規模スケールの出力を統計モデルに入力し，対応する局所／地域の気候変数を推定する．

　回帰分析，ニューラルネットワークやアナログなどあらゆる種類の統計的ダウンスケーリングモデルは，モデルの較正に品質の良いデータセットが利用可能な地域で開発されてきた．統計的・力学的ダウンスケーリングとよばれる，統計モデルを作成するために領域大気モデルを用いるハイブリッド的手法もある．統計的ダウンスケーリング手法は総観気候学と気象予報にその起源があるが，過去の気候復元から地域気候変化まで気候分野で幅広く応用されている．

　これらの手法の主な利点は，計算機資源的に安価であるため，さまざまな全球気候モデル実験の出力に簡単に適用できることである．また，特定の目的・対象に合わせた統計モデルを構築し，特定の局所的情報（例えば地点，流域）を提供可能であり，これは多くの影響評価研究で最も必要とされる明瞭な利点である．

　これらの手法は，現在気候において導き出された統計的関係が，現在と異なった条件下にある将来気候においても同様に成り立つと仮定する．この基本的な仮定が多くの場合検証できないことが主な弱点である．またこれら統計的手法は，地域的な強制力や相互作用プロセスの系統的変化を考慮することができない．

　ダウンスケーリング手法はさまざまあるが，目的，利用可能な資源，高解像度情報の必要性，それぞれの手法の利点と弱点を十分考慮し，慎重に選択する，あるいは複数の手法を組み合わせることが必要である． ［大楽浩司］

4.6　不確実性の評価と低減

　気温変化予測の不確実性の原因は大別して次の３種類に分けられる［1］．
（1）　排出シナリオの不確実性：われわれ人類が今後どのような社会経済を築いていくかによって，温室効果ガスやエアロゾルの排出シナリオ（4.1「社会経済・排出シナリオ」参照）が大きく異なる．
（2）　気候モデルの不確実性：気候変動に関係する物理プロセスの中で，現在

の科学において理解が十分でない部分が存在するために生じる不確実性.
(3) 内部変動の不確実性:気候システムの自然のゆらぎ(内部変動(3.9「気候の内部変動」参照))による不確実性.

　今後 20～30 年間の全球平均気温の近未来予測においては,内部変動の不確実性が主要な不確実性の原因になる [2]～[5].一方,100 年以上の長期予測においては,排出シナリオの不確実性と気候モデルの不確実性の寄与が主になる [2]～[5].ここでは,これら 3 種類の不確実性に関して,その評価方法,低減方法に重点を置いて解説する.

◆ 排出シナリオの不確実性

　さまざまな排出シナリオの温室効果ガス濃度やエアロゾル排出量を気候モデルに与えて,気温変化予測を行うことで評価される.例えば「化石エネルギーを多く使って高度経済成長を推し進めていく社会」では 2100 年までに 2.4～6.4℃(最も確率の高い予測は 4.0℃),「経済,社会及び環境の持続可能性のための世界的な対策に重点が置かれる社会」では 1.1～2.9℃(1.8℃)の気温上昇(1980～1999 年基準)が予測されている [1][6].

　これらのさまざまな排出シナリオのうち,どの排出シナリオの実現可能性が高いかに関する評価は行われていない [6][7].

◆ 気候モデルの不確実性

　同じ排出シナリオを与えても,気候モデルによって全球平均気温変化の大きさが異なる(4.4「予測される気温変化」参照).そのばらつきを調べ,確率分布の形(正規分布や対数正規分布など)を仮定することで不確実性を定量化できる.二酸化炭素濃度を産業革命前の 2 倍にして,十分に時間が経って反応の遅い海洋が暖まったときの気温変化の大きさを平衡気候感度とよぶ.IPCC 第 4 次評価報告書の見積り [6][8] では,平衡気候感度は 2℃から 4℃の範囲内にある可能性が高く,最も可能性の高い推定値は約 3℃である.1.5℃未満である可能性は非常に低い.これらの見積りでは,単純に気候モデルのばらつきから確率分布を求めるだけではなく,気候モデルの実験結果を観測データと比較することで,不確実性を低減している [9].よく用いられる観測データとしては,地表気温,人工衛星やラジオゾンデ(観測測器を載せた風船)から得られる対流圏の温度,海洋の温度,人工衛星などから得られる放射観測,過去 1,000 年の気温変化などを表す代替データ(樹木の年輪幅・密度や極地氷床コアの酸素同位体比)などがある.これらの観測データの過去の変化や平均値をよく再現できる気候モデルほど

信頼性が高いと考え，不確実性を制約している[*1].

平衡気候感度の不確実性は，フィードバックの大きさに不確実性があるために生じている．フィードバックとは，地上気温が変化したときに雲や海氷などが変化し，そのために放射に影響が現れ，地上気温がさらに変化するという過程である［11］［12］(4.4「予測される気温変化」参照)．図1に各種フィードバックの不確実性を示す［13］．水蒸気（大気中の水蒸気量が変化する）と気温減率（気温の鉛直勾配が変化する）のフィードバックの間には負相関があり，両者を足した場合の不確実性は各々よりも小さくなる［13］．最大の不確実性の要因は雲フィードバックにある．これは，温暖化時に雲がどのように変化するかがよくわかっていないために生じる不確実性である．これまで気候モデルと比較すべき雲の詳細な観測は十分になかったが，近年雲を詳細に観測することを目的とした人工衛星［14］［15］が登場した．これらの新しい観測と比較し，気候モデルを改良することで，雲フィードバックの不確実性を低減することが期待されている．

気温変化が平衡状態になる前の過渡気候応答も，100年程度の予測にとって重要である．過渡気候応答の不確実性の源は，フィードバックの不確実性のほかに，海洋がどれだけの速さで熱を吸収するかの不確実性がある．また気候変化に

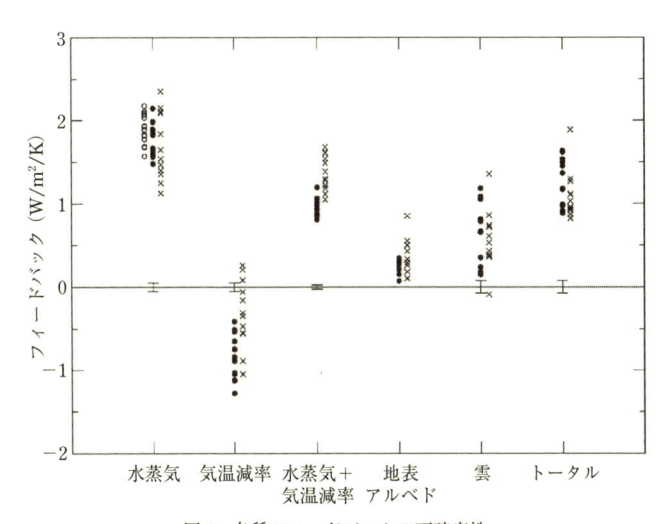

図1　各種フィードバックの不確実性

[出典]　Soden, B.J. and I.M. Held (2006), An assessment of climate feedbacks in coupled ocean-atmosphere models, *J. Climate*, 19, pp.3354-3360

[*1] 気候モデルが観測データを再現する成績をもとに，確率分布を修正する方法として，ベイズ統計という手法を用いることがある［10］．

伴って陸上や海洋の生態系がどのように温室効果ガスを吸収・放出するかという炭素循環フィードバックの不確実性も重要である（4.3「地球システムモデル」参照）．

◆ 内部変動の不確実性

　気候システムの内部変動によっても気温は変動する．例えば，エルニーニョ・南方振動（3.9「気候の内部変動」参照）によって，世界の広い範囲で年々の気温変動が起きる．また太平洋10年規模振動（3.9「気候の内部変動」参照）などによって，数十年規模で気温が上下する．今後20〜30年間は，内部変動に伴う気温変動は，地球温暖化による変化に対して小さくないため，気温変化を多少抑えたり，逆に大きくしたりする可能性がある．そのため，内部変動が上下するタイミングを予測することができれば，適応策にとって重要な情報になる［4］［5］．数十年規模内部変動に関しては，気候モデルに過去・現在の海洋観測データなどを入力することで，10年間程度は上下するタイミングを予測できる可能性があり，現在そのような研究が活発に行われている［16］．

　気候変化予測の不確実性を制約するためには，気候モデルの実験データと観測データを比較することが非常に重要である．しかし，観測データの中には，十分な観測期間・観測範囲がないもの，不確実性が大きいものなども多い．また雲の詳細な構造など，これまで観測自体がなかったものもある．気候モデルを用いず，簡単なエネルギーバランスの方程式と，関連する観測データから気候感度を求めようとする研究もあるが，この場合も観測期間・観測範囲の不十分さが問題になる．またエアロゾルの放射強制力に大きな不確実性があることも，過去の観測データから見積もる気候感度の不確実性の要因になる．気候変化予測の不確実性をさらに制約するためには，既存の観測を継続・維持すること，新しい観測システムを開発すること，過去の観測データ・代替データを収集・整備すること，観測データを参考に気候モデルを高度化・高精度化すること，など地道な努力が必要である．
　　　　　　　　　　　　　　　　　　　　　　　　　　　　　　　　　　［塩竈秀夫］

参考文献

［1］塩竈秀夫（2009），気候変動予測に幅があるのは？　（独）国立環境研究所地球環境研究センター編，ココが知りたい地球温暖化，pp.54-59，成山堂書店
［2］Stott, P. A. and J. A. Kettleborough (2002), Origins and estimates of uncertainty in predictions of twenty first century temperature rise, *Nature*, 416, pp.723-726
［3］Knutti, R., T. F. Stocker, F. Joos and G.-K. Plattner (2002), Constraints on radiative forcing and future

climate change from observations and climate model ensembles, *Nature*, 416, pp.719-723
[4] Zwiers, F.W. (2002), Climate change, The 20-year forecast, *Nature*, 416, pp.690-691
[5] Cox, P. and D. Stephenson (2007), A changing climate for prediction, *Science*, 317, pp.207-208, 10.1126/science.1145956
[6] IPCC 第4次評価報告書第1作業部会報告書政策決定者向け要約 (http://www.ipcc.ch/pdf/assessment-report/ar4/wg1/ar4-wg1-spm.pdf)
気象庁訳 (http://www.data.kishou.go.jp/climate/cpdinfo/ipcc/ar4/index.html)
[7] Schneider, S.H. (2001), What is 'dangerous' climate change? *Nature*, 411, pp.17-19
[8] IPCC 第4次評価報告書第1作業部会報告書 技術要約 (http://www.ipcc.ch/pdf/assessment-report/ar4/wg1/ar4-wg1-ts.pdf).
気象庁訳 (http://www.data.kishou.go.jp/climate/cpdinfo/ipcc/ar4/index.html)
[9] IPCC 第4次評価報告書第1作業部会報告書, 10章, Box 10.2, p.798 (http://www.ipcc.ch/pdf/assessment-report/ar4/wg1/ar4-wg1-chapter10.pdf)
[10] Tebaldi, C. and R. Knutti (2007), The use of the multi-model ensemble in probabilistic climate projections, *Philosophical Transactions of the Royal Society A*, 365, pp.2053-2075, doi:10.1098/rsta.2007.2076
[11] 渡部雅浩 (2007), 温室効果気体と温暖化の原理. 北海道大学大学院環境科学院編, 地球温暖化の科学, pp.9-24, 北海道大学出版会
[12] Bony, S. and co-authors (2006), How well do we understand and evaluate climate feedback processes? *J. Climate*, 19, pp.3445-3482
[13] Soden, B.J. and I.M. Held (2006), An assessment of climate feedbacks in coupled ocean-atmosphere models, *J. Climate*, 19, pp.3354-3360
[14] Cloudsat (http://cloudsat.atmos.colostate.edu/)
[15] Cloud-Aerosol Lidar and Infrared Pathfinder Satellite Observation (CALIPSO) satellite (http://www-calipso.larc.nasa.gov/)
[16] 江守正多 (2009), 新しい温暖化予測計算が始動！ 天気予報との関係は？, 連載コラム：温暖化科学の虚実 研究の現場から「斬る」！, 日経エコノミー (2009/07/23) (http://www.cger.nies.go.jp/clinate/person/emori/nikkei.html)

4.7 過去の気候変化の要因推定

　気候システムには「気候のゆらぎ」（大気や海洋，陸域，雪氷など気候システムの構成要素間の相互作用に起因する内部変動）が存在しており，さまざまな時間・空間スケールで絶えずゆらいでいる．例えば，図1の黒実線は観測された全球年平均地上気温の経年変化を示す．年々変動や数十年規模の変動に加え，100年以上にわたる温暖化傾向も明瞭に見てとれる．
　以下では，このような過去の気候変化の検出とその原因特定について解説する．

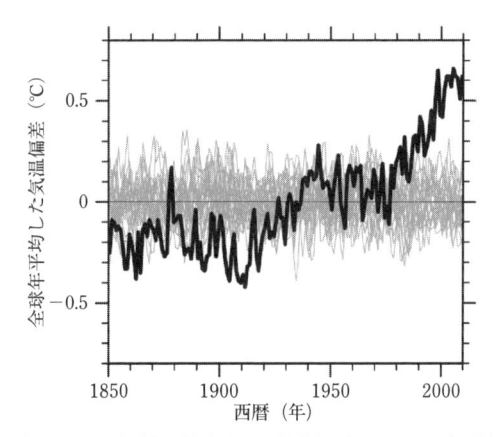

図1 観測された全球年平均気温の経年変化（1850〜2009年, 黒線）. 1850〜2009年の160年間の平均からの偏差で示している. 灰色の細線は日本の気候モデル（MIROC3.2_medres）によるコントロール実験から重複なく切り出した22例の時系列を示す.

◆ **気候変化の検出**

観測データに見られる長期的な変化が，気候のゆらぎと同等なのか，それとも，温室効果ガス（GHG）の増加や太陽放射の変化など気候システムの外部からの変動要因（気候変動要因）によりもたらされた変化なのか，を究明することを「気候変化の検出」（detection）という. 気候変動に関する政府間パネル（IPCC）においては，「ある定義された統計的有意水準において，気候が変化していることを立証すること（具体的な原因特定までは求めない）」と定義されている. したがって，ある特定の観測された気候変化を検出するためには，その変化が気候のゆらぎのみによりたまたま発生する確率が非常に小さい（例えば5％未満など）ことを統計的に検定すればよい. 検定に際しては，気候のゆらぎとして観測データを用いることが望ましいが，観測データからは気候変動要因の影響を完全には除去できず純粋な気候のゆらぎの情報が得られないこと，また，測器記録が短い観測データからは検定に必要十分な長さの気候のゆらぎの情報が得られないこと，などの理由から，通常は気候変動要因をいっさい与えない場合の数百年以上に及ぶ気候モデル実験（以下，コントロール実験とよぶ）の結果を用いる. このため，コントロール実験の内部変動の妥当性を観測データなどを用いて検討しておくことが重要となる.

全球平均気温の温暖化シグナルの検出例を図1に示す. 灰色の細線は3,600年にも及ぶコントロール実験から重複なく切り出した22例の時系列であるが，い

ずれも，観測に見られるような著しい温暖化は示さない．統計的検定によれば，観測されたような著しい温暖化が気候のゆらぎのみで出現する可能性は，わずか5%にも満たない．

◆ 気候変化の原因特定

気候変化をもたらしうる気候変動要因には，人間活動に伴う GHG の増加やエアロゾルの排出量変化，対流圏・成層圏オゾンの変化，土地利用変化などの人為要因と，太陽放射の変化や火山噴火に伴う成層圏エアロゾルの変化などの自然要因とがある．観測された気候変化に対して，これらのうち，どの気候変動要因が重大な影響を及ぼしているのかを究明しようとすることを「気候変化の原因特定」(attribution) という．IPCC においては，「ある定義された統計的信頼度のもとで，検出された気候変化もしくは極端事例に対する複数の気候変動要因の相対的な寄与率を評価すること」と定義されている．

気候変化の原因特定を定量的に行う主要な方法として，「最適指紋法」(optimal fingerprinting method) とよばれる統計手法が用いられている．数学的には，多変量の線形重回帰分析と見なすことができ，観測された気候変化を，何らかの変動要因に対する気候応答の線形結合で説明できると仮定し，観測された気候変化を説明するのに最適な係数（回帰係数）β_i を推定する（図2参照）．個別の変動要因に対する応答（＝「指紋」）は観測から求めることができないため，気候モデルを用いた仮想実験から求める（「指紋」の不確実性を低減するため，さまざまなアンサンブル平均を用いるのが一般的である）．推定された係数 β_i がゼロよりも有意に大きければ，観測された気候変化には変動要因 i に対する気候応答が有意に検出され，観測された気候変化を説明するためには変動要因 i に対する応答が不可欠であるといえる．また，解析に用いた「指紋」と推定された係数 β_i から，観測された気候変化に対して要因 i がどの程度の割合で影響を及ぼしていたか，を推定することができる．

図2に示す例では，人為要因，自然要因それぞれに対する回帰係数はいずれも5～95%の信頼区間で正の値を示しており，20世紀に観測された全球平均気温の経年変化には，人為要因，自然要因いずれに対する応答も有意に検出されることがわかる．推定された回帰係数（$\beta_1 = 1.7, \beta_2 = 1.25$）および解析に用いた「指紋」（図2 (b)(c)）から求めた気温変化を図3に示す．特に20世紀後半の顕著な温暖化は人為要因の気候変化であることが強く示唆される．なお，ここでは日本の気候モデルによるシミュレーション結果を用いたが，世界のほかの気候モデルでも同様の結果が得られている．

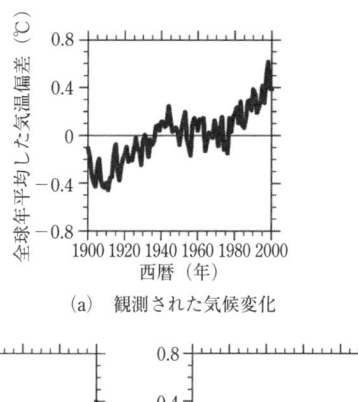

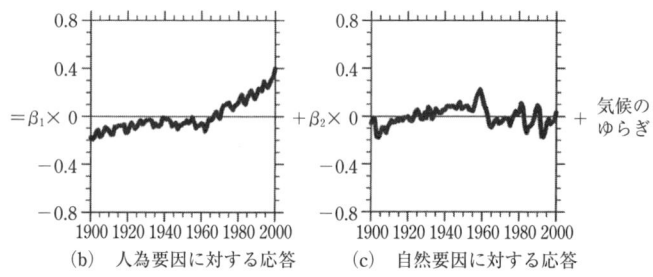

図2 全球年平均地上気温を例とした最適指紋法の適用例．観測された気候変化 (a) が人為要因に対する応答 (b) と自然要因に対する応答 (c) の線形結合で説明できると仮定し，観測された気候変化を説明するのに最適な回帰係数 β_1, β_2 を推定する．なお，(b)(c) には MIROC3.2_medres による10例の初期値アンサンブル実験の平均をそれぞれ用いている．

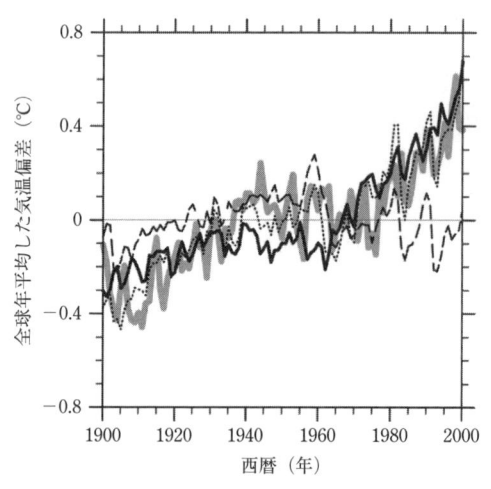

図3 推定された回帰係数と人為要因，自然要因に対する応答から求めた気温変化．灰色の太線：観測，点線：推定された回帰係数から再構築した気温変化，実線：人為要因のみによる気温変化，破線：自然要因のみによる気温変化．

◆ 人間活動に起因すると考えられる気候変化

　ここまでは全球平均気温を例として説明したが，大陸規模以上のスケールで平均した地上気温の時空間変化を対象とした研究によれば，20世紀に観測された地上気温の変化は気候のゆらぎだけでは説明できず，特に20世紀後半では，GHGの増加による温暖化が人為起源エアロゾルの増加や大規模火山噴火による冷却効果を大きく上回っているため，著しい昇温傾向が観測されていることが示されている．また，このような人間活動の影響は地上気温だけでなく，海洋の温暖化や降水分布の変化，極端な高温・低温の発生頻度の変化，風の分布の変化など，気候のさまざまな側面に及んでいることが明らかとなっている．

　最近では，水資源や植物生産性など，気候変化の自然・社会経済への影響に関する分野においても，人間活動に起因するシグナルの検出およびその要因推定に関する研究が進められている．さらに，熱波や洪水などの極端な気象現象の発生確率や振幅の変化のうち，どの程度がGHGの増加などの人間活動に起因しているのかを，大規模なアンサンブル実験により推定する試みも進められている．もちろん，これらの研究にも少なからぬ不確実性が残されている点には注意が必要である．

[野沢　徹]

5章　地球表層環境の温暖化影響

5.1　水循環

　地球温暖化による人間社会や生態系への影響のかなりの部分は，水循環の変化とともに現れる．IPCC第4次評価報告書の「政策決定者向け要約」に記載された「地球温暖化が引き起こす重要な影響」においても，「water」が各項目の中で一番上に記されている．このように，地球温暖化に伴って生じる水循環の変化を把握，理解し，予測することは，きわめて重要である．

◆ これまでの変化

　20世紀後半から21世紀初頭にかけての気温上昇は観測より明らかであるが，同様に水循環にも変化が生じつつある．その代表的なものを挙げる．

＜降水量の変化＞

　北半球の高緯度（30°Nから85°Nの間）の多くの陸上地域では，20世紀を通して降水量が増加傾向にあった．ただし，過去30〜40年の10°Sから30°Nの陸上地域では，降水量の減少傾向が見られる．また，アフリカのサヘル地域は10°Sから30°Nに含まれるが，20世紀全体を通しては顕著な降水量の減少傾向が見られる一方，この30年についてだけ見ると有意な増加が観測されている．このように世界のさまざまな地域でそれぞれ何らかの変化は見られるものの，その変化は必ずしも一様ではなく，過去の降水量の変化は気温の変化よりも解釈が難しい．

＜降雪量の変化＞

　降水量の約1割は降雪であるが，その中の約1割が過去数十年の間に減少したと推定されている．これは気温の上昇に伴って，降雪ではなく降雨として降るようになったためである．

＜極端な降水（大雨，豪雨）の変化＞

　上に記した降水量の変化は平均的な降水量の変化についてであるが，極端な降水の増減は平均的な降水量の増減と異なるかもしれないと考えられてきた．極端な降水は，20世紀後半から21世紀初頭にかけて世界の各地で増加傾向にあった可能性が高いとされている．ただし，そのような変化を検出するためのデータは豊富ではないため，必ずしもはっきりとしたことはわかっていない．

＜河川流量の変化＞

　減少傾向にある流域もあれば，増加傾向にある流域もある．また，用いるデータセットによって，世界的な増加減少の傾向が一致しない．北半球高緯度の河川流量の増加傾向だけは，まずまず一致した事実として考えられている．また，20世紀の間に多くのダムが建設され河川流量が人為的に調節されるようになったり，人間活動による現在の総取水量が世界の全河川流量の1割近くにのぼるようになったりしたため，観測された河川流量の変化は気候変動以外の影響も強く受けている．そのため，過去の河川流量の変化の傾向と温暖化との関係は必ずしもはっきりしない．

＜土壌水分の変化＞

　長期間の観測データがほとんど存在しないため，はっきりとしたことはわかっていない．降水量や気温の変化から推測した結果として，世界の多くの地域が乾燥傾向にあるだろうと考えられている．

　その他，蒸発の変化や地下水への涵養量の変化などについても疑われてはいるが，観測データがほとんど存在しないため，はっきりとしたことはわかっていない．

◆ これから見込まれる変化

　ここまでに記してきたように，過去の水循環の変化は必ずしも明確なものではない．その理由の1つは観測データが不足していることであった．もう1つの理由は，これまでの気温の上昇が比較的小さなものにとどまっていたことである．しかしながら今後，気温の上昇が大きくなるにつれて水循環の変化も顕著なものになるであろう．

＜降水量の変化＞

　北半球の高緯度や日本を含むアジアモンスーン地域など，これまでも湿潤で

5.1 水循環

あった地域では,ますます降水量が増える.一方,地中海沿岸や西ヨーロッパのかなりの地域,北アメリカ西南部,アフリカ南部や,オーストラリアの南半分など,これまであまり湿潤ではなかった地域では,降水量が減少し,ますます乾燥化していく.アマゾンは湿潤域ではあるが,例外的に,温暖化によって降水量が少々減少するかもしれない.日本では,梅雨が長く強くなる可能性が高い.

＜降雪量の変化＞

高緯度では降水量が増えることによる降雪量の増加がある一方,気温の上昇により,これまで降雪が生じていた場所と季節で降雨が生じることによる降雪量の減少がある.全体として,降雪量は減少する.

＜極端な降水(大雨,豪雨)の変化＞

地中海沿岸や西ヨーロッパなど平均的には降水量の減少が見込まれる地域でも,短時間に降る極端な降水は弱くなったり減ったりせず,逆に増えるであろう.これは,短時間に降る極端な降水の強さが大気の可降水量に依存し,気温の上昇に伴って可降水量の最大値が世界のどの地域においても指数関数的に大きくなるからであると考えられている.

＜河川流量の変化＞

降水量の変化とほぼ対応する変化が見込まれる.すなわち,北半球高緯度やアジアモンスーン地域などの湿潤地帯の多くでは,河川流量は増加する.地中海沿岸と西ヨーロッパのかなりの地域,北アメリカの西南部,アフリカ南部などでは河川流量の減少が見込まれる.これらの増減は10～30％,ときには40％にも及ぶ.ただし,将来の河川流量の増減の見通しには不確実性が残っており,例えばある気候モデルの結果では河川流量が増える流域において,別の気候モデルの結果では河川流量が減るということが,しばしば見られる.これは降水量の変化についても同様である.そのような流域は熱帯湿潤地域に多い.

極端な渇水や洪水の変化は,これらの平均的な河川流量の変化とは必ずしも一致しない.ときどき生じるような深刻な渇水は,シベリアの一部を除く世界中のほとんどの陸上地域で深刻化するであろう.洪水は,アジアモンスーン地域,南米とアフリカの特に熱帯域,ヨーロッパなどで深刻化するであろうが,北米やロシアの一部など深刻化しない地域もありそうである.渇水と洪水が両方とも深刻化する地域も多い.

ただし,これらのさまざまな変化は地球温暖化がもたらす影響だけに限った将

来の見通しであり，現実社会における将来の河川流量は人間の取水やダム建設などの活動に大きく左右されることを忘れてはならない．

<蒸発（蒸発散）の変化>

気温の上昇は蒸発を増加させる方向にはたらくが，CO_2 の増加は植物の気孔の開度の低下を通じて，蒸発を減少させる方向にはたらくと考えられている．しかし，CO_2 の増加は植生を豊かにし，それによって蒸発を増加させるかもしれない．さらに土壌水分の変化も蒸発の変化を引き起こす．これら蒸発を増減させる要因の相対的な強さには不明な点が多々残っており，不確実性は大きいが，世界の多くの地域で蒸発は増加しそうである．

<土壌水分の変化>

降水量の変化と対応する部分もあるが，降水量が少々増加する地域でも，気温の上昇による蒸発の増加がその効果を打ち消し，土壌水分量を減少させることが考えられる．それらの複合的な結果として，世界の多くの地域では土壌水分の乾燥化が進行するであろう．特に，アメリカ中西部や地中海沿岸などの主要農業地域における土壌水分の乾燥化は，人間社会への影響が大きいと思われる．アマゾンの土壌水分は乾燥化すると想定されており，当地の生態系に多大なる影響を及ぼすかもしれない．

<地下水への涵養の変化>

土壌水分の変化とは異なり，世界のかなりの地域で地下水への涵養は増加するという推測結果がある．ただし，不確実性はきわめて大きく，今後の研究の進展が待たれる．

◆ 海面上昇や雪氷圏の変化がもたらす陸上の水循環の変化

海面上昇や雪氷圏の変化については，それらの変化が陸上の水循環にも大きな影響を与えることについて記す．

<雪氷の変化>

すでに北半球の積雪面積は減少傾向にあり，特に春から夏の融雪期において変化が顕著である．また今後，積雪面積は，ますます減少する．気温上昇に伴って，降水が降雪ではなく降雨として地表に降り注ぐようになることが1つの理由であり，上昇した気温によって積もった雪そのものが融けやすくなることが2つ

目の理由である．

　積雪と融雪の変化は，河川流量の季節変化のタイミングを変える．春先から初夏にかけての融雪に伴う流量のピークが，気温の上昇に伴って，より早い時期へと動くことが予測される．この変化は農業をはじめとした人間の水利用形態に大きな影響を与えるかもしれない．

　氷河の衰退や凍土の融解も，ますます顕著になるであろう．ユーラシアなどの大陸にある山岳氷河は積雪と同様に人間社会や生態系にとっての水資源として重要である．その著しい衰退と減少は，一時的には河川の流量を増加させ，水資源にプラスのはたらきをするが，長期的には水資源の源を失いマイナスの効果をもたらすと考えられている．氷河湖の決壊がもたらす洪水も社会的な問題である．

＜海面上昇＞

　20世紀全体を通すと平均で1.7±0.5（mm/年）の上昇であり，1993年から2003年の約10年では3.1±0.7（mm/年）の上昇であったが，今後も引き続き海面は上昇すると考えられる．海面の著しい上昇によって，沿岸域の水害の危険性が高まる．沿岸の平野部に大都市が集中している日本としては他人事ではない．また，沿岸域の地下水への塩水の浸入によって，使える淡水資源が減少することもおそれられている．これは，日本にも多少の関係があるが，東南アジアから南アジアのメガデルタ地帯や世界のさまざまな島嶼地域などで深刻な問題となると想定されている．　　　　　　　　　　　　　　　　　　　　　　　　　　[鼎信次郎]

5.2　海面上昇

　海面の高度は，波や風，潮汐や海流によって，数秒から数日の時間スケールで変動している．こうした短い時間の変動を平均した海面の高度（以下では，これを「海面」とよぶ）も，数年から数万年の長い時間スケールで，海水量自体の変化と海水の容れ物である海洋底の地形変化によって変化する．20世紀には，地球温暖化による20 cm程度の海面上昇が観測され，今世紀にさらに加速することが予想されている．

◆ 長い時間スケールでの海面変化

　数万年から数十万年という長い時間スケールでは，海水量が大陸の氷床[*1]の拡

---

*1　陸地を覆う巨大な氷河の塊．

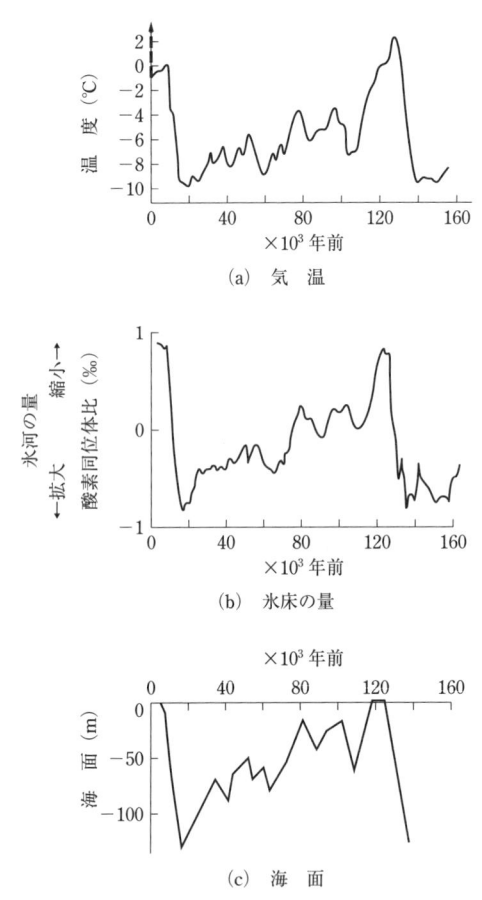

図1 過去16万年間の気温(a),氷床(b),海面(c)の変動［1］

大と縮小に伴って変化して,海面は100m以上もの振幅で上昇と下降をくり返してきた.図1は,過去16万年間の,気温,氷床,海面の変化であるが,3つの変化が同期していることがわかる.寒冷な氷期には,ヨーロッパや北米に巨大な氷床が発達して,水が陸上に氷として固定されたために,海面は低下した.温暖な間氷期には,氷床の融解に伴って海面が上昇した.1万8,000年前の最終氷期には,海面は130m前後低下したが,氷期が終わり現在の温暖な気候になると,急激に海面は上昇した.海面上昇の速度は平均10 mm/年であるが,急激な融氷時には一時的に40 mm/年にも達したこともある.

氷床の融解が終了した6,000年前以降は,海水量の変化はほとんどない.しか

し，氷床が消失した後，地殻のアイソスタティックな変形[*2]が融氷後も続いているため，海面変化は地域ごとに異なる．しかしながら，こうした効果を取り除いた地球全体の海面は，ほぼ安定していたと考えられる．

この安定した海面が，地球温暖化によって，20世紀に入って20cmほど上昇し，今世紀にはさらに上昇することが予想されている．温暖化に伴う最近の海面変化は，海水の熱膨張と氷河の融解によって，海水量が増加したことによると考えられている．

◆ 観測された海面上昇とその原因

最近100年間の海面変化は，検潮記録に現れている．最も古い検潮記録は1870年からある．前述のアイソスタシーや地殻変動による陸地の上下変化を慎重に差し引いて，世界各地の検潮記録をまとめると，20世紀の海面上昇は，1.7±0.5 mm/年である．1992年以降はさらに，衛星によって海面高度の観測が行われている．その結果を解析すると，1993～2003年までの海面上昇は，3.1±0.5 mm/年と，20世紀末以降上昇速度が速まっていることがわかった．

20世紀に観測された海面上昇には，海水の熱膨張と氷河の融解が同程度に寄与していた．一方，20世紀末に加速した上昇には，海水の熱膨張の寄与が最も大きく，次に氷河の融解で，さらに氷床の融解も多少加わったらしい．

海水の熱膨張とは，海水が温暖化によって暖められて，その体積が増加する効果である．海水の密度は，水温の上昇に従って小さくなる，つまり膨張する．水温上昇1°Cあたりの膨張率は，水温5°Cのとき0.01%，水温25°Cのとき0.03%になる．つまり，海洋の上部のよく混合している水深700mまでが，25°Cから26°Cに暖められると，海水の熱膨張によって海面が21cm上昇することになる．

海水の熱膨張とともに，海面上昇に寄与していると考えられているのが，山岳氷河の融解である．世界各地の氷河が，地球温暖化で融解していることが観測されている．氷河の融解で海に流出した水が，海水量を増加させ，海面を上昇させている．

一方，数万年の時間スケールでは100mもの海面上昇をもたらした大陸の氷床は，100年という時間スケールでは海面上昇には大きくは寄与しないと考えられている．現在残っている氷床は，グリーンランドと南極である．氷床は，末端部で融解し，中央部で降雪によって成長する．温暖化によって，テレビなどでし

[*2] 氷床が融解すると，その重みで沈降していた地殻が隆起し，その周辺は沈下する（氷河性アイソスタシー）．さらに海水量の増加によって海底が沈下する（ハイドロアイソスタシー）．アイソスタシーとは，荷重に対する地殻の均衡状態のこと．

ばしば温暖化の象徴として流されるように，末端部の融解は加速する．一方で，温暖化によって大気が保持する水蒸気が増えるため，中央部での降雪と氷床の成長も増大し，これが末端の消耗とほぼバランスすると考えられる．

北極海の海氷が，温暖化によって縮小していることが報告されている．しかし海氷が融解しても，海面は上昇しない．これは，いっぱいに張ったコップの水に浮かぶ氷が溶けても，コップの水はあふれない（アルキメデスの原理）ことから明らかである．

◆ 将来予想される海面上昇

20世紀に観測された海面上昇を説明するモデルを，21世紀の気候モデルに適用して，海面上昇を予想することができる．図2にはこうして予想された将来の海面上昇予想も描かれている．これは，二酸化炭素排出シナリオのA1B（経済成長は高いと地域格差は縮小する，エネルギー源は化石燃料と自然エネルギーがバランスしたものになる）の気温変化予想に基づいて推定されたもので，20世紀末に比べて21世紀末までに21～48 cmの上昇を予想している．最も大きな寄与は海水の熱膨張，次が氷河の融解で，氷床の融解の効果はごくわずかとされる．すべてのシナリオによる海面上昇予想の範囲は，21世紀末までに18～59

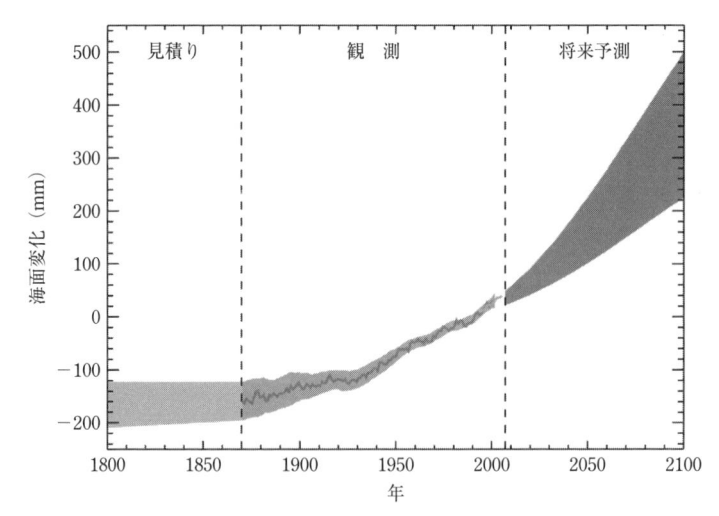

図2 過去200年間と将来100年間の海面変化．1870年以降は潮位観測記録，1993年以降は衛星観測による．将来予想は，二酸化炭素排出シナリオA1Bの気温予想に基づく海面上昇予想[2]．

cmである[*1].

　グリーンランド氷床や，南極の氷床，特に不安定な西南極氷床が融解して，数メートルもの海面上昇が起こり，海岸低地がすべて水没するという，衝撃的な映像がしばしば使われている [3]．グリーンランド氷床がすべて融解すれば7m，西南極氷床の融解によって5mの海面上昇が起こる．確かに，グリーンランド氷床では，最近になって融解が成長を上回っているという観測結果が出ている．また，西南極氷床末端の棚氷が崩壊して，氷床が急激に滑るサージが起こることが危惧されている．しかし多くの研究者は，これらの氷床がすべて融解するには，数世紀から場合によっては1,000年以上かかるのではないかと考えている．図2の予想は，氷床の急激な融解は起こらないという前提で描かれている．

　しかしながら，氷床の成長・融解や挙動については，まだわかっていないことも多い．太陽の光を反射する白い氷床が縮小して黒い地面が露出すると，太陽光を吸収して暖まって氷床の融解が加速したり，氷床底面に水の層ができて氷床の滑りが加速する可能性が指摘されている．氷期が終わったときに，氷床の急激な融解があって，40 mm/年もの海面上昇があったこともわかっている．また，たとえ数十cmの海面上昇であっても，海岸低地，特にデルタや環礁の島々には大きな影響を与えることは確かである（5.8節参照）．さらに，海水が暖まるのには時間がかかるから，たとえ大気二酸化炭素濃度の増加が抑制され，気温上昇が止まっても，海面上昇はその後も長く続くことに，注意しなければならない．

［茅根　創］

参考文献

[1] 住　明正，他編，茅根　創（1995），氷期と将来の地球環境変動，地球環境論，岩波講座地球惑星科学，3．岩波書店，pp.77-100
[2] IPCC（2007），Climate Change 2007：The Physical Science Basis, Contribution of Working Group I to the Fourth Assessment Report of Intergovernmental Panel on Climate Change
[3] アル・ゴア（2007），不都合な真実，ランダムハウス講談社

5.3　海洋酸性化

　海洋は人間活動によって大気中に放出された二酸化炭素の主要な吸収源であり，産業革命以降に放出された人為起源二酸化炭素の約1/3を吸収してきた [1]．海水は水素イオン濃度指数（pH）が約8の弱アルカリ性であるが，人為起源二

---

*1　IPCC第5次調査報告（2013）では，氷床の融解も考慮して26〜82 cm，温暖化が最も進むシナリオでは1 m近い上昇もあり得ると上方修正している．

酸化炭素の大気濃度の上昇によって海水の二酸化炭素濃度も上昇し，それによって海水のpHの値が低下し中性に近づく．これを海洋酸性化という．海水のpHが低下すると炭酸物質のバランスが変わり，炭酸カルシウムが溶けやすい状態が生まれる．その結果，炭酸カルシウムからなる骨格や殻をもつ海洋生物に深刻な影響が出てくる可能性がある．

◆ 二酸化炭素の海洋への溶解と海洋酸性化

二酸化炭素は水に溶けると酸として働き，水素イオン（H^+）を放出して，重炭酸イオン（HCO_3^-）や炭酸イオン（CO_3^{2-}）に解離し，以下の式のように化学平衡が成り立っている．

$$CO_2 + H_2O \longleftrightarrow HCO_3^- + H^+ \qquad (1)$$

$$H^+ + CO_3^{2-} \longleftrightarrow HCO_3^- \qquad (2)$$

海水中でのこれら炭酸物質の割合は水温，塩分，圧力に依存する解離定数によって求められるが，弱アルカリ性である海水中では，式（1）の反応でできたH^+の一部はCO_3^{2-}と反応しHCO_3^-を形成する．すなわち，

$$CO_2 + H_2O + CO_3^{2-} \longrightarrow HCO_3^- + H^+ + CO_3^{2-} \longrightarrow 2HCO_3^- \qquad (3)$$

の反応が進む．したがって，二酸化炭素が溶け込むことにより，HCO_3^-とH^+は増加し，CO_3^{2-}は減少する．pHが約8の平均的な海水には，CO_2：HCO_3^-：CO_3^{2-}は，およそ1：100：10の割合で存在している．

大気の二酸化炭素濃度は2012年には約393 ppm（ppmは100万分の1）と，産業革命以前の約280 ppmから100 ppm以上，上昇してきた．現在の海洋表層のpHの値は，海域によって7.9～8.25と差異はあるものの[2]，産業革命以降の二酸化炭素濃度上昇によって，表層海洋の平均pHは約0.1低下したと見積もられている[3]．これは，水素イオン濃度が約25％高くなったことに対応する．今後，気候変動に関する政府間パネル（IPCC）による人為二酸化炭素排出に関するシナリオ（Special Report on Emissions Scenarios：SRES）に従って二酸化炭素濃度が上昇した場合，今世紀末には，pHがさらに0.14～0.35低下することが予測されている（図1）[1]．

◆ 海洋酸性化と炭酸カルシウム形成

海洋酸性化の進行によって，炭酸カルシウム（$CaCO_3$）の殻や骨格を形成するプランクトンや貝類，サンゴなどへの影響が懸念されている．海水中の炭酸カルシウムの析出と溶解は，

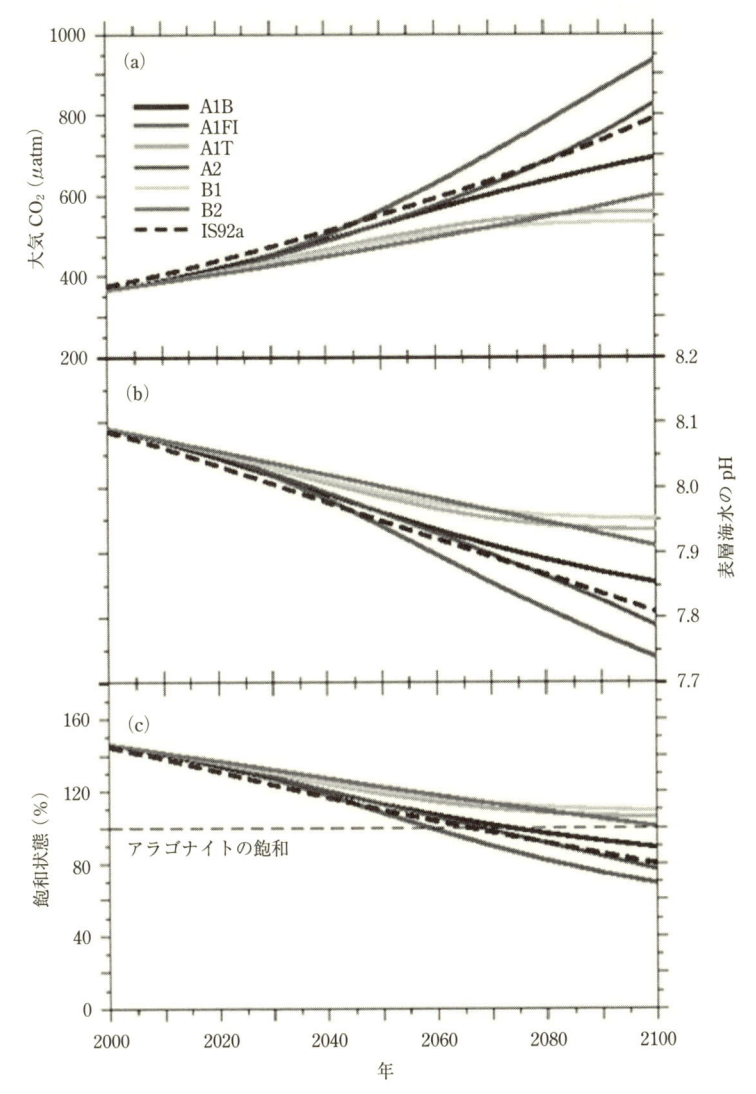

図1 IPCCによるSRESシナリオおよびIS92aシナリオによる，(a) 大気中の二酸化炭素分圧，およびそれらのシナリオに基づいて予測された，(b) 全球平均の表層海水のpH，(c) 南大洋平均の表層海水のアラゴナイトの飽和度．(IPCC第4次評価報告書 [1] の図10.24をもとに作成)

$$Ca^{2+} + CO_3^{2-} \longleftrightarrow CaCO_3 \tag{4}$$

の化学平衡で表され，溶解度積 $K_{sp}{}^*$ に依存する．溶解度積は水温や圧力によって決まる定数である．生物により炭酸カルシウムが形成される際に，周りの海水

のカルシウムイオン濃度と炭酸イオン濃度の積が，溶解度積よりも小さいとき（イオンが少ないとき），形成された炭酸カルシウムは溶けやすい状況にあることになる．炭酸カルシウムの飽和度 Ω はその指標であり，

$$\Omega = \frac{[\mathrm{Ca}^{2+}][\mathrm{CO}_3^{2-}]}{K_{sp}{}^*} \tag{5}$$

と表される．Ω が 1 より大きいとき，海水中の炭酸カルシウムは過飽和であるといい，式（4）の反応が右に進行して炭酸カルシウムが析出する．一方，Ω が 1 より小さいときは未飽和であるといい，炭酸カルシウムは海水中に溶解する．しかし，海洋生物による形成が十分速ければ，Ω が 1 より小さい海水でも炭酸カルシウムは形成されうる．また，Ω が 1 のときの炭酸イオン濃度を飽和濃度として，それよりも海水の炭酸イオン濃度が高いかどうかを指標とすることもある．

海水中の炭酸カルシウムには，カルサイト（方解石）とアラゴナイト（霰石）があるが，海洋生物において，円石藻，有孔虫などはカルサイトを形成し，翼足類，サンゴなどはアラゴナイトを形成する．カルサイトはアラゴナイトよりも溶解度積が小さいため化学的に安定であり，アラゴナイトのほうが海水に溶解しやすい．

海水中に二酸化炭素が溶け込むと，式（3）に示したとおり，炭酸イオン濃度が低下する．すなわち，二酸化炭素濃度の上昇により炭酸カルシウムの飽和度 Ω が低下する．海水中のカルシウムイオン濃度はほぼ一定であり，飽和度 Ω の低下は炭酸イオン濃度によって決まる．現在，海洋表層の炭酸カルシウムは過飽和であるが，南大洋や北太平洋亜寒帯域など，低水温のため二酸化炭素が大量に吸

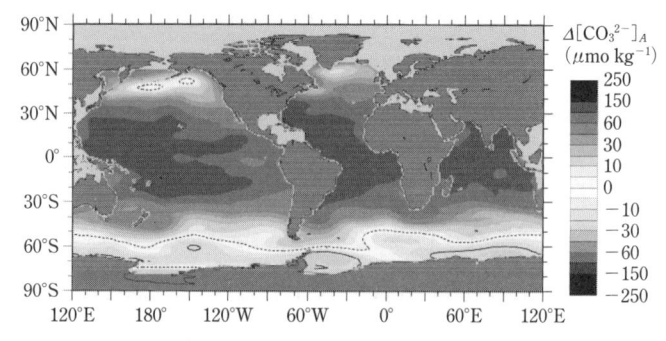

図 2　シナリオ IS92a と S650（21 世紀末に大気の二酸化炭素濃度を 650 ppm で安定化）のもとでの 21 世紀末における海洋表層海水中の炭酸カルシウム濃度（アラゴナイトに対する飽和濃度からの差）の水平分布 [3]．点線および実線で囲まれた低濃度域は，それぞれシナリオ IS92a および S650 で予測される，アラゴナイトが未飽和となる海域．（Orr, et al. (2005) の図より一部改変）

収されている海域や，表層で形成された有機物の沈降・分解によって二酸化炭素濃度の高まった深層水が湧昇している海域では飽和度は小さい．今後，IPCCのIS92sシナリオに従って二酸化炭素濃度が上昇した場合，今世紀の中頃から終りにかけて，南大洋や北太平洋の亜寒帯域ではほかの海域よりも早くアラゴナイトが未飽和となり，アラゴナイトを形成する海洋生物への影響が危惧されている（図2）[3]．

海洋酸性化は，人為起源二酸化炭素濃度の上昇によって生ずると考えられ，その現況の把握や将来予測，海洋生態系への影響に関する研究が進められている．

[石田明生]

参考文献

[1] IPCC (2007), Climate Change 2007：The Physical Science Basis, Contribution of Working Group I to the Fourth Assessment Report of the Intergovernmental Panel on Climate Change, Cambridge University Press
[2] The Royal Society (2005), Ocean acidification due to increasing atmospheric carbon dioxide, London, UK
[3] Orr, et al. (2005), Anthropogenic ocean acidification over the twenty-first century and its impact on calcifying organisms, *Nature*, 437, pp.681-686, doi：10.1038/nature04095

5.4　極端現象

人間活動による地球温暖化によって，熱波，干ばつ，洪水などの極端な気象現象の発生確率や強度などが変化すると考えられる．また，いくつかの極端現象に関しては，すでに変化が検出され，人間活動の寄与があったことが推定されている[*1]．本節では，極端現象の変化に関する基本的な考え方と，これまでに得られている科学的知見に関して解説する．

極端な現象（熱波，洪水など）が発生したとき，それが人間活動の影響によって発生したものかという問いがよく発せられる．ある極端現象の事例が，人間活動の影響によるものかどうかを決定することは非常に難しい．なぜなら，これらの極端現象は，地球温暖化がなくても発生する．人間活動による気候変化は，これらの極端現象の発生確率や強度を変化させるのである [1][2]．例えば人間活動の影響によって年平均気温が上昇した場合，暑い日や夜の発生頻度は増加する（図1）．現在ではまれにしか発生しなかった高温が頻繁に観測され，これまで起きなかったような高温も観測されるようになる．逆に，寒い日や夜は減少する．

---

*1　気候変動の検出と要因推定の方法に関しては，4.7「過去の気候変化の要因推定」を参照．

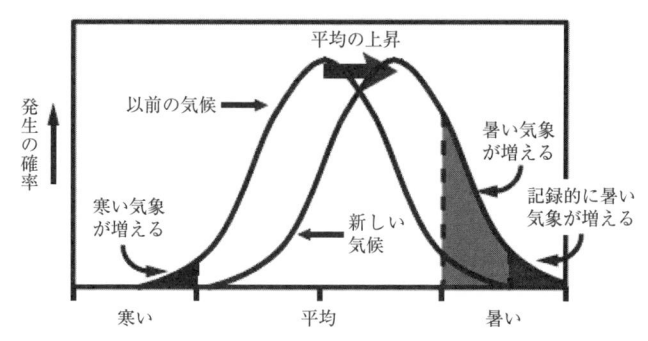

図1 正規気温分布について，平均気温が上昇したときの極端な気温への効果を示す図式（IPCC 第4次評価報告書第1作業部会報告書 技術要約）(http://www.ipcc.ch/pdf/assessment-report/ar4/wg1/ar4-wg1-ts.pdf)
気象庁訳 (p.36) (http://www.data.kishou.go.jp/climate/cpdinfo/ipcc/ar4/index.html)

このような人間活動の影響と極端現象の発生確率との関係は，喫煙と肺がんの発生確率との関係に似た部分がある．ある喫煙者が肺がんになったとして，それが喫煙の影響であると決めることは難しい．なぜなら非喫煙者でも肺がんにかかる可能性はあるからである．しかし，喫煙によって肺がんにかかる確率が大きく上昇するという証拠は多くある．後述する欧州の熱波に関しては，疫学の統計的手法を用いて，熱波の発生確率が人間活動によって大きく上昇したことが示されている [3][4]．

表1は，2013年に発表された「気候変動に関する政府間パネル（IPCC）第5次評価報告書第1作業部会」[5] において，世界中の研究論文をレビューすることで評価された，極端な気象現象の過去の変化傾向，人間活動の寄与の可能性，および将来の変化予測に関する知見である[*2]．「ほとんどの陸域で暑い日や夜の頻度の増加と昇温」と「ほとんどの陸域で寒い日や夜の減少と昇温」が20世紀後半に起きた可能性は非常に高く，暑い夜と寒い日，寒い夜の長期変化への人間活動の寄与は可能性が高い [6][7]．今後も地球温暖化が進んだ場合，このような変化傾向はほぼ確実に継続する．また，人間活動の影響によって植物の生育に適した気温の期間がすでに長くなっていること [8]，2003年に欧州を襲った記

[*2] 「IPCC第5次評価報告書第1作業部会報告書」においては，知見・予測がどの程度確からしいかに関して，専門家の判断に基づき次の用語が用いられる．「ほぼ確実」：発生確率が99％を超える，「可能性がきわめて高い」：発生確率が95％を超える，「可能性が非常に高い」：発生確率が90％を超える，「可能性が高い」：発生確率が66％を超える，「どちらかといえば」：発生確率が50％を超える，「どちらも同程度」：発生確率33〜66％，「可能性が低い」：発生確率が33％未満，「可能性が非常に低い」：発生確率が10％未満，「可能性がきわめて低い」：発生確率が5％未満，「ありえない」：発生確率が1％未満．

表1 極端な気象および気候現象：近年観測された変化に対する世界規模での評価，変化に対する人間活動の寄与，21世紀初期（2016～2035年）および21世紀末（2081～2100年）の将来変化予測（概要）

現象・変化傾向	1950年以降の変化発生の評価	観測された変化に対する人間活動の寄与の評価	将来変化の可能性 21世紀初期（2016～2035年）	将来変化の可能性 21世紀末（2081～2100年）
ほとんどの陸域で寒い日や夜の頻度の減少や昇温	可能性が非常に高い	可能性が非常に高い	可能性が高い	ほぼ確実
ほとんどの陸域で暑い日や夜の頻度の増加や昇温	可能性が非常に高い	可能性が非常に高い	可能性が高い	ほぼ確実
ほとんどの陸域で継続的な高温/熱波の頻度や持続時間の増加	世界規模で確信度が中程度 ヨーロッパ，アジア，オーストラリアの大部分で可能性が高い	可能性が高い	正式に評価されていない	可能性が非常に高い
大雨の頻度，強度，降水量の増加	減少している陸域より増加している陸域のほうが多い可能性が高い	確信度が中程度	多くの陸域で可能性が高い	中緯度の大陸のほとんどと湿潤な熱帯域で可能性が非常に高い
干ばつの強度・持続時間の増加	世界規模で確信度が低い いくつかの地域で変化した可能性が高い	確信度が低い	確信度が低い	地域規模から世界規模で可能性が高い（確信度は中程度）
強い熱帯低気圧の活動度の増加	長期（100年規模）変化の確信度が低い 1970年以降北大西洋ではほぼ確実	確信度が低い	確信度が低い	北西太平洋と北大西洋でどちらかといえば
極端に高い潮位の発生や高さの増加	可能性が高い（1970年以降）	可能性が高い	可能性が高い	可能性が非常に高い

[出典] IPCC第5次評価報告書第1作業部会報告書政策決定者向け要約（気象庁暫定訳）（2013）を一部改編して作成．詳細は下記参照．
http://www.data.kishou.go.jp/climate/cpdinfo/ipcc/ar5/prov_ipcc_ar5_wg1_spm_jpn.pdf

録的な熱波のような暑い夏の発生確率が人間活動によって倍以上に増加していること，などが指摘されている［3］［4］．

20世紀後半に「ほとんどの地域で大雨の頻度の増加」と「干ばつの影響を受ける地域の増加」が起きた可能性は高い．しかし，それに対する人間活動の寄与は，まだはっきりとわかっていない．今後，地球温暖化がさらに進めば，大雨の

頻度の増加する可能性は非常に高く，干ばつの影響を受ける地域も高い確率で増加する．

熱帯低気圧の発生頻度，強度，経路，上陸数などがどのように変化してきたか，今後変化するかは，洪水などに対する適応策を考えるうえで非常に重要である．しかし，熱帯低気圧の変化に関しては，大きな不確実性がある．1970年頃から，いくつかの地域で「強い熱帯低気圧の活動度の増加」が起きた可能性は高い．ただし，それに対する人間活動の寄与が検出可能かどうかは，専門家の間でも見解が分かれている．将来，地球温暖化が進んだときに，熱帯低気圧の発生総数や経路，上陸数などがどう変化するかに関しては，非常に不確実性が大きい．しかし，一度発生した熱帯低気圧は強くなりやすいと考えられ，「強い熱帯低気圧の活動度の増加」の可能性は高いと評価されている．

温帯の低気圧の経路が，緯度にして数度，極向きに移動し，それに伴い風・降水量などの分布が変化することも予測されている．このような傾向は，過去半世紀の間にも観測されている．

一般的に極端現象の変化検出，要因推定，および予測は，平均気温や平均降水量よりも難しい．しかし，地球温暖化による影響をより正確に予測し，適切な適応策を講じるためには，極端現象の理解と予測の不確実性の低減が欠かせず，研究のいっそうの進展が求められている． ［塩竈秀夫］

参考文献

[1] Allen, M. R. (2003), Liability for climate change, *Nature*, 421, pp.891–892
[2] IPCC 第4次評価報告書第1作業部会報告書 概要及びよくある質問と回答 (2011) (http://www.ipcc.ch/pdf/assessment-report/ar4/wg1/ar4-wg1-faqs.pdf)
気象庁訳 (http://www.data.kishou.go.jp/climate/cpdinfo/ipcc/ar4/index.html)
[3] Stott, P. A., Stone, D. A. and All. (2004), Human contribution to the European heatwave of 2003, *Nature*, 432, pp.610–614
[4] Stone, D. A. and All. (2005), The End-to-end attribution problem : From emissions to impacts, *Climatic Change*, 71, pp.303–318
[5] WG1-IPCC (2013), Confribution to the IPCC Fifth Assessmen Report Climate change 2013 : The Physical Science Basic Summary for Policymakers
[6] Christidis, N., Stott, P. A., Brown, S., Hegerl, G. C. and Caesar, J. (2005), Detection of changes in temperature extremes during the second half of the 20th century, *Geophys. Res. Lett.*, 32, L20716, doi : 10.1029/2005GL023885
[7] Shiogama, H., Christidis, N., Caesar, J., Yokohata, T., Nozawa, T. and Emori, S. (2006), Detection of greenhouse gas and aerosol influences on changes in temperature extremes, *SOLA*, 2, pp.152–155, doi : 10.2151/sola.2006-039
[8] Christidis, N., Stott, P. A., Brown, S., Karoly, D. J. and Caesar, J. (2007), Human contribution to the lengthening of the growing season during 1950–99, *J. Climate*, 20, pp.5441–5454

5.5 高山帯

◆ 高山帯とは

　高山帯には統一した定義がなく，日本と欧米の間でも定義が少し異なる．日本では山地において森林限界（forest line, timber line）より標高が高く，恒雪線（または雪線，perpetual snow line）より低い場所を指すことが多い [1]．一方，欧米では，高山帯の下限を森林限界ではなく高木限界（または樹木限界）（tree line）とすることが多い [2]．森林限界は，高木（高さ3m以上の木本）が森林を形成することのできる限界線をいい，森林限界より標高の高いところでは木本植物がまばらになり樹高も低下する．より標高の高いところでは，高木が生育できなくなり（高木限界），地面を這う状態（ほふく性）に変わったり，草本植物が中心になったりする．さらに標高の高いところでは，クッション植物や地衣類の優占する群落になる（図1，図2）．日本の場合，森林限界より標高の高い位置にハイマツ群落があり，これを典型的な高山帯植生の1つと考えることが多いが，高木限界を高山帯の下限とする場合には，高木の混在するハイマツ群落を亜高山帯（高山帯より標高の低い場所にある，針葉樹などが多く生育する植生帯）と見なすこともある [3]．

　ここでは特に説明のない場合，高木限界を高山帯の下限とする．

　高山帯の下限である高木限界の標高は，温度環境，特に土壌温度によって決ま

図1　チベット高原の当雄（ダムシュン）付近（標高約5,000 m）のクッション植物（*Androsace tapete*）

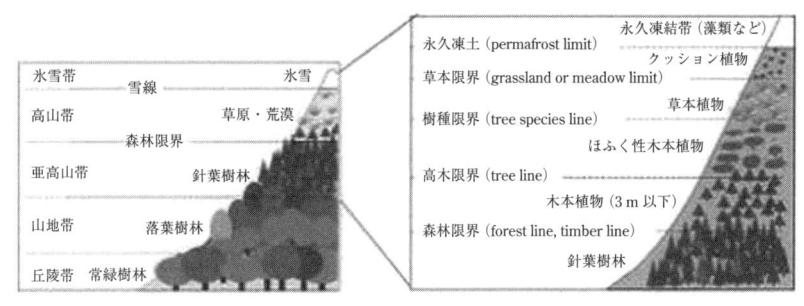

図2　高山帯の位置（左）と高山帯内の植生垂直分布（右）の模式図（右図はGrabherr, et al. (2003) [4] を改変）

ることがよく知られている [2][5]．したがって，高木限界の標高は，低緯度で高く，高緯度で低い（図3）．北極に近い高緯度の高山帯は必ずしも「高い山」にあるわけではなく，その気候や植生は低地に広がるツンドラと区別できない場合もある．

　高山帯の上限である恒雪線は，温度，降雪水量，局地的な地形などの物理環境によって決められる．恒雪線とは，山地において一年中雪に覆われている地帯の下限をいい，万年雪線（firn line）と同等である．恒雪線の標高も，高木限界と同様に緯度によって異なる．赤道付近の恒雪線は標高 4,000〜5,000 m であるが，温帯のアルプスでは緯度にもよるが 2,800 m 前後が多く，極域では海抜高度付近になる．また，ヒマラヤ山脈などの大きな山塊では，恒雪線の標高は同緯度の高山帯に比べて高く，5,700 m になる場所もある．

　これまでの推定では，地球の陸地面積の約 25％ を占める山地（標高 300 m 以上の山）のうち，その約 12％ が高山帯とされる [2]．高山帯の約 60％ は温帯に

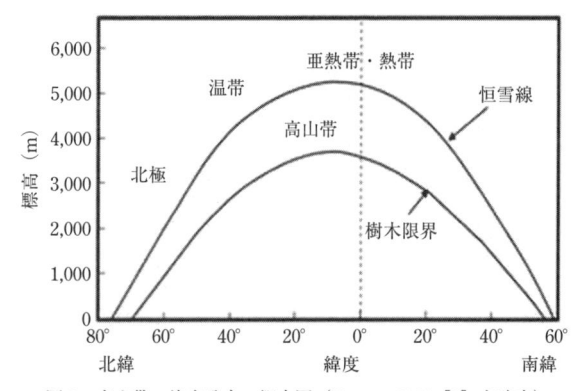

図3　高山帯の緯度分布の概念図（Körner, 2003 [2] を改変）

あり，82％は北半球にある．

◆ **高山帯の環境**

　高山帯では，標高が上がるにつれて気温が低くなる．これは，対流圏の気温が高度とともにある割合で低下する（気温減率）ためである．気温減率は空気の乾燥度によって異なるが，中緯度の平均的な大気の状態では高度が1,000 m上がると気温は約6.5℃下がる（国際標準大気の場合）．気温1℃の低下を垂直および水平方向の移動に換算すると，垂直方向（標高）ではおよそ150 m上への移動，水平距離では北緯または南緯45度のところでおよそ145 km高緯度への移動[6]に相当する．また，高山帯における温度環境のもう1つの特徴は，気温の日較差が大きいことである．チベット高原では，「一日の中に四季がある」ともいわれるように，一日の中で寒暖の差が大きい．

　高山帯では，標高とともに気圧と空気密度が低下する．チベット高原のある標高6,000 m付近では，空気密度は海面高度の約半分である．このように標高の高いところでは，大気上端から地表までの空気の層に吸収される太陽放射の割合が低地に比べて低い．したがって，地表に達する光合成有効放射や紫外線の最大値は高くなりうる．しかし放射量の日積算値や年間積算値は気象条件に大きく左右されるため，標高が高いほど地表への入力放射量が多いとは限らない．

　高山帯の風は，独立峰であるか大きな山塊であるかといった存在形態によって状況が大きく異なる．また，山頂付近では，強風などのために植物の形態が低地と異なったり森林の形成が困難になったりする現象（山頂現象）が観察されることがある．

　高山帯の土壌は，有機物の蓄積が少なく，土壌層の発達していない未熟土（土壌の材料となる母材が比較的新しく堆積した土壌，もしくは浸食を受けた土壌）であることが多い．土壌の凍結と融解のくり返しや，激しい降雨・降雪の影響で，安定した土壌層が形成されにくいことが主な要因である．また，高山帯では有機物の蓄積に重要な役割を果たすパイオニア植物（地衣類，蘚苔類と一部の高等植物）の成長が遅いため，土壌層形成の速度が遅いことも要因の1つである．

　高山帯の雪，特に積雪量と積雪期間の長さは高山帯の生態系にきわめて重要な役割を果たす．多量の積雪や雪崩は，生態系に物理的損傷を与えることがある．また積雪期間の変化は，植物の生育期間を左右する．一方，積雪は冬の極度の低温，乾燥，または強い放射環境から高山帯の生態系を保護する役割も果たす[2]．例えば，ある程度の厚さをもつ雪（例えば3 m以上）に覆われた土壌は，雪による保温効果のために地温が氷点下になることが少ない[1]．また，高山帯の雪

は生態系にとって重要な水資源である．これらの効果により，高山帯の植物の分布は，気候変化により積雪の空間パターンが変化した場合には大きな影響を受けることになる［2］．

◆ 温暖化に伴う高山帯の環境変化

高山帯は，気候変動の影響を最も強く受けやすい地域の1つと指摘されている．例えば，近年の地上平均気温の上昇速度を比較すると，高山帯での気温の上昇速度はその周辺の低地に比べて高いという報告がある．例を挙げると，チベット高原では1952～1996年の間に年平均気温が10年あたり0.16℃，冬季の平均気温は10年あたり0.32℃の割合で上昇したが，上昇速度はその周辺の地域に比べて高かった［7］．アルプスでは，1890年以降の100年間で年平均気温が1.1℃上昇したが，これは同期間の世界の平均気温の上昇速度の約2倍であった［8］．

気候変動の影響で，アルプスをはじめとするいくつかの高山帯では，積雪量の減少や積雪期間の短縮が起こっていることが報告されている［9］．氷河から採取された氷床コアのデータを解析した結果によると，ヒマラヤでは1840年代以降，年間積雪量が減少し続けていることが示されている［10］．ただし，降水・降雪の時空間変動のパターンは気温よりはるかに複雑なので，必ずしも世界中の高山帯で積雪量が減少するのではなく，積雪量に変化がなかったり，局地的には積雪が増えたりする場合もあると考えられる．

地球温暖化に伴う凍土の融解も，高山帯の生態系に大きな影響を与える．アルプスでの調査によると，20世紀後半の50年間で夏の気温が1.6℃上昇し，永久凍土帯の下限の標高が約240 m上がったと推定されている［11］．こうした凍土帯の減少や移動は，高山帯の植物分布域の拡大や移動に直接的に影響を与える．

◆ 高山帯の生物多様性

高山帯のみに生育する植物種，または亜高山帯や低地にも生育できるが主として高山帯に生育する植物種を高山植物という．なお，主として低地に生育する植物の中にも高山帯で生育できるものがあるが，これらの植物はふつう，高山植物には分類されない．

高山帯では，植物の分布がまばらで植被率の低い場所も多い．しかし，単位面積あたりの植物種の数は少ないとは限らない．これまでの推定によると，世界の高山帯には高等植物だけで約1万種が生育するといわれている．これは世界の全高等植物の種数の約4％を占める［12］．世界の陸地面積に対する高山帯の面積の割合は約3％であるから，単位土地面積あたりの高等植物種の平均密度を比べ

ると，世界の陸地の平均と高山帯では同等もしくは高山帯のほうがわずかに高いことになる．また，高山植物は1つ1つの個体サイズが木本などと比べて小さいことから，限られた面積の土地に数多くの種が生育することができる．このため，局所的に見ると種の多様性が非常に高い地域が存在する．例えばチベット高原北部の草原では，100 cm^{2}の面積の中に平均約16〜20種の維管束植物が生育している［13］．この値は，これまでに報告された局所的な種の豊富度と比べて最も高いレベルである．

　高山帯では高等植物の種の多様性が高いだけではなく，蘚苔類，地衣類，藻類の多様性も高い可能性がある．これらの分類群の植物は高山帯の環境を形成するうえで重要な役割を果たしているが，高山帯において高等植物以外の植物に関する調査データはきわめて限られているのが現状である［3］．

　高山帯における植物種の豊富さは，一般に高木限界に近いところで最も高く，標高が上がるにつれて低くなる．標高が100 m高くなると，種数は10〜40種程度の割合で少なくなるという報告もある［2］．また，高山帯は，ほかの高山帯と地理的に分断されていることに加え，過去の氷河作用や高山帯に特有の微地形などの影響を受け，固有種や希少種を多く含む．例えば，ヨーロッパでは維管束植物の固有種全体のうち約20%が高山帯に生育している［14］．また，ニュージーランドの高山帯には600以上の維管束植物があるが，そのうち93%以上が固有種と報告されている［15］．

◆ 気候変化に伴う高山帯の生物多様性の減少

　高山帯の生物多様性に及ぼす温暖化の影響を考えるうえで重要な点は，第一に，気温の上昇に伴い，森林限界または高木限界が標高の高い地域に移動することである．植物の個体または植生帯が標高の高い位置へ移動する速度は，その地域の気温や地温の上昇速度，積雪量の減少や積雪期間の短縮する速度，氷河や凍土の縮小・融解する速度などと関係する．ここで，恒雪線がない場合，すなわち高山帯の上限が山頂である場合，高山限界が上昇すると高山帯の面積は減少することになる．これは結果として高山植物の生息できる面積が減ることを意味する．

　恒雪線のある高山帯の場合は，高木限界とほぼ同じ速度で恒雪線が移動することにより，高山帯の面積はあまり減少しない可能性がある．しかしその場合でも，高山植物の生息する環境が劣化することは十分に考えられる．その理由は，恒雪線が急速に上昇することによってできる新しい高山帯では，土壌の発達が追いつかず，植物の生育に必要な水や栄養塩類の乏しい環境になる可能性が高いた

めである.このように,温暖化がもたらす生育環境の減少または劣化によって,高山植物の個体群の縮小や,一部の固有種の絶滅が起こるおそれがある.

　高山帯の生物多様性に及ぼす温暖化の影響は,生物間の相互作用をふまえて考察することが重要である.生物は,種によって温度環境の変化に対する応答が異なるため,気温が同じだけ上昇しても種によって移動できる速度が異なるからである.移動速度が少しでも違えば,植物群落の種組成を変える可能性がある.その結果,それまでに構築された種間の相互関係は大きく変わる可能性が高い.

　生物間相互作用の変化が高山生態系全体の構造と機能にどのような影響を及ぼすかについての知見はきわめて乏しい.例えば,温暖化に伴って森林限界または高木限界の標高が上がり,多くの種が高い標高へ移動していくことは,もとの場所に生育していた高山植物にとっては新たな競争相手としての「侵入種」を迎えることを意味する.高山植物は,一般に光をめぐる競争の少ない環境に適応していることが多いから,低標高から侵入してきたほかの植物に被陰されるなどして競争に敗れることもあるだろう(図4).

　化石に残された記録に基づく最近の研究によると,5億2,000万年前以降の地球規模での生物多様性は気温と密接な相関があり,例えば地球が温暖な時期には属と科レベルの多様性は相対的に低く,生物の絶滅と出現の率が高いことなどが報告されているが[16],気候変動と生物多様性の関係にはまだ統一的な見解はなく,議論が続いている.過去の知見は温暖化による高山帯の生物多様性への影響を予測することにおいて非常に重要であるが,現在の温暖化はこれまでになく速い速度で進んでいるため,生物多様性に及ぼす影響を過去の知見から予想するのは困難である.このような状況のもとでは,温暖化と高山帯の環境の関係を明

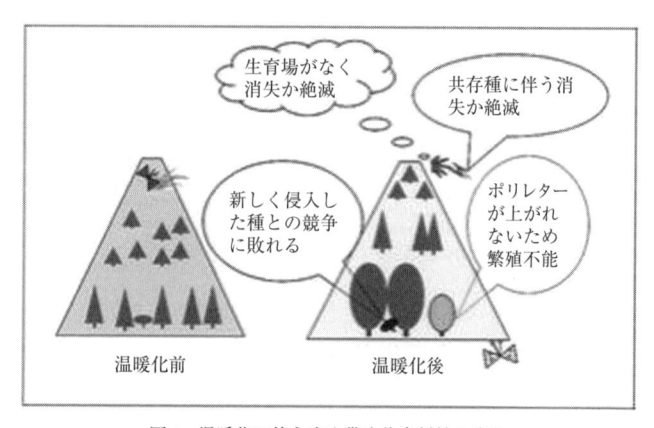

図4　温暖化に伴う高山帯生物多様性の変化

らかにするための長期的なモニタリングを行い,現状を把握し将来を予測するための実測データを蓄積することがきわめて重要であろう. ［唐　艶鴻］

参考文献

[1] 増沢武弘 (1997). 高山植物の生態学. 東京大学出版会
[2] Körner, C. (2003), Alpine Plant Life - Functional Plant Ecology of High Mountain Ecosystems, 2nd ed. Springer
[3] 増沢武弘編著 (2009). 高山植物学：高山環境と植物の総合科学. 共立出版
[4] Grabherr, G., Nagy, L. and Thompson, D.B.A. (2003), Overview：an outline of Europe's alpine areas. In：Nagy, L., Grabherr, G., Körner, C. and Thompson, D.B.A. (eds), Alpine biodiversity in Europe, Ecological Studies, 167, pp.3-12, Springer, Berlin
[5] 吉良龍夫 (1949). 日本の森林帯. 林業解説シリーズ. 17. p.42. 日林協
[6] Colwell, R.K., Brehm, G., Cardelús, C.L., Gilman, A.C., and Longino, J.T. (2008), Global warming, elevational range shifts, and lowland biotic attrition in the wet tropics, *Science*, 322, pp.258-261
[7] Liu, X.D. and Chen, B.D. (2000), Climatic warming in the Tibetan Plateau during recent decades, *International Journal of Climatology*, 20, pp.1729-1742
[8] Bohm, R., Auer I., Brunetti, M., Maugeri, M., Nanni, T. and Schoner, W. (2001), Regional temperature variability in the European Alps：1760-1998 from homogenized instrumental time series, *International Journal of Climatology*, 21, pp.1779-1801
[9] Beniston, M. (1997), Variations of snow depth and duration in the Swiss Alps over the last 50 years：Links to changes in large-scale climatic forcings, *Climatic Change*, 36, pp.281-300
[10] Zhao, H. and Moore, G. (2006), Reduction in Himalayan snow accumulation and weakening of the trade winds over the Pacific since the 1840s, *Geophysical Research Letters*, vol. 33, L17709 doi：10.1029/2006GL027339, 2006.
[11] Parolo, G. and Rossi, G. (2008), Upward migration of vascular plants following a climate warming trend in the Alps, *Basic and Applied Ecology*, 9, pp.100-107
[12] Heywood, V.H. (1995), Global Biodiversity Assessment, Cambridge University Press, Cambridge
[13] Chen, J., Yamamura, Y., Hori, Y., Shiyomi, M., Yasuda, T., Zhou, H., Li Y. and Tang, Y. (2009), Small-scale species richness and its spatial variation in an alpine meadow on the Qinghai-Tibet Plateau, *Ecological Research*, doi：10.1007/s11284-007-0423-7
[14] Väre, H., Lampinen R., Humphries C. and Williams, O. (2003), Taxonomic diversity of vascular plants in the European alpine areas, In：Nagy, L., Grabherr, G., Körner, C. and Thompson, D.B.A. (eds.) Alpine biodiversity in Europe - A Europe-wide assessment of biological richness and change, pp.133-148, Ecological Studies 167, Springer, Berlin, Heidelberg
[15] Halloy, S.R.P. and Mark, A.F. (2003), Climate-change effects on alpine plant biodiversity：A New Zealand perspective on quantifying the threat, *Arctic, Antarctic, and Alpine Research*, 35, pp.248-254
[16] Mayhew, P.J., Jenkins, G.B. and Benton, T.G. (2008), A long-term association between global temperature and biodiversity, origination and extinction in the fossil record, *Proceedings of the Royal Society B-Biological Sciences*, 275, pp.47-53

5.6 湖沼

陸地に囲まれ水をたたえた場所を湖沼とよぶ．比較的大型のものを湖，小型で浅く，地下に根をはる植物が全面にわたり生育可能なものを沼または池とすることが多い．湖沼の物理構造と水質，および生態系の構造や機能は，周辺の気候条件に依存する（図1）．そのため，地球温暖化は湖沼環境を大きく変化させる可能性がある．

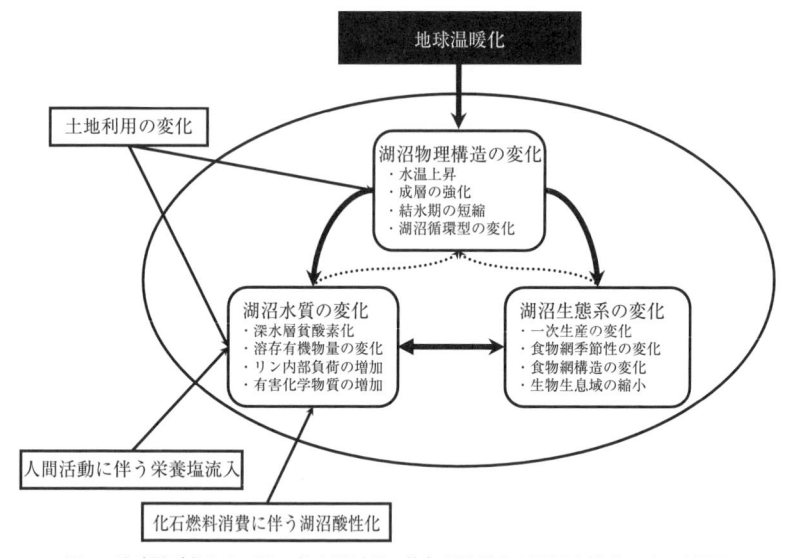

図1 地球温暖化およびその他人間活動に伴う環境撹乱が湖沼生態系に及ぼす影響
（[4]図1.1.1を一部改変）

◆ 湖沼における地球温暖化影響

＜地球温暖化が湖沼物理構造に与える影響＞

温暖な気候帯に位置する湖沼では夏の間，日射および大気との熱交換により，表層は暖められ，その熱は表面を吹く風による混合により湖沼の内部へと伝えられる．湖沼が十分深い場合，あるいは表層と深層の水温差が大きい場合，風による混合は湖底まで到達せず，湖は水温が比較的高い表水層，急激に水温が低下する水温躍層，水温が比較的低い深水層の3層に分けられる．この現象を成層という．水は約4℃で密度最大となるため，冬の間には表水層が冷たく深水層の水温

が4℃程度に保たれる逆成層が見られる場合もある．水の入れ替わりが比較的短い時間で起こる湖沼では，水温や水の混合における降雨の影響も大きい．このように，湖沼の水温分布や混合パターンといった物理構造は，気温，日射，風，降雨などの気候条件に強い影響を受ける．現在，これら湖沼物理構造に対する地球温暖化の影響が世界の湖沼で顕在化している．

多くの湖で20世紀後半に顕著な水温上昇が見られている（表1）[1]．春から秋にかけて成層する湖や1年を通して成層した湖では，鉛直的な熱と物質の輸送は水温躍層により制限されるため，表水層と深水層は地球温暖化に対して異なる応答を示す．表水層は直接大気の影響を受けるため，水温は気温を反映して変動する．一方，深水層における水温変動はより緩やかで，季節を通した気温変動の履歴が蓄積される．いくつかの湖では，水温上昇は深水層に比べて表水層でより顕著であることが長期データおよび数値シミュレーションにより示されている．この場合，表水層と深水層の温度差が広がるため，成層は強化され，成層期間も

表1　20世紀後半における湖沼水温の上昇（[1] 表1を一部改変）

湖沼名	緯度	最大水深(m)	期間	上昇率(℃/年)	対象深度	循環型
琵琶湖	35.5N	104	1965～1997	0.04	容積加重平均	一循環
琵琶湖			1965～1997	0.041	77 m	
池田湖	31N	233	1985～2000	0.03	200 m	部分循環
タンガニーカ湖	3～9S	1471	1913～2000	0.017	150 m	部分循環
タンガニーカ湖			1913～2000	0.0035	600 m	
マラウィ湖	9～15S	706	1939～1999	0.01	300 m 以深	部分循環
シグニー島湖沼群	61S		1980～1995	0.06	平均	二循環
バイカル湖	52～56N	1642	1960～2000	0.006	0～200 m 平均	一循環
タホ湖	39N	505	1970～2002	0.015	容積加重平均	一循環
ワシントン湖	47N	65	1964～1998	0.026	容積加重平均	一循環
Lake 239	50N	14	1970～1990	0.09	容積加重平均（開氷期）	二循環
Lake 240	50N	13	1970～1990	0.06	容積加重平均（開氷期）	二循環
ウィンダーミア湖	54N	64	1960～1990	0.02	冬の湖底	二循環
チューリッヒ湖	47N	136	1947～1998	0.016	20 m 以浅	一循環
レマン湖	46N	310	1970～2002	0.0175	冬期 200～310 m 平均	一循環
コンスタンス湖	47.5N	252	1962～1998	0.017	容積加重平均	一循環

延長される．琵琶湖など，冬季に表層水が冷却され全循環が起こる湖では，深水層の水温は冬季気温に大きく影響を受ける［2］．

湖沼はその循環型に応じて，多循環湖，二循環湖，一循環湖，無循環湖に分けられ，循環が湖底まで及ぶ場合は完全循環湖，及ばない場合は部分循環湖とされる．地球温暖化とともに，多循環湖は二循環湖へ，二循環湖は一循環湖へ，完全一循環湖は部分一循環湖へと循環型が変化する可能性がある［3］．

冬季に結氷する北半球の湖沼や河川において，結氷日は100年あたり平均5.7日遅れ，解氷日は平均6.3日早まった［1］．結氷期の短縮傾向は特に20世紀後半でより顕著に見られる［1］．結氷期の短縮は，湖の熱収支を変化させ，水温に対してプラスの効果を及ぼす．また，湖沼の生産性や食物網の季節性にも影響を与える（後述）．

＜地球温暖化が水質に与える影響＞

地球温暖化は，湖沼物理構造の変化を通して，水質と物質循環に大きな影響を与える（図1）．深水層における溶存酸素濃度は，湖底の物質循環と生物生息環境を左右する重要な要因である．深水層の貧酸素化に伴い，底生生物の生息域は縮小する．また，湖底堆積物中の環境は嫌気的となり，栄養塩（リン）や有毒化学物質（硫化水素など）が溶出する．その結果，湖沼生態系は激変する可能性がある．地球温暖化は，1) 水温上昇に伴う酸素溶解度の低下，2) 水温上昇に伴う微生物呼吸活性の上昇，3) 成層期間の延長，の3つのプロセスを通して深水層の貧酸素化を促進させる．また，完全循環湖から部分循環湖へと循環型が変化した場合，深水層溶存酸素は冬季循環により回復せず，年を超えて減少を続ける．一方，冬に結氷する湖における冬季貧酸素化は，結氷期間の縮小に伴い将来緩和される可能性がある．ただし，深水層における酸素消費は，表水層や流入河川から供給される有機物量に依存しているため，深水層貧酸素化に対する地球温暖化影響は湖の栄養状態と密接に関連していることに注意する必要がある．

湖沼の透明度は溶存有機物（DOC）量に大きく依存するため，その変化は水中の光環境に大きな影響を及ぼす．DOCの減少に伴い，光は湖内でより深くまで透過する．その結果，深水層の水温は上昇し，光合成に利用可能な光が増えるため一次生産量は増加する．その一方で，DOCの減少により，湖内では生物にとって有害な紫外線量も増える．DOC量は，河川からの流入と，湖内における分解のバランスによって決まる．そのため，地球温暖化による降雨量の変動は，湖内DOC量に大きな影響を与える．ただし，河川からのDOC流入は，湖周辺の土地利用形態にも左右されるため，地球温暖化に伴うDOC量の変化の定性的

予測は難しい.

＜地球温暖化が湖沼生態系に与える影響＞

水温の上昇は，生物の代謝活性を上昇させ，発生や成長速度を高める．しかし，その度合いは植物プランクトンから動物プランクトン，魚へと至る食物網の各段階で異なるため，地球温暖化に対する食物網の応答は非常に複雑である．また，地球温暖化に伴う湖沼物理構造と水質の変化も湖沼生態系に大きな影響を与える．

植物プランクトンの光合成は光と栄養塩に制限される場合が多く，湖沼一次生産に対する水温上昇の直接的な影響は小さいと考えられる．一方，地球温暖化が一次生産に与える間接的な影響は，各湖沼で異なることが予想される．例えば熱帯の湖沼のように，光合成が栄養塩により制限されている場合，地球温暖化に伴う成層強化により深水層から表水層への栄養塩の供給が低下するため，一次生産は低下する可能性が高い．寒帯の湖沼のように，光合成生産が光により制限されている場合は，地球温暖化に伴う結氷期の短縮と成層期の延長により日射量が上昇し，一次生産が増加することが予想される．しかし，熱帯や高緯度地域などの極端な湖沼以外では，光合成に対する光と栄養塩による制限の大小がそれほど明白でない．また，これら多くの湖は同時に人為的富栄養化・貧栄養化の影響を受けており，湖沼一次生産に対する地球温暖化の影響を見積もることは困難である．

植物プランクトン群集は，水温変化に生理的に適応し，群集の構成も各水温に最適なものへと変化する．植物プランクトンの中で，最も低い温度に適応しているのは珪藻類で，順番に鞭毛藻類，緑藻類，そして藍藻類は最も高い温度に適応している．そのため，表水層の水温上昇に伴い，優占する藻類がこの順番で変化すると考えられる．これら藻類はそれぞれ食物網および物質循環における役割が異なるため，水温上昇に伴う植物プランクトン群集の変化は生態系の構造と，湖沼の物質循環を大きく変える可能性がある．特に藍藻類は毒素を生産し，湖沼環境を悪化させる場合がある．

地球温暖化に伴う解氷日と成層の早期化は，春先の光条件を高め，春の植物プランクトン発生時期を早める．また，夏季成層期間の延長は，一次生産の季節パターンを変化させる．一方，湖沼生態系における主要な植食者であるミジンコなどの動物プランクトンの発生と成長は，水温に強く影響されるため，植物プランクトンの増殖のタイミングと，植食者の発生のタイミングにずれが生じる場合がある．この影響は，高次栄養段階へと波及し，食物網構造を変化させる可能性が

指摘されている [5].

　浅い湖沼において，生態系は，1)地下に根をはる植物が全面にわたり生育し水が澄んだ状態と，2)植物プランクトンが増殖し水が濁った状態の2つの状態をもち，栄養塩負荷量に応じて前者から後者への遷移が起こることが知られている．地球温暖化は，この状態の遷移を促進すると考えられている [3]．

＜湖沼環境の将来予測＞

　20世紀以降，湖沼は人間活動に由来するさまざまな環境攪乱にさらされてきた．地球温暖化はほかの人為的環境攪乱と複合的に湖沼に作用する（図1）．例えば湖沼周辺の土地利用や植生の変化に伴う風向・風速の変化や，河川からのDOC流入量の変化は，湖沼水温に大きな影響を与え，時には地球温暖化の影響を覆い隠し水温の低下を導く可能性がある．また，地球温暖化は湖底貧酸素化を通してリンの内部負荷を増加させるため，人為的富栄養化と地球温暖化は湖沼生態系に相乗効果を及ぼす．これらの複雑な複合効果は，数値シミュレーションによる湖沼生態系の将来予測を困難にしている．湖沼生態系を適切に管理するためには，地球温暖化シナリオと，さまざまな人為的影響シナリオを組み合わせて，将来予測を行う必要がある．また，湖沼は表面の粗さや熱的性質などが陸地と大きく異なるため，大型湖周辺や湖沼が密集している地域では，地域の気候に対してフィードバックを及ぼしうる．湖沼と地域気候の相互作用を明らかにするためには，湖沼を組み込んだ地域気候モデルを構築する必要がある [3]．［吉山浩平］

参考文献
[1] 新井　正（2009），気候変動と陸水の温度および氷況の変化，陸水学雑誌，70，pp.99-116
[2] 遠藤修一，他（1999），びわ湖における近年の水温上昇について，陸水学雑誌，60，pp.223-228
[3] MacKay, et al. (2009), Modeling lakes and reservoirs in the climate system, *Limnology and Oceanography*, 54, pp.2315-2329
[4] 永田　俊，熊谷道夫，吉山浩平編（2012），温暖化の湖沼学，京都大学学術出版会
[5] Winder and Schindler (2004), Climate change uncouples trophic interactions in an aquatic ecosystem, *Ecology*, 85, pp.2100-2106

5.7　沙漠・乾燥地域

◆沙漠・乾燥地域，沙漠化・乾燥化の視点

　地球温暖化影響を沙漠・乾燥地域について考える場合，地球表層環境における

ほかの項目と異なる最大の特徴は影響が両方向に向いている点である．別の言い方をすれば，影響の結果が原因となり，循環して，またもとに戻る点である．すなわち，「地球温暖化は沙漠・乾燥地域にどのような影響を及ぼすか」は，沙漠・乾燥地域に関しては「沙漠・乾燥地域が地球温暖化にどのような影響を及ぼすか」も問題になる．さらにこの項目で重要な点は，沙漠と沙漠化，乾燥地域と乾燥化は異なる現象であることである．国連環境計画の定義でもはっきりしており，沙漠化はこれまで沙漠でなかった地域が沙漠になることであるから，沙漠化する面積に，現在すでに沙漠になっているところは含まれない．これらを混同して使わないよう注意が必要である（本稿でも使いわけて記述する）．

両方向の影響を考えなければならない理由は，沙漠と乾燥・半乾燥地域の面積が地球上の大陸の約30％を占めるからである．このうえ，さらに沙漠化・乾燥地域化が進行し，沙漠・乾燥地域の面積が毎年拡大している．沙漠化の歴史は人類の文明の歴史とともに古く，中国では数千年以前からの変遷が知られている[1]．サハラ沙漠については7世紀以来の沙漠化が明らかになっている[2]．

20世紀前半，まずユネスコが中心となって世界の乾燥地の研究が始まった[3][4]．気候変動が沙漠化を起こした例は，西アフリカのサハラ沙漠周辺における1968～1973年にかけての場合である．2,500万人が被災し，約20万人が餓死したといわれている．これを契機として1974年の国連総会で沙漠化防止のための国際協力が決議され，1977年にナイロビで国際沙漠化会議が開かれ，防止の国際的援助と対策研究協力を討議した[5][6]．

地球温暖化により干ばつがひどくなると，土壌の劣化が進み，土壌の炭素貯蔵能力を弱める．また，人間生活や農業生産のためにバイオマスを燃やすと温室効果ガスの大きな排出源となる．脆弱な土壌をもつ沙漠や乾燥地域では地球温暖化に起因する異常気象の影響を受けやすい．短時間に降る強い雨による土地荒廃や浸食を起こす結果にもなる．

図1は地球温暖化が沙漠面積を拡大する原因，それが土地の劣化を引き起こし，そして，どのような社会経済への影響として現れ，また，どのような生態学的な影響として現れるかの流れを国立環境研究所の地球環境グループがまとめたものである．最後に図の右下の気候変動への影響に至る関連が理解できると思う．そして，このような影響の過程を受けつつ存在する沙漠が地球温暖化の要因の1つとなり，図の出発点の最上の破線の枠内に戻るという循環する過程である．このような影響の流れを示す循環の各過程についての定量的な評価に関する研究を進めなければならない．また，沙漠化・乾燥化の影響が，陸面と大気相互作用を通じて，その地域ばかりでなく，地球全体の気候の変化に影響を及ぼす定

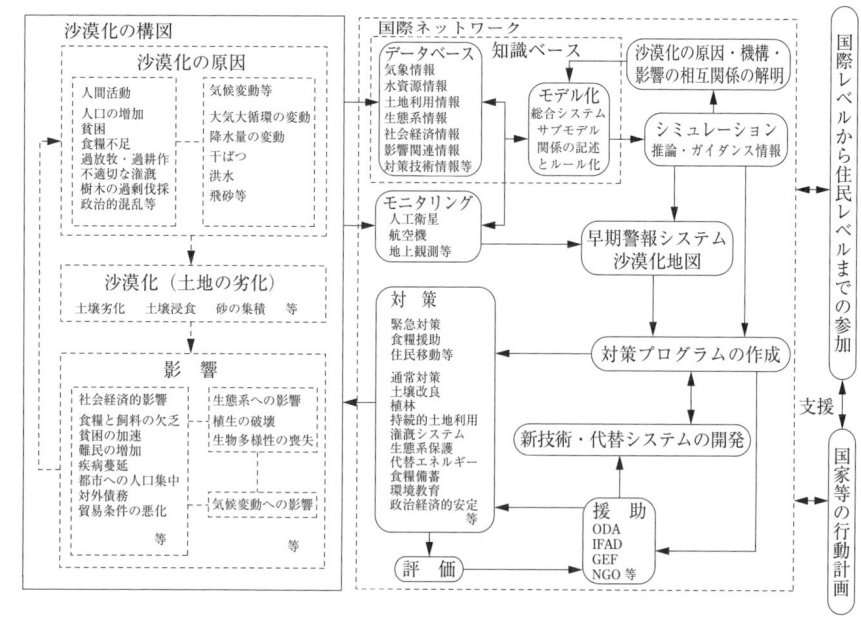

図1 沙漠化の構図と沙漠化研究の流れ図

量的な評価に関する研究がまだ不十分である．

　沙漠化の影響を受けている土地の面積は世界の耕作可能な乾燥地域の70％，地球の全陸地の25％に相当するという国連環境計画（UNEP）の試算はあるが，地域ごとに原因・機構・影響を詳しく評価し，積み上げてみなければならない．その結果，世界の気候に影響を及ぼす可能性を結論づけるという見込みはある．具体的な研究はこれからであると指摘されている［7］［8］．

◆ 沙漠・乾燥地域が気候に及ぼす温暖化影響

＜気　温＞

　世界のほとんどの沙漠において温暖化は夏に顕著に現れ，100年間に0.5～2.0℃上昇する．もし降水量の増加がなく2℃気温が上昇すると可能蒸発散は1日に0.2～2mm増加する．植生の葉温が上昇し，地表面からの蒸発も増加するので，蒸発散が増加すると考えられている．増加した二酸化炭素の直接の影響が少しはあるが，それを補ってもまだ蒸発散は大きくなると考えられる．

　植生がほとんどない沙漠では，気温変化そのものが重要である［9］．若干の研究結果を表1に示す．

表1 沙漠における温暖化影響

地域	解析期間	上昇率	上昇の内容	文献
中近東	1945〜1990年	0.07℃/10年	春に最大，冬に最小．人間活動による沙漠化が原因と考えられる．	[10]
南アフリカ	50年（20世紀後半）	—	日最低気温は明瞭で，雲量変化によると考えられる．	[11]
アメリカ合衆国の南西部	1901〜1987年	0.12℃/10年	年平均気温．人間の影響と自然の変化と分離できず．	[12]
ソノラン沙漠（メキシコと合衆国の国境）	—	2.5℃	メキシコ側で大．過放牧が植生を破壊しアルベド上昇，高温となる．	[13]
中国タクラマカン沙漠	1951〜1993年	0.05〜0.2℃/年	冬に最大．夏は気温低下．	[14]

＜降水量＞

現状では大気大循環モデルによる降水量の予測は一般的にきわめて不確定である．沙漠や乾燥地域については，なおいっそう難しい．もし，多少の降水量が増加したとしても，極端な乾燥をやわらげるような状態にはならないであろう．

沙漠や乾燥地域における降水量に関係する重要な問題は，変動率（標準偏差／平均値）が大きくなると考えられる点である．これまでの観測値から求めた長年平均の年降水量が数十mm以下の地点では，変動率が大きくなるということは具体的には年降水量0mmの年がより多く出現することを意味する．これは，人間をはじめ生物の生育・活動により厳しい条件となる．また一方では，大きな極値が出現し，建造物・道路・鉄道などに水害をもたらす結果となる．

日降水量，時間降水量など，短時間の降水量の変化が考えられる．これまでの観測記録を整理した結果では，長年平均の年降水量が数十mm以下の地点では，日降水量の極値も数十mmでほぼ同じ値である［15］．沙漠や乾燥地域では，これくらいの日降水量（24時間降水量）は壊滅的な災害をもたらす．このような極端な現象（extreme event）の出現頻度が増加すれば，環境条件は悪化し，生存の限界を上回る場合が頻発することを警戒しなければならない．

＜流　出＞

沙漠・乾燥地域における流出の機構は複雑である．地球温暖化の影響が気温や降水量の変化に影響し，その結果が水の流出や地下水・土壌水分の変化にどのように関連するのかの予測は非常に困難である．

沙漠や乾燥地域で利用する水は，その地域で降った水ではなく，周辺の山地に降った降水（夏の雨，冬の雪）か，あるいは，氷河の融解した水の場合がほとんどである．したがって，沙漠や乾燥地域で利用できる水（流出）量はこれらを総合した量である．また，微地形・小地形・土壌層・地下水層などの効果・影響も考慮に入れなければならない．これらの要因を評価する場合，重要なのは時間スケールである．沙漠では地下の化石水が重要な役割をもつが，これは地質時代の時間スケールである一方，まれに流入する湿潤気流による雨は長くても数日，場合によっては1～2日の時間スケールの現象で，極端な降雨による沙漠や乾燥地域の洪水流は数時間から1～2日の時間スケールで，それによって出現する湖水面の寿命時間は数日から数週間くらいのことが多い．しかし，沙漠や乾燥地域の動物・植物はそれぞれこのような降水・流出環境に適応した生活をしてきている．

　海岸に沿う沙漠や乾燥地域では，地球温暖化により海水面温度が変化し，気温も変化すると，空気中に含まれる水蒸気の量が変化し，その結果，海から内陸に侵入する気流に含まれる水蒸気によって形成される露や霧の量が変わり，植生にも変化が生じる．

◆ 沙漠・乾燥地域における人間生活に及ぼす温暖化影響

　沙漠や乾燥地域における集落の問題を気候に注目して記述したのは，1941年にアメリカ合衆国農務省がまとめた"気候と人間"［16］であろう．もちろん温暖化がまだ認められていなかった時代の記述ではあるが，水利用共同体・植生破壊・耕地の塩類化・不適切な灌漑など，最近の問題点と同じことを取り扱っている．言い換えれば，今日の温暖化影響の問題は，それぞれ半世紀以上も前にもすでに認められていた．1980年代の日本の対応は，気候影響・利用研究会がまとめた［17］．

　中国のオアシスの開発と経営を見ると，1950年代と1980年代以降の2回，急激なオアシス面積が増加する時代があった．タクラマカン沙漠の北縁と西縁の農家は100％石炭を燃料としており，沙漠に燃料をとりにいかない．また，防風林などの植林面積は増加した．しかし，地下水の過剰な使用によって沙漠化を加速させた．中国の沙漠と沙漠化の概念・土地利用との関係やその土地条件・類型などの体系的な総論は最近まとめられた［18］．

　タクラマカン沙漠のオアシスに住む農民は砂あらしに毎年なやまされる．1993～1994年における農民からの聞き取りによると，最も強いカラブラン（黒風）は3～4月に約3回，近年増加していると答えたのは9軒中7軒，不明と答えた

のは2軒であった．そして，近年，弱いものを含めると回数は減少し，強さは弱くなっていると意識している農民が多い［11］．気象台の観測結果とほぼ一致している．ヨーロッパの地中海地方の沙漠化研究・実態の地図帳は立派なものが刊行されている［20］．1990年代，中近東・北アフリカの沙漠では毎年約38ドル/haで降雨に頼る耕作地が失われている．これは生産高における値で，人間・家畜のその他の影響を含んでいない［21］．

図2はサヘルの沙漠化によるアルベドの増加が降水量の減少をもたらし，その結果，ますます沙漠化と干ばつが加速されていく可能性があるという数値実験の結果である［7］．不適切に沙漠の乾燥地・半乾燥地が利用されると土地は劣化し，農業生産活動は非持続的でオアシスの気候はさらに悪化するという悪循環に陥る．

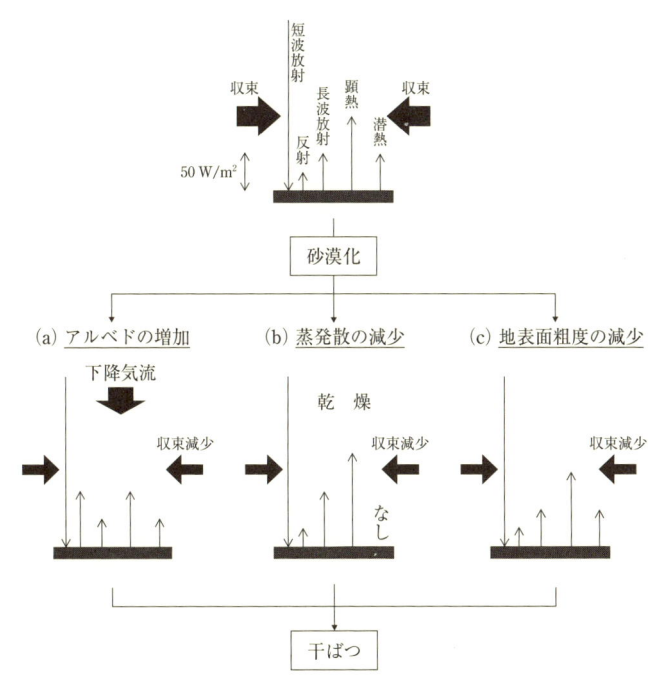

図2　熱収支・大気循環に及ぼす沙漠化の影響（典型的な亜熱帯の例）．［7］
　(a) アルベドの増加は，短波放射の吸収量を減少させる．
　(b) 蒸発散量の減少は，大気の水蒸気量を減少させる．
　(c) 地表面粗度（摩擦）の減少は，大気の収束量を減少させる．

◆ 今後の問題点

　地球温暖化によって沙漠化したり，乾燥化したり，あるいは強い砂塵あらし回数が増加したりする現象を，自然要因の変化だけで解明し把握するのでは不十分である．人口が増加して水需要量が増加したり，不適切な耕地化をしたり，過放牧になったりする人為的な要因を同時に考慮して，温暖化影響を解明し把握しなければならない．

　また，例えば，アフリカにおける沙漠化・土地荒廃の被災国の多くはサヘル以南の発展途上国で，いわゆる南北問題にかかわる．中国の新疆ウイグル族自治区は広大な沙漠・乾燥地域で，農民のほとんどはウイグル族で，いわゆる少数民族問題をかかえる．このような場合，地球温暖化の影響を単純にとらえることは不適切で，数値モデルによる将来予測はほとんど意味がない．

　沙漠・乾燥地域そのもの，あるいは，沙漠化・乾燥化に及ぼす地球温暖化の影響評価，および，それらの将来計画の基礎となる課題をまとめると以下のようになろう．

(1) 沙漠化と緑化の歴史的および地域的な評価．
(2) 過放牧・過伐採・過耕作・水の消費などの時代的変遷．
(3) 乾燥農業の限界地域における微気象改良．
(4) 乾燥地域における節水栽培のための微気象改良．
(5) 乾燥農業の限界地域における灌漑方法の現状把握と将来計画．
(6) 乾燥・半乾燥草地の植生評価と放牧方法．
(7) 乾燥地域の農牧業開発と環境保全のバランス評価．

　なお，沙漠や乾燥地域の環境と開発をめぐる国際社会の最近の動きの中で重要なものは"ミレニアム生態系評価"である．ここで内容を紹介する紙面の余裕がないが，「21世紀の乾燥地科学，第1巻」[22]に詳しく述べられている．

[吉野正敏]

参考文献

[1] 縄田浩志（2008），砂漠化・砂漠化対処の歴史，山中典和（編），黄土高原の砂漠化とその対策，乾燥地科学シリーズ，第5巻，pp.88-136，古今書院
[2] 門村　浩（1989）：サハラ南緑地帯における歴史時代の干ばつと砂漠化，アフリカ研究，34，pp.73-86．
[3] Meags, P. (1953), World distribution of arid and semi-arid homoclimates, In：UNESCO Arid Zone Research Series, No.1
[4] McGinnies, W.G. et al. (eds)(1968), Desert of the world, The University of Arizona Press

[5]　Biswas, M.R. and A.K. Biswas (1980), *Desertification, Environmental Sciences and Application*, 12, pp.1-523
[6]　赤木祥彦 (2005), 沙漠化とその対策, 乾燥地帯の環境問題, 東京大学出版会
[7]　篠田雅人 (1997), 砂漠化の気候に対する影響：概説, 沙漠研究, 6, pp.105-114
[8]　篠田雅人 (2002), 砂漠と気候, 成山堂書店
[9]　Noble, I. R. and H. Jitay (1996), Deserts in a changing climate, In Watson, R. T., M. C. Zinyowera, and R. H. Moss, Climate change 1995, Impacts, adaptation and mitigation of climate change：Scientific － technical analyses, Contribution W. G. II to the Second Assessment Report, pp.159-189, Cambridge Univ. Press
[10]　Nasrallah, H. A. and R. C. Balling (1993), Spatial and temporal analysis of Middle Eastern temperature changes, *Climatic Change*, 25, pp.153-161
[11]　Muehlenbruch-Tegen, A. (1992), Large-term surface temperature variations in South Africa, *South African Journal of Science*, 88, pp.197-205
[12]　Lane, I. J., M. H. Nicols and H. B. Osborn (1994), Time series analysis of global change data, *Environmental Pollution*, 81, pp.63-68
[13]　Balling, R. C. Jr. (1998), The climatic impact of a Sonoran vegetation discontinuity, *Climatic Change*, 13, pp.99-109
[14]　Du, M. and T. Maki (1997), Relationship between oases development and climatic change in Xinjiang, China in recent years, *Jour. Agricultural Meteorology*, 52 (S), pp.637-640
[15]　吉野正敏 (1997), 中国の沙漠化, 大明堂
[16]　Hambridge, G. (1941), Climate and man, Yearbook of Agriculture, 1941, United States, Dept. of Agriculture, pp.19-20, Washington, DC
[17]　気候影響利用研究会 (1989), 沙漠化特集, 気候影響利用研究会会報, 6, pp.1-92
[18]　王涛（主編）(2003), 中国沙漠与沙漠化, 河北科学技術出版社, 石家庄市（中国語）
[19]　吉野正敏 (2009), タクラマカン沙漠のオアシスにおる農民の生活, 石山隆（編）, 中国新疆ウイグルの環境変動とその危機, pp.81-106, 千葉大学環境リモートセンシング研究センター
[20]　Mairota, P. and J.B. Thornes (1998), Atlas of Mediterranean environments in Europe, The desertification context, John Wiley & sons, Chichester
[21]　ICARDA (2006), ICARDA Caravan, Sp. Issue on International Year of Desert and Desertification, No.24
[22]　恒川篤史 (2007), 砂漠化をめぐる国際社会の動き, 恒川篤史（編）, 21世紀の乾燥地科学, 乾燥地科学シリーズ, 第1巻, pp.41-56, 古今書院

5.8　島嶼・沿岸域

　本節では，7.5「沿岸・小島嶼の社会システム」と同様に，沿岸域を海と陸が接している場所，主に海岸線からある程度進んだ陸地を指すものとする．島嶼は，沿岸域が相対的に陸地の多くを占めるとともに，利用可能な土地と資源が限られているため，環境変動に対する脆弱性がきわめて高い．ここでは，沿岸域と島嶼の温暖化影響に関して，自然環境を中心に概説する．社会的な要素に関しては 7.5 を参照されたい．

◆ 沿岸域

　沿岸域には，山地・丘陵などが海洋や内湾と接する場に形成される岩石海岸，主として海の営力のもとに砂質堆積物が堆積して形成された砂浜海岸，河川と海との両方の営力のもとに河川運搬物質が堆積して形成されたデルタ，潮汐の影響を強く受ける河口域，砂質堆積物によって海と切り離されたラグーン（潟湖），

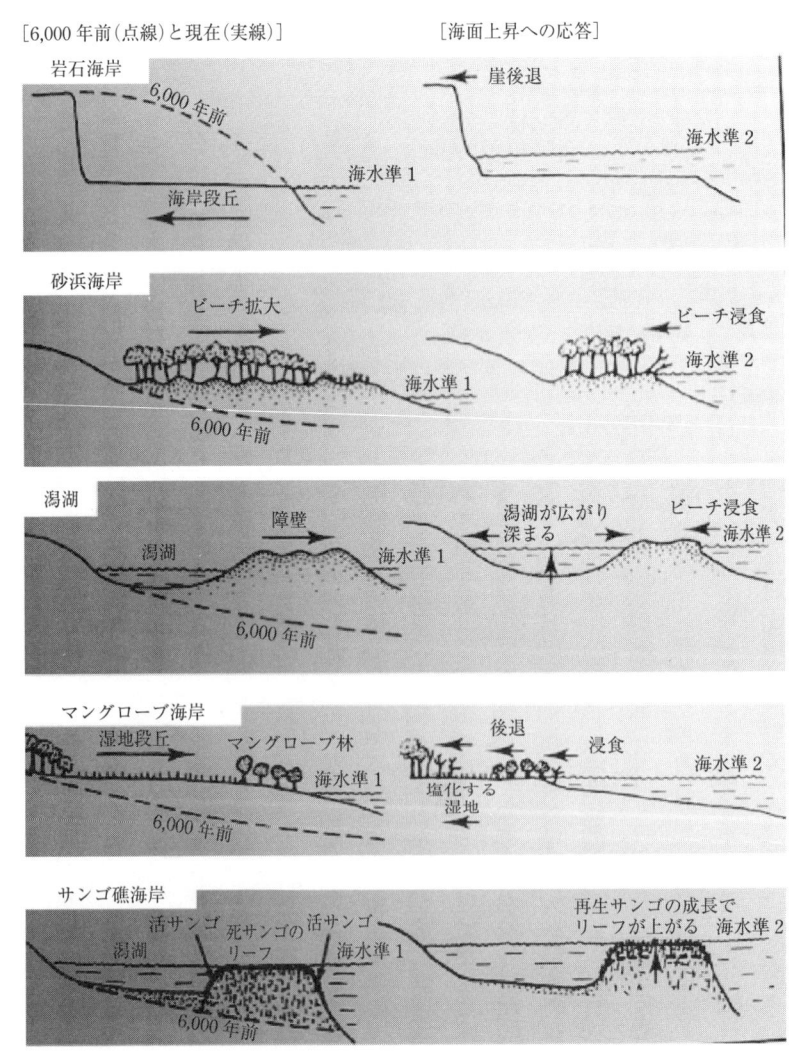

[6,000年前（点線）と現在（実線）]　　　　　　　[海面上昇への応答]

岩石海岸
6,000年前
海水準1
海岸段丘
崖後退
海水準2

砂浜海岸
ビーチ拡大
海水準1
6,000年前
ビーチ浸食
海水準2

潟湖
潟湖　障壁
海水準1
6,000年前
潟湖が広がり深まる
ビーチ浸食
海水準2

マングローブ海岸
湿地段丘　マングローブ林
海水準1
6,000年前
後退　浸食
塩化する湿地
海水準2

サンゴ礁海岸
潟湖　活サンゴ　死サンゴリーフ　活サンゴ
海水準1
6,000年前
再生サンゴの成長でリーフが上がる
海水準2

図1　さまざまな海岸における海面上昇の影響模式図 [1][2]

生物作用により形成されるマングローブ海岸とサンゴ礁海岸など，さまざまな特徴をもった環境が存在する（図1）[1][2]．

海面上昇は沿岸域に脅威を与える最も大きな要因であり，上述した沿岸域のさまざまな環境において海面上昇に対する応答が考えられている（図1）[1]．海面上昇に対して沿岸域が水没するか否かは，潜在的な発達（堆積）速度と海面上昇速度の相対的関係で決まる．潜在的な堆積速度は，ボーリングコアを掘削して過去からの地形発達史を復元することで求めることができる．例えば，サンゴ礁の堆積速度は年4mm程度であり，将来予測されている海面上昇速度とほぼ同じであるため，海面上昇に伴って堆積が起こって地形が維持されると考えられる（図1）[2]．ただし，こうした予測はあくまで過去からの堆積速度に基づいた単純化されたものであり，将来の応答を正確に予測するためには，過去からの地形発達とともに，現在の生態系の劣化や，ダム建設などに起因する河川運搬物質の減少によって地形形成維持機構がはたらかなくなる可能性を十分に考慮しなければならない．例えば，現在サンゴ礁は水温上昇と陸域からの負荷で衰退しており，観光資源や水産資源など生態系サービスの喪失とともに地形形成維持機構が崩壊しつつあると考えられる（6.9「サンゴ・サンゴ礁」参照）．また，砂浜海岸においては，河川におけるダムの建設により河川運搬物質が減少したり，突堤を建設することによって漂砂が阻害されたりして海岸浸食が起こった例がある[3]．こうした状況においては，海面上昇に対して地形が維持されるとは考えにくいであろう．

◆ 島　嶼

島嶼は，大きく，火山島からなる「高い島」と，サンゴ礁からなる「低い島」に分けられる．いずれも利用可能な土地と資源が限られているため，環境変動に対する脆弱性が高い．「高い島」は面積と標高が大きく多様な環境があるため「低い島」に比べて脆弱性は低いと考えられるが，「低い島」の中でも環礁上に成立する環礁州島は，すべてがサンゴ礁に生息するサンゴや有孔虫などの石灰化する生物に由来する砂礫から形成され，標高が最大数メートル，幅数百メートルと低平で，海面上昇や気候変動の影響が最も深刻であると考えられる[4]．

いうまでもなく海面上昇は海岸を浸食し，環礁州島を水没させる可能性がある．また，水温上昇によるサンゴ礁の衰退は，環礁州島を構成するサンゴや有孔虫の遺骸片の供給の低下を招き，島の体積を減少させる．台風は，砂浜を浸食すると同時にサンゴ礁からサンゴ礫を供給するため，島の体積自体に与える影響は少ないと考えられるが，地形の改変や構成物の粗粒化をもたらし，水資源や農業

に影響を与える可能性がある．

地理的に隔離された島嶼では外からの資源の移入が行われにくいため，地形の変化のみならず，資源の変化を考える必要がある．最も重要なのは水資源であろう．環礁州島には河川がないため，水資源は降水とそれによって涵養される地下水に限られる．そのため，降水量の減少は水資源の減少に直結する．地下水は，地下にレンズ状に浮かんだ構造をしているため，淡水レンズとよばれる．淡水レンズの大きさは州島の面積と密接に関係しており，淡水レンズの保持されている島の中央部においてはタロイモが栽培され，住民への食糧の供給源となっている．海面上昇は，直接淡水レンズの塩水化と縮小をもたらすだけでなく，海岸浸食が引き起こす州島面積の減少により，複合的にさらなる淡水レンズの塩水化と縮小を引き起こす．こうして引き起こされた淡水レンズの塩水化と縮小は，タロイモの栽培を阻害し，水資源のみならず農業面でも影響を与えることが予想される．

◆ **危機の構造と対策**

沿岸域と島嶼の脆弱性は，海面上昇や気候変動などグローバルな要因のみによってもたらされるのではなく，汚染や土地利用変化など地域的な要因がグローバルな要因と複合することによりもたらされている［4］．図2に環礁州島を例に

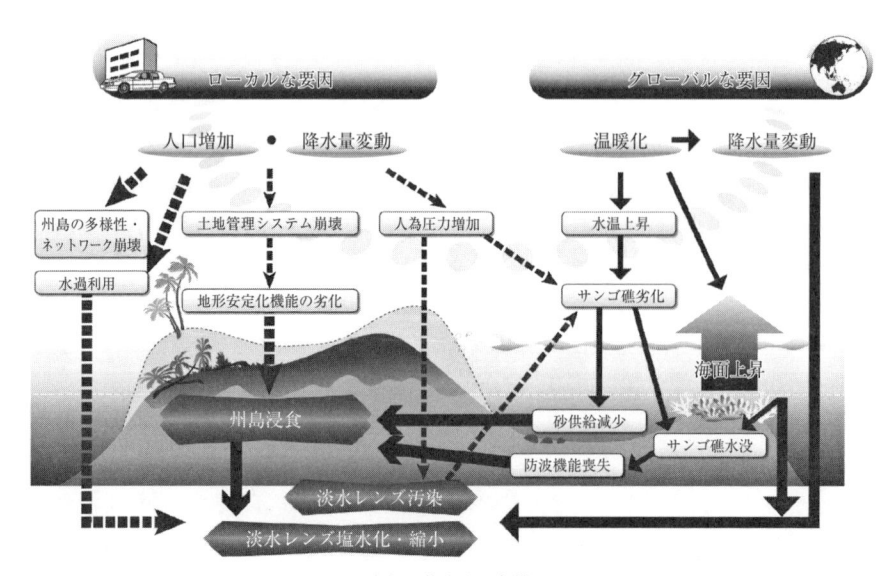

図2　複合する危機

危機をもたらす要因を示す．実際に，環礁州島の位置する熱帯域においては，海面が過去 50 年間で平均 1.4 mm/年の割合で上昇している [5]．

しかしながら，こうした危機的な状況の中でも，環礁州島の島面積は数十年前と比較してほとんど変化していないことが空中写真と衛星画像の解析により示されている [6]．このことは，地形形成維持機構（サンゴ礁でのサンゴや有孔虫による砂生産と，その運搬と堆積）が正常に機能していれば，環礁州島は海面上昇に対して頑健である可能性を示唆している．こうした地形の本来もっている頑健さは，環礁州島に限らず，沿岸域一般にもあてはまる可能性がある．過去からの発達史と現在の維持プロセスに基づいて地形が本来もっている形成維持機構を解明し，保全策を講じて阻害要因を取り除くとともに，すでに劣化した場所においては適切な復元や地形形成機能の促進を行うことが必要である． ［山野博哉］

参考文献

[1] Bird, E. (2000), Coastal geomorphology：an introduction, p.322, John Wiley and Sons, Queensland
[2] 海津正倫，平井幸弘 (2001)，海面上昇とアジアの海岸．p.190．古今書院
[3] 宇多高明 (1997)．日本の海岸侵食．山海堂
[4] 山野博哉 (2010)．グローバル・ローカルな要因による小島嶼国の環境問題．水環境学会誌，33, pp.234-238
[5] Church, J. A., White, N. J. and Hunter, J. R. (2006), Sea-level rise at tropical Pacific and Indian Ocean islands, *Global and Planetary Change*, 53, pp.155-168
[6] Webb, A. P. and Kench, P. S. (2010), The dynamic response of reef islands to sea-level rise：evidence from muti-decadal analysis of island change in the central Pacific, *Global and Planetary Change*, 72, pp.234-246

6章　生物圏の温暖化影響

6.1　生態系

◆ 生態系の概念と構成要素

　生態系（ecosystem）とは，ある場所に住むすべての生物とその場の非生物的環境によって構成され，生物と生物の間で，あるいは生物と非生物の間ではたらく相互作用によって成り立つ系（system）をいう．生態系が存在する場所によって，陸上生態系，海洋生態系，森林生態系，湖沼生態系，農地生態系のように区分することもある．地球全体を1つの生態系（地球生態系）ととらえる考え方もある．生態系という概念をもつことにより，さまざまな生物の集まり（群集）とその場の環境を，まとまった系としてほかの部分（外界）と区別し，その系と外界との間で循環するエネルギーや物質，または系内の相互作用を明確に定義することが可能になる．

　生態系と似た概念にバイオーム（biome）や生物相（biota）がある．バイオームは地球上の生物の群集をおおまかに分類する単位の1つである．例えば，異なる気候の影響を受けて異なる形や生活様式をもつようになった群集を，ツンドラ，サバンナ，熱帯多雨林などのバイオームに分類することがある．一方，生物相は，同一の地域・環境・時代に生息する生物の全種類を表す目録に近い概念である．

　生態系を構成する生物を，光合成（photosynthesis）または化学合成（chemical synthesis）を行う生物と，それらによってつくられた有機物を利用して生きる生物に分けることができる．前者は独立栄養生物（無機栄養生物，autotroph）とよばれ，主に緑色植物や藻類を指す．後者は従属栄養生物（有機栄養生物，heterotroph）とよばれ，動物や菌類などである．また，光合成や化学合成により無機物から有機物を生産する者を生産者，有機物を利用して生きる者を消費者および分解者とよぶことがある．この場合，生産者は独立栄養生物，消費者は従属栄養生物のうち主に生きた生物を利用するもの，分解者は従属栄養生物のうち主に生物遺体を利用するものを指す．

生態系を構成する非生物的環境には大気，水，土壌などがあり，環境の状態を規定する要因として，日射，温度，湿度，大気中 CO_2 濃度，土壌水分，土壌や河川の窒素濃度，海水の塩分濃度などがある．このうち太陽から届く日射エネルギーは，地球全体のエネルギー循環と水循環を通して気候を支配する最も重要な要素である．同時に，日射エネルギーの一部は光合成によって化学エネルギーに変換され，地球上のほぼすべての生物活動を支えるエネルギー源になっている．

◆ 生態系機能と生物間相互作用

生態系は多様な生物が互いに影響を及ぼしあい共存する系であり，生物間の相互作用によってエネルギーや物質の流れが起こる．また，生物を取り巻く環境の変化は生物間相互作用を左右し，生態系全体のエネルギーや物質の流れを変えることによって環境にも影響を及ぼす．このように，生態系のはたらき（機能）は，本質的に，生物間相互作用，環境との相互作用によって規定される．

食物連鎖（food chain）とは，生産者によって固定されたエネルギーと物質が「食う・食われる」という関係を通して複数の生物の間を移動していく現象をいう．もしくは，こうした関係にある生物と生物のつながりをいう．食物連鎖を表現するうえで，栄養段階（trophic level）という概念が用いられる．例えば，植物を第一栄養段階，植物を食う草食動物を第二栄養段階，草食動物を食う肉食動物を第三栄養段階などである．

ある生態系において個体数が比較的少ないにもかかわらず，それがいなくなると食物連鎖に大きな変化を及ぼす重要な種をキーストーン種（keystone species）もしくは中枢種とよぶ．キーストーン種は，捕食者と被食者のバランスを安定に保っていたり，生態系内での重要な物質循環の一部を担っていることがあり，その役割を明らかにすることは生態系内の生物間相互作用を理解するうえで役立つ．

気候変化や人間活動の影響による自然環境の減少・劣化が問題となるなか，生態系機能のもつ複数の価値を認識し具体化する手法が必要とされている．そこで近年用いられているのが生態系サービス（ecosystem service）という考え方である．生態系サービスは，生態系が存在することにより人間が受けることのできる資源や利益のことをいう．国連環境計画（UNEP）によってまとめられた「ミレニアム生態系評価」[1]によると，生態系サービスには，食糧やエネルギー資源を供給するサービス，大気中の温室効果気体濃度や洪水などを調整するサービス，レクリエーションや精神的な恩恵を提供する文化的サービス，そして栄養塩循環や土壌形成などの基盤的なサービスが含まれ，これらのサービスが健康で安

表1 ミレニアム生態系評価に基づく生態系サービスと人間の受ける福利 [1]

<生態系サービス>

供給サービス	調整サービス	文化的サービス	基盤サービス
・食糧	・気候調整	・審美的	・栄養塩の循環
・淡水	・洪水制御	・精神的	・土壌形成
・木材および繊維	・疫病制御	・教育的	・一次生産
・燃料	・水の浄化	・レクリエーション的	・その他
・その他	・その他	・その他	

<人間の受ける福利>

安全	豊かな生活の基本資材	健康	良い社会的な絆	選択と行動の自由
・個人の安全	・適切な生活環境	・体力	・社会的な連帯	・個人個人の価値観で行いたいこと,そうありたいことを達成できる機会
・資源利用の確実性	・十分に栄養のある食糧	・精神的な快適さ	・相互尊敬	
・災害からの安全	・住居	・清浄な空気と水	・扶助能力	
	・商品の入手			

全な生活を人間に提供すると考えられている（表1）.

　生態系サービスを経済的価値に置き換えることによって定量化しようとする考え方もある．例えば，あるサービスが失われた場合に生じる被害金額や，あるサービスを人工的な方法で代替した場合に必要となる金額に基づいて評価する方法がある．生態系サービスを定量化することにより，生態系から受ける資源や利益の価値を相互比較することが可能になる．また，生態系から短期的に受けるサービス（資源の供給など）と，資源の枯渇や生態系の破壊によってもたらされる長期的なサービス低下の関係を論ずることが可能になる．しかし，生態系サービスを定量化するための一般的な方法はなく，さまざまな評価・分析の方法が現在検討されている．

◆ 生態系への温暖化影響

　大気中二酸化炭素（CO_2）濃度の上昇が引き起こす地球温暖化は，世界の生態系の機能やサービスにさまざまな影響を与えることが予想されている．生態系への温暖化影響には大きく分けて次の3種類がある．第一に大気中 CO_2 濃度上昇が生態系に与える直接的影響，第二に地上気温や水温の上昇が生態系に与える直接的影響，第三に気温・水温上昇が引き起こす大気や水の循環が生態系にもたらす間接的影響である．

　大気中 CO_2 濃度上昇が陸上生態系に与える直接的影響には，光合成への施肥

効果がある．施肥効果とは，光合成の原料である大気中の CO_2 が増えることにより光合成が促進される効果をいう．海洋生態系への直接的影響には，大気から海面に溶け込む CO_2 が増えるために起こる海水の酸性化が挙げられる．海洋酸性化が海洋生物に与える影響はまだ明らかではなく，現在研究が進められている．

地上気温の上昇が陸上生態系に与える直接的影響には，生産量を増やす効果と減らす効果がある．例えば，現在冷涼な気候下（冷帯，寒帯，高山帯など）にある生態系に対しては，光合成を行う期間（生育期間）を伸ばし生産量を増やす効果がある．一方，半乾燥気候下にある生態系では，乾燥ストレスと火災の増加により生産量が減ると予想されている．また，地温の上昇は，微生物による有機物分解を促進し，さらに永久凍土の融解が凍土中に閉じ込められている温室効果気体の発生を加速する可能性があると指摘されている．地上気温の上昇は，感染症を媒介する動物の分布域拡大などを通して，人間の健康へも影響を及ぼすと予想されている．海水温上昇は，水温変化に対して脆弱な生態系（例えばサンゴ礁など）の崩壊や分布域の変化をもたらす可能性があると考えられている．温度上昇が生態系に与える影響については，現在多くの事例研究が行われ，知見が蓄積されつつある．しかし地球規模で定量的な影響評価を行い，将来予測の精度を上げるためには，各プロセスの予測に含まれる不確実性を大幅に減らす努力が求められている．

気温や水温が上昇することによる間接的影響として，陸上においては，大気循環の変化が場所によって降水量や積雪深を現在より増やす（または減らす）ことが予想されており，それらが陸上植物の分布域や種組成を変える可能性がある．海洋においては海洋循環や湧昇流の変化が栄養塩循環の変化を引き起こし，植物プランクトンや魚類の生育分布に影響が及ぶと予想されている．大気や海洋の循環が将来どのように変化し，それらが生態系にどのような影響を及ぼすかについては，現在主に数値計算モデルに基づく研究が進められており，確度の高い予測や実測による検証に向けて努力が続けられている．ただし，現状では生態系に起こる個々の現象と温暖化との関係を直接結びつけて検証することは難しく，生態系や社会に対して影響の及ぶ可能性のある項目を示す段階にとどまっている．

［三枝信子］

参考文献

[1] 横浜国立大学 21 世紀 COE 翻訳委員会責任監訳（2007），生態系サービスと人類の将来，国連ミレニアムエコシステム評価，p.280，オーム社

[2] Millennium Ecosystem Assessment. Ecosystem & Human Well-being : Synthesis published in 2005 by Island Press, Washington, DC.,

6.2 温暖化と生物多様性

◆ 温暖化すると生物多様性は減るか

　IPCC第4次評価報告書では「地球の気温が摂氏1～3℃上昇すると生物種の20～30％が絶滅の危機に瀕する」と予測されている．この予測数値は，これまでに絶滅したと考えられる種数，あるいはその個体群密度が減少している種数をもとに算出されているのであるが，問題となるのは，過去に生じた絶滅や，現在進行している絶滅の「要因」のうち，どれだけの部分が温暖化による，と特定できるかどうかという点である．

　現在，世界中の生態学者が，過去に生じた生物種の変動現象から，生物多様性に対する温暖化影響の「フットプリント（足跡）」を検出しようと試みている．可能な限り有効なデータを収集し，将来の生物多様性の運命を予測することは，今後の温暖化対策を考えるうえで重要な作業といえる．

◆ 温暖化による影響の証拠—生物の温暖化適応

　多くの研究者は，まず，温暖化が生物の分布や季節性に影響を及ぼすことを指摘している．地球上に現存する生物の多くは，その分布や生活史が直接あるいは間接的に温度によって規定されている．すなわち，それぞれの生物には生息適温（範囲）があり，また，その発育や生活史サイクルは積算温度（温度のある一定値を超えた分だけをある期間にわたって合計したもの）に大きく依存している．これは生物種がそれぞれの生息域の気候や気象にあわせて，耐寒性や耐熱性，生活史サイクルなどの形質を進化させてきた結果である．

　温暖化による気温の恒常的な上昇は，こうした生物の分布や季節性に一定方向の変化をもたらすと予測される．すなわち，1）生物種の分布が低緯度地域から高緯度地域に，低地から高地に移動する，2）植物の開花時期や，動物の繁殖期などの季節性が早期化するか晩化する，と考えられる．1）は移動によって最適温度の生息域を確保するという生物的反応の結果であり，2）はその場にとどまり，周囲の温度変化に対して生活史形質を変化させ，適応するという生物的反応となる（図1）．

　実際に近年の気温上昇と照らし合わせて，生物の分布の変化や，季節性の変化

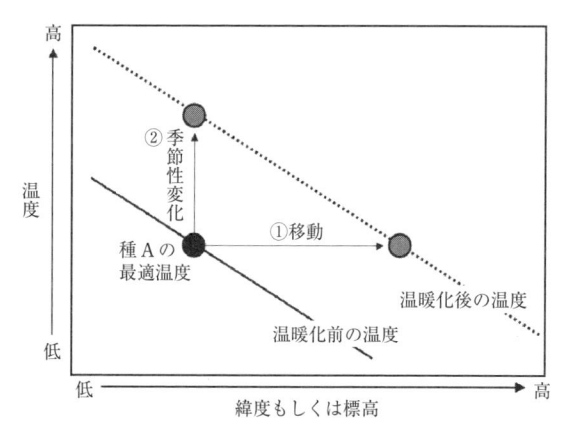

図1 生物の温暖化に対する適応戦略の模式図．温暖化によって，生息地の温度が上昇した場合，生物種は，①本来の生息適温を求めて移動するか，②その場にとどまり季節性を変化させるなどして温度上昇に適応する．

をとらえることができれば，温暖化影響を最も単純に立証できると考えられる．

分布域の変化例については，国内外で数多く報告されている．北米およびヨーロッパではチョウ58種のうち23種で分布の北上が確認されている．イギリスでは5種の鳥の北限が過去20年間に平均して18.9 km北上していることが報告されている．コスタリカでは低山域の鳥類が高山域へ移行している．日本でも，ナガサキアゲハといわれる南西日本に生息しているアゲハチョウの分布北限が過去30年間に北上を続けていることが報告されている（図2）[1]．また，日本近海に生息する亜熱帯性サンゴの分布域が過去100年間に海水温の上昇とともに，生息域が北上しているとされる [2]．

ParmesanとYohe [3] は世界中で報告されている，1,700種以上の種の分布変化に関する30以上の論文を詳細に解析して，野生生物の41％が近年の気候変動の影響を受けており，分布北限はこの10年間で平均6.1 km上昇していると算出した．

一方，生物の季節性の変化については，植物の開花時期や葉の展開時期，落葉期などの変化が多数報告されている．例えば，サクラ（ソメイヨシノ）の開花には開花直前の気温が最も重要な気象要素となるが，近年の温暖化によって日本全国のサクラ開花日が，2004年までの50年間で平均4.2日早くなっているとされる．逆に，秋の低温で落葉が始まるイチョウやカエデの落葉日は，温暖化による秋の訪れの遅れから，それぞれ平均5.4日および9.1日遅くなっていると報告されている．同様に，北米では43種の植物の開花時期が，約150年間で平均7日

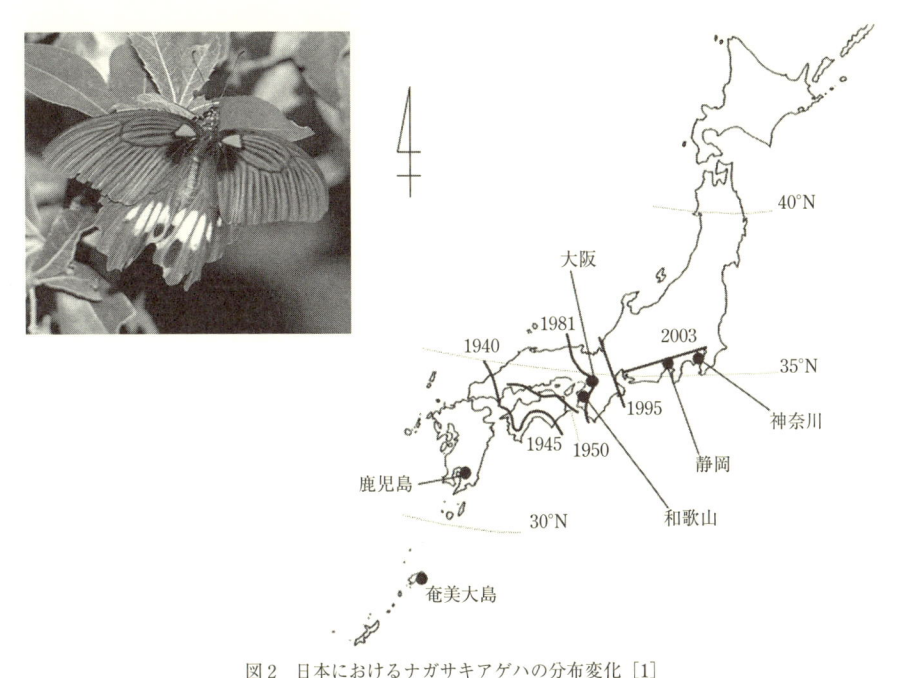

図2　日本におけるナガサキアゲハの分布変化 [1]

早まったことが報告されており [4]，イギリスでは，50年間で1カ月以上も開花が早まった例が報告されている [5]．PenuelasとFilella [6] は，1950〜2000年にかけて認められたさまざまな生物種の季節性変化を図3のようにまとめている．

◆ 生物の分布や季節性の変化がもたらす絶滅

　分布や季節性の変化は，多くの生物種で認められているが，すべての種で生じているわけではない．また，変化の速度も種や地域によって大きく異なる．すなわち，温度変化に敏感に反応してすばやく移動もしくは適応できる種もあれば，移動・適応が追いつかずに減少する種もあり，こうした温度変化に対する生物間の反応の違いは，生態系の時間的・空間的種組成を変化させ，生態系機能に影響が生じるおそれがある．例えば，植物の開花時期とハチやチョウなどの花粉媒介昆虫の活動時期の間にずれが生じると，植物・昆虫双方の繁殖にダメージを与えることになる [7]．植物と昆虫，昆虫と動物，のように「食べる−食べられる関係」にも影響が生じると考えられる．

　極地や，高山帯に生息する生物は，それ以上の高緯度や高標高地域への移動が

```
                    ┌─────────────────┐
                    │   地球温暖化    │
                    │  (1950～2000)   │
                    └────────┬────────┘
                ┌────────────┴────────────┐
                ▼                         ▼
        ┌───────────────┐         ┌───────────────┐
        │ 植物の季節性変化 │         │ 動物の季節性変化 │
        │ (10年前あたり) │         │ (10年前あたり) │
        └───────────────┘         └───────────────┘
```

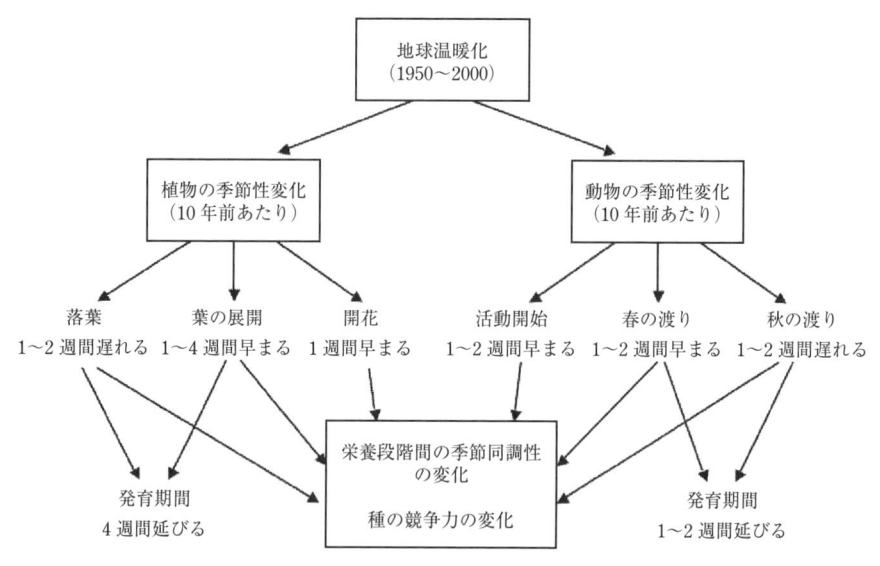

図3 植物および動物の季節性に及ぼす温暖化影響

（上図の下部ラベル：落葉 1～2週間遅れる／葉の展開 1～4週間早まる／開花 1週間早まる／活動開始 1～2週間早まる／春の渡り 1～2週間早まる／秋の渡り 1～2週間遅れる／栄養段階間の季節同調性の変化、種の競争力の変化／発育期間 4週間延びる／発育期間 1～2週間延びる）

できないため，温暖化に適応できず絶滅の危機に立たされる可能性が高まる．ホッキョクギツネは，温暖化によって内陸から北上してきたアカギツネとの間に競合が生じて数を減らしており，ホッキョクグマも，温暖化によって北極の氷が薄くなり，氷上での狩りができなくなって数を減らしているとされる．北海道南部のアポイ岳では，山頂付近の貴重な高山植物帯が過去30年間で急速に狭められており，その原因として，温暖化が低山域のハイマツやキタゴヨウなどの木本植物の侵入を促進しているためとされる [8]．

◆ 複雑な生態系影響

　地球温暖化は，温度の変化だけでなく，降水量や湿度，潮位や潮流，台風や暴風雨などの発生頻度の変化ももたらし，さらに地域レベルや微環境レベルでは，温度上昇だけでなく，温度の低下をもたらす場合もある．このようなさまざまな気象変化は，さらに生態系に複雑な影響を及ぼすと考えられる．

　例えば，温暖化で降水量が増えると，海水の表層水の塩分が薄まって軽くなり，水温上昇による膨張も加わって，表層水は深層方向への沈み込みが起きにくくなると考えられる．その結果，深層からの有機物が豊富な海水の上昇が弱まり，表層水が貧栄養化して海水中の栄養循環が乱れ，生態系ピラミッドの構造が改変される可能性がある．実際にハワイ北方の観測結果によれば，1991～1992

年の ENSO 現象（エルニーニョ・南方振動）が起こったときには，海洋の表層部分がリン欠乏環境から窒素欠乏環境に転じ，その結果，優占する植物プランクトン群集が変化したとされる．

　一方で，温暖化影響とされていた生物現象が，その他の人為的要因による可能性も指摘されている．例えば，近年の日本でのクマゼミの北方への分布拡大は温暖化が原因と考えられているが，一方で，都市緑化などの人為的環境改変がセミの群集構造を改変した結果であるとする説もある [9]．

　クマゼミ以外にも，上に紹介してきたさまざまな生物の温暖化影響と考えられる現象についても，温暖化以外の要因による影響を主張する説が多々ある（例えば，ナガサキアゲハの北上は人為的な放蝶による，という意見など）．冒頭にも述べたように野生生物の個体数を変動させる要因として，人為的な土地利用改変や乱獲，外来生物なども大きな影響を及ぼしており，これらが大きなノイズとなって，「真の温暖化影響」の評価を難しいものとしている．生物界から地球気候変動のシグナルを見つけるためには，50〜100年以上という長期にわたる，さまざまな地域における生物多様性変動の精密なモニタリングデータが必須となる．

◆ 生物多様性と人間と温暖化の関係

　地球温暖化が生物多様性に影響を及ぼすか，という最初の設問に対しては，これまでの生物学的・生態学的な知見に基づき，以下のように結論される．

（1）温暖化による気象変化は生物の分布や季節性に影響を及ぼす可能性が高く，一部の生物種でその影響が顕在化している．

（2）温暖化による生物分布および季節性の変化は，個体レベルから群集レベルに至るさまざまなレベルで生態影響を及ぼすであろう．

（3）さらに生態系ネットワークを介して，温暖化影響はさまざまな生物に直接もしくは間接に作用するため，影響の予測は簡単ではない．

　しかし，生態学的により重要な点は，そもそも生物多様性減少を招いている究極要因は，人間という過剰に増加した生物によるエネルギーの過剰消費にあるという点である．本来，地球上の生物は，生態系というシステムの中で物質循環とエネルギーの消費を行い，その生息数もエネルギー効率に基づきバランスをとってきた．ところが現在，人間は，70億人という膨大な数に増加して，生態系の頂点に立っている．これだけ巨大な人口を支えるには太陽光だけではエネルギーが足りず，人間は化石燃料を掘り出して，それをエネルギーとして充当している．さらに大量の食糧を確保するための乱獲や農業面積の拡大，大量消費に伴う

廃棄物の環境中への放出など,生態系に大きな負荷を与えている.

　こうしたエネルギーと物質の大量消費が,生物の生息環境を悪化させ,生物多様性の減少を招くと同時に,地球温暖化を進行させている.いわば,地球温暖化は,人間活動による生物多様性撹乱の副産物といっていい.したがって,温暖化が進むと生物多様性が減少するのではなく,温暖化を進行させている人為的プロセスが生物多様性の減少を招いていると理解すべきなのである.

　われわれ人間は生物界において最も自然生態系に依存して生きている生物である.その生命活動に必須の酸素や水の供給,農作物の新しい品種や医薬品の素材となる遺伝子資源や,レクリエーションや野外活動の場となるフィールド,美しい風景など人間社会に不可欠な資源と機能を提供しているのは自然生態系である.これ以上の生物多様性減少を食い止め,健全な生態系を維持するための策を講じることは,人間存続のための重要課題である.　　　　　　　　［五箇公一］

参考文献

[1] 石井実・吉尾政信（2004）,ナガサキアゲハの分布拡大と蛹休眠の性質,休眠の昆虫学-季節適応の謎（田中誠二・檜垣守男・小滝豊美編著）,pp.141-150,東海大学出版会
[2] 野島哲・岡本峰雄（2008）,造礁サンゴの北上と白化,日本水産学会,74, pp.884-888
[3] Parmesan, C. and Yohe, G. (2003), A globally coherent fingerprint of climate change impacts across natural system, *Nature* 421, pp.37-42.
[4] Miller-Rushing, A. J., Primack, R. (2008), Global warming and flowering times in Thoreau's concord: a community perspective, *Ecology*, 89, pp.332-341
[5] Fitter, A. H., Fitter, R. S. R., Harris, I. T. B., Williamson, M. H. (1995), Relationships between1st flowering date and temperature in the flora of a locality in central England, *Funct. Ecol*, 9, pp.55-60
[6] Penuelas, J. and Filella, I. (2001), Responses to a warming world, *Science*, 294, pp.793-795
[7] 工藤岳（2008）,地球温暖化と森林生態系：フェノロジーを介した生物間相互作用への影響,森林科学, 52, pp.14-18
[8] 渡邊定元（2001）,アポイ岳超塩基性フロラの45年間（1954-1999）の変化,地球環境研究, 3, pp.25-48
[9] Takakura, K.I. and Yamazaki, K. (2007), Cover dependence of predation avoidance alters the effect of habitat fragmentation on two cicadas (Hemiptera: Cicadidae), *Annals of the Entomological Society of America*, 100, pp.729-735

6.3　光合成

◆ 細胞レベル・個体レベルでの光合成

　光合成（photosynthesis）とは,太陽の光をエネルギー源とし,水を分解して

酸素（O_2）を発生し，二酸化炭素（CO_2）を吸収して炭水化物を合成する一連の生化学反応である．緑色植物はふつう，葉の細胞の中に葉緑体とよばれる小さな器官をもち，ここで光合成を行っている．光合成には，光エネルギーを化学エネルギーに変える反応（光化学反応または明反応）と，化学エネルギーを使ってCO_2を吸収しショ糖などを合成する反応（炭酸同化反応または暗反応）がある．

光化学反応は，チラコイドとよばれる膜構造をもつ器官で行われる．ここで水を分解して電子を取り出す反応（電子伝達反応）と，ATP（Adenosine Triphosphate，アデノシン三リン酸）を合成する反応が起こる．ATPとは，エネルギーを化学的に蓄えて生物体内を移動することのできる物質であり，生物体内で起こる活動に必要なエネルギーを供給する役割を果たす．

炭酸同化反応はカルビン・ベンソン回路ともよばれ，ストロマという液相空間で行われる．ここでは，リブロース1,5-ビスリン酸カルボキシラーゼ／オキシゲナーゼ（Rubisco）という酵素が触媒する反応により，ATPのエネルギーを利用してCO_2が固定される．ところがRubiscoにはCO_2濃度が低くなるとCO_2ではなくO_2と結びつくという性質があり，そのときに，いったん固定されたCO_2を再放出してしまう．この現象を回避するため，一部の草本植物は葉緑体内のCO_2濃度を能動的に高めることによって高い光合成効率を保つ仕組みをもつようになった．こうした植物は，CO_2が固定されてできる最初の生成物がC4化合物（炭素を4つ含む化合物）であることに由来してC4植物（C4 plant）とよばれる．一方，すべての樹木を含むその他の多くの植物は最初の生成物がC3化合物（炭素を3つ含む化合物）であることからC3植物（C3 plant）とよばれる．

陸上植物の光合成速度は，主に光，温度，大気中CO_2濃度，大気や土壌の湿度，土壌中の栄養塩類濃度（窒素やリンなど）の影響を受ける．水中での植物プランクトンの光合成速度は光，水温，溶存CO_2濃度，無機リン酸塩や硝酸塩などの栄養塩類の濃度の影響を受ける．陸上，水中いずれにおいても光合成速度は弱光条件下では温度やCO_2濃度に比べて光により強く律速され，光合成速度は光量にほぼ比例する．光がある程度以上強いと光合成速度は光量に依存しなくなり，温度，CO_2濃度，栄養塩類など，ほかの要因に律速される．

陸上植物の葉は，表皮に気孔とよばれる開口部をもち，気孔を通して大気との間でCO_2や水蒸気の交換を行っている．太陽の光を受けると植物は気孔を開いて大気中のCO_2を吸収しようとするが，同時に水蒸気が気孔を通して大気へ放出されるため，葉内の水分が減少する．そこで植物は体内が水不足にならないように気孔の開度を調整する仕組みをもっている．このため，陸上植物の光合成速度は気孔の開閉を通して植物の周囲における水環境にも左右される．

◆ 生態系レベルでの光合成

一次生産（primary production）とは，緑色植物が太陽の光を利用して光合成を行い，無機物から有機物を生産すること，またはその生産量をいう．一次生産は基礎生産ともよばれる．一定時間における単位（土地）面積または単位体積あたりの生産量を生産力（productivity）とよぶこともある．

生態系における一次生産は，総生産と純生産という概念によって区別される．総一次生産（Gross Primary Production：GPP）とは，光合成による有機物の生産をいう．純一次生産（Net Primary Production：NPP）とは，光合成の生産物を用いて生物体の一部を新たに生産することをいう．すなわち，純一次生産量は，総一次生産量から生物体の維持と成長のために消費された有機物（呼吸量）を差し引いた量である．

純生態系生産（Net Ecosystem Production：NEP）は，主に陸上生態系において用いられる用語で，土壌を含む生態系全体による正味の有機物生産をいう．すなわち，純生態系生産量は，総一次生産量から植物と動物の呼吸および土壌微生物による有機物分解量を差し引いた量である．例えば，ある生態系の純生態系生産量が正の値であることは，その生態系全体が大気から正味で CO_2 を吸収したことを意味し，負の値であることは正味で CO_2 を放出したことを意味する．したがって，地球全体の CO_2 収支を考える場合，各種生態系のもつ炭素吸収能力を表す量として純生態系生産量は重要な意味をもつ．

広域または長期間での炭素収支を考える場合に純バイオーム生産（Net Biome Production：NBP）という概念が用いられる．純バイオーム生産量は生物圏レベルでの生産量を意味し，純生態系生産量から撹乱（火災による燃焼や伐採など）

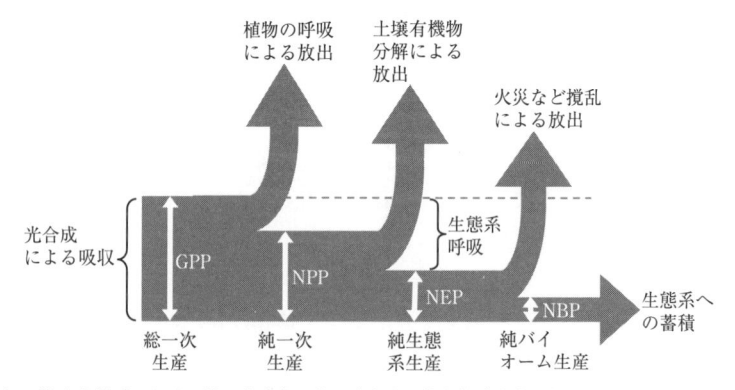

図1　陸上生態系における総一次生産，純一次生産，純生態系生産，純バイオーム生産の関係

によって生態系外に持ち出された炭素を差し引いた量であり，局所かつ突発的に起こる撹乱の効果をも考慮した生態系の炭素吸収能力を表す．図1に，陸上生態系における総一次生産，純一次生産，純生態系生産，純バイオーム生産の関係を示す．

◆ 光合成の測定方法

陸上植物の光合成速度を測定する方法には，透明な密閉容器とCO_2分析計を用いる方法がある．密閉容器を葉にかぶせ，容器中の空気をCO_2分析計に通して濃度を測定し，CO_2濃度の低下速度から単位葉面積あたりの光合成速度を求める．

植物プランクトンによる光合成を測定する方法には，明暗瓶法や，クロロフィル蛍光法とよばれる方法がある．明暗瓶法は，2つの密閉容器にプランクトンを含む水を入れ，一方を明所に，他方を暗所に置いて一定時間後に溶存酸素濃度の変化を測定する方法である．クロロフィル蛍光法とは，プランクトンに一定の光をあて，光合成と同時に放出される光を測ることにより光合成の状態を調べる方法である．

陸上生態系における生態系レベルでの生産量の測定には，毎木調査に基づく方法や，微気象学的な方法がある．毎木調査に基づく方法とは，樹木の直径成長量を一定期間（1〜数年）ごとに測定し，樹木に蓄積された炭素量，落葉として土壌に供給された炭素量，土壌中の有機物分解量などから純一次生産量や純生態系生産量を求める方法である．微気象学的方法とは，生態系の上で風速やCO_2濃度を測定し，大気拡散の理論に基づいて単位土地面積の生態系が大気と交換したCO_2量を算出する方法である．微気象学的方法の特徴は，時間分解能が高くCO_2収支の日変化や季節変化を測定できることである．図2に，微気象学的方法で求めた森林の総一次生産量，純生態系生産量，生態系呼吸量（植物の呼吸量と土壌有機物分解量の合計）の季節変化を示す．この森林（カラマツ林）では，総一次生産量は展葉する5月に急増して6〜7月に最大となり，落葉する9〜10月に低下した．一方，生態系呼吸量は，温度の高い7〜8月に最も多かった．結果として，純生態系生産量は呼吸量の多い7月ではなく初夏の6月頃に最大であった．

◆ 光合成への温暖化影響

大気中CO_2濃度上昇と気温上昇が個体レベル・生態系レベルでの光合成量に与える影響を明らかにするため，野外実験や室内実験に基づく研究が行われている．例えば，野外でCO_2濃度の高い空気を吹きかけて植物の反応を調べる

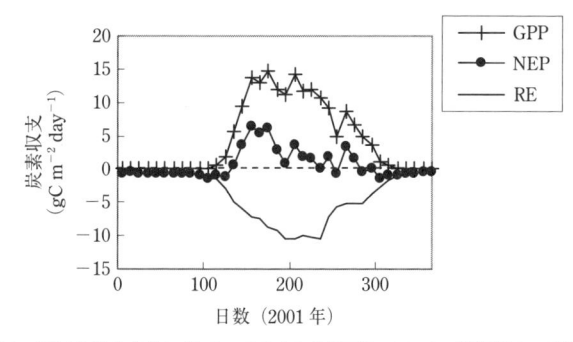

図2 微気象学的方法に基づいて求めた生態系レベルでの炭素収支の季節変化．総一次生産量（GPP），純生態系生産量（NEP），生態系呼吸量（RE）の10日間平均値を記す．図中のREは符号を変えて表示している．観測場所は北海道苫小牧市郊外のカラマツ林，観測期間は2001年．

FACE（free-air CO_2 enrichment, 開放系大気CO_2増加）実験や，植物体や土壌の温度を人為的に上げて反応を調べる生態系操作実験などである．短期的に見ると，CO_2濃度の上昇は光合成を促進し，温度はその植物の最適温度に近いほど光合成を促進する．一方，長期的には，高CO_2環境で長期間育てられた植物の光合成が促進前の状態に戻ってしまう現象（ダウンレギュレーション，down regulation）[2]がしばしば観測される．光合成への長期的な温暖化影響の評価はきわめて難しく，現時点では研究事例を増やすことによって，より一般的な解釈を得ようとする努力が続けられている．　　　　　　　　　　　　［三枝信子］

参考文献
[1] 宮地重遠（1992），光合成，現代植物生理学1, p.229, 朝倉書店
[2] 武田博清・占部城太郎（編）(2006)，地球環境と生態系-陸域生態系の科学，p.282, 共立出版

6.4 呼吸とバイオマス

◆ 炭素循環と呼吸・バイオマス

植物の光合成により大気から固定された炭素（CO_2）は，有機物として生態系に貯留され，そして最終的には生物の呼吸によって大気に戻っていく．炭素を貯留するプールには植物や動物の体（バイオマス），そして枯死物を原料として微生物のはたらきで形成された土壌有機物が含まれる．バイオマスの大部分は樹木

の幹に代表されるような炭水化物であり,セルロース・ヘミセルロース・リグニンなどが主成分である.そのほかにはタンパク質や脂質などが含まれる.バイオマス重量(乾燥時)の約45%は炭素で構成されているが,厳密には組織の化学組成によって炭素の割合は変化する.

炭素がどのくらいの期間バイオマスに貯留されるか(平均滞留時間),逆にいえばどのくらいの速度で回転しているか(ターンオーバー速度)は,生態系の炭素循環を特徴づける重要な指標である.またそれは,環境変動に対する炭素プールの応答性を示しており,例えば平均滞留時間が数百年以上と長い樹木の木部や土壌腐植などの炭素プールは不活性であり,今後数十年の温暖化に対しては応答が少ないであろう.逆に,平均滞留時間が数年以内と短い落葉落枝などの炭素プールは活性が高く,環境変動に速やかに応答すると予想される.陸上の生態系に貯留されている炭素は,おおよそ植物バイオマスは約500ギガトン(1ギガトン=10億トン),土壌中の有機物は約1,500ギガトン,そして呼吸量は総計で年間120ギガトンと見積もられている.海洋の場合,プランクトンや魚類のバイオマスは約3ギガトンと比較的小さいが,呼吸量は年間40ギガトンに及んでいる.これだけでも,地球の炭素循環において呼吸とバイオマスは重要な要素であることがわかる.

生態系からの炭素放出は,大きく分けると植物自身の呼吸(独立栄養的呼吸)によるCO_2放出,動物や土壌微生物の呼吸(従属栄養的呼吸)によるCO_2放出,その他の微量な放出で行われる.この微量な放出の中には,火災時のバイオマス燃焼によるガス放出,湿原でのメタン放出,植物の二次代謝産物の放出などが含まれるが,量的には生物の呼吸に比べて非常に小さいことが多い.したがって,光合成だけでなく,呼吸によってどれくらいの炭素が放出されるかが,正味のCO_2収支と生態系の炭素貯留能力を決めるうえで非常に重要となる.

◆ 呼吸の意義とバイオマス

呼吸はすべての生物がエネルギー獲得のために行う代謝プロセスであるが,その活性(例えば単位バイオマス量あたりの呼吸量)は,生物の種類や器官によって大きく異なっている.通常のミトコンドリアで行われる呼吸は「暗呼吸」と呼ばれる多くの動植物に共通したものであるが,植物の場合,明るい条件下では「光呼吸」という光合成経路を介した特有の呼吸が行われる.また,葉や細根のように活性が高い(新陳代謝が速やかに行われる)部位は,樹木の幹のように不活発な部位に比べて大きな呼吸速度を示す.同じ器官でも,窒素濃度が高い部分ほど一般に活性が高く,呼吸速度が高くなっている.このような違いを理解する

ため,「維持呼吸」と「構成呼吸(成長呼吸)」に分ける考え方がある.つまり,すでに現存するバイオマスの生物活動を維持するためのコストと,新しい器官を形成するためのコストを考慮することで,植物による呼吸量の不均質さや変化を解釈しやすくなる.

　土壌中の微生物についても,種類や生息場所によって微生物を分解してCO_2を放出する速度は大きく異なっている.そのため,生態系全体あるいは地域スケールの呼吸量を求めるには,各部位の呼吸速度を測定して合算しなければならない.植物・動物・微生物による呼吸の総量は「生態系呼吸」とよばれ,微気象学的な方法(例えば渦相関法)を用いたタワー観測によって,光合成が行われない夜間の正味CO_2交換量から求めることができる.しかし,生態系のどこでCO_2放出が行われたかをきちんと分けて量ることは難しい.例えば,地面から放出されるCO_2(土壌呼吸とよばれる)には植物の根と微生物の呼吸が混ざり合っており,それを分けるために植物の根を取り除いた測定を行うなどの工夫が行われれている.

◆ 呼吸速度の変化

　呼吸の速度は,化学反応の材料(炭水化物,脂肪,タンパク質という基質)の量と,温度などの環境条件に左右される.植物や微生物の場合,周囲の温度が10℃上昇するごとに呼吸速度は約2倍になる(図1).つまり,この関係は,温度上昇に対して加速度的に呼吸速度が増えていく(すなわち指数関数的になる)

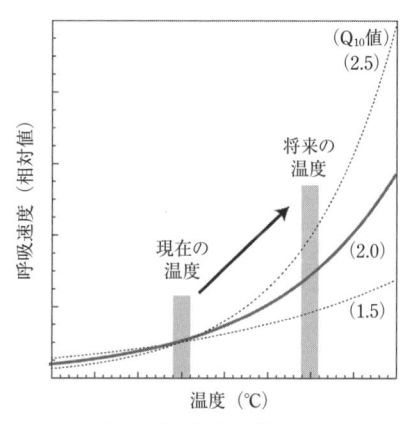

図1　呼吸の温度応答に関する模式図(横軸は1目盛が1℃相当).
　　異なる温度応答性(Q_{10}値)のカーブを示す.例示のため極端な温度上昇の場合について示した.

ことを示している．この温度 10℃ ごとの倍増率は Q_{10} という温度変化への感度を示す指標になっており，この場合は $Q_{10}=2$ ということになる．この値を正確に決めることは，温暖化に対する呼吸とバイオマス炭素プールの応答を推定するうえで重要であるが，前記のような呼吸の不均質性のため，正確な値を求めるのは難しい．実際に，土壌呼吸については 1.5 から 3 程度の値が得られており，その違いの原因を解明することも現在の研究課題となっている．温度以外の環境条件として，乾燥が進むと生物の活性が低下して呼吸速度は抑制されるが，逆に水分過多でも酸素が不足することで呼吸の低下が起こる．そのため，ある適度な水分条件において最も土壌呼吸速度が高くなり，それより乾燥しても過湿になっても速度が低下する傾向がある．過湿によって呼吸が抑制されている顕著な例が湿地であり，水に浸った植物の枯死物は微生物による分解が進まず，泥炭として厚く堆積している．

◆ 生態系ごとの特徴

植物の独立栄養的呼吸によって，一般的に，光合成で固定された炭素の約半分が消費される．しかし，その割合は植生ごとに異なっており，寒冷で呼吸活性が低い北方の生態系ではその割合が低く（3割程度），高温で活性が高い熱帯の生態系では高い割合（7割程度）となる．ここでは温度条件だけでなく，呼吸を行う生物の量も関係しており，森林のように幹などに大量のバイオマスをもっていると，それを扶養する分だけ多くの維持呼吸が必要になる．またバイオマス量とも関係するが，呼吸量は年齢に従った変化も示すことも明らかにされている．若い植生は活発に成長しており，新たな器官を形成するコストとして高い構成呼吸を示すが，まだバイオマス自体の量が少ないため呼吸の総量としては大きくない．植生が成長するにつれ，バイオマスの維持呼吸が増大し，ある程度成熟した森林では呼吸量は長期的に一定化していくと考えられている．そのときは，光合成と呼吸とが総量としてバランスする定常状態になる．しかし，植生の総光合成量はかなり若い段階で一定になるが，呼吸量が一定になるには長い時間がかかるため，生態系の炭素収支の変動には実は呼吸量が決定要因になっている場合も多いことが最近の研究からわかってきている．環境変動によって呼吸活性が変化すると，炭素収支のバランスが崩れて生態系への正味の炭素吸収，あるいは炭素放出が起こる．森林伐採などの土地利用変化や火災・害虫発生などの撹乱が生じることで一時的に CO_2 が大量に放出されるが，それは呼吸の観点から見れば，収支バランスが崩れて微生物に分解される有機物量が増加したため，と解釈することができる．

◆ 地球温暖化と呼吸の変化

　地球温暖化によって温度が上昇すると，生態系の呼吸速度が上昇すると予想されており，それを確認するための実験も行われている．環境操作が可能な実験室での生育実験や，野外でのヒーターなどを使った加温実験は，少なくとも短期的には植物や微生物の呼吸は増加することを示している．もし，その程度が CO_2 施肥効果や生育期間の延長による光合成量の増加を量的に上回れば，生態系からは正味で CO_2 が放出されることになり，人為的な温暖化を加速するような正のフィードバックとして作用することになる．例えば，エルニーニョなどの大規模な気象変動の影響で，広い範囲で気温が例年よりも高くなったときには，大気 CO_2 濃度の上昇速度が例年よりも上がったことが知られている．それにはさまざまなメカニズムが関与しているが，温度上昇によって植物や土壌微生物の呼吸速度が高まり大気に CO_2 が余分に放出される，というプロセスが重要な寄与を果たしていると考えられている．反対に，温度上昇が起こっても，それが数十年以上の時間をかけて進む場合は，前記の指数関数的関係から予想されるほど呼吸量は増えない可能性もある．それは，呼吸の材料（基質）となる炭水化物などが利用されつくして不足してしまうためである．現在行われている実験の多くは短期間のものであり，そのような制限要因が見えにくいが，数年以上にわたる加温実験では呼吸速度が徐々に鈍化することが観察されている．同じように，植物についても温度変化に生理的に適応して，当初予想されていたような応答が見られない場合がある（馴化とよばれる）．

　いくつかのシミュレーション・モデル研究は，指数関数的な温度応答を考慮して，将来の気候予測シナリオに基づく計算を行い，正味の CO_2 放出が起こるリスクを指摘している．高緯度域の土壌有機物には多量の炭素が貯留されているが，今後予想される温度上昇（および火災の頻発化）によって大規模な炭素放出が生じる可能性がある．特に，永久凍土が分布している地域では，温暖化により凍土が融解すると土壌中で長年凍結していた有機物が分解され始め，予想以上の炭素放出につながる危険性があるともいわれている．しかしながら，その規模や分布はほとんどわかっておらず，現在の重要な研究課題に挙げられている．

◆ 資源としてのバイオマス

　地球環境問題への関心の高まりのなか，バイオマスのより積極的な活用への関心が高まっている．伝統的には木材・繊維・食糧といった形でバイオマスは利用されてきたが，温暖化問題が重要性を増すにつれ，クリーンなエネルギー資源で

あるバイオマス燃料に新たな注目が集まっている．確かに，バイオマスは大部分が大気 CO_2 に由来するため，燃焼させても正味の温室効果ガス放出にはならない再生可能資源である．一方で，炭素の貯留源としてのバイオマスの扱いには注意が必要である．植物でも土壌でも，光合成による生産と呼吸や死亡による消費とでつねに入れ替わりが生じており，樹木の幹バイオマスのような寿命が長いものでも恒久的に炭素を隔離できるわけではない．気候変動枠組条約で導入されている森林吸収源に代表されるように，植林や管理活動による森林への炭素吸収は温暖化対策の重要な方策となりつつあるが，そこで固定された炭素をいかに維持あるいは活用していくかについても，同時に考えていく必要があるだろう．

［伊藤昭彦］

6.5 陸上生物（動物，土壌微生物，ほか）

◆ 陸上生物と地球環境

　陸上生物には，ほ乳類をはじめとする動物，鳥類，は虫類，両生類，昆虫などの節足動物，そして微生物といった，きわめて多様な生物群が含まれる．陸上は高温湿潤な熱帯域から，砂漠などの少雨な乾燥地域，低温な極域・高山域まで非常にバラエティに富んだ環境が分布しており，多様な生育環境をつくり出している．時間的にも，長い過去の地殻変動による隔離によって，多くの固有種を生むような種分化が進んできた．また，これら陸上生物には，家畜に代表されるように人間活動に密接に関係しているものも少なくない．

　陸上の生物は，それぞれ現在の生育環境に適応しているだけでなく，過去の環境変動に対応して生存してきた．温度や水分の変化に高い耐性をもつものや，遠距離を移動する能力によって好適な生育地に移住できるものも多い．しかしながら，陸上は人間の生活域でもあり，人間活動が盛んになるにつれて陸上生物は生育域を奪われ，さらにさまざまな環境悪化によるダメージを被ってきた．生育地の喪失・分断化や環境汚染，さらに侵入種と在来種との競合によって，現在では急速に生物多様性が失われつつある．地球温暖化は，陸上に生育するすべての生物の生育環境を，程度の差はあれ現在とは異なったものにして脆弱性を高め，さらに深刻な影響を与える可能性が高い．しかも，それが未曾有の速度で進行すると，多くの生物にとって適応能力を超えたものになる．ここで注意しなければならないのは，将来の陸上生物に影響を与えるのは気候変動だけでなく，局所的には森林破壊や都市域の拡大といった直接的な影響も無視できないほど深刻な点で

ある．人口増加が予測される多くの地域では，野生動物が食糧などのために捕獲されることによる影響も無視できない．

◆ 現れつつある影響

　植物と異なり，陸上の動物には大気 CO_2 濃度が上昇すること自体による直接的な影響はほとんどない（間接的な影響については後述）．深刻なのは，温度や水分環境の激変による生育環境の縮小や分断化である．典型的な例が北極海沿岸に生育するシロクマであり，夏季の結氷域がこれまでになく縮小することで，エサとなるアザラシの狩猟場が狭められ，危機的な状況にあるとされる．また，日本の大雪山系などにも生育するナキウサギのように雪深い山岳域に適応した生物では，温暖化によって積雪が減少し，冬眠する場所やエサとなる動植物が失われたりすることで，やはり相当の生育地が失われると危惧される．このように高緯度域や高山域の生物にとっては，温暖化しても新たな生育地を探すことが困難なため，特に深刻な状況が起こりうる．

　熱帯から温帯にかけても，温暖化に起因すると見られる陸上生物への影響が観察されている．例えば，サクラの開花やモミジの紅葉といった季節的現象（フェノロジーとよばれる）は，ある程度継続した期間にわたる温度条件によってタイミングが決まると考えられている．実際に，過去数十年にわたりフェノロジーを継続観察した記録によると，サクラの開花などは50年間で4日ほど早くなっている．その原因には都市域のヒートアイランド現象のようにローカルな現象も含まれる点には注意が必要であるが，郊外を含む多数のデータから，少なくとも部分的には温暖化が背景要因にあると考えられている．動物についても，春に渡り鳥が巣をつくりヒナをかえす時期が徐々に早まっているという観察例がある．また，近年，野生のクマが食べ物をあさるため人里に降りてくるのがよく目撃されるようになった背景には，人工林拡大に加えて温暖化による植生変化がクマの食糧不足を招いているともいわれている．

　ここで問題なのは，このようなフェノロジーの変化はどの生物についても均等に起こるわけではないことである．生態系は，食物連鎖による食べるもの・食べられるものの関係，あるいは植物の花とその蜜を吸い花粉を運ぶ昆虫の関係，といった複雑な相互作用の上に成り立っている（図1）．もし関係があるもの同士の季節的なタイミングがずれてしまうと，動物のエサ不足や，植物が種子をつくれなくなるなどの不都合が生じ，いずれは生態系の衰退につながるおそれがある．また，気候変動の結果として害虫を食べる天敵がいなくなった場合，その害虫が大発生し，農作物への被害を引き起こすことも考えられる．最近，世界各地

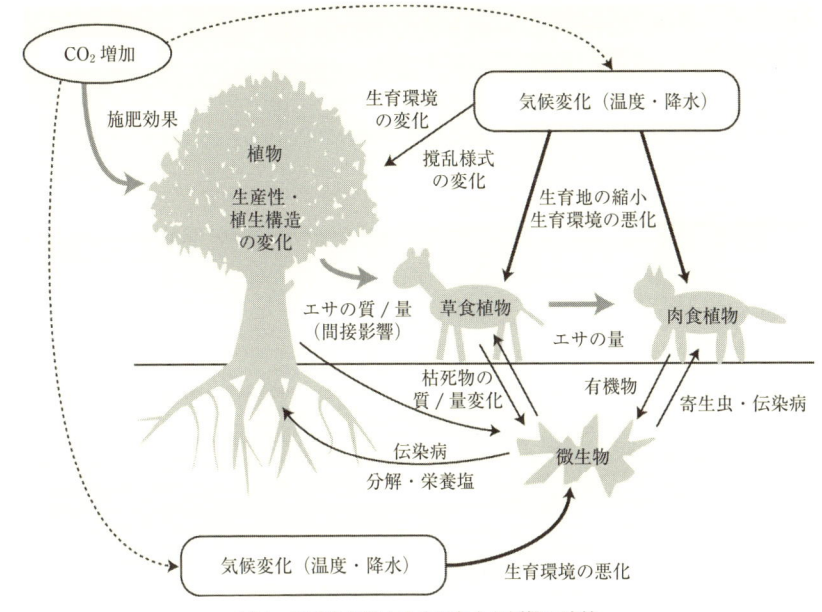

図1 温暖化が陸上生物に与える影響の連鎖

でミツバチの失踪や個体数の減少が観察されており，ミツバチに作物の受粉を頼っていた農家ではすでに深刻な損害が出始めている．この原因はまだはっきりと解明されておらず，汚染による環境悪化や伝染病・寄生虫による被害の可能性もあるが，少なくとも背景となる要因の1つに温暖化によるミツバチの生育環境の変化が挙げられる．

　温度上昇に伴って，これまで見られなかった低緯度域の生物がより高緯度域で見られるようになっている．それには，人間の移動や流通によって生物が運ばれる機会が増えたこともあるが，より温暖な地方の生物にも生育可能なように環境が変化してきたことを示すものである．北アメリカでは，チョウの種のうちすでに半分以上で生育域の変化が起こっており，全体として北方に移動しているという報告がある．日本でも，南方系のセミが徐々に緯度の高い地域で出現するようになっているなど，ヒートアイランド現象だけでなく広域的な温暖化も加わった影響が観察されつつある．このような生物移動により，大規模な病害虫の被害が起こるおそれがある．実際に，北米の森林では外来種のキクイムシによる被害が顕著になっているが，それは温暖化に伴ってその虫が越冬可能な生育環境になってきたためであることが指摘されている．このような大規模な樹木の枯死は，林業に深刻な被害を与える．さらに微生物への影響の例として，近年，ツボカビ病

によってカエルなどの両生類が多くの地域で激減している現象が挙げられる．その原因も複合的なものである可能性が高いが，やはり1つの要因として気候変化（温度と降水量の変化）によってツボカビが蔓延しやすい高温多湿の環境が増えたためともいわれている．同様な被害は，今後ますます多くの地域で生じるおそれがある．

◆ 今後予想される影響

　生態系を構成する生物の多様さや，相互作用の複雑さのため，将来の温暖化による陸上生物への影響を予測することは困難で，その推定結果には大きな不確実性が残されているのが現状である．それでも，考えられる環境変動と生態系の可塑性・脆弱性に基づいて，起こりうる影響とその可能性を推定してリスク管理に役立てる必要がある．将来の温暖化による生態系影響を推定するには，現在の環境要因と生物分布・生態系の指標との関係に基づいて経験的に類推する方法や，プロセスに基づくコンピュータモデルを用いてシミュレートする方法などがある．例えば，ある生物種について現在の分布範囲から生育可能な温度・水分条件の範囲を決定し，気候モデルによる将来の環境条件に基づいて分布範囲の変化を推定することがよく行われる．生物は環境変化に対して時間遅れを伴って応答するが，経験的モデルに基づく方法では時間的変化を推定するのは困難である．

　大気CO_2濃度の上昇は，ほとんどの陸上生物にとって直接的な影響はないが，植物には施肥効果がはたらくため，将来的には間接的な影響が顕在化するかもしれない．大気中でCO_2が増加すると，光合成が盛んになる一方で根からの窒素吸収が追いつかず，植物の窒素濃度が低下することを示唆する実験結果が多数得られている．植物の葉を食べる虫や動物にとっては，タンパク質などの栄養価が下がることになり，（食べる量を増やすものの）成長は悪くなる．窒素などの栄養塩が不足しない場合では，植物の成長促進によって草食動物のエサは増えることになるであろう．

　生態学的な研究により，それぞれの生態系タイプについて，生育地の面積と生物多様性の間にはある程度一般的な関係が認められている．それを利用して，気候変動による生育可能域の移動と人間活動による分断化に基づき，生物多様性の将来予測が試みられている．そのような研究によれば（IPCC AR4 WG2 第4章「生態系，その特性，財とサービス」参照），現在から平均2.5℃（2.1～2.8℃）の温度上昇が起こることにより，全球的に生物種の平均35％（21～52％）が絶滅に瀕する可能性などが示唆されている．温度上昇幅が大きいとされる極北域では，3.2～6.6℃の温度上昇により約半分のツンドラ地域が失われると予測されて

いる．それにより，ツンドラに飛来する渡り鳥の営巣地が最大で半分以上失われる可能性がある．半乾燥地域（地中海沿岸など）や亜寒帯林では，火災の激化による生態系の衰退が懸念されている．これらの地域はもともと自然の火災が生態系の営みの一部となっているが，気候変動によって極端な火災が増えることにより，適応可能な範囲を超えて生態系の衰退につながるおそれがある．大部分が熱帯・亜熱帯に属するアフリカでも，ほ乳類の30〜40％が深刻な絶滅の危機に瀕する危険性が指摘されている．アマゾンのような温暖湿潤で生物多様性が高い地域においてすら，約2℃の温度上昇によって多雨林の面積が減少し，多様性の大幅な低下が起こると予想されている．一方，土壌中の小動物や微生物については現状の分布や多様性に関する情報すら不十分であるが，温暖化が与える影響は潜在的に大きいと考えられる．微生物は物質循環においてきわめて重要な役割を果たしているので，微生物群集の変化が生態系機能・サービスに与える影響も考えなければならない．現在までに温暖化が陸上生物に与える影響について蓄積されている情報は断片的なものにすぎず，生物間の相互作用を通じた影響の広がりや，生態系全体の構造や機能に及ぼす影響についてはほとんどわかっていない（つまり予測モデルに取り入れられていない）点には注意が必要である．

◆ 適応策・リスク管理

　今後，人間活動は陸上生物の生育地を奪ったり気候変動を引き起こしたりすることで，ますます強い影響を与えることが容易に予想される．ここで注意しなければならないのは，気候変動だけでなく，森林破壊や都市の拡大などの直接的な影響が複合的に現れる点である．例えば，本来は温暖化を抑制する対策として行われる植林やバイオ燃料栽培の拡大が，かえって地域の生態系に劇的な影響を与える可能性がある．考えられる適応策としては，生物の移動が人間による土地利用（耕作地化，道路・鉄道による分断）によって妨害されないようコリドー（回廊）を設けるものや，保護地域の設置がある．しかし，広大な陸域に生息する多様な種について適応策を講じるには基礎的な知見が不足しており，コスト的にも困難が予想されるため，今後は包括的な温暖化対策の一部として生態系の適応策を検討していく必要がある．

［伊藤昭彦］

6.6 温暖化と外来生物

◆ 地球環境問題としての外来生物

　外来生物とは，人為的に本来の生息地から別の地域に移送された生物を意味する．多くの外来生物は，移送された先の新天地では，生息環境が大きく異なるために，定着することができず，滅んでしまうが，逆に，その生物の性質が新天地の環境にたまたま適したものであった場合，分布を拡大して，在来生物や生態系に悪影響を及ぼす．これを侵略的外来生物という．

　ここでは以降，便宜的に，「外来生物」とは，この侵略的外来生物を指すものとする．

　外来生物は，有史以降，人間の移動とともにその歴史は始まったと考えられるが，15世紀の大航海時代以降，急速にその移動距離と移動数が増えたとされる．そして，現代に入り，経済の急速な国際化に伴って人とモノの動きが急増・高速化するなか，外来生物による生物多様性や人間生活への影響は国際的な問題へと発展している．わが国でも，食用目的で導入されたオオクチバスやウシガエル，ペット目的で導入されたアライグマ，穀物種子に紛れて持ち込まれた雑草類や，輸入コンテナに付着して侵入したアルゼンチンアリなど，さまざまな外来生物が国内で定着を果たし，在来生物や人間生活に対して悪影響を及ぼしている．

　世界経済の発展とともにその影響が拡大するという点では，外来生物と地球の気候変動という2つの環境問題の根源は共通している．さらに外来生物も生物である以上，その生息域は温度によって強い制限を受けることから，温暖化が外来生物の動態に大きく影響すると考えられる．

◆ 温暖化すると外来生物は増えるか

　外来生物の新天地への侵入，すなわち侵略的外来生物の誕生は，移送・導入→定着（繁殖）→分布拡大，というプロセスを経て成立する．この一連のプロセスのどの段階で失敗しても侵略的外来生物にはなりえない．移送・導入された外来生物は，まず新天地での環境要因による淘汰を受ける．さまざまな環境要因の中でも，特に温度は多くの動植物の分布の大きな制限要因であり，外来生物にとっても，辿り着いた先で生息できるか否かは，まず温度に大きく左右される．温度のみを制限要因とした場合，外来生物の運命動態は次のように段階別に分類される．1）移送・導入されたものの，新天地の温度が低すぎてその場で死滅してし

まうもの（移送・導入失敗），2) 移送・導入された個体は一時的に生存し，繁殖するものの，温度変化が激しくて，途中で世代が途絶えるもの（定着失敗），3) 定着には至るものの，定着地域周辺では時期や場所によって暑すぎたり寒すぎたりするため，集団を大きくすることができず，限られたエリアでのみ集団を維持するもの（分布拡大失敗），4) 時期や場所による温度変化の影響を受けることなく，集団を成長させ，分布を拡大するもの（侵入成功）（図1(a)）．

温暖化はこれら外来生物の侵入失敗あるいは成功の各段階に影響する．すなわち，平均温度の上昇は，1)の移送・導入段階で死亡していた外来生物の生存率を引き上げ，2)の定着できなかった外来生物の定着確率を上昇させ，さらに3)の生息地が限られていた外来生物の分布拡大を促進することになる．ただし，これまで分布拡大に成功していた4)の外来生物については，温度上昇は，さらなる分布拡大をもたらす場合と，逆に生息適温を超えた高温による障害のために，生息地が縮小する場合の2通りの影響が考えられる（図1(b)）．

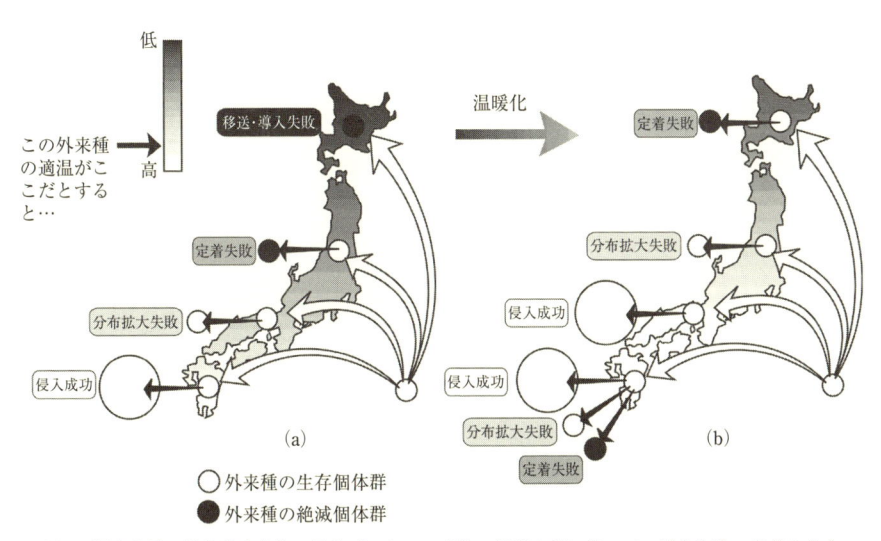

図1　温度上昇に伴う外来生物の侵入プロセスの変化．温度上昇に伴って，外来生物の定着や分布拡大が成功する地域が北上する

以上をまとめると，温暖化は，これまで侵入に成功できなかった外来生物の侵入成功を促し，これまで侵入に成功していた外来生物の一部の分布を縮小させる，ということになる．したがって，環境の変化を温度変化だけに限定して見た場合，温暖化の進行とともに外来生物の分布は高緯度地域に拡大し，地域ごとに優占する外来生物の種組成は遷移していくと予測される．

◆ 温暖化による外来生物の分布変化

温暖化により，分布が北上している外来種の例として，ヨーロッパでは他国から導入された観葉植物の多くが，原産地の緯度よりも 1,000 km 北のエリアで野生化している [1]．日本でも，亜熱帯産の導入植物が本州内で野生化して分布を拡大していることが報告されている．アメリカ・オンタリオ州における外来のガ gypthy moth は 1980 年以降に温暖化に伴って分布を拡大しているとされる [2]．地中海周辺では，オーストラリア，アフリカおよび中南米原産の昆虫類 400 種以上が定着していることが近年の調査で明らかになっている [3]．南アフリカ原産の雑草 buffel grass は 1980 年以降，冬季の温度上昇に伴って，アリゾナ州南部のソノラ砂漠で分布を拡大している [4]．日本では，亜熱帯原産の外来昆虫ミナミアオカメムシが 1960 年代から日本の冷温帯地域に侵入しており，温暖化が関与していると考えられている [5]．

一方，温暖化によって減少する外来生物の例もある．日本の沿岸地域では 1950 年代以降，地中海産の外来二枚貝ムラサキイガイが急速に分布を拡大して，優占種となっていたが，1990 年代に入ってから，別の外来二枚貝ミドリイガイが西南日本の沿岸域から徐々に北進を続け，地域によってはムラサキイガイに替わる優占種となっている．これは近年の水温上昇が，ミドリイガイの北進を押し進め，ムラサキイガイと分布が重なったためと考えられる [6]．

北米からの輸入木材とともに侵入したとされる害虫アメリカシロヒトリは 1945 年に日本本土で初めて発見されて以降，急速に分布を拡大して，日本中のサクラを食害し，大きな社会問題にまでなったが，本種は最近になって本州での分布が縮小し，小笠原（1994 年に発見）や北海道（2000 年に発見）に分布を広げていることが明らかとなっている．南方への分布拡大の背景には，本種の化生（1 年に何回，世代がサイクルするかという性質）の変化がある．原産地では本種は 2 化生であったが，日本に侵入して以降，西南日本において，3 化生に進化した個体群が発生し，その結果，さらに南方への進出が可能となったとされる．この化生変化は遺伝的に支配されており，アメリカシロヒトリの温暖化適応と見なされる．一方，北海道への進出には温暖化による生息適地の北進が疑われる [7]．

◆ 人間活動の変化による外来生物の分布拡大

地球温暖化による影響は人間の社会および経済構造も変化させ，その結果として外来生物の分布にも変化を生じさせると考えられる．近年，世界的にバイオ燃

料の需要が高まっているが，特に，南米では，バイオエタノールの原材料としてのトウモロコシやサトウキビの生産が急速に拡大している．一方，中国を含む東アジア・東南アジア地域では，急速な経済発展に伴い，かつては大豆やトウモロコシなどの穀物の輸出大国であった国々が，世界的な穀物輸入大国に転じている．こうした世界的農業事情から，2000年以降，南米諸国からアジア地域への穀物輸出量が増大しており，それに伴って，南米原産の外来生物が急速に分布を拡大するおそれが高まっている．実際に，毒性の強い南米原産のヒアリは，21世紀に入ってから，環太平洋諸国に急速に分布を拡大して問題となっている（図2）．南米からの物資の輸送量の増大に伴って，この外来アリの侵入のチャンスも増大したと考えられる [8]．

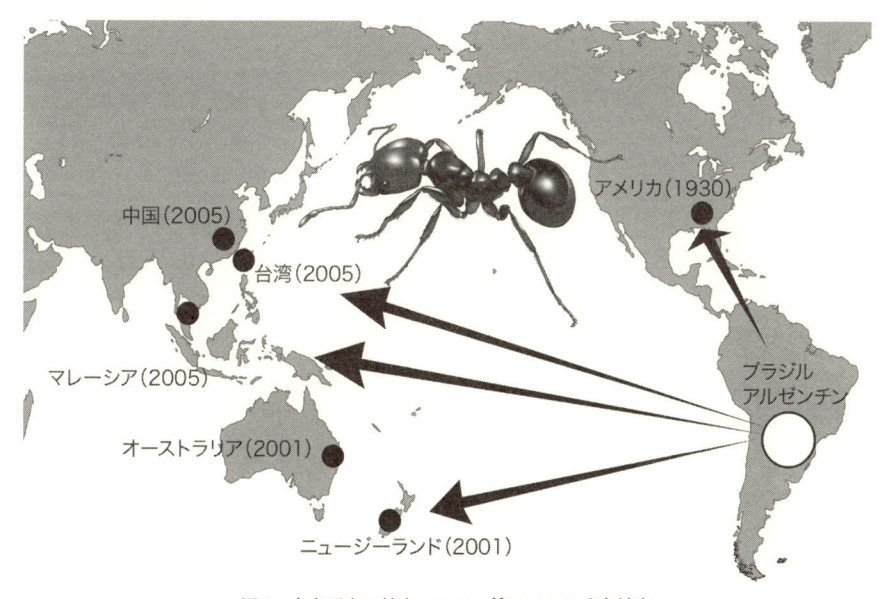

図2　南米原産の外来アリの一種ヒアリの分布拡大

温暖化によって北極海の氷が減少することが懸念されているが，実際に氷が溶けて，その面積が縮小した場合，大陸同士を短距離で結ぶ新しい航路が北極海において開発されると考えられる．大量の人と物資が移送される新しいルートの開通は，同時に多くの外来生物の侵入を招くと予測される．

その他，温暖化は，人間社会の変化と相互作用して，農耕地の拡大や縮小，砂漠化の進行，海洋や湖沼・河川の水質の変化など，さまざまな環境変化をもたらし，こうした変化も外来生物の分布に大きな影響を及ぼすと考えられる．また，

自然分布している在来の生物種も温暖化によって，その分布や群集構造が変化すると考えられ，在来生物と外来生物の間の相互作用の変化も外来生物の分布に複雑に影響すると考えられる．

◆ 変わりゆく世界と外来生物

以上のことから，温暖化と外来生物の関係については，以下のように結論される．
(1) 温暖化は，地域ごとに外来生物の種組成の変異をもたらす可能性がある．すなわち，これまで見られなかった外来生物の分布拡大を促し，一方で，これまで普通に見られた外来生物が減少するかもしれない．
(2) 温暖化は温度条件のみならず，降水量や水土壌環境，植生なども変化させることにより，在来生物の分布にも影響することから，外来生物−在来生物間の相互作用も複雑に変化して，外来生物の分布に影響すると考えられる．
(3) 温暖化は人間の社会・経済構造にも影響を及ぼし，その結果，外来生物の分布にも変化が生じる可能性がある．

生物を取り巻く環境は，膨大な人口を支えるための乱開発によって，急速に変化しており，外来生物もこの人間活動による変わりゆく地球環境の中で，変遷をくり返している．地球上の生物圏は，長い生物進化の歴史の中で培われてきた地域固有の遺伝子，種，および群集で構成されるさまざまな生態系の機能の融合によって維持されており，外来生物はこの地域固有性を崩壊させる．その影響は長期的に見れば生態系機能を改変し，生態系サービスの低下に結びつく可能性がある．今後も外来生物の規制と管理の強化が国内外で求められる．　　　［五箇公一］

参照文献
[1] Francko, D. A. (2003), Palms Won't Grow Here and Other Myths, Timber Press
[2] Regniere, J. et al. (2009), Climate suitability and management of the gypthy moth invasion in Canada, *Biological Invasion*, 11, pp.135-148
[3] Roques, A. et al. (2009), Alien terrestrial invertebrates of Europe, In Handbook of Alien Species in Europe (Nentwig, W. et al. eds.), pp.63-79, Springer
[4] Archer, S. R. and Predick, K. I. (2008), Climate change and ecosystems of the southwestern United States, Rangelands, 30, pp.23-28
[5] Kiritani, K. (2006), Predicting impacts of global warming on population dynamics and distribution of arthropods in Japan, *Population Ecology*, 48, pp.5-12
[6] 久保田信（2007），和歌山県田辺湾およびその周辺域におけるムラサキイガイ個体群の激減とミド

リイガイの増加，南紀生物，49, pp.81-82
[7] Gomi, T. et al.（2007）, Shifting of the life cycle and life history traits of the fall webworm in relation to climate change, *Entomol. Exp. Appl.*, 125, pp.179-184
[8] Inoue, M. N. and K. Goka（2009）, The invasion of alien ants across continents with special reference to Argentine Ants and Red imported Fire Ants, *Biodiversity*, 10, pp.67-71

6.7　フェノロジー

　フェノロジー（phenology）とは，生物季節（学）と訳され，季節の移り変わりに伴う動植物の行動や状態の変化と気候あるいは気象との関連を研究する学問のことを示す．植物においては，発芽，開芽（芽ぶき），開花，紅葉，落葉などの変化，動物では渡り鳥の渡りや，昆虫の初鳴き・羽化などの行動と気象条件とは密接なかかわりがあるとされている．近年の地球温暖化はこのようなフェノロジーにさまざまな影響を及ぼし，植物の春の展葉や秋の紅葉時期が変化している証拠が多くの研究で示されている．例えば，地中海地方において1952年に比べて2000年には平均気温が約1.4℃上昇し，開葉が平均16日早まり，落葉が平均13日遅くなったという報告［1］や，ヨーロッパで10年に2.5日の割合で春の開始が早まったという報告［2］がある．日本国内における生物季節の長期観測事例としてよく知られているものに気象庁による生物季節観測および動物季節観測がある．これはウメ・サクラの開花日やウグイス・アブラゼミの鳴き声を初めて聞いた日，ツバメ・ホタルをはじめて見た日などを全国の気象官署で統一した基準により観測しているものである．観測は1953年から開始され，この50年間でイチョウの開芽が約4日早まり，落葉が約8日遅くなったことがわかった［3］．しかし，最近は気象観測の自動化に伴い，測候所の廃止が決定されたことから，これまで人的に調査を行ってきた生物季節観測の継続が困難となっている．このような膨大な動植物種を対象とした地上観測に加え，地球観測衛星を用いた地球規模のフェノロジー変化の調査も行われている［4］．衛星画像から植生の現存量の季節変化を求めることにより，展葉時期の早期化と生育期間の長期化といった同様の傾向が検出されている．植物のフェノロジーは陸域生態系の炭素収支や大気CO_2濃度に影響を与える．植物の生育期間の長期化，とりわけ，春の展葉開始の早期化はCO_2同化を促進させるといわれている．

　図1に北海道苫小牧市の国有林（カラマツ植林地）にて微気象的な手法で測定された森林のCO_2吸収量の季節変化と森林の撮影画像との比較を示す．

　植物の光合成によるCO_2吸収量（Gross Primary Production：GPP）は，カラマツの葉が開く春先に上昇し始め，森林が緑葉に覆われる夏に高い値になり，黄

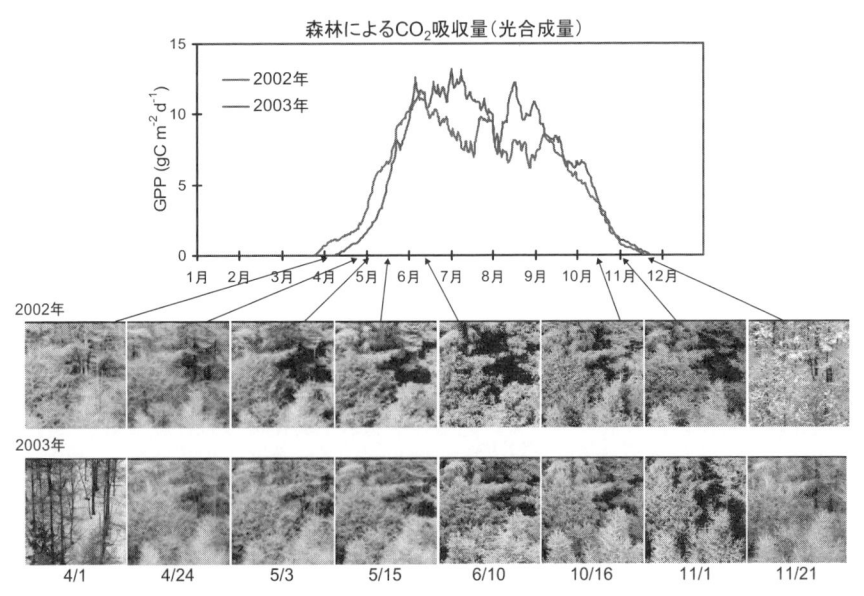

図1 北海道苫小牧市の国有林（カラマツ植林地）における森林のCO_2吸収量の季節変化と森林画像との比較

葉・落葉とともに低下していることがわかる．春先について着目すると，GPPの立上りは2002年のほうが2003年よりも2週間程度早く始まっている．一方，フェノロジー観察用に装着された定点撮影カメラの画像を参照してみると，エルニーニョの影響で非常に温暖であった2002年は，カラマツの開葉が2003年よりも2週間程度早かったことがわかり，CO_2吸収の開始時期の差を生じさせたものと考えられる．これは森林によるCO_2吸収量の季節変動や気象応答を理解するうえでフェノロジーの把握が重要であるということを示す一例である．

また，気候変動に対する感受性が生物種によって異なる場合を想定すると，開花時期と訪花昆虫の出現時期に不一致が生じ，食物連鎖や送粉，繁殖，移動など生態系における生物相互作用にとって深刻な問題になる．このように，炭素収支のみならず生物多様性の観点からも，フェノロジーのモニタリング体制の整備とデータ蓄積が喫緊の課題である． ［小熊宏之］

参考文献

[1] Peñuelas, J., Fiella, I., Comas, P. (2002), Changed plant and animal life cycles from 1952 to 2000 in the Mediterranean region, *Global Change Biology*, 8, pp.531-544
[2] Menzel, A., Sparks, T.H., Estrella, N., Koch, E., Aasa, A. et al. (2006), European phenological response

to climate change matches the warming pattern, *Global Change Biology*, 12, pp.1969-1976
[3] Matsumoto, K., Ohta, T., Irasawa, M., Nakamura, T. (2003), Climate change and extension of the *Ginkgo biloba* L. growing season in Japan, *Global Change Biology*, 9, pp.1634-1642
[4] Nishida, K. (2007), Phenological Eyes Network (PEN), A validation network for remote sensing of the terrestrial ecosystems, AsiaFlux Newsletter, 21, pp.9-13

6.8 海洋生物

◆ 海洋生物への影響

　生命の起源と考えられ，また地球表面の約70％を占め，かつ15億 km^3 の海水を蓄える海洋は，多くの生物が棲んでいる生物の宝庫である．海洋における生物の在り方が陸上と大きく違うのは，陸上の基礎生産を営む植物が地中から栄養や水分を吸い上げ生長するのに対し，海洋中の植物は海水中の栄養を利用しているため，植物プランクトンのように固定されていない植物が多くいる点である．つまり，陸上の植物は固定され2次元に近い分布に限定される傾向にあるのに対し，海洋中の植物プランクトンは海水の動きによって移流される性質をもち，3次元的分布をもつ．もちろん，コンブやワカメのような海藻は海底に固着しているが，水深が数千メートルに及ぶ外洋域では，浮遊する植物プランクトンが基礎生産の大部分を賄っている．このため，地球温暖化などの気候変化が生じた際に，海洋中の植物は水温の影響だけでなく，流れの影響や，海水中の栄養分（栄養塩）の濃度変化の影響など，陸上生態系とは異なったさまざまな影響を受ける．このような基礎生産者である植物プランクトンの複雑な変化は，二次生産者である動物プランクトンやさらに高次の海洋生物たちにも複雑な影響を及ぼす．

＜地球温暖化が海洋生物に与える影響の仕組み＞
1）　水温変化の影響
　地球温暖化によって地球全体の気温が上昇するため，海洋の水温も上昇する．生物には適水温というものがあるため，水温が高くなれば，海洋生物も分布が低水温側つまり高緯度側へと移動することが考えられる．しかし，実際には海流の変化や，海氷の融解水の供給などで，水温が低下する場所もある．気象庁が1900年から2006年までの日本周辺海域での海面水温を調べた結果，日本海の中・南部，東シナ海，日本南方海域などの海域では顕著な水温上昇が見られるものの，北海道・東北の太平洋側や日本海北部では統計的に有意な水温上昇は検出できなかった．また，海面だけなく，海洋内部の水温変化を調べた結果では，水

温が下降している地域もある．つまり，場所や深さによって水温変化が異なるという複雑な様相を示す．また，海洋中の多くの生物の場合，実際の適水温帯よりも低い水温帯に生息していることが多い．これは，基本的に水温の低い海域のほうが栄養や餌が豊富であるため，適水温より低めの海域のほうが有利となるためである．したがって，海洋生物の場合，水温変化に応じて単純に移動するわけではなく，栄養・餌との兼ね合いが重要となる．

2) 栄養塩供給の変化の影響

海洋中の植物が光合成を行うために光が必要となるが，海面での光の反射や，海水中の減衰や吸収のため，十分な光量が得られるのは，場所により違いはあるが，最大でも表層200 m程度までである．このため，下層では栄養塩が使われずに保持されている．通常は海洋表層のほうが温かく軽いため，安定成層になっているが，冬季に大気によって冷やされて重くなると，不安定成層となり，下層の水と混ざり（鉛直対流），下層の豊富な栄養塩が上層に供給される．春季になると再び表層が温められ安定成層となると，栄養塩が豊富でかつ光を十分受けられる状況になり，植物プランクトンが爆発的に増殖する（春季ブルーム）．地球温暖化によって大気が温まると，冬季の冷却が弱まり，鉛直対流が弱まるため，栄養塩の下層から表層への供給が減少し，植物プランクトンの春季ブルーム，ひいては年間の基礎生産が低下する可能性がある．また，地球温暖化によって，高緯度で降水量が増えること（5.1「水循環」参照）や海氷や陸氷の融解水が多く供給されることも予想されており，この効果によっても栄養塩の表層への供給が減少することが考えられる．

海洋表層へ栄養塩を供給する仕組みとしては，冬季鉛直対流以外に，湧昇とよばれる現象がある．地球上では，地球が自転しているため，北半球で動く物体は右側（南半球では左側）に曲げられる性質（コリオリ力）をもつ．また，大陸と海洋では，大陸のほうが暖まりやすいために，夏季には，大陸で上昇気流が発生し，海洋から大陸へ気流が流れ込む．大陸の西岸では，この気流がコリオリ力によって赤道向きの風となる．赤道向きの風とコリオリ力によって，海洋の水は沖向きに輸送され，その分の水を補うために，下層から栄養塩の豊富な水が沿岸に湧き上がってくる．これを沿岸湧昇と呼ぶ（図1）．沿岸湧昇している海域は，全海域の面積に比べれば微々たるものであるが，フンボルト海流域（南米大陸西岸），カリフォルニア海流域（北米大陸西岸），ベンゲラ海流域（アフリカ大陸西岸），カナリア海流域（ユーラシア大陸西岸）など，好漁場が形成されることでもわかるように，生産性が非常に高い海域となっている．地球温暖化が進むと，大陸のほうがより昇温し，海陸間の温度差が強くなり，大陸の西岸で湧昇を引き

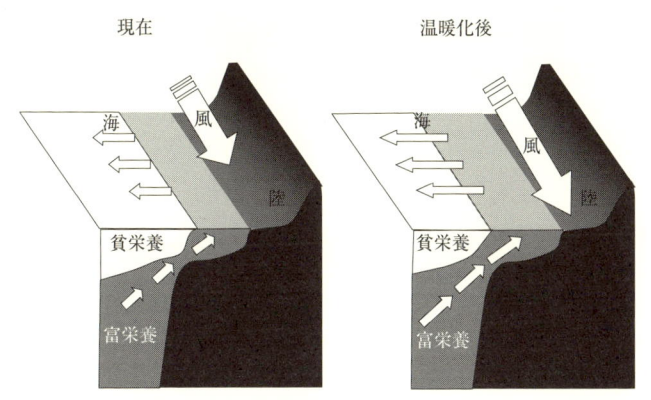

図1 現在と温暖化後の沿岸湧昇のようす.温暖化によって,沿岸湧昇が強まり,湧昇域での生産性が高まる可能性がある.

起こす赤道向きの風が強くなり,湧昇が強まることが予想されている[1].したがって,湧昇域では,栄養塩がより多く供給され,生産性が高まることが予想される.しかし,一方で,強化された湧昇によって下層の貧酸素な海水が表層近くまで運ばれる現象が観測されており,生物にとっては悪影響があることも指摘されている.

3) 海洋の流れの変化の影響

地球温暖化に伴って,大気の風系も変化するため,海流が変化することが予想される.海流の変化によって,プランクトンや魚類の卵稚仔など遊泳力がないものが,その分布に影響を受けるのはもちろんだが,栄養塩も輸送されるため,生産性にも影響が出る.また,海流は,魚類などの生活と深く結びついている.例えば,日本近海の浮魚類の多く(マイワシ,カタクチイワシ,マサバ,マアジ,サンマなど)は,強い暖流である黒潮の上流域で産卵をする.このことによって,卵は沖合に運ばれ,餌が多い北の海域へアクセスしやすくなる.成長した稚魚たちは北に回遊し,豊富な餌を利用して成長し,再び上流域に戻り,産卵する.地球温暖化によって,北太平洋の偏西風が強くなり,黒潮が強くなることが予想されている.このことによって,黒潮上流域に産卵する魚類の卵が,現在よりもより沖合に運ばれることが予想される.このことが,これらの魚類に有利にはたらくのかは不明だが,日本近海までの回遊経路が長くなることは確実だと思われる.

4) その他の影響

その他の影響として,海洋酸性化(5.3 および 6.9 節参照),海面上昇による地

形変化の影響（5.2および5.8節参照），海氷域の後退による影響などが考えられる．海洋酸性化の影響については，クリオネやサケなどの餌になっている翼足類，ウニ，アワビ，貝類などの幼生，サンゴなどに深刻な影響が起こる可能性が指摘されているが，まだ不明な点も多く，これからの研究課題である．海面上昇の影響では，海面上昇によって水深が深くなり光が届きにくくなるため，特に沿岸域の浅海部に広がる海のジャングルに相当する藻場での影響が危惧される．藻場は多くの魚類の産卵場，生育場にもなっているため，魚類の再生産に大きく影響すると考えられる．また，海氷域の後退に伴い，多くの生物の生息域が減少するとともに，海氷を必要としない海洋生物の分布域が広がることになる．このようにさまざまな影響が考えられる．

<実際の生態系として応答>

これまでは個々の要因について述べてきたが，実際の生態系の応答は非常に複雑である．例えば，地球温暖化の進行に伴い，鉛直対流が弱まり，生産性が下がることが予想されると述べたが，それと同時に，春季ブルームが起きる季節が早まることが考えられる．このことによって，餌をより多く得ることができる生物もいれば，逆に餌に出会うタイミングがずれてしまう生物もいる．これは，水温上昇などに伴って，分布が変化した際に，餌となる生物とそれを捕食する生物の重なり具合がどうなるかによっても生じる問題である．さらに，時間的発展を考えるとその応答はより複雑になる．ある種の生物が餌生物と遭遇しやすくなると，その餌生物は減少し，捕食者は増加するが，餌生物が減少しすぎると，その捕食者は餌不足となり，今度は減少に転ずる．このように，生態系全体として考えた場合の応答は，予想がかなり難しい．

では実際に地球温暖化の影響と思われている変化としては，どのような現象が検知されているのだろうか．栄養塩の変化については，日本近海の北太平洋で表層の栄養塩が減少していることが報告されている．植物プランクトンについては，北大西洋における1958年からのデータによって，亜熱帯域での減少と亜寒帯域での増加が確認されている．しかし，地球全体の植物プランクトン量については，ここ10年間の海色衛星データから太平洋でも大西洋でも貧栄養海域が広がっていることが報告されているものの，地球温暖化の影響を検知できるほどの長期データがないのが現状である．動物プランクトンについては，北大西洋において，植物プランクトンの増減とともに変化していること，種の分布が北に移動していること，夏季に増える動物プランクトンが増大する時期が早まっていること，などが示されている．太平洋においても，動物プランクトンの成長期が早

まっている報告がなされているが，これらが地球温暖化による影響とは短絡的にはいえない．というのも，北海において，週に3回ずつ動物プランクトンデータを40年間にわたって調べた解析結果から，水温が上昇しているにもかかわらず，植物プランクトンの春季ブルームが遅れていることが示された［2］からである．この遅れは，秋季の高水温が冬季の動物プランクトンの増加につながり，植物プランクトンへの摂餌圧が高くなったため生じていた．つまり，単純な水温の影響ではなく，生態系の食物連鎖を経て，結果が生じていたのである．このように動物プランクトンの段階においてさえもその応答は複雑である．より高次の魚類においては，北海の25年間の底魚類のデータから，36魚種中13種が北に分布を移動していることが示されたが，北に移動したものは寿命の短い魚種ばかりであった［3］．また，分布水深を変えることによって，高温化の影響を凌ぐ魚種もおり，前述のとおり，単純な高緯度側への移動ではなく，魚種間の分布域の重複具合が変化している．そのため，生態系としての応答は，水温などの1つの要因による影響では予想できないものになる．今後はこのような，生態系としての応答を考慮した研究が必要となるだろう． ［伊藤進一］

参考文献

［1］ Bakun, A. (1990), Global climate change and intensification of coastal ocean upwelling, *Science*, 247, pp.198-201
［2］ Wiltshire, K. H. and B. F. J. Manly (2004), The warming trend at Helgoland Roads, North Sea : phytoplankton response, *Helgoland Mar. Res.*, 58, pp.269-273
［3］ Perry, A. L., Low, P. L., Ellis, J. R. and Reynolds, J. D. (2005), Climate change and distribution shifts in marine fish, *Science*, 308, pp.1912-1915

6.9 サンゴ・サンゴ礁

サンゴはイソギンチャクやクラゲと同じ刺胞動物である．サンゴは，主に熱帯・亜熱帯に分布し，褐虫藻を共生させサンゴ礁を形成する造礁サンゴと，主に深海や寒帯に分布し，褐虫藻が共生していない冷水サンゴの2つに大きく分けられる．サンゴは動物であるが，石灰質の骨格を形成するため，サンゴに対する地球温暖化の影響に関しては，海水温上昇の影響とともに，海洋酸性化の影響を考慮しなければならない．現在より海水温が2℃以上上昇し，さらに大気中の二酸化炭素濃度が480 ppm（1 ppm = 0.0001％）を超えて海洋酸性化が起こると，造礁サンゴの多くがいなくなってしまうと予測されている（図1）．

サンゴ礁は，造礁サンゴをはじめとする造礁生物が堆積して海底から盛り上

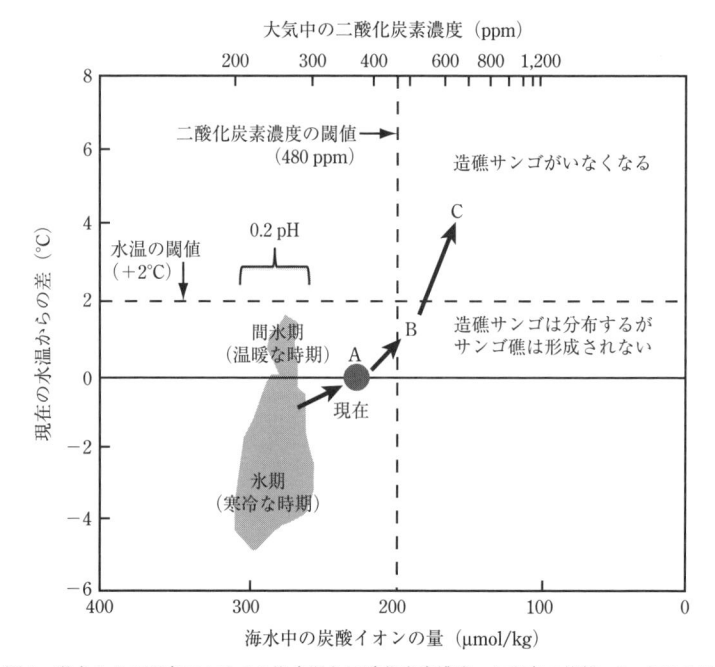

図1 過去からの現在にかけての海水温と二酸化炭素濃度,A現在の状態,B,Cにかけて海水温と二酸化炭素濃度が上昇すると,サンゴ礁から造礁サンゴが消えてしまう.

[出典] Hoegh-Guldberg, et al. (2007), Coral reefs under rapid climate change and ocean acidification, *Science*, 318, pp.1737-1742

がった地形を指し,多様な生物の棲み場となるとともに,天然の防波堤の役割を果たしている.サンゴ礁に対する地球温暖化の影響に関しては,炭酸カルシウムの骨格を形成する石灰化生物(造礁サンゴ,石灰藻,大型底生有孔虫など)への海水温上昇・海洋酸性化の影響とともに,サンゴ礁の防波機能に影響を与える海面上昇を考慮する必要がある.

◆ サンゴへの温暖化影響

＜海水温上昇がサンゴに与える影響＞

海水温上昇が造礁サンゴに与える影響としては,白化現象と分布域の北上が考えられる.造礁サンゴの白化(図2)は,異常な高水温をはじめとする環境ストレスにより褐虫藻の光合成系が損傷され,造礁サンゴが褐虫藻を放出することにより起こる.このとき,造礁サンゴの白い骨格が透けて見え,白くなるため白化とよばれる.環境が回復すれば褐虫藻を再び獲得して造礁サンゴは健全な状態に

6.9 サンゴ・サンゴ礁　267

図2　健全な造礁サンゴ（左：著者撮影）と高水温により白化した造礁サンゴ（右：安元三教氏提供）

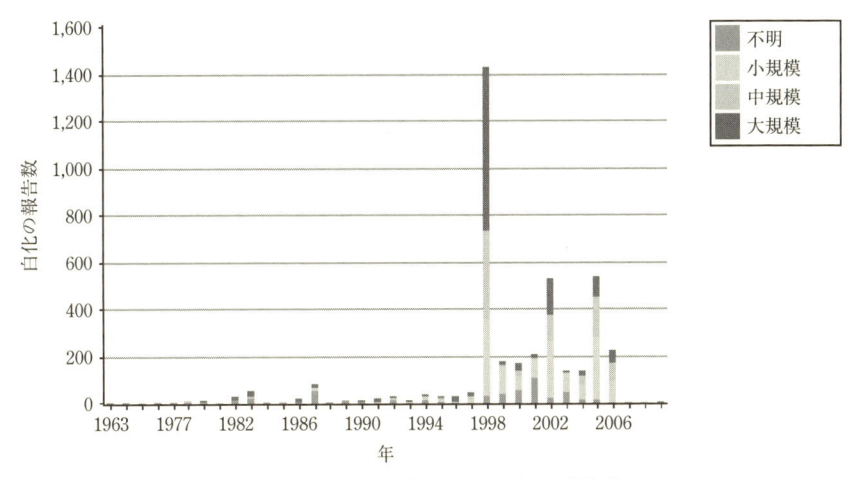

図3　1963年から現在にかけての白化の報告数
［出典］　ReefBase, http://www.reefbase.org

戻るが，環境が回復せず白化が長く続くと造礁サンゴは死んでしまう．最近，白化の起こる頻度が増大し（図3），1997〜1998年には，世界的に水温が上昇し，各地で大規模な造礁サンゴの白化が起こった．水温上昇が続くと，白化の起こる頻度がさらに増大し，造礁サンゴの大量死が起こる可能性があることが指摘されている．また，高水温だけでなく，淡水や土砂の流入など局所的なストレス，強い光などさまざまなストレスが白化を引き起こすことが知られており，高水温とほかのストレスの複合効果も考慮する必要がある．

一方で，造礁サンゴ分布の北限に近い温帯の長崎県五島・対馬，千葉県館山などでは，最近になって，海水温の高いところに棲息する造礁サンゴが出現していることが確認された．海水温上昇が続くと，造礁サンゴの種構成が変化するとともに，造礁サンゴの分布が温帯へ拡大する可能性がある．しかし，本州など温帯

でも平年値より海水温が上昇すると，そこに分布する造礁サンゴが白化を起こしたことが報告されている．このことは，造礁サンゴがそれぞれの環境に適応しており，平年値を上回る海水温がストレスとなって白化が引き起こされることを示している．海水温が上がると造礁サンゴの分布域が温帯に拡大する一方で，温帯においても白化の頻度が増大するおそれがある．

＜海洋酸性化がサンゴに与える影響＞

海洋酸性化は，海水中の炭酸カルシウム飽和度を低下させるため，造礁サンゴをはじめとする石灰化生物全般の石灰化を阻害する．オーストラリアのグレートバリアリーフにおいて，骨格の分析によって，最近400年の間に造礁サンゴの石灰化量が低下していることが明らかにされ，海洋酸性化がその原因である可能性が指摘された．さらに，海洋酸性化が造礁サンゴの白化を引き起こすという報告もある．海洋酸性化の影響は，石灰化生物の成体だけでなく，発達段階のすべてに及び（図4），特に発達初期や繁殖期における影響が最も大きいと考えられているが，その詳細に関しては不明な点が多く，現在研究が盛んに行われているところである．炭酸カルシウムの飽和度は水温に依存し，海水温の低いところほど飽和度が低くなり，炭酸カルシウムの骨格が形成されにくくなるため，高緯度や

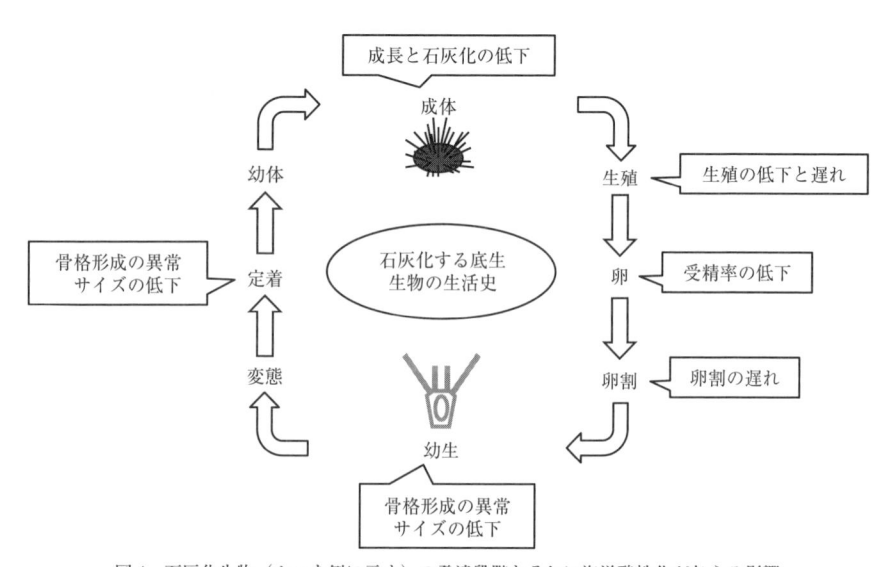

図4　石灰化生物（ウニを例に示す）の発達段階とそれに海洋酸性化が与える影響

［出典］　Kurihara, H.(2008), Effects of CO_2-driven ocean acidification on the early developmental stages of invertebrates, *Marine Ecology Progress Series*, 373, pp.275-284

深海に分布する冷水サンゴへの海洋酸性化の影響はより深刻であると考えられる.

◆ サンゴ礁への温暖化影響

　サンゴ礁は石灰化生物が積み重なって膠結されて形成された地形であるため,サンゴ礁に対する温暖化影響に関しては,海水温上昇による造礁サンゴへの影響に加え,海面上昇の影響を考慮する必要がある.サンゴ礁の上方成長速度が海面上昇速度に追いつかない場合は,サンゴ礁の防波機能が失われ,背後の海岸が浸食される.ツバルやモルディブのような環礁上に成立する低平な島嶼国は,国土のすべてがサンゴ礁起源の砂からなるため,海水温上昇と海洋酸性化による造礁生物（島の構成材料）の消失と,海面上昇による防波効果の消失とが複合して深刻な影響が起こる可能性がある.

　地質学的な研究により,サンゴ礁の上方への堆積速度は,IPCCによる海面上昇の最大推定値である100年あたり82 cmとほぼ同じであることが示されている.したがって,サンゴ礁が健全な状態であれば,サンゴ礁は海面上昇とともに上方に成長し,防波構造が維持される.しかし,上述のように水温上昇や海洋酸性化によってサンゴ礁が衰退すると,防波構造は失われてしまう.最近の白化現象によって造礁サンゴが死んでしまい,防波機能が低下して海岸線に届く波のエネルギーが大きくなったことが示されている.さらに,最近,湧昇によって海水中の二酸化炭素分圧が高い東太平洋に分布するサンゴ礁内部の膠結作用が低いことが明らかにされた.このことは,海洋酸性化が,造礁サンゴのみならず,サンゴ礁の形成に影響を与える可能性を示すものである.

◆ 温暖化に対する適応

　以上のような温暖化の影響に対し,影響の起こる閾値を明らかにして造礁サンゴ自身の適応力を解明する研究が進むとともに,サンゴ礁を健全な状態に保全する必要性が高まっている.

　白化に関しては,造礁サンゴの適応に関する研究が進んでいる.遺伝子を用いた分子系統学的研究により,造礁サンゴに共生している褐虫藻には,少なくとも5つのタイプがあることが明らかになっている.造礁サンゴの中にも種によって白化しやすいものとしにくいものがあったり,また,同じ種の中にも白化しやすいものとしにくいものがあったりする.こうした環境ストレスに対する感受性の差は,造礁サンゴに共生している褐虫藻のタイプの違いによるものであり,造礁サンゴは白化することにより,温度耐性の弱い褐虫藻を放出して,温度耐性の強

い褐虫藻を獲得し，白化前より高水温ストレスに強くなるという仮説が提唱されている．白化が環境変動に対する造礁サンゴの適応的な応答を示すものであるとしたら，白化後に温度耐性の強い褐虫藻を獲得することにより，造礁サンゴが海水温の上昇に対して適応できる可能性がある．

　白化は，高水温とほかのストレスの複合影響としてもたらされる場合がある．例えば，1998年に沖縄県石垣島で起こった白化は，梅雨期の降水に伴う淡水・土砂流入と，高水温の複合によるものである可能性が指摘されている．ストレスの複合影響を実験的に明らかにするとともに，白化をはじめとしてサンゴ礁の劣化の起こった場所の情報を広く収集し，ストレスとなる地域的要因を特定して，土砂流入など人為影響がある場合はそれを低減することが温暖化に対する適応策となる．海洋酸性化に関しては，局所的に中和剤を海中に散布することが対策となりうるが，水温上昇と同様，ほかのストレスとの複合影響も考慮しなければならないであろう．

　人為影響を低減するためには海洋保護区の設定が有効であると考えられている．造礁サンゴは幼生を産出し（図4），幼生は一定期間海流により運搬され，定着を行う．すなわち，サンゴ礁は地理的に離れていても海流によって連結されている．こうしたサンゴ礁の連結性を明らかにし，幼生の加入を維持するように効果的な海洋保護区のネットワークを形成することが温暖化に対する適応策となるであろう．そして，すでに衰退したサンゴ礁に対しては，移植など人工的な造成の方策も考えられる．温暖化自体を緩和するとともに，こうした保全策を立案し実施することが，サンゴとサンゴ礁の温暖化影響に対する適応における喫緊の課題である．

〔山野博哉〕

7章　人間社会の温暖化影響と適応

7.1　水資源・水利用

　水資源は農業・工業・生活用等の資源としての水である．自然に存在する淡水の量に加え，人間が利用できるか，利用しやすいかという点が重要になる．本節では，水資源と水利用それぞれについて，特徴と温暖化による影響を解説する．

◆ 水資源の特徴

　地球の陸上には平均して年間11万1,000 km^{3}の降水がある．このうち，6万5,500 km^{3}は一度土壌に浸みこんだ後，地表から蒸発したり，植物の根から吸い上げられて蒸散[*1]したりする．残りの4万5,500 km^{3}は河川に流出したり地下水を涵養[*2]したりする．以下，河川への流出と地下水の涵養を併せて流出とよぶ．この流出が人間の利用可能な水資源である．

　水資源は石油や石炭などと異なり再生可能な資源である．つまり地球の水循環は停止することがなく，毎年降水があり，流出が発生するので，陸上から水資源が枯渇することはない．しかし，流出量は地理的，時間的に偏在する．図1は世界の流出量の地理的分布を示したものである．南米，アフリカ，アジアにある熱

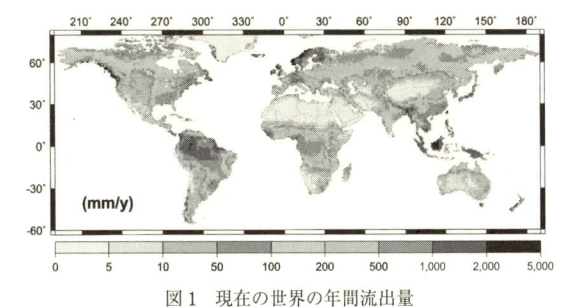

図1　現在の世界の年間流出量
[出典]　Oki and Kanae (2006), Science, 313, p.1070, Fig.2a

---

*1　植物体内の水分が水蒸気となって体外に発散する作用．
*2　自然に水が浸みこみ，地下水を回復させること．

帯では流出量が大きいが，アフリカ北部や米国西部，中央アジアには流出量の小さい沙漠が広がっている．さらに，降水と流出には時間的な変動がある．例えば南アジアから東アジアにかけてのアジアモンスーン地域には1年の中に明瞭な雨季と乾季がある．また中高緯度や山岳など積雪のある地域では融雪期に流出が集中する特徴がある．さらに年々の変動もある．このように，水資源は再生可能であるが，量が変動する資源であるといえる．

◆ 温暖化の水資源への影響

温暖化に伴うさまざまな気候の変化の中で，水資源に特に大きな影響を与えるのは，降水の強度と頻度の変化（およびそれに伴う流出量の変化），気温の上昇による降雪量の減少と融雪の早期化，海面上昇に伴う沿岸域での河川水や地下水の塩性化である．

図2は複数の全球気候モデルを用いたシミュレーション結果であり，2050年頃の世界の年間流出量が現在と比較してどれくらい変化するかを示している．現在でも比較的湿潤な北米やユーラシアの高緯度帯などで流出量が10～40％増加し，乾燥している地中海沿岸，アフリカ南部，米国西部・メキシコ北部などで流出量が10～30％減少することが示されている．ここで，図2は年間流出量の変化のみを示していることに注意が必要である．温暖化の進行に伴って流出量の年々変動や季節変化も大きくなると予測されており，たとえ年間流出量が増えてもとりたいときにとれる水が増えるわけではない．むしろ洪水と干ばつのリスクが高まると予測されている．

降雪量の減少と融雪の早期化はそれぞれ融雪期の流出を小さくし，春先の短期間に集中させる．このため，積雪のある地域で夏季の河川の流量が減少することが懸念されている．海面上昇は沿岸部の地下水や河川の河口部への海水の浸入を引き起こす．塩分を含む水は，農業，工業，家庭用途のいずれにも適さず，淡水

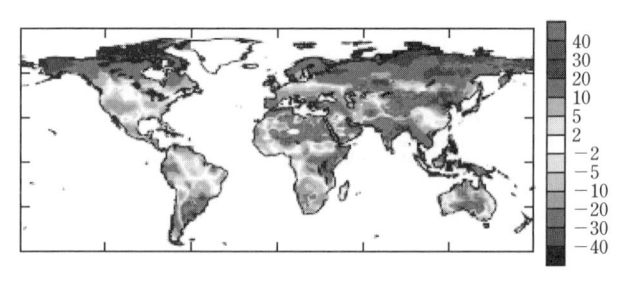

図2　将来の世界の年間流出量．現在に対する変化の割合（％）．
　　［出典］　Milly, et al. (2006), *Nature*, 438, p.349, Fig.4a

化には多大なコストと労力が必要なため,河川水や地下水の塩性化は地域の水資源の重大な問題となる.

◆ 水利用の特徴

人間の年間取水量の総計は 3,830 km^3 に達する(2001 年時点).このうち約 7 割(2,660 km^3)を占めるのが農業用水であり,約 2 割を占める工業用水(790 km^3),約 1 割を占める生活用水(380 km^3)と続く.農業用水のほとんどは灌漑[*3]に利用される.世界の取水量は 20 世紀後半に急増し,今後も途上国を中心として少なくとも 21 世紀前半は伸び続けると考えられている.

取水量も水資源と同様に,地理的,時間的に大きく偏在している.灌漑用水の需要が発生するのは灌漑設備のある農地(灌漑農地)であるが,中国,インド,アメリカ,パキスタンの 4 カ国に世界の約 50% が集中している.また需要は作物を栽培している期間にのみ発生し,降水量などの気象条件と成長の段階(開花期,登熟期[*4]など)に応じて変化する.特に干ばつや乾期など,降水量や流出量が小さいときほど需要が大きくなる特徴がある.工業用水と家庭用水が発生するのは主に都市であり,陸地(あるいは国土)の中のきわめて限られた地域でのみ需要が発生するといえる.水は安価で大量に,かつ安定的に調達できることが求められる.水を輸送するには非常に大きなコストがかかるため,遠隔地,特に流域の外に水源を求めるのは困難である.

◆ 温暖化の水利用への影響

温暖化による気候の変化が農業用水(ここでは灌漑用水)を変化させる要因は大きく 2 つ考えられる.1 つ目は降水量の変化である.降水量が減少すれば,灌漑用水の需要は大きくなる.2 つ目は気温の上昇である.気温が上昇すると空気の飽和水蒸気圧が上昇し,蒸発や蒸散が促進されるため,灌漑用水の需要も大きくなる.農業用水に比べると工業用水と生活用水に現れる影響ははっきりしていない.例えば,気温の高い,あるいは降水量の大きい都市ほど生活用水量が大きいというような明瞭な関係はあまり知られていない.

農業用水,工業用水,生活用水はいずれも人間の活動によって需要が発生する.よって,温暖化の進行が懸念される 21 世紀の水利用を見通すにあたり,人間の活動に伴う影響も考慮しなければならない.まず,少なくとも 21 世紀の中頃まで世界人口は増加すると予測されている.増加した人口を養うための食料の

[*3] 田畑に水を引いてそそぎ,土地をうるおすこと.
[*4] 穀物やマメ類の種子がしだいに発育・肥大し,炭水化物やタンパク質が集積されること.

増産が必要であり，そのために単位面積あたり収穫量が大きい灌漑農地の面積が広がるなら，灌漑用水の需要は現在より増加するであろう．次に，途上国を中心として経済成長が続くと考えられるが，それに伴って水道と水利用機器の普及が進めば，生活用水が増加するだろう．また，電力の消費も伸びるため，発電所の冷却用水の需要が増加し（日本では発電所の冷却用水に主に海水が利用されるが，海外では河川の水が利用されることも多い），製造業が発達すれば，工業用水の需要が増加するだろう．逆に技術の発達によって水利用の効率が向上し，需要が減ることも考えられる．しかし，現在予測されている途上国の人口増加と経済成長による需要増加の圧力は，少なくとも21世紀の前半に関して，効率改善による需要減少の効果を上回ると考えられている．

◆ 水資源の評価

これまで見てきたとおり，水資源を評価するには自然の水循環と人間の水利用の両面を考慮する必要がある．これらを総合的に見るために，いくつかの指標が考案されている．その中で現在よく使われているのが水ストレス指標である．これは年間流出量に対する年間取水量の割合として定義される．この指標を現在について計算した結果が図3である．この指標が0.4を超える地域は深刻な水不足にある（水ストレス下にある）と経験的に知られている．このような地域は中国の北部，中央アジア，インドの西部やパキスタン，中近東，米国西部とメキシコ北部などに広がっている．現在水ストレス下に住んでいる人口は24億人にのぼる．

では温暖化が進行したとき，水ストレス人口はどう変化するのだろうか．こうした問いに答えるために，将来の流出量と取水量を予測する水資源モデルとよばれるコンピュータプログラムの開発が進められている．水資源モデルに将来の気候，人口，社会，経済の見通し（シナリオ）を与えることにより，温暖化の水資

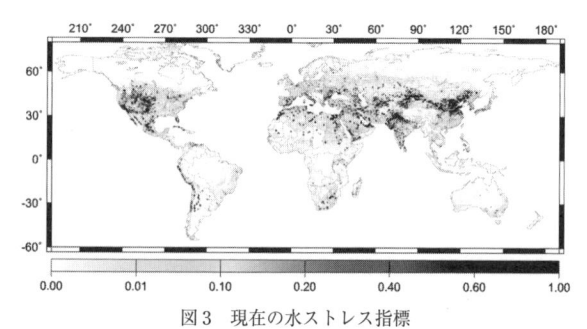

図3　現在の水ストレス指標

［出典］　Oki and Kanae（2006），*Science*, 313, p.1070, Fig.2c

図 4 将来の水ストレス人口の変化
［出典］ Oki and Kanae (2006), *Science*, 313, p.1071, Fig.3b

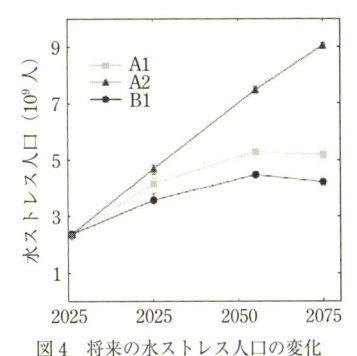

源への影響予測が行われている．図4はそうした結果の1つで，2000年から2075年までの世界の水ストレス人口の推移を示している．凡例のA1，A2，B1とはシナリオの略称で，それぞれ高成長社会シナリオ，多元化社会シナリオ，持続発展型社会シナリオを表している．それぞれ独自の人口増加と経済成長が想定されており，温暖化の進行具合も異なる（例えばA2の気温上昇は大きく，B1は小さいなど）．図4においてはA2シナリオに基づくと，2075年まで世界の水ストレス人口は増加し90億人に達することが示されている．これに対してB1シナリオに基づくと，世界の水ストレス人口は2050年頃の45億人をピークに減少に転じることが示されている．いずれのシナリオにおいても，21世紀中前半は水ストレス人口が増加することが示されており，世界各地での水不足の深刻化が懸念される．

　淡水は陸上に豊富にあり，かつ再生可能であるため，過剰な取水をしない限り枯渇することはないが，自然の水循環任せであるがゆえに，人間がとりたい場所で，とりたいときに，とりたい量だけとれることは保証されない．現在の水利用は現在の気候に合わせて設計，運用されており，温暖化に伴う気候の変化は，水利用に悪影響を及ぼす可能性が高い．温暖化の進行を最小限に抑えるための温室効果ガス削減の努力が必要であるのは間違いないが，今後ますます顕著になると予想される温暖化の影響を最小限に抑えるため，水利用を柔軟に変化させていくこと，つまり温暖化への適応が必要である． ［花崎直太］

参考文献

[1] Oki, T. and S. Kanae (2006), Global hydrological cycles and world water resources, *Science*, 313, pp.1068–1072（著者らによる仮訳が http://hydro.iis.u-tokyo.ac.jp/Info/Press200608/ にある）

[2] Kundzewicz, Z.W. et al. (2007), Freshwater resources and their management, in Climate Change 2007: Impacts, Adaptation and Vulnerability, Contribution of Working Group II to the Fourth Assessment Report of the IPCC, edited by M. L. Parry, et al., pp. 173-210, Cambridge University Press, Cambridge, UK（邦訳が http://www-cger.nies.go.jp/ipcc-ar4-wg2/pdf/IPCC_AR4_WG2_ch03.pdf にある）

7.2 農　業

　穀物・豆類・野菜・果樹などの作物栽培や，ウシ・ブタ・トリなどの畜産といった，人間の食料生産の営みは，気候・気象を含むさまざまな環境条件に強く依存している．大気中の CO_2 濃度の増加と気候変化は，栽培適地の変化，収量の変化，家畜の成長など，さまざまな形で農業に影響を及ぼしている．

◆ CO_2 濃度増加・気候変化に応じた作物生育の変化

　作物生産性は，気温・降水量・日射量などの気象条件，大気中 CO_2 濃度などの大気環境条件，肥沃度や排水性などの土壌条件，肥料投入・栽培管理・灌漑といった人為的条件など，多様な因子に左右される．以下では，そのうち大気中 CO_2 濃度増加・気候変化と作物生産性のかかわりについて整理する．

　気温に注目すると，作物ごと品種ごとに生育に必要な温度条件があり，その温度条件より高くても低くても，発芽・開花などの発育が正常に行われなかったり生長速度が低下したりして，栽培に適さなくなる．また，生育に必要な温度条件の幅の中にあっても，光合成速度・呼吸量・登熟期間などが気温により変わるため，播種から収穫までの栽培期間の気温の動きは作物生産性に影響する．また，花芽形成の時期から開花・受精に至るまでの生殖生長期間は，温度変化に対して特に敏感な時期である．この時期に過度の高温にさらされると，花粉の発達阻害や受精阻害を通じて作物生産性が減少する．

　一方，水分に注目すると，気温上昇に伴う蒸散量増加や降水量減少によって土中水分量の不足が生じると，葉中の水分量の低下・気孔の閉鎖が生じて光合成が抑制され，結果的に作物の生産性は減少する．

　日射量も作物生産性に影響する．日射量が増加した場合，一般的に光合成の促進による作物生産性の増加が期待できる．ただし，気温・ CO_2 濃度などが光合成速度の制約となる場合には日射量の増加に伴う光合成促進は小さく，逆に蒸散量の増加に伴う水分ストレスなどにより悪影響となることもある．

　人為的な気候変化の主因である大気中 CO_2 濃度増加もまた，光合成速度に影響する．作物種・品種により大小あるものの，一般的に CO_2 濃度増加は光合成

を促進し，作物生産性に対して正の影響をもつ．この効果はCO_2濃度増加が施肥に類した効果をもたらすので，CO_2の施肥効果とよばれている．

将来的に大気中CO_2濃度の増加・気温上昇・降水量の変化（地域により増加も減少もある）が同時に生じた場合の生産性変化は，作物種・品種や現在の環境条件に応じて，上述の正負の影響が同時に生ずるため，その予想は単純ではない．さらには，気候変化は病害・虫害・雑草・土壌質などにも影響を及ぼし，その結果としてやはり作物生産性に変化が生ずることも懸念されている．また，CO_2濃度変化・気候変化は，作物の生産性だけでなく，品質・食味の変化も引き起こすことが懸念されている．

◆ 気候変化に応じた家禽・家畜の成長変化

ニワトリ，ブタ，肉牛，乳牛などの家禽・家畜に関しては，牧草・飼料作物の生産性変化に伴う間接的な影響に加え，気温・湿度などの気象条件が直接に家畜の成長に及ぼす影響がある．暑熱環境下における家禽・家畜の生産性低下は，体温の上昇と密接に関係している．気温が上昇すると，家禽・家畜は，発汗・呼吸数の増加や体深部から体表面への血流の増加などによって熱放散機能を高めることで体温の上昇を抑制するが，そのような仕組みでの体温維持には限界があり，過度の高温条件下では採食量の減少や栄養要求量の増加により，成長の遅れや乳生産量の低下などが生じる．また，受胎率の変化についても懸念されている．

◆ 気候変化が農業に及ぼす影響の予測（世界）

温暖化の進行に伴う作物生産性の変化は，現在の気候条件に大きく左右され，大きな地域差がある（図1）．また，作物種・品種によっても栽培に適した気候条件に違いがあることから影響の現れ方に差が出るし，後述の適応策をどの程度

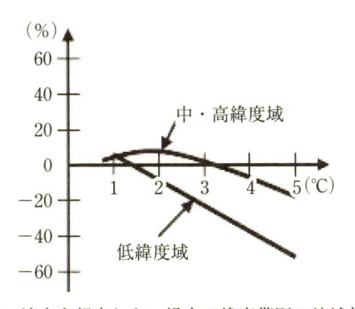

図1 適応を想定しない場合の緯度帯別の地域気温変化（℃）とコムギ生産性の変化率（%）[1]

見込むかによっても生産性変化の見通しは異なるものとなる.

IPCC 第4次評価報告書［2］では，既存の研究知見を総合し，以下のように結論づけている．

- 中～高緯度地域においては，作物生産性は，作物によって，地域の平均気温の1～3℃ までの上昇に対してはわずかに増加し，その後それを超えると，地域によっては減少に転じると予測される.
- より低緯度にある地域，特に乾季のある地域や熱帯地域では，作物生産性は，地域の平均気温の小幅な上昇（1～2℃）でさえも減少し，飢餓リスクを高めると予測される.
- 世界全体では，地域の平均気温が1～3℃ の幅で上昇すると，食料生産能力が増加すると予測されるが，これを超えれば減少すると予測される.
- 干ばつと洪水の頻度の増加は，地域の作物生産，特に低緯度地域における地元での自給作物生産に悪影響を与えると予測される.
- 小規模な温暖化に対しては，栽培品種や播種時期の変更のような適応で，低～中緯度から高緯度地域における穀物収量を現在の収量またはそれ以上に維持することが可能である．

なお，これらの結論は全体的傾向を示したものであり，個別の事例を見た場合には，上の結論で触れられていない因子（例えば土壌の性質，水資源量など）の影響もあり，全体的傾向に収まらない場合もあることには注意が必要である．

◆ 気候変化が農業に及ぼす影響の予測（国内）

日本の作物生産・畜産においても，多様な影響が懸念されているとともに，生産の現場からは，気候変化とのかかわりが疑われる現象の発生事例の報告件数も増えている．例えば，作物栽培では，コメの高温による白未熟粒（白濁した玄米）や胴割れ（コメに亀裂が生じること），収量の減少，果実の着色不良（ミカン，ブドウなど），家畜では乳量や乳成分の低下，肉質の低下，繁殖成績の低下などの発生が報告されている［3］．

将来影響に関して，主食であるコメについてはさまざまな方法で重点的に予測作業が行われている．例えば，温暖化影響総合予測プロジェクトチーム［4］では，水稲の生育過程と気象環境との関係に基づいて，過去のデータを再現する県別コメ収量推定モデルを作成し，ある気候シナリオ（MIROC モデル・IPCC-SRES-A1B シナリオ）を入力してコメ収量の変化を推定した．その結果，移植時期の変更などの適応策を行わない場合に，2046～2065 年には現在（1979～2003年）と比べて，北日本では収量が増加し，西日本では現在とほぼ同じかやや減少

すると予測されている．また，2081～2100年には，気候変動の影響が強まり，コメ収量が減少する地域が中国・九州に拡大すると予測している．北海道・東北での増収の可能性，西日本での減収の可能性，という予測結果の定性的な地域差は，複数の予測研究に共通した傾向である．

ほかにも，果樹・野菜・茶などについても影響が生ずることが懸念されている．例えば果樹では，リンゴは，気温上昇が3℃を超えると北海道のほぼ全域が栽培適地となるものの，東北地方中部の平野や関東地方以南では栽培不適となることが予測されている．ウンシュウミカンは，気温上昇が3℃を超えると，栽培適地は東北地方南部の沿岸域まで広がる一方，現在の主要産地の多くが栽培に不適な地域となることが予測されている [3]．

家畜に関しても，ニワトリ，ブタ，ウシについて，年代の経過とともに生産性や生産物の品質が低下し，その影響範囲が拡大するとの予測が示されている [5]．

◆ 農業における適応策

気候変化の悪影響を軽減し，好影響を活かすために，各種の適応策が検討されている．作物生産に関しては，例えば，作物種・品種の変更（より高温耐性・乾燥耐性のある品種への変更），植え付け／刈り入れ日の変更，灌漑施設の整備，土壌の改良，灌漑手法の変更による水利用効率の改善，病虫害予防，といった対策が適応策として挙げられる．また，保険加入をはじめとした経済的手法による適応や，貿易政策・食料備蓄政策の変更といった国政レベルの適応もある．畜産に関しても，畜舎の気温管理，栄養管理技術の改善といった適応策が検討されている．

適応策の選択・実施のためには，現場の個別事情を考慮したきめ細やかな検討が必要になる．例えば，わが国の農業に関しては，農林水産省が品目別の適応策について当面の適応技術および研究開発課題などについての詳細な検討・整理を実施した例がある [6]．

◆ 農業影響の他分野への波及効果

気候変化による農業への影響は，直接的には生産適地・生産性の変化として現れるが，さらにそれらは多様な経路で人間生活に波及する．例えば，各地における作物生産性変化は，市場価格・生産量・生産面積を変化させ，また各国の輸出入量にも影響を与える．結果的に，農業に携わる人々の収入のみならず，消費者の暮らしぶりにも影響が現れる．地域・所得層によっては，栄養水準の低下・飢餓人口の増加といった深刻な影響に至ることも懸念される．農業影響ならびにそ

れに抗すべく実施する適応策に付随して，土地利用・水資源利用の変化も起こりうるし，それが自然生態系への圧力となる可能性もある．対策実施に際しては，これらの波及効果まで見通した対応が必要になる．　　　　　　　　　［高橋　潔］

参考文献
[1] 増冨祐司（2007），温暖化で収穫量は減る？増える？，地球環境研究センターニュース，18(7) (http://www-cger.nies.go.jp/)
[2] IPCC (2007), Summary for Policymakers, In : Climate Change 2007 : Impacts, Adaptation and Vulnerability, Contribution of Working Group II to the Fourth Assessment Report of the Intergovernmental Panel on Climate Change, Cambridge University Press, Cambridge, UK
[3] 文部科学省・気象庁・環境省（2009），温暖化の観測・予測及び影響評価統合レポート「日本の気候変動とその影響」
[4] 温暖化影響総合予測プロジェクトチーム（2008），地球温暖化「日本への影響」―最新の科学的知見―(http://www-cger.nies.go.jp/climate/rrpj-impact-s4report.html)
[5] 野中最子，小林洋介，樋口浩二，永西　修（2009），地球温暖化が日本における家畜の生産性に及ぼす影響評価の現状と課題，地球環境，14(2), pp.215-222
[6] 農林水産省生産局（2007），品目別地球温暖化適応策レポート

7.3　水産業

◆ 水産業とは何か

　水産業とは，魚や貝，イカ，タコ，エビ，カニ，ウニ，コンブ，ワカメなどさまざまな水中に棲む生物のうち経済的価値をもつもの（水産物という）を取り扱う産業である．水産業には漁業と水産加工業が含まれる．漁業は漁獲漁業（たんに漁業といわれることが多い）と養殖業に分けられる．漁獲漁業は天然に生息する生物を採集する産業であるため，環境の影響を大きく受ける．例えば台風のときには出港できないし，水産資源の資源量や漁場も環境により変動する．栽培漁業は，人工的に生産した種苗を天然水域に放流することにより，増産を期待するものである．しかし，種苗放流は漁業管理の一手段にすぎないことから，ここでは漁獲漁業に含めて扱う．養殖業は，天然種苗あるいは人工種苗を網などで囲った水域において，個人や企業の管理下で育成し販売するものである．

◆ 日本の水産業の特徴

　日本列島には北から寒流（太平洋側の親潮），南から暖流（太平洋側の黒潮，日本海側の対馬暖流）が流れ（図1）[1]，それらが接することにより複雑で生

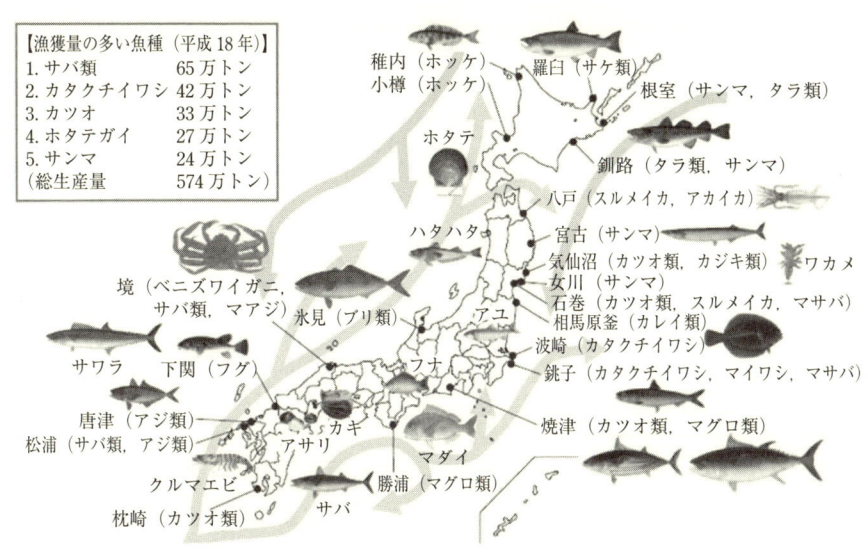

【漁獲量の多い魚種（平成18年）】
1. サバ類　　　　65万トン
2. カタクチイワシ　42万トン
3. カツオ　　　　33万トン
4. ホタテガイ　　27万トン
5. サンマ　　　　24万トン
（総生産量　　　574万トン）

図1　日本周辺の海流と各海域の代表的な水産物
［出典］　平成19年度水産白書，p.33

産力が豊かな海が形成される．そのため，地域ごとに特産の水産物が見られるとともに，四季折々の旬がある．日本の漁獲量（養殖を含む）は1980年代に年間1,000万トンを超えていたが，最近ではその半分にすぎない（図2）．沿岸漁業と養殖業の生産量はあまり変化がなく，減少したのは主に遠洋漁業と沖合漁業である．遠洋漁業は他国の経済水域からの締め出しなどにより減少したが，沖合漁業の生産量減少はマイワシ（1980年代には年間400万トンも漁獲された）の激減

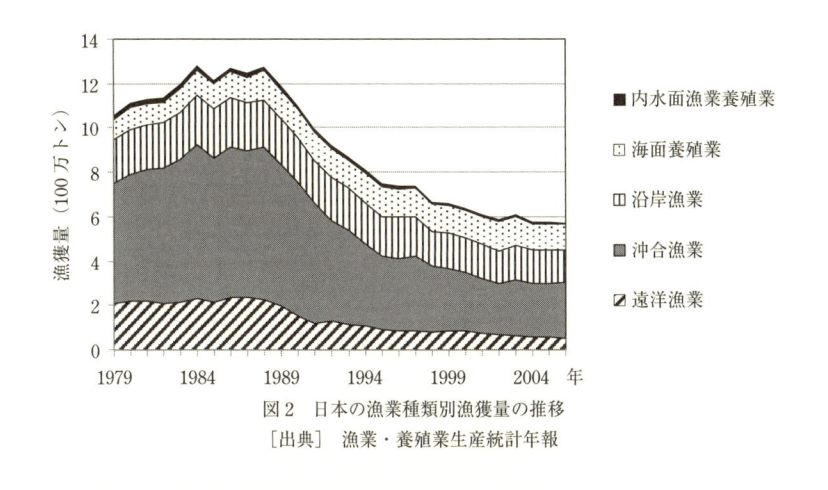

図2　日本の漁業種類別漁獲量の推移
［出典］　漁業・養殖業生産統計年報

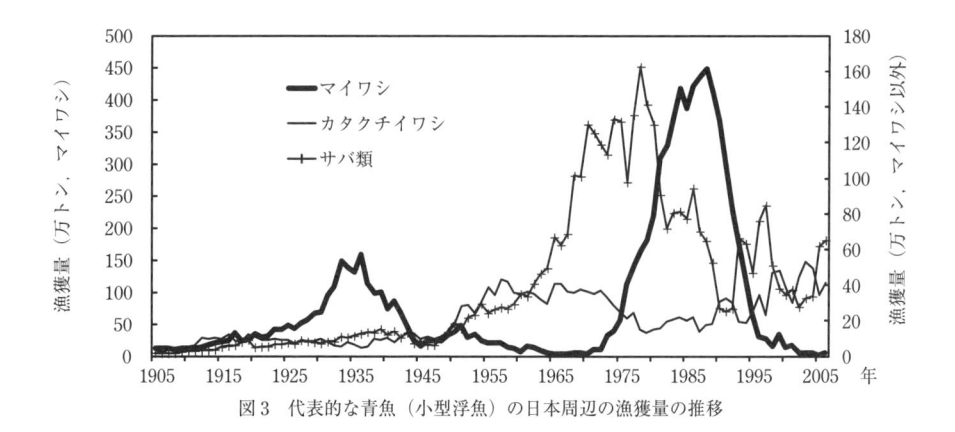

図3 代表的な青魚（小型浮魚）の日本周辺の漁獲量の推移

（図3）やマサバの不合理漁獲（経済価値の低い小型魚の多獲）などの影響が大きい．

日本人は水産物への嗜好が強く，海藻やシラスからクジラまで多様な調理・加工法により利用していることも，水産業の背景として重要である．

◆ 変動する水産資源

マイワシ，カタクチイワシ，サバ類は背中側が青いため，青魚ともよばれ，海の表層に大群をなして回遊している．そのため大量に漁獲され，ハマチなどの養殖用の餌ともなっている．これら青魚3種の漁獲量は数十年単位で入れ替わってきた（図3）．これは魚種交替とよばれ，アリューシャン低気圧など地球規模での気候変動に影響されているといわれている [2]．このような環境変動への水産生物の応答メカニズム解明が，地球温暖化への影響を理解するための大きな手掛かりとなる．もちろん，環境とともに漁獲の強さ（漁獲努力量）やどのような大きさや年齢の魚を漁獲するかも資源変動に関係する．

◆ 漁獲漁業への温暖化の影響

地球温暖化の水産生物への影響は，主に水温上昇や海流の変化あるいは酸性化により生じる [2][3]．具体的な漁獲漁業への影響としては，以下のようなものがある．
- 分布域の変化：それぞれの生物種にとって最も好ましい環境があるため，水温が上昇すると，より北側あるいは深い海に移動するであろう．
- 成長・産卵の変化：水産物の餌も温暖化の影響を受けるが，餌の密度が増加する海域（主に親潮域）もあれば減少する海域（主に黒潮域）もある．捕食者の

分布も温暖化で変化する．これら生態系の変化に応じて，水産生物の成長や産卵時期・産卵量が変化する．また，ベルクマンの法則に見られるように，高温化により魚が小型化するともいわれている．

- このように水産生物の生態が変化するため，漁場や漁獲される種類や量が変わってくるであろう．例えば，サケは現在では本州北部でも多く漁獲されるが，温暖化が進むと北海道特産となるかもしれない [2]．
- それでも同じ魚種をねらって漁船も移動するか，あるいは新たに分布を広げてきた南方種を漁獲するのか，経営者や船頭（漁労長）の判断が重要になる．ただし，水温などの環境変化は単純に上昇するだけではなく，数十年周期の変化もあり，上記のような魚種交替も引き続き生じると思われるので，どのような魚種が増えるのかといった予測は困難である．
- 九州西岸などでは近年に水温上昇が著しくなり，ホンダワラ類など海藻が著しく減少したり，南方性の種類に置き換わっている．また，海藻をよく食べるアイゴやイスズミなど南方性魚類の増加により，さらに海藻が少なくなり，森のようだった海の景観が沙漠のようになってしまった（磯焼け現象）[2]．そのため，海藻を餌とするアワビやサザエが少なくなり，漁業者は大きな収益減少に苦しんでいる．また，藻場は外敵からの隠れ場であり，稚魚にとって重要である．この面からも藻場の減少による水産生物への悪影響が懸念される．
- 酸性化の影響：貝殻や骨はカルシウムを主成分とする．海洋が酸性化すると，この石灰化が阻害されるため，サンゴや貝類，ある種のプランクトン，稚魚の発育などに影響があると想定される [3]．酸性化は単独ではなく，水温上昇などと相乗的に海洋生態系に作用するであろう．

◆ 養殖業への温暖化の影響

養殖業は水面の一部を網などにより魚類を囲って餌を与えて飼育するもの，海苔のように海面に網を張ってそれに種を植え付け自然の光と栄養条件で育てるもの，ホタテガイのように小さな貝を天然海域に撒いて自然に湧いてくるプランクトンを餌とするものなどがある．

網で囲う魚類養殖の場合は，例えば水温上昇がその生物に適した範囲を超えると，成長阻害や死亡に至ることもある．また，内湾などでは夏季の水温上昇に伴う貧酸素化などの悪影響も想定される．海苔やホタテガイのように天然環境を利用する場合にも同様な影響が考えられる．すなわち，養殖は場所が固定されているため，環境変化の影響を受けやすい．

◆ 水産業での温暖化対策

　まず，養殖業での対策としては，高温に耐性をもつ種苗の開発や，養殖場の冷水域などへの移動が考えられる．特に，陸上水槽での飼育は水温や水質を管理できるため有望であるが，それに要するコストが問題である．

　野生の生物を対象とする漁業の場合は，それぞれの生物種がもつ遺伝的多様性や年齢構成の多様性を維持するとともに，十分な親魚量を確保することにより，その生物種が有する環境変動への適応力の保全が必要である．もちろん，藻場や干潟などの生物の発育場の環境保全も重要な課題である．漁船を用いる漁業では，生物の分布や魚種組成の変化に応じて漁場を変えたり，漁法を変えることによりある程度は適応できるだろう．これまで見慣れない南方性の生物については，その利用を図るため調理や加工法などの工夫や宣伝が必要である．また，これまで利用してきた水産物の旬が変わることもありうる．これらを踏まえた産地市場や流通販売における柔軟な対応と工夫が望まれる．

　一方，漁業は漁船燃料や発泡スチロール容器などさまざまな形で石油を使用する．そのため，漁業による石油燃料消費の効率化も大きな課題である．例えば，イカ釣り漁業やサンマ漁業では強力なメタルハライド集魚灯を用いるが，これをLEDに変更すると燃油消費は格段に抑制できる．

　このように，地球温暖化への水産業の対策としては，人間（産業）の適応とともに，水産生物の適応力を確保させることが重要である．　　　　　　　　[谷津明彦]

参考文献
[1] 水産庁（2008）．平成19年度水産白書，水産庁（http://www.maff.go.jp/j/wpaper/w_jfa/h19/index.html より入手可能）
[2] 水産総合研究センター（2009），地球温暖化とさかな（水産総合研究センター叢書），p.185，成山堂書店
[3] Anonymous (2009), Ocean acidification : A summary for policymakers from the second symposium on the ocean in a high-CO_2 world（http://ioc3.unesco.org/oanet/OAdocs/SPM-hirez2b.pdf より入手可能）

7.4　健康影響

　温暖化の進行に伴い，地球規模でさまざまな人体への影響が懸念されている．その影響は大きく分類すると，直接的な影響と間接的な影響がある．直接的な影響では熱ストレスの増加による人体の変調，間接的な影響では感染症の流行地域

の変化，大気中のオゾン濃度増加による健康被害の増加や，植物などが原因となるアレルギー物質の増加などがある．

◆ 気候変化による健康への影響

熱ストレスとは，高い気温にさらされることによって人体に負担が生じる状態を指す．代表的な症状として，熱中症（熱射病，熱けいれん，熱疲労）などがある．近年，夏季に記録的な熱波が発生し，極度の熱ストレスを受けた事例の1つとして，2003年にヨーロッパで発生した熱波がある．EUが2007年にまとめたデータによると，ヨーロッパで8万人以上が熱波の影響で死亡したと見られている．熱中症は，高温多湿な環境にいることで，体内の水分や塩分の割合が異常な状態になる場合や体内調節機能がまひした場合に発生する障害である．症状はめまいやけいれん，失神など多岐にわたる．一方，現在の日本における熱中症による平均的な死亡数は400人/年程度であるが，2010年には首都圏などの猛暑の影響で1718人にのぼった．熱ストレスの増加は，労働環境にも深刻な影響を与え，屋内外労働者いずれにも問題となる．厚生労働省の調査結果によると，2008年に日本国内における職場での熱中症による死亡災害発生件数は17人と報告されている．

動物媒介性感染症とは，特定の病原体に感染した動物に接触，例えば感染したカに刺されることで発症する感染症である．代表的な動物媒介病としてマラリアやデング熱がある．動物媒介性感染症の発生を決定する大きな要因の1つとして気温が挙げられる．病原体を保有した動物が繁殖しやすい気候帯に変化すると，その病気が流行する危険性が高まる．そのため，地球温暖化に伴い発生地域が拡大・変化する可能性がある．現在，動物媒介性感染症と気候変化の関係性について研究が進められているが，媒介性感染症の発生を決定する要因は気温以外にも多岐にわたるため，さまざまな要因を考慮した危険地域の予測が求められている．気温以外の要素としては，例えば，感染地域の人間の行動様式や公衆衛生のレベル，感染動物が継続的に生息するための植生や環境などが挙げられる．

マラリアは，熱帯，亜熱帯地域に分布している感染症である．マラリア原虫に感染したハマダラカに吸血されることで人間に感染する．感染後1週間ほどで悪寒，ふるえ，体温上昇が発生し，その後は周期的に発熱とさまざまな症状の発生をくり返す．全世界で年間3億から5億人程度が罹患し，100万人程度の死亡者が出ていると見積もられている．死亡者の大部分は熱帯アフリカの小児だとされている．旅行者の罹患者数も世界中で年間3万人程度おり，日本の海外旅行者も毎年100人前後が罹患している．

デング熱は，ネッタイシマカやヒトスジシマカを媒介とする感染症である．デングウイルスに感染した蚊に吸血されることで人間に感染する．ヒトスジシマカは空き缶などにたまったわずかな水でも繁殖可能であり，都市型の環境でも生存することが可能である．感染後，約1週間で発症し発熱とともに筋肉痛や頭痛，関節痛を伴う．特に，デング出血熱とよばれる出血を伴う症状が現れると，致死率が飛躍的に高まり危険な状態となる．現在，アジア，太平洋諸島などでデング熱の発症が確認され，特に熱帯・亜熱帯地域に多い．毎年，約1億人が発症している．現在，日本国内では，ヒトスジシマカは存在しているが，デングウイルスを媒介している蚊は確認されていない．そのため国内での感染は見られないが，海外旅行中に感染し，国内で発症する例が確認されている．

　光化学オキシダントによる死亡のリスクも温暖化によって増加する．光化学オキシダントとは，大気中の窒素酸化物と揮発性有機化合物が太陽光を浴びることで，化学反応を起こして形成されたものである．窒素化合物と炭化水素の主な発生源は，車両と工場からの排気ガスである．光化学オキシダントの主成分はオゾンであり，その濃度が高い状況に人体が曝露され続けると，目や鼻の痛み，吐き気などを感じる．最近の疫学的な研究では，光化学オキシダント濃度と死亡率に相関があることが確認されている．光化学オキシダントが発生しやすい条件は，日中，天候が良く，風速が小さく，気温が高い状況の場合である．夏場に発生しやすく，現在日本では，大気中の光化学オキシダント濃度が1時間値 0.12 ppm 以上で注意報を発令している．また，環境省の大気環境モニタリング実施結果によると，特に関東地方，大阪を中心とした近畿地方など都市圏での注意報の発令が多い．

◆ 温暖化による健康影響の将来予測

　将来の気温上昇に伴う熱ストレス死亡リスクや熱中症の危険性は，地域によってその度合いは異なるものの全国で増大すると見込まれる．熱中症は，日最高気温が30℃を超えるあたりから，熱中症による死亡が増え始め，その後，気温が高くなるに従って死亡率が急激に上昇する傾向が現在報告されているが，温暖化によってその死亡率がさらに増加すると懸念されている．

　温暖化がマラリアに与える影響については，平均気温が上昇することで，媒介動物のハマダラカの生息可能範囲が変化する可能性は高いが，実際に感染が拡大するかは，その地域の植生や公衆衛生，住宅構造，生活様式など，生息可能範囲以外にさまざまな条件によって決定されるため，生息可能範囲の拡大が直接マラリアの分布域の拡大にはつながらないと考えられている．デング熱に関しても，

気温の上昇以外に公衆衛生のレベルなどさまざまな環境に左右されるため，温暖化に伴うデング熱の流行を正確に予測することが非常に難しい．しかしながら，世界各地でより正確な予測が行えるよう研究が進んでおり，IPCC第4次評価報告書によると，オーストラリアとニュージーランドの一部でデング熱の拡大の可能性が指摘されている．また全世界では，2080年代にデング熱のリスクにさらされうる人口は50億から60億人程度になると見込まれている．一方，温暖化がまったく起こらないと仮定した場合，2080年代にデング熱のリスクにさらされる人口は35億人程度になると考えられている．日本でもヒトスジシマカの生息は確認されている．現在，生息範囲の北限は東北地方であるが，温暖化により生息範囲が北海道の一部まで北上する可能性が指摘されている．

温暖化による光化学オキシダントへの影響は，その発生頻度および濃度が高くなることが懸念されている．一方で，窒素酸化物と揮発性有機化合物の排出量は国の排気ガス規制政策や人口などに大きく左右される．近年，日本では中国などから越境してくる原因物質の流入ついての影響が深刻化している．そのため，光化学オキシダントの今後の影響については，これらの要因も考慮する必要がある．

◆ 温暖化による健康影響への適応策

熱ストレスや熱中症への適応策として，適度な水分の補給や高ストレス環境下での作業の回避などが挙げられる．高温多湿な環境を避けるため，密閉された屋内を避けることや冷房機具の使用も重要である．途上国では経済的な制約により，これら適応策が制限されてしまう可能性にも注意が必要である．よって，日常的に気象をモニタリングしてその情報を発信し，さらに，熱中症を回避するための指針の作成や普及活動を行うことなどが重要である．

マラリアやデング熱など動物媒介感染症への適応策として，公衆衛生の改善や一次医療が行える病院を整備することが挙げられる．特に流行地域では，公衆衛生の改善に向けた政策を国や国際レベルで行うことが必要であり，同時に人々にマラリアへの理解を進めることも重要である．また，温暖化による環境の変化に備えて，流行地域の分布域の変化を監視しなくてはならない．日本では現在これらの感染症の流行は確認されていないが，今後，温暖化の影響による変化に対応するため，媒介動物の分布域の確認や早期に情報収集，対策を実行できる体制を整えることが重要である．

光化学オキシダントへの適応は，個人では光化学オキシダントの発生が確認された際には屋外にいることを避けるといった方法が考えられる．また，環境省が

実施しているような行政による光化学オキシダントの発生への監視体制，および，住民への注意の喚起を迅速に行うことが重要である．また，今後は自動車，工場などから発生する原因物質の抑制や，国境を越えた原因物質の流入の問題について国際的な取組みを行うことも重要である．　　　　　　　　　［肱岡靖明］

7.5　沿岸域，小島嶼の社会システム

　本節では，沿岸域を海と陸が接している場所，主に海岸線からある程度まで進んだ陸地を指し，特に人間が生活している地域と定義する．沿岸域は古くから人々が生活してきた地域であり，現在も住居や経済の重要な拠点として利用されている．一方，沿岸域は温暖化による影響を受けやすい地域の1つである．主な影響には，海面上昇による砂浜の浸食および地下水の塩水化，台風および熱帯低気圧の大規模化・頻度増加による高潮や津波の危険の増大，湿地やマングローブなどの生態系の劣化などがある．デルタ地帯とよばれる河口に形成される地形は海面上昇の影響を受けやすい．温暖化により，沿岸域の住環境や農業，漁業さらに観光産業などさまざまな分野に重大な影響が生じることが懸念されている．また，農業や産業による沿岸域の開発は，これらの影響をより深刻化させる可能性がある．

　島嶼国は国土が島から成り立っている国を指し，日本もその1つである．ここでは，島嶼国の中でも特に国土が狭く，海抜が低い国における温暖化影響を整理する．島嶼国は海洋に囲まれているため，地球温暖化による気候変化や異常気象，海面上昇に対して大きな影響を受けやすいが，沿岸域に居住地や港，空港など国の重要施設があることが多い．また，漁業や観光など重要な産業も沿岸に集中している状況にある．

◆ 沿岸域の温暖化影響

＜沿岸域・デルタ地帯の現状＞

　現在，海岸から100 km以内の地域に世界の人口の23％は居住し，その人口密度は平均の3倍程度，人口500万人以上の大都市のうち60％が存在していると推測されている．一方，沿岸域において，毎年約1億2,000万人が熱帯低気圧の危険にさらされており，熱帯低気圧の影響による死者は，1980年から2000年の間で約25万人と見られている．特に途上国の場合，人口や経済の沿岸域への集中に反して，高潮などへの防護レベルが不十分である場合が多く脆弱である．

＜温暖化による沿岸域・デルタ地帯の将来予測＞

20世紀において沿岸地域の人口は増加したが，21世紀もこの傾向は続くと予想されている．1990年において沿岸域の人口は12億人程度であるが，SRESのシナリオによりばらつきがあるものの，2080年代までに沿岸域の人口は18億人から52億人程度にまで増加すると予測されている報告もある．

IPCC第5次評価報告書によると，21世紀末の海面上昇は26～82 cmと予想されている．このような，温暖化による海面上昇に加え，熱帯低気圧の大規模化，高潮の増大などによって，被害は拡大すると予想され，沿岸域のさまざまな施設や環境に悪影響を与えることが懸念されている．また，温暖化による海面上昇は砂浜の喪失を引き起こし，沿岸域の農地は浸水や土壌の塩水化による被害を受ける可能性がある．さらに，海面上昇は沿岸域の地下水に海水を流入させる危険性があり，産業，農業，飲料用に地下水を用いている地域に被害を及ぼす可能性がある．

また温暖化の影響以外に，ダムの開発による土砂流入量の減少や，経済の発展に伴う地下水くみ上げによる地盤沈下の進行といった人間活動の影響も大きく，継続的な利用のためには温暖化と開発の両面から対策を講じる必要がある．

地盤沈下が進行している海岸域は，より海面上昇の影響を受けやすい．これは開発が進んでいるデルタなどが含まれる．メコンデルタで20～40 cmほどの海面上昇が起きると，稲作可能量に大きな変化があると予測されている．ミシシッピ川のデルタでは，1978～2000年にかけて，沿岸湿地と隣接地域1,565 km^{2}が開放水域に変わり，2050年までにさらに1,300 km^{2}が開放水域になると予測されている．海面上昇や熱帯低気圧によりこの影響がより悪化すると懸念されている．

＜沿岸域・デルタ地帯における適応策＞

温暖化による沿岸域への影響に対応するため，さまざまな適応策が考えられている．適応策は防護，順応，撤退の3つの方法に分類できる．防護とは，堤防を築くことや，住宅やインフラをかさ上げして海面上昇から施設を守る方法である．順応とは，今後の温暖化の影響で徐々に高くなる海面に対応して，床を上げることや高床式の住宅を建築するなどの工夫を行う方法である．撤退とは，海面の上昇によって浸水する前に住宅や施設を海抜の高い地域へ移動させる方法である．人口密集地域では，資産の損失だけを考えても適応のコストは今後の温暖化被害額を下回るとの報告もある．途上国では財政的な制約によって適応能力が低く，先進国に比べ脆弱性が非常に高い傾向にある．

一方，適応策にも限界がある．近年，アメリカで発生したハリケーン・カト

リーナが大きな被害をもたらしたが，沿岸設備の対応能力を超える自然現象に直面した場合，防護レベルの高い先進国でも大きな被害を受ける危険性がある．また，一般的に沿岸域の適応策には，自然環境と被害の抑制との間にトレードオフの関係があることにも注意が必要である．十分な防護施設を完備することは，沿岸域の自然環境を破壊することと等しく，人間の安全と環境を考慮したバランスの良い対策を検討する必要がある．

◆ 小島嶼国の温暖化影響

＜小島嶼国の現状＞

多くの島嶼国における水資源は非常に脆弱である．例えば，ツバルなど環礁国は湖や川などがなく，降雨と淡水レンズとよばれる地下水に依存している．この淡水レンズは海水と淡水の比重の差によって，海水上に浮かんでいる淡水資源であるが，過剰な利用により容易に海水が浸入し塩水化してしまう．さらに，海面が上昇すると淡水レンズの規模が縮小してしまう．すでに島嶼国において，ラニーニャ現象など異常気象による降雨量変化が貯水量減少をもたらし，水不足の問題が顕在化している．1998〜2000年に，ラニーニャ現象によって，インド洋と太平洋上に位置する島嶼国が水不足に陥った．この影響により，観光や工業分野の活動が停止し，フィジーとモーリシャスでは農業分野に大きな影響が出た．

島嶼国における漁業は，GDPに大きな割合を占める数少ない産業の1つである．乱獲などによる人為的ストレスのみならず，気候変動による漁業環境の変化は漁獲高に影響をもたらす．また，島嶼国の農業は熱帯低気圧の被害が非常に大きい．島嶼国に大きな影響を与えた熱帯低気圧の例として，ハリケーン・アイヴァンがある．ハリケーン・アイヴァンは2004年9月に発生した観測史上有数のハリケーンであり，アメリカやカリブ海の島国に甚大な被害を与えた．被害を受けた国の1つであるグレナダでは，その後の調査で現在のGDPの約2倍の損害を被った．農業分野においても，GDPの10％相当の損害を被り，ナツメグとココアの生産にも大きな被害を残している．

多くの島嶼国ではマラリアやデング熱，食物媒介性疾患や水媒介性疾患などの疫病が気候的に発生しやすい．気候の変化によって発生度合いが変化するほかの疾患には，下痢性疾患，熱中症，皮膚病，急性呼吸器感染症，ぜんそくなどが挙げられる．これらの疾患は，公衆衛生やインフラ，廃棄物処理の不十分な設備，旅行者の増加なども重要な要因である．

多くの島嶼国において，観光はGDPと雇用を生み出す重要な産業である．観光が行われる場所は主に沿岸に集中しており，温暖化によって海面上昇や海水温

度が上昇すると，観光産業に非常に深刻な影響を与える．これらの影響により，海岸の浸食，サンゴ礁の白化，マングローブの消失が起きれば，島嶼国の観光地としての魅力が減少してしまう．

＜温暖化による島嶼国の将来予測＞

　将来，島嶼国の水資源は，温暖化による降雨量の減少と海面上昇により，その賦存量が低下することが懸念されている．漁業への影響は，その将来予測は魚の回遊性も考慮すると非常に難しいが，気候変動，海水温上昇やそれに伴うサンゴ礁の死滅，海水中の二酸化炭素濃度の上昇が，将来的に漁業に影響を与える可能性がある．農業への影響として，海面上昇による農地の減少，土地の塩性化，水供給の減少，干ばつの長期化や降水量の増加による農地の劣化などが挙げられる．

　異常気象などによる被害の増加は，水資源へのアクセスが一時的に不可能になる事態やインフラの破壊，マラリアなど感染症の増加を引き起こす可能性がある．また，浸水や洪水による文化遺産の損失，水不足や動物媒介疾患，海岸浸食，生態系の喪失などにより，島嶼国の観光産業にも負の影響を与える可能性が高い．

＜島嶼国の適応策＞

　島嶼国の温暖化影響の予測，適応策の詳細な部分については，現在研究が行われている段階であり，不確実な部分が多い．温暖化影響が島嶼国に重大な損失を引き起こす可能性があり，早急に適応策を実行する必要がある．しかしながら，多くの島嶼国は温暖化影響を危惧しているものの，現状ではほかの緊急で重大な問題を優先し，温暖化対策は優先されてない傾向がある．

　また，多くの島嶼国で財政的な制限が，温暖化対策を行う際の大きな問題となっている．限られた財源を有効に使用するため，分野を横断した政策が必要になりうる．

〔肱岡靖明〕

8章　緩和策

8.1　温暖化対策シナリオ分析

◆ シナリオ分析とは

　シナリオとは将来起こりうる状況を想定した見通しである．将来については，種々の不確定な要素が存在する．特に温室効果ガスの将来の排出量は，技術進歩，生活様式，経済発展，温暖化政策などに大きく依存する．それらの状況は社会の進展によって変わるので，過去のデータをもとに予測することは難しい．
　シナリオは企業の戦略を分析するのに使われてきた．シェル石油会社（Royal Dutch Shell）がシナリオを用いて石油危機を予想して以来，種々の局面で用いられるようになった．シナリオ分析で重要なことは，何のためにシナリオ分析をするのかの目標を明確にして，どのような状況を想定するかを検討し，将来の状況に沿ったシナリオを作成することである．シナリオの作成にあたっては，まず，文章で将来の想定と見通しを作成し（叙述シナリオ），次に，種々のデータやモデルを用いて定量化する（定量化シナリオ）．
　シナリオを作成する方法として，現時点から将来を予想するもの（前進型）と，将来時点を想定して，現時点との間を結んで予想するもの（バックキャスティング型）がある．バックキャスティング型のシナリオには将来時点における望ましい状況への道筋を探索する規範型のシナリオとなる場合が多い．シナリオ分析では両方の手法を使いながら，将来の望ましい状況に至る方法を分析するのが一般的である．
　長期的な気候安定化のためにはどのような対策が必要かを分析することが温暖化対策シナリオ分析の1つの目的である．また，温暖化が避けられない場合には，どの程度の気候変動が起きるかの気候シナリオをもとに，温暖化影響および適応策を分析することもシナリオ分析の一連の作業に含まれる．一般的に用いられるアプローチでは，温暖化政策がとられなかった場合を想定して，温室効果ガス排出量を予想し，その条件下での気候変動や影響を予想するとともに，目標を設定して，そのために必要な温室効果ガス削減量を推計し，削減を実現するため

294　8章　緩和策

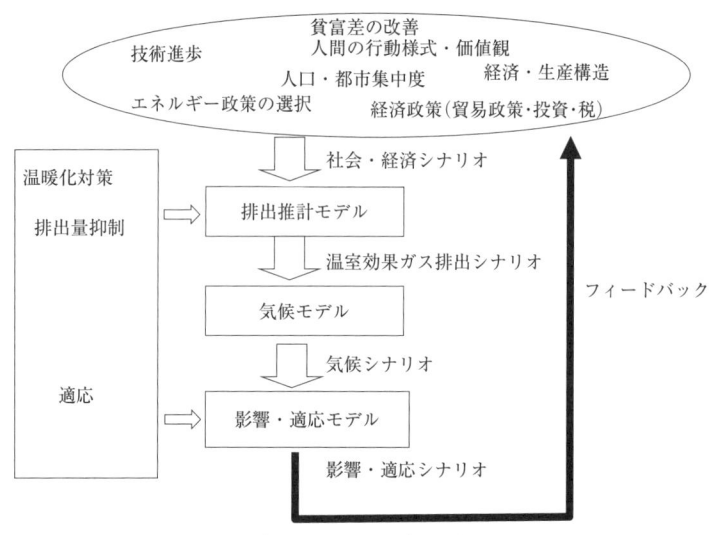

```
              貧富差の改善
        技術進歩  人間の行動様式・価値観
              人口・都市集中度    経済・生産構造
        エネルギー政策の選択  経済政策(貿易政策・投資・税)
```

```
┌─────────────┐         ↓ 社会・経済シナリオ
│ 温暖化対策    │      ┌──────────┐
│             │      │ 排出推計モデル │
│  排出量抑制  │ ⇒   └──────────┘                    ↑
│             │         ↓ 温室効果ガス排出シナリオ
│             │      ┌──────────┐          フィードバック
│             │      │  気候モデル   │
│   適応      │      └──────────┘
│             │         ↓ 気候シナリオ
│             │ ⇒   ┌──────────┐
│             │      │ 影響・適応モデル │
└─────────────┘      └──────────┘
                        影響・適応シナリオ
```

図1　温暖化シナリオと温暖化対策との関係

の対策を行った場合の経済影響を推計する（図1参照）．

◆ 気候安定化目標とシナリオ

　大気中の温室効果ガス濃度の安定化を分析するためには，地球規模で長期的なシナリオを検討する必要がある．地球温暖化がどの程度進むかは，自然の系の不確実な挙動を別にすれば，われわれ人間社会がどのような方向に進展するかによって大きく左右される．将来の社会の進展方向の描き方により，エネルギー利用や土地利用変化の予想が大きく変わり，温室効果ガスや硫黄酸化物などの排出が大きく違ってくる．その結果，温暖化の予想に大きな違いが出てしまう．IPCCは2000年に気候変動に関する排出シナリオを「排出シナリオに関する特別報告書」としてとりまとめ，SRESシナリオとして発表した．SRESシナリオは温暖化対策が実施されなかった場合の排出量の予想である．IPCCはSRESシナリオに続いて，温暖化対策が行われた場合の安定化シナリオについて，第3次評価報告書および第4次評価報告書で調査し，評価した．対策シナリオも含めて，SRES以降に発表された排出シナリオはポストSRESシナリオとよばれている．

　図2は今後100年間にわたる温室効果ガス排出量を推計したシナリオを気候安定化レベルに沿って6つのカテゴリーに分類したものである．いずれのシナリオにおいても，大気中の温室効果ガス濃度を安定化させるためには，排出量が今世

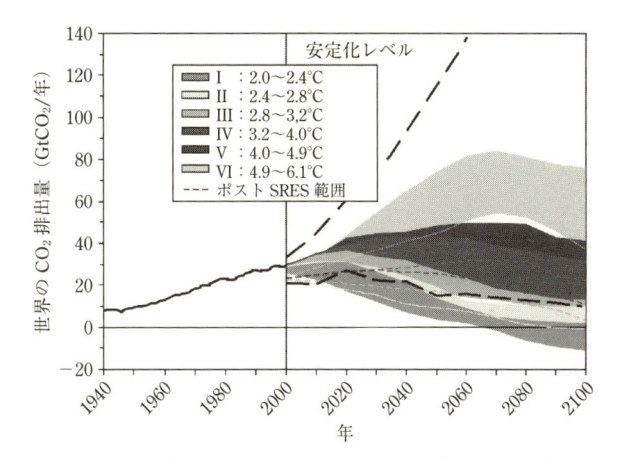

図2　1940年から2000年の世界のCO_2排出量と，2000年から2100年に関する安定化シナリオカテゴリーのそれぞれに応じた排出量の範囲

［出典］　IPCC 地球温暖化第四次レポート統合報告書，図 SPM.11，より筆者作成
Climate Change (2007), Synthesis Report, Contribution of Working Groups I, II and III to the Fourth Assessment Report of the Intergovernmental Panel on Climate Change, Figure SPM.11 (left panel), IPCC, Geneva, Switzerland

紀中にピークに達し，その後は減少する必要がある．安定化レベルが低ければ低いほど，このピークとその後の減少はより早く起きる必要がある．

世界平均気温の産業革命以前からの温度上昇を 2.0～2.4℃ の範囲に抑えようとするとカテゴリー I の排出経路に沿って，また，気温上昇を 2.4～2.8℃ の範囲に抑えようとするとカテゴリー II の排出経路に沿って温室効果ガスの排出量を抑制する必要がある．

これらの安定化レベルは，現在利用可能な技術，および今後数十年間に普及可能な技術を組み合わせて達成することを想定している．シナリオ分析では，これらの技術の開発，商業化，普及のための対策などを考慮して将来の排出量を推計する．カテゴリー I，II などの安定化レベルの低いシナリオでは，バイオマス発電や水力・風力・太陽光などの再生可能エネルギーの活用や CO_2 回収貯留技術の導入が重要な役割を示す．また，エネルギー効率や炭素原単位をこれまでより早く改善する必要がある．

◆ 技術発展と温暖化対策シナリオ

二酸化炭素は主に化石燃料を消費してエネルギーサービスを供給する技術を使うことによって排出される．一方で，技術は人間の快適な生活を支えている．いかに二酸化炭素の排出量の少ない形で技術を使うことができるかを，技術発展の

ベースとなる社会・経済状況を想定し，対策による技術の進展度を推計することが対策シナリオの主要な役割である．技術による二酸化炭素削減の方法としては，技術の効率改善，炭素含有量の少ないエネルギーへの転換（例えば，石炭から天然ガスへの転換），二酸化炭素の回収・貯留，再生エネルギーの導入などが挙げられる．

革新的な技術を導入するには，開発投資や導入を促進する政策が必要となってくる．どのような革新的技術がどれだけ導入できるかもシナリオを左右する重要な要素である．技術導入に必要な費用と，革新的技術を導入することによる燃料費の減少による便益も同時に考慮する必要がある．便益は，対策を行わなかった場合の技術導入の状況，気候安定化目標などによって異なってくる．革新的技術開発のエネルギー効率が良くなるほど，厳しい安定化目標を達成できることになる．

シナリオでは，技術導入に与える要素として，炭素税，許容排出量，エネルギー効率，導入費用，技術普及率の範囲などを設定する．技術の習熟効果（技術の普及が進めば価格が下がること）は技術の早期導入を促す重要な根拠の1つである．

技術導入を阻害する要因として，技術についての情報が浸透していないこと，技術の信頼性に関する判断が確定していないこと，導入資金が不足していること，エネルギー削減効果を考慮した長期的な損益収支バランスを考えないこと，などが挙げられる．

技術は重要であるが，技術だけでは温暖化の問題は解決しないことに注意しておく必要がある．社会のインフラや人々の意識などは温暖化対策の効果発現に大きく影響する．

◆ 地域温暖化対策シナリオ

地球規模での長期の対策シナリオでは，温室効果ガスの許容排出量と安定化レベルとの関係を明らかにすることができる．しかし，具体的な対策を検討するには地域に焦点をあてたシナリオを作成する必要がある．地域シナリオとしては，国，県や都市を対象としたシナリオが開発されている．

国を対象としたシナリオでは，特に途上国では，貧困の撲滅や最低限の生活の質の確保など，温暖化以外の目標が同時に達成できるシナリオを開発することが重要である．人間安全保障，エネルギー安全保障および食糧安全保障などを目的とした政策を温暖化政策と一緒に考慮することで，政策が進むことが期待できる．

8.1 温暖化対策シナリオ分析

　地域シナリオでは，地域の特性を考慮することが重要である．風力発電に適した地域，太陽光発電に適した地域は地理的状況によって異なっている．人口密度の高い大都市の場合と，人口の少ない山村では，人々の生活様式や交通手段は違っている．滋賀県で開発されたシナリオでは，北部の高齢化が進んだ地域や南部の都市化が進んだ地域など8つの地域に分割して，それぞれの地域での削減可能性を分析している．

　図3は滋賀県を対象とした2030年までに1990年比で温室効果ガス排出量を半減するという目標を設定した場合の温暖化対策シナリオである．種々の対策の組み合わせによって目標が達成できる．エネルギー機器の効率改善による削減が37％と一番大きなウェイトを占める．それに国全体の電力原単位の変化による削減効率が21％と続いている．対策分類のうち，地方自治体としての対策の必要性が特に高いと考えられるのは，交通構造改革，環境配慮型行動，再生可能エネルギーの普及，そして森林吸収である．

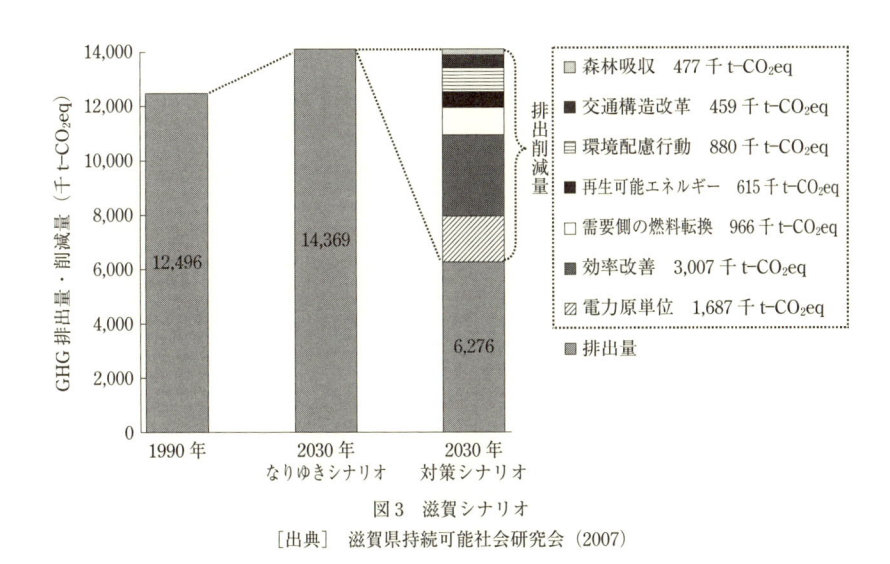

図3　滋賀シナリオ

［出典］滋賀県持続可能社会研究会（2007）

排出削減量
- 森林吸収　　　477 千 t-CO_2eq
- 交通構造改革　459 千 t-CO_2eq
- 環境配慮行動　880 千 t-CO_2eq
- 再生可能エネルギー　615 千 t-CO_2eq
- 需要側の燃料転換　966 千 t-CO_2eq
- 効率改善　　3,007 千 t-CO_2eq
- 電力原単位　1,687 千 t-CO_2eq
- 排出量

　滋賀県のシナリオは，温室効果ガス排出量を削減するという目標に加えて，水質の向上や廃棄物の減少などの環境を改善する目標を達成する道筋をさぐっている．

［甲斐沼美紀子］

参考文献
[1]　環境省地球環境局（2001），4つの社会・経済シナリオについて―「温室効果ガス排出量削減シナリ

オ策定調査報告書」―（http://www.env.go.jp/earth/report/h13-01/）
[2] IPCC［気候変動に関する政府間パネル］（編），文部科学省・経済産業省・気象庁・環境省（翻訳）(2009)，IPCC 地球温暖化第四次レポート―気候変動 2007―，中央法規
[3] 滋賀県持続可能社会研究会（2007），持続可能社会に向けた滋賀シナリオ，滋賀県琵琶湖・環境科学研究センター（http://www.lberi.jp/root/jp/01topics/scenario.htm）

8.2 温暖化対策モデル

　温暖化対策モデルとは，地球温暖化を緩和するための対策や政策を評価するためのコンピュータ・シミュレーションモデルである．温暖化対策モデルでは，さまざまな経済活動とそれに起因する温室効果ガス排出量の関係を推計することにより，温暖化対策を導入した際の環境やエネルギー，経済などへの効果や影響を分析・評価する．実社会において効果的で効率的な対策を実施するには，できる限り，その効果（例えば温室効果ガス排出削減量，温度上昇や海水面上昇の低減効果など）や影響（例えば経済成長率やエネルギー価格の変化など）を事前に把握することが望ましい．しかし，このような対策の効果を実際の社会・経済活動を利用した実験により示すことは不可能あるいは非常に困難である．そこで，コンピュータ上に社会経済および自然の状況の一部を温暖化対策モデルとして再現し，作成したモデルを用いた模擬実験により対策の効果や影響を事前に把握する試みがなされている．

◆ モデルの種類

　温暖化対策モデルは，その構造から「ボトムアップモデル」，「トップダウンモデル」，「統合評価モデル」に分類される．

　＜ボトムアップモデル＞
　一般に，ボトムアップモデルとは，個々の構成要素の積み上げによりシステム全体を表現するモデルである．温暖化対策モデルとしてのボトムアップモデルは，個別の産業活動や生産工程などを対象に，想定される社会経済シナリオから推定される前提条件（例えば交通輸送量や冷暖房需要など）を満たすために必要な個々の詳細な技術の組み合わせを評価するモデルである．このモデルでは，例えば運輸部門におけるハイブリッド車の導入のように，温暖化対策を部門レベルで具体的に評価することが可能である．ボトムアップモデルには政策的に対策技術を積み上げるアカウンティングモデルや費用最小化などの最適化型技術選択モデルなどがある．

＜トップダウンモデル＞

トップダウンモデルは，集計された生産，消費，価格や所得などのデータをもとに経済学的手法に基づいて財・サービスの最終需要や生産を定式化したものである．このモデルを用いた分析では，温室効果ガスの排出規制や炭素税，排出量取引などの政策効果を部門横断的に経済全体として整合的に評価することが可能である．トップダウンモデルには，投入産出モデル，マクロ計量経済モデル，応用一般均衡モデルなどがある．

多くのトップダウンモデルでは，個々の技術進歩は前提条件として与えられている．しかし，なかにはボトムアップモデルに含まれるような技術データを導入することで技術選択も含めて整合的に評価するモデルもある．このようなモデルはハイブリッドモデルとよばれている．

＜統合評価モデル＞

上述した2種類のモデルは温室効果ガス排出削減に焦点をあてたモデルである．しかし，温暖化問題とその対策を総合的に評価するためには，排出削減に加えて気候や生態系などへの影響もあわせて分析することが不可欠である．統合評価モデルは，このような分析をするために大気や生態系，社会経済などの複数の側面を個別のモデルとして再現し，これらを連携させた複合型モデルである

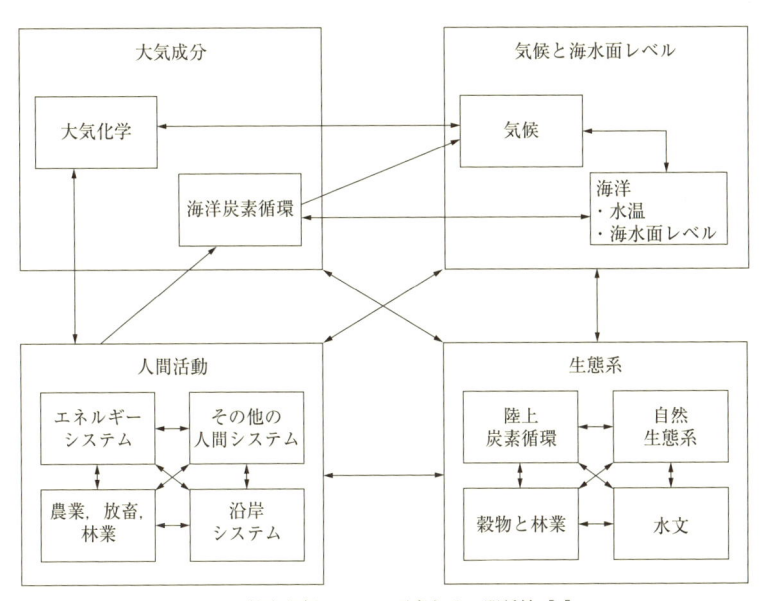

図1　統合評価モデルの要素とその関係性 [1]

(図1).このモデルは,複数のモデル間の整合性を保ちながら,人間活動とそれに伴う環境変化の状況や影響,さらには関連する環境政策の効果と影響を評価するものである.例えば,温暖化対策を実行することで生じる社会経済的影響や温度上昇,海水面上昇などの物理的影響を同時に評価することが可能である.

◆ モデル分析とその知見

＜モデル分析による評価＞

上記のような温暖化対策モデルによる研究成果は,IPCCの評価報告書や国連

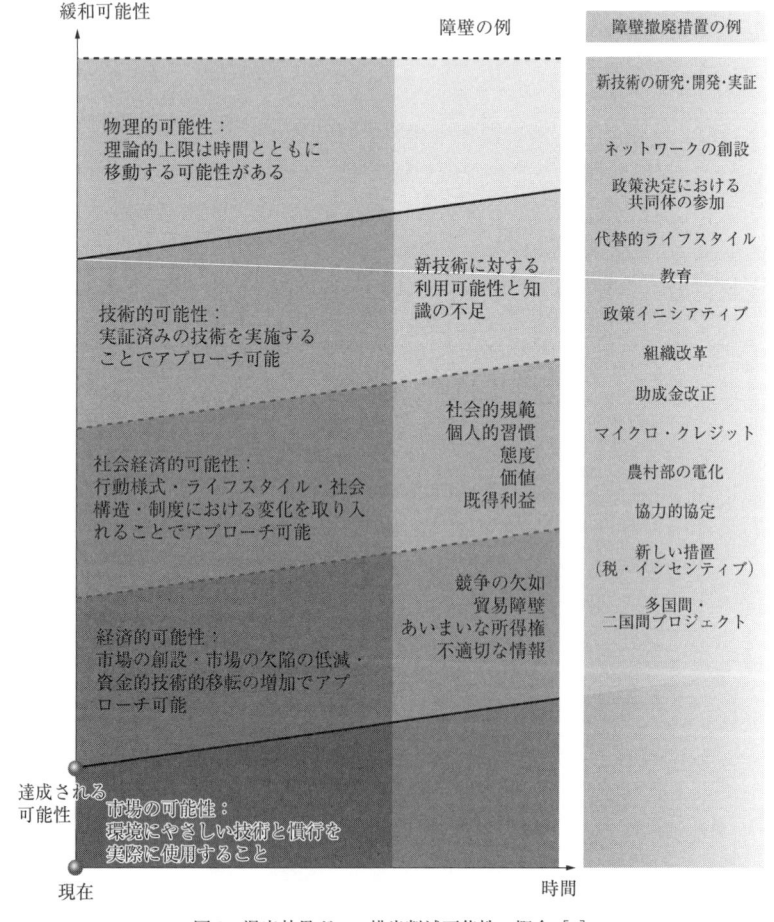

図2 温室効果ガスの排出削減可能性の概念 [2]

環境計画（UNEP）の地球環境概況（GEO）などで引用され，将来の温暖化対策および政策の方向性を検討するにあたって有用な示唆を与えている．モデル分析では，前提となるシナリオに基づき種々の温暖化対策（例えば税制や技術普及，研究開発など）の導入による温室効果ガスの排出削減可能性（ポテンシャル）や経済活動への影響などが評価される．ここで，温室効果ガスの排出削減可能性とは，排出削減対策を実施しなかった場合と比べて対策を実施した場合に潜在的に削減できる排出量のことである．例えば IPCC 第 3 次評価報告書では，その概念により，排出削減可能性を「物理的可能性」，「技術的可能性」，「社会経済的可能性」，「経済的可能性」および「市場の可能性」に分類している（図 2）．また，経済的な影響の評価としては，対策を実施した場合の各国の GDP の変化や対策の実施にかかる費用などが挙げられる．

＜IPCC 第 4 次評価報告書に基づく知見＞

2007 年に出版された IPCC 第 4 次評価報告書 [3] では，温暖化対策に関するモデル分析から以下のような知見が得られている．

まず，2030 年までの短中期で見ると，トップダウンモデル研究およびボトムアップモデル研究のいずれからも，今後数十年にわたって，世界の温室効果ガス排出削減にはかなり大きな経済的可能性があることが指摘されており，将来の温室効果ガス排出量を現在の水準あるいはそれ以下に削減できる可能性が示唆されている．

2030 年以降の長期については，大気中の温室効果ガス濃度を安定化させるためには，温室効果ガス排出量を今後，減少させる必要があることが示されている．温室効果ガス濃度をより低い水準で安定化させるためには排出量のピークと減少をより早期に達成する必要があり，今後 20 ～ 30 年間の排出削減努力が将来の温室効果ガス濃度の安定化水準に大きな影響を与えるとされる．

［松本健一・明石　修・花岡達也・増井利彦］

参考文献

[1] Bruce, J.P. et al. eds.（1996），Climate Change 1995 : Economic and Social Dimensions of Climate Change, Contribution of Working Group III to the Second Assessment Report of the Intergovernmental Panel on Climate Change, Cambridge University Press, Cambridge and New York
[2] Metz, B. et al. eds.（2001），Climate Change 2001 : Mitigation : Contribution of Working Group III to the Third Assessment Report of the Intergovernmental Panel on Climate Change, Cambridge University Press, Cambridge and New York
[3] Metz, B. et al. eds.（2007），Climate Change 2007 : Mitigation of Climate Change : Contribution of

Working Group III to the Fourth Assessment Report of the Intergovernmental Panel on Climate Change, Cambridge University Press, Cambridge and New York

8.3 安定化シナリオ

IPCC第4次評価報告書によると「SRES排出シナリオの範囲では，今後20年間に，10年あたり約0.2℃の割合で気温が上昇する」と予測されている．温暖化の進行によってさまざまな悪影響が生じると予測されており，このような悪影響を避けるためにはできるだけ低い気温上昇に抑えなくてはならず，安定化シナリオを用いた全世界的な緩和策の検討が求められている．

◆ 安定化シナリオとは

安定化シナリオとは，温暖化の進行を抑制するために，温室効果ガス（GHG）濃度や放射強制力の上昇をある一定レベルまでに抑え，それらの平衡状態を達成させる制約条件を満たすために，どのような緩和策がいつまでにどの程度必要かを分析するものである．安定化シナリオとは，温暖化の進行（気温上昇）をある一定の状態に平衡させるシナリオである．このとき，気温上昇そのものを対象とするシナリオに加え，GHG濃度や放射強制力を対象とするシナリオもある．GHG濃度安定化シナリオには，二酸化炭素（以後，CO_2）濃度のみを安定化させるシナリオと，すべてのGHG濃度をCO_2相当の濃度に換算して安定化させるシナリオがある．GHG排出量と気温上昇の関係は，GHG排出量とGHG濃度（または放射強制力），GHG濃度（または放射強制力）と気温上昇と2つの関係性を定量化しなくてはならない．しかしながら，GHG濃度と気温の関係は気候感度とよばれるパラメータによって定義づけられるが，気候感度は全球気候モデルによる実験結果から導かれ，その値にも幅があることから，GHG濃度を制約とするシナリオが一般的に用いられている．GHG濃度や放射強制力を安定化させるシナリオには，オーバーシュートあり・なしの2つのケースがある．オーバーシュートありのシナリオとは，目標とするGHG濃度・放射強制力をいったん超えた後，目標値に向かって低減し，最終的に目標値で平衡に達するシナリオである．一方，オーバーシュートなしのシナリオとは，対象とする期間内に目標とするGHG濃度・放射強制力を超えないケースである．

8.3 安定化シナリオ

◆ 既存の安定化シナリオ

＜二酸化炭素濃度安定化シナリオ＞

CO_2濃度のみを安定化させるシナリオには，IS92 [1]，S プロファイル [2]，WRE プロファイル [3]，POST-SRES [4][5]，TGCIA450 [6]，IMAGE Se [7] [8]，MESSAGE-WBGU'03 [9] などがある．例えば，S プロファイルは，IPCC 第 2 次評価報告書に採用されている炭素循環の相互比較実験の一部として開発されたシナリオである．炭素循環モデルを用いたシナリオ分析の結果，CO_2 濃度を現在レベルで安定化させるためには，その排出をただちに 50〜70％削減し，さらに削減を強化する必要があると結論づけている．一方，筆者である Wigley, Richels, Edmonds の頭文字をとって名づけられた WRE プロファイルでは，経済効率的排出経路であり，S プロファイルと比べてしばらく CO_2 排出が増加傾向を続け，ある段階で急激な削減を行うシナリオである．このシナリオでは，経済的な効率性を考慮し，CO_2 排出経路が複数あることを示している．その考えにより，2010 年もしくは 2020 年から，排出削減を行うことが経済的コストが低くなることを提唱している．

Post-SRES とは，IPCC によって 2000 年に発行された SRES（Special Report on Emissions Scenarios）を基礎として作成された対策シナリオである．Post-SRES では大気中 CO_2 安定化濃度レベル別に SRES で想定されている 6 つの将来発展（A1B，A1FI，A1T，A2，B1，B2）のもと，いつ，どの程度緩和策を実施する必要があるのかについて定量的に示している．CO_2 濃度安定化が課された場合の CO_2 排出経路は，シナリオによる違いよりも制約による違いが明らかに大きい．しかしながら，濃度制約が課されなかった場合と比べると，その削減量は将来の社会像によって大きく異なり，気候安定化のためには将来の社会像の違いによって，達成の難しさが大きく異なることが示唆されている．

＜温室効果ガス濃度・放射強制力安定化シナリオ＞

CO_2 濃度のみを安定化させるシナリオでは，その他のガスの挙動によって気温の上昇度が大きく異なる可能性がある．そこで，現在では，気候安定化レベルを検討するために，温暖化に関係するすべての要素を考慮する GHG 濃度を安定化させるシナリオが主流となってきている．GHG 濃度を安定化させるシナリオには，EMF-21 [10]，EQW [11]，AIM/Impact [Policy] [12]，RCP [13] などがある．これらのシナリオでは，GHG およびエアロゾルを対象として，安定化濃度と排出経路の関係について詳細な検討を行っている．さらに，さまざまな

GHG 濃度安定化目標を対象として,将来のとるべき道筋(緩和策)について削減開始時期の違いも考慮した定量的分析を行っている.

　RCP とは Representative Concentration Pathways の略であり,IPCC 第 5 次評価報告書に向けて,温暖化による気候変化予測,影響評価,対策評価の一貫性 (consistency) を担保して利用し,結果が比較可能で (comparability),開発プロセスが透明な (transparency) な,放射強制力を安定化させる新しいシナリオである.RCP の開発によって,従来行われていたシナリオ開発手法(まず社会経済シナリオを開発し,次に気候シナリオを,最後に影響評価を実施)ではなく,社会経済シナリオと気候シナリオを同時に開発することが可能となった.これによって,従来生じていた社会経済シナリオ開発から影響評価を実施するまでの時間遅れ解消を目指している.RCP では,4 つの放射強制力 ($8.5\,\text{W/m}^2$,$6.0\,\text{W/m}^2$,$4.5\,\text{W/m}^2$,$2.6\,\text{W/m}^2$)を想定している.RCP を開発した統合評価モデルのグループは,オーストリア・国際応用システム分析研究所の MESSAGE,国立環境研究所の AIM,米国・太平洋北西国立研究所の MiniCAM,オランダ環境評価機関の IMAGE である.RCP では,温暖化にかかわる要素,排出量(世界全体の総量および 5 地域:CO_2,CH_4,N_2O,HFC,PFC,SF_6,ODS,Sulfur,Black carbon,Organic carbon,CO,NO_x,VOC,NH_3),濃度(CO_2,CH_4,N_2O,温室効果ガスの CO_2 等価濃度,すべての要素を考慮した CO_2 等価濃度),放射強制力(CO_2,CH_4,N_2O,Halocarbons (total),その他(エアロゾル,オゾンなど))のシナリオが提供されている.排出量に関しては,その土地利用も含めて約 50 km 分解能の全球メッシュマップが安定化シナリオ別に提供されている.

[肱岡靖明]

参考文献

[1] Leggett, J., Pepper, W.J. and Swart, R.J. (1992), Emissions scenarios for the IPCC : an update, In : Climate Change 1992, The Supplementary Report to the IPCC Scientific Assessment [Houghton, J.T., B.A. Callander and S.K. Varney, (eds.)], pp.75-95, Cambridge University Press

[2] Enting, I. G., Wigley, T. M. L. and Heimann, M. (1994), Future Emissions and Concentrations of Carbon Dioxide : Key Ocean/Atmosphere/Land Analyses (Division of Atmospheric Res., CSIRO, Australia

[3] Wigley, T.M.L., Richels, R. and Edmonds, J.A. (1996), Economic and environmental choices in the stabilization of atmospheric CO_2 concentrations, *Nature*, 379, pp.240-243

[4] Swart, R., J. Mitchell, T. Morita and S. Raper (2002), Stabilisation scenarios for climate impact assessment, Global Environmental Change, 12(3), pp.155-165

[5] Morita, T., Nakicenovic, N. and Robinson, J. (2000), Overview of mitigation scenarios for global climate stabilization based on new IPCC emission scenarios (SRES), Environmental Economics and Policy Studies, 3, pp.65-88

[6] Swart, R., Mitchell, J., Morita, T. and Raper, S. (2002), Stabilisation scenarios for climate impact assessment, Global Environmental Change, 12, pp.155-165
[7] Eickhout, B., den Elzen, M.G.J. and van Vuuren, D. (2003), Multi-gas emission profiles for stabilising greenhouse gas concentrations, Bilthoven, BA, RIVM, RIVM Report 728001026, available at www.rivm.nl
[8] van Vuuren, D., den Elzen, M.G.J., Berk, M.M., Lucas, P., Eickhout, B., Eerens, H. and Oostenrijk, R. (2003a), Regional Costs and Benefits of Alternative Post-Kyoto climate regimes, Bilthoven, RIVM : 117, Report-No : 728001025/2003, available at www.rivm.nl
[9] Nakicenovic, N. and Riahi, K. (2003), Model runs with MESSAGE in the Context of the Further Development of the Kyoto-Protocol, Berlin, WBGU - German Advisory Council on Global Change : 54, Report-No. : WBGU II/2003 available at http ://www.wbgu.de/wbgu_sn2003_ex03.pdf
[10] de la Chesnaye, F.C. (2003), Overview of modelling results of multi-gas scenarios for EMF-21, Presentation at EMF-21 workshop, Stanford, USA, Energy Modeling Forum, EMF21
[11] Meinshausen, M. et al. (2006), Multi-gas emission pathways to meet climate targets, Clim. Change, 75, pp.151-194
[12] Hijioka Y., Matsuoka Y., Nishimoto H., Masui T., Kainuma M. (2008), Global GHG emission scenarios under GHG concentration stabilization targets, J.Global Environ.Eng., 13, pp.97-108
[13] Moss, R. H., Edmonds, J. A., Hibbard, K., Manning, M., Rose, S. K., van Vuuren, D. P., Carter, T. R., Emori, S., Kainuma, M., Kram, T., Meehl, G., Mitchell, J., Nakicenovic, N., Riahi, K., Smith, S. J., Stouffer, R. J., Thomson, A., Weyant, J. and Wilbanks, T. (2010), The next generation of scenarios for climate change research and assessment, *Nature*, 463, pp.747-756 doi：10.1038/nature08823

8.4 需要側対策

◆ 産業部門

＜産業部門の排出量構成と特徴＞

わが国における産業部門のエネルギー起源のCO_2排出量は4億2,200万トン（2010年度）[1]であり，全体の約4割を占めている．その内訳は図1のようになっていて，鉄鋼（39％），化学（12％），機械（8％），窯業土石（≒セメント業）（8％）といった業種が大きな割合を占めている．以降にエネルギー多消費産業とよばれる鉄鋼，セメント，石油化学，製紙の各業種における技術および業種横断的に適用させる技術である工業炉やモーターのCO_2排出削減技術について述べる．

＜鉄鋼業＞

1) 鉄鋼業におけるCO_2排出

鉄鋼業とは，建築・土木，自動車，機械類向けに鉄鋼製品を供給する業種であ

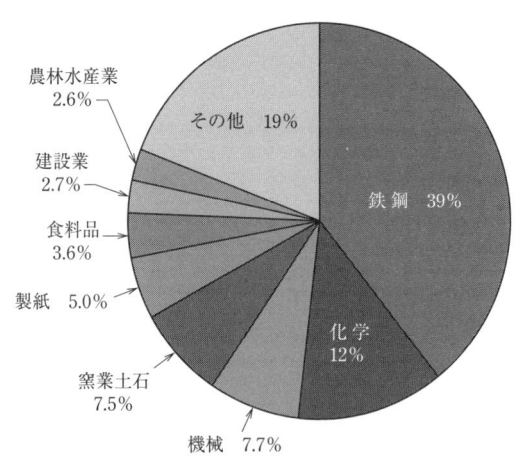

図1 産業部門におけるエネルギー起源のCO_2排出量 [1]

(円グラフ: 鉄鋼 39%, 化学 12%, 機械 7.7%, 窯業土石 7.5%, 製紙 5.0%, 食料品 3.6%, 建設業 2.7%, 農林水産業 2.6%, その他 19%)

る．鉄鉱石を原料として製造する方法とリサイクルされた鉄を原料とする方法がある．鉄鉱石の主要な成分は酸化鉄（Fe_2O_3, Fe_2O_4 など）であり，石炭コークス（C）を用いた還元反応により，酸化鉄から酸素（O）を取り出し，鉄（Fe）をつくり出す．この反応は高炉で行われ，この工程において大量に二酸化炭素（CO_2）が発生する．高炉でつくられた鉄は続いて転炉にて炭素を取り除かれ粗鋼となり，粗鋼は鋳造，圧延などを経て鋼材や鋼管などの製品になる．

粗鋼は鉄くずからも生産される．市中から回収された鉄くずは電気炉で溶解され不純物が取り除かれる．わが国では粗鋼生産量の約3割が電気炉によるものである．

2) 鉄鋼業のCO_2削減技術

- 連続鋳造装置：転炉や電気炉によって精錬された鋼は溶解した状態で送出されるが，それを圧延加工しやすくするために鋼片にする．従来は流し込み，型抜き，鈞熱，分塊圧延，切断などの工程をバッチ式で行っていたが，連続鋳造装置ではこれらの工程を一挙に連続して行う．これにより生産性が向上するとともに，鈞熱が不要になり大幅な省エネルギーが図られた．日本での普及率はほぼ100%である．
- 高炉炉頂圧発電：高炉ではコークスや石炭の炭素分が部分酸化して生成した一酸化炭素などを含む高炉ガスが発生する．このガスの圧力と熱を利用して高炉の頂上に備えつけたガスタービンを駆動して発電する．日本での普及率はほぼ100%である．
- コークス乾式消火設備：コークス炉にて石炭を乾留してコークスを製造する．

乾留直後の高温のコークスを密閉容器内に不活性ガスで冷却し，不活性ガスのもつ熱は熱交換により蒸気製造に利用する．日本での普及率はほぼ100％である．
- 次世代コークス炉：これまで1,200℃程度のコークス炉に石炭をそのまま投入してきたが，次世代コークス炉ではあらかじめ石炭を350℃程度に加熱し，850℃程度のコークス炉に投入することで省エネを達成している．日本でも普及が始まったばかりである．

＜セメント業＞
1) セメント業におけるCO_2排出

コンクリートは土木・建築に欠くことができない材料である．コンクリートは建設の現場でセメントに砂利や石を混ぜてつくる．セメント業はコンクリート原料となるセメントを製造する産業である．セメントの主成分は酸化カルシウムで，これは石灰石（主に炭酸カルシウム）を熱分解し，CO_2と酸化カルシウムに分解することによって製造する．石灰石を熱分解する工程を焼成工程とよび，このセメント工業におけるエネルギー消費のかなりの部分を占める．また，セメントの生産ではエネルギー消費だけでなく，石灰石の分解によってもCO_2が発生する．

2) セメント業のCO_2削減技術
- サスペンションプレヒーター付きのキルン：焼成工程を担う装置はキルンとよばれ，わが国ではすべてのキルンがSPキルンまたはNSPキルンとよばれるサスペンションプレヒーター付きのキルンが用いられている．石灰石の熱分解は回転窯にて行われるが，このキルンでは熱分解後に発生する酸化カルシウムなどがもつ熱を回収する．その回収熱を回転窯に投入する前の原料の予熱用に用いる．これによって10％以上の省エネになる．
- 混合セメント：製鉄所の高炉では鉄鉱石に含まれていた鉄以外の成分がスラグ（鉱滓）となって回収されるが，この高炉スラグはセメントと似た性質をもち，セメントに大量に混合することができる．このような石灰石起源のセメント以外のものを含むセメントを混合セメントという．高炉セメント以外には，シリカセメントやフライアッシュセメントなどがある．混合セメントの消費量を増やすことはセメント製造起源のCO_2排出量の削減につながる．日本ではセメント生産量の約2割が混合セメントである．

<石油化学工業>
1) 石油化学工業における CO_2 排出

石油化学工業とは，石油や天然ガスを原料としてプラスチック，化学繊維の原料などの化学製品を製造する産業である．主に何を原料とするかは国によって異なるが，日本では石油のうち，ナフサを原料としている．ナフサはナフサ分解炉において熱分解反応によって分解され，その後，蒸留塔において各種生成物の分離が行われ，エチレン，プロピレンなどの簡単な構造をもつ分子化合物ができあがる．このエチレンなど基礎化学製品を製造する工程で非常に多くのエネルギーが消費され，CO_2 が排出される．続いてこれらの分子を結合させ，分子量の大きな化合物を生成させる．そしてポリエチレン，ポリプロピレンといったプラスチックができあがる．

2) 石油化学工業の CO_2 削減技術

- エチレンプラントガスタービン併設：エチレンを製造するプラント内に発電用のガスタービンを設置し，ガスタービンの排ガスでナフサ分解炉の燃焼用空気を加熱し，分解炉で使用する燃料を削減する技術である．この技術によって10%程度のエネルギーが削減できる．
- 内部熱交換型蒸留塔：エチレン製造の蒸留工程では加熱と冷却をくり返すことで製品の分離を行う．従来の装置では冷却の際にエネルギーを廃棄せざるをえなかったが，内部熱交換型ではその熱を自己再利用することで50%以上の省エネルギー化を実現する．
- ナフサ接触分解：石油精製におけるガソリン生産で使用されている触媒の作用による分解方法をナフサの分解に用いる．従来の方式よりも分解温度を下げることができ，エネルギー消費量を節約するとともに，エチレン・プロピレンの収率を向上させることができる．

<製紙業>
1) 製紙業における CO_2 排出

製紙業は，製紙に用いられる繊維分（パルプ）を生産する工程と，パルプを原料として紙や板紙を生産する抄紙工程に大別される．木材は繊維分（セルロースやヘミセルロース）とそれらを接着する役目をもつリグニンからできているが，このうちリグニンは紙の強度を弱くしたり，変色の原因となるため，取り除かなければならない．そのため，木材チップを釜で煮込み，リグニンを取り除き，繊維を取り分ける．取り出した繊維を漂白するとパルプになる．このようにバージン材からつくったパルプは化学パルプという．回収した古紙からパルプを取り出

し，それらを調合して抄紙工程に向かう．この工程では，網の上に繊維分を漉き，脱水・乾燥させ，紙を生産する．それぞれの工程において加熱用として蒸気，動力用として電力が消費され，CO_2 が排出されている．

2) 製紙業の CO_2 削減技術

- 高効率古紙パルプ製造装置：古紙パルプ工程において，古紙と水の攪拌，離解を従来型よりも効率的に進め，エネルギー消費量を削減した装置．日本での普及率は2割程度である．
- 高温高圧型黒液回収ボイラー：濃縮した黒液（パルプ廃液）を噴射燃焼して蒸気を発生するボイラーである．日本での普及率は7割程度である．
- 向流型連続蒸解装置：木材チップのリグニンを液薬によって取り除く装置であるが，従来はバッチ式で行っていたものを，連続的に行うことで熱の損失を防止した装置．日本での普及率は9割程度である．
- ディフューザー置換漂白装置：パルプの漂白のために薬品を接触させ，短時間に反応させるとともに，前工程の薬液と置換させるため，従来の多段式漂白と比べて各段の洗浄が不要になり，電力・蒸気の消費量を削減した装置．日本での普及率は8割程度である．

＜高性能工業炉＞

工業炉は加熱，溶解，焼結，乾燥などを目的として金属などを直接加熱するために使用されている．直接加熱は製造業のエネルギー消費の4割を占めている．

高性能工業炉は廃熱回収などによって，この工程でのエネルギー消費を3割以上削減する技術である．バーナーに燃焼機能だけでなく，蓄熱機能を備え，2つのバーナーを1セットとして工業炉に設置している．1つのバーナーが燃焼しているとき，もう1つのバーナーの蓄熱機能で燃焼の際に生じた廃熱を蓄熱する．その後，2つのバーナーは燃焼と蓄熱の役割を取り換える．燃料の役割を担うバーナーは先のタイミングにて蓄熱した熱を利用して燃焼する．廃熱を有効に活用するために従来の工業炉に比べて大幅な省エネ効果を達成している．

＜高性能モーター・インバータ制御＞

工場で消費される電力の7割程度は動力（モーター用）のために消費されている．モーターは電磁力によって電力から回転運動を生み出す装置であるが，電力の100%を運動エネルギーに転換することはできず，1〜3割程度の損失が生じている．高効率モーターはこの損失を低減するために合理的な設計や損失の少ない材料の使用などにより効率を向上させたモーターであり，損失は約20%低減さ

れている．高効率モーターは標準のモーターと比べて初期費用が3割程度高くなる．

インバータとは周波数と電圧を制御することで，モーターの可変速運転を可能にする装置である．モーターにインバータ制御装置を組み合わせることで省エネルギーを図ることができる．例えば，ファンやポンプについて，モーターを一定の速度で運転させると，ファンの風量やポンプの水量をダンパ（仕切板による風路抵抗の制御）やバルブ（弁による水量制御）によって調整する．この方式では風量や水量を低下させた場合にもダンパやバルブで損失が生じ，電力消費の低下はさほど期待できない．一方，インバータ制御装置を用いてモーターを可変速運転させた場合には，モーターの消費電力は回転数の3乗に比例して減少するため，大幅な省エネを図ることができる． ［日比野剛］

◆ 民生部門

＜民生部門の排出量構成と特徴＞

民生部門は，大きく家庭部門と業務部門に分けられる．わが国の家庭部門，業務部門におけるエネルギー起源のCO_2排出量はそれぞれ1億7,200万，2億1,700万トン（2010年度）であり，全体の約3割を占めている［1］．民生部門のエネルギー消費傾向を見る際には，用途別に見る見方とエネルギー種別に見る見方がある．用途別に見ると動力用（機器の運転用），給湯用，暖房用に用いられるエネルギー消費が大きいことがわかる（図2）．燃料種別に見ると，電力，ガス，石油の消費量が大きくなっていることがわかる（図3）．

このような特徴をもつ家庭部門や業務部門における対策は，大きく次の3種類に分類できる．1）高効率な技術の導入，2）需要削減技術の導入，3）エネルギー創出である．1）高効率な技術の導入により，より少ないエネルギー消費で同

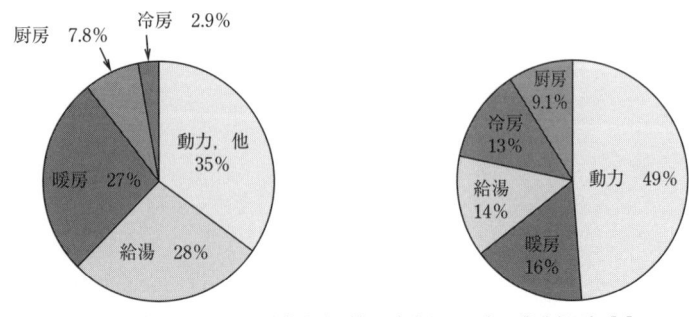

図2　用途別エネルギー消費割合（左：家庭部門，右：業務部門）［2］

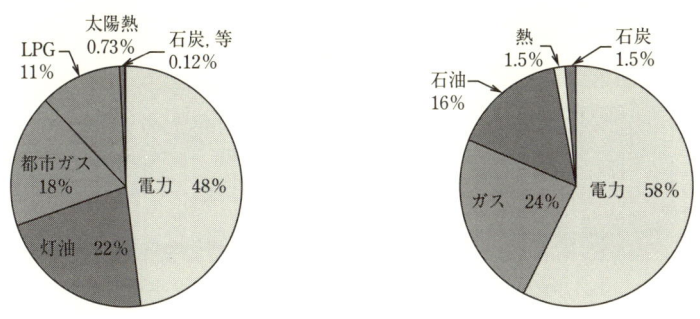

図3　燃料別エネルギー消費割合（左：家庭部門，右：業務部門）[2]

じサービスを受けることができるようになる．2)需要削減技術の導入では，住宅やオフィスのエネルギーシステム全体を見直し，冷暖房や照明といった需要そのものを減らすことで，エネルギー消費量を削減させることができる．最後に3)エネルギー創出とは，太陽光発電や太陽熱温水器に代表される自然エネルギーを利用することでCO_2排出のない（少ない）エネルギーを利用するというものである．

ここでは，1)高効率な技術や2)需要削減技術の導入について主に説明する．

＜高効率技術による対策＞

1) ヒートポンプ

ヒートポンプは冷媒を使用して加熱や冷却をする仕組みである．加熱の場合は[*1]投入エネルギーの数倍の熱を得ることができる高効率技術で，冷暖房（エアコン）や給湯器（ヒートポンプ給湯器）などに使用され，高い省エネ性能を実現している．ヒートポンプの効率改善は，トップランナー基準[*2]の導入などにより急激に進んでおり，エアコンの消費電力は，10年程度で消費電力が40％近くカットされた（図4）．

2) 高効率照明

家庭で使用される照明器具には白熱電球と蛍光灯などがある．白熱電球は蛍光灯やLED照明に比べて消費電力が多い[*3]．例えばLED電球は白熱電球と比べて，消費電力が5分の1程度，寿命は40倍程度である．近年では価格が急速に

[*1] 冷却の場合には，ほかに有用な代替技術がなく，ヒートポンプの利用が一般的である．
[*2] 特定の機器について最も省エネ性能が高い機種の水準に基準が設定され，ほかの製品もその基準を達成することが義務づけられる制度である．
[*3] 白熱電球は消費電力の大部分を熱に変換しているためである．

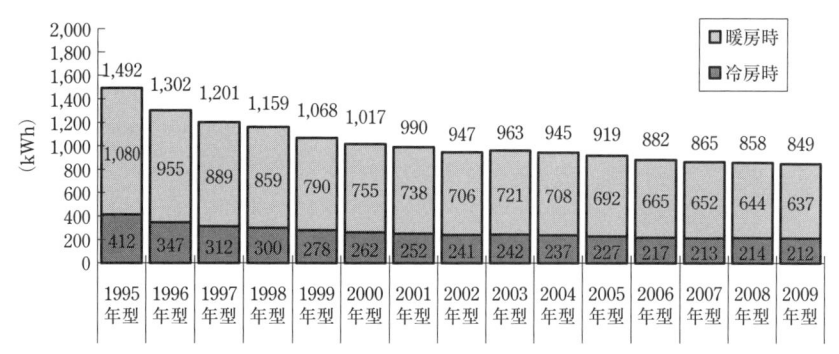

図4 冷暖房エアコンの消費電力の推移 [3]
〔注意〕 冷暖房兼用・壁掛け型・冷房能力2.8kWクラス・省エネルギー型の代表機種の単純平均値
〔出典〕 日本冷凍空調工業会

低廉化しているほか，東日本大震災後の電力不足を受けた節電キャンペーンなどを通じて普及が進んでいる．また白熱電球を製造するメーカーでは，政府の要請を受けて白熱電球の生産を終了したり，生産終了を予定している状況で，今後は高効率照明のよりいっそうの普及が期待されている．

3) 電気機器の待機電力

電気機器は使用していないときでも電力を消費している．これは待機時消費電力（待機電力）とよばれ，家庭部門では年間世帯あたり電力消費量の6％を占めている[3]．給湯器，情報・通信機器，映像・音響機器で大きくなっているが，近年ではオートオフ機能のついた機器や，待機電力が少なくなるように設計された機器が増えており，待機電力の省エネ化が進んでいる．

待機電力については技術面での対策のほかに，電源プラグをこまめに抜く，スイッチ付きタップを利用するなど，日常生活における対策によっても減らすこと

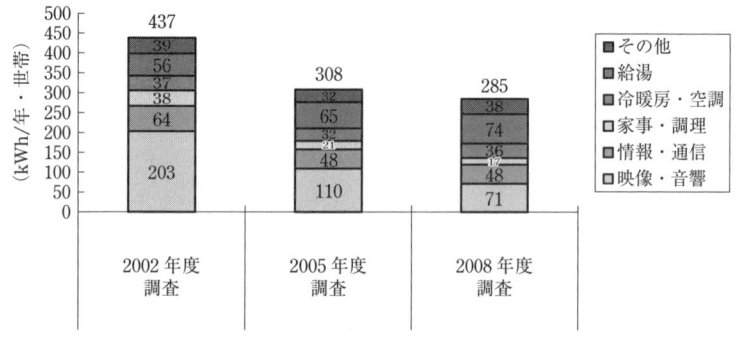

図5 家庭における待機時消費電力量の過去調査結果との比較 [3]

ができる.

＜需要削減技術による対策＞
1) BEMS/HEMS

BEMS/HEMS はビル/住宅エネルギー管理システム（Building/Home Energy Management System）のことであり，業務用ビルや住宅などにおいて，建物全体のエネルギー消費動向をセンサーなどで監視し，システムによる自動制御で省エネを実現する．冷暖房の温度調整，照明設備の ON/OFF の自動化，建物内の需要予測に合わせた設備の運転などにより，電力需要を削減することができる．業務ビルでは ESCO 事業[*4] で導入される例が多い．

2) 断熱化

建築物の断熱性能や気密性能を高めることで，熱のロスが少なくなり，冷暖房用の電力需要を低減することができる．建築物の壁面，天井，床面に十分な厚みの断熱材を導入することで断熱性能を高めることができる．窓への対策も重要で，複層ガラスや熱を伝えにくいガスを封入した Low-E ガラスなどがある．建築物外皮の断熱対策だけでなく，冷暖房用給気ダクトや給湯管，浴槽など冷暖房設備や給湯設備の断熱対策も重要である．民生部門では，暖房および給湯で使用されるエネルギー消費量が大きいため，これらの対策は大きな省エネ効果が期待できる．

＜エネルギー創出技術による対策＞
1) 太陽熱温水器

太陽熱により温水をつくる機器で，主に建築物の屋根に設置される．好天時に温水をつくって貯湯槽に貯めておき，必要なときに使用する．化石燃料を使用しないことから，地球温暖化対策として非常に有効な対策技術の１つである．1980 年代以降導入は伸び悩んでいたが，近年は地球温暖化問題への関心の高まりや比較的低廉な設置費用などから，再び注目を集めている．

2) 太陽光発電

太陽光により電力をつくる機器で，民生部門では主に建築物の屋根に設置される．太陽電池を用いて太陽光を直接的に電力に変換するため，天候やパネルへの影，ほこりなどの条件により発電量が変動する．そのため，家庭などでの消費電力を賄うには蓄電池や系統電力との併用が必要となるケースが多い．しかし，太

[*4] 省エネルギーの提案，施設の提供，維持・管理など包括的なサービスを行う事業のことである．

陽光のエネルギーは膨大であり，有効な地球温暖化対策の1つと考えられている．高価な設置費用が普及の妨げになっており，設置時の負担を軽減するための国や自治体による補助金や，発電した電力を決められた価格で買い取る固定価格買取制度により，普及促進が期待されている．

＜その他＞

民生部門では以上のような技術的な対策に加えて，人々の行動面での対策[*5]も重要である．例えば，クールビズやウォームビズは，夏冬の冷暖房負荷を低減させようとするものである．このほかにも「冷蔵庫にものを詰めすぎない」，「電気機器のスイッチをこまめに切る」，「エレベーターではなく階段を使う」など，生活の中で電気機器を効率的に使用したり，利用頻度そのものを下げたりする取組みが推奨されている．特に東日本大震災後には，日本全国でさまざまな節電キャンペーンが行われ，節電意識や節電行動がこれまで以上に普及した．節電行動が今後も定着していくような働きかけを行っていくことも，民生部門での対策では重要である．　　　　　　　　　　　　　　　　　　　　　［金森有子・藤原和也］

◆ 運輸部門

＜運輸部門の排出量構成と特徴＞

2010年度におけるわが国の交通・運輸部門からのCO_2排出量は2億3,200万トンであり，全部門のCO_2排出量の約2割を占める［1］．運輸部門の排出量の内訳を見ると，自家用乗用車が50％と最も大きな割合を占める（図6）．次いで，貨物自動車の割合が大きく34％を占める．自動車（自家用乗用車，バス・タクシー，貨物自動車）からの排出量を合計すると全体の87％になる．運輸部門でのCO_2排出量を削減するためには，自動車からの排出をいかに削減するかが重要である．

運輸部門からのCO_2排出量は，次ページの式（＊）のとおり，輸送サービス量（旅客輸送であれば人の移動回数，貨物輸送であれば貨物の輸送トン数），輸送サービスあたりの移動距離，輸送機関分担率，輸送効率，燃費，燃料あたりCO_2排出原単位に分解できる［5］．

[*5] こうした取組みについては，チャレンジ25のホームページ（http://www.challenge25.go.jp/index.html）などを参考にしてほしい．

8.4 需要側対策

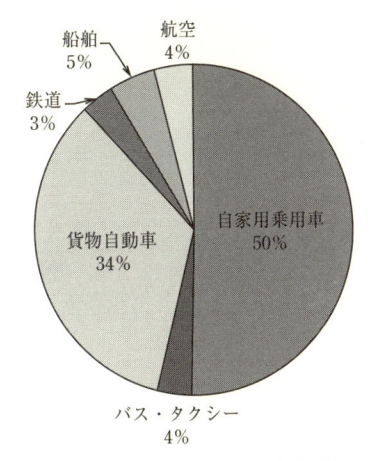

図6 輸送機関別の CO_2 排出割合 [4]

$$CO_2 = 輸送サービス \times \frac{輸送量}{輸送サービス} \times \sum_{輸送機関} 分担率 \times \left(\frac{走行距離}{輸送量} \times \frac{燃料消費量}{走行距離} \times \frac{CO_2 排出量}{燃料消費量} \right) \quad (*)$$

① 移動回数 輸送トン数
② サービスあたり 移動距離
③ 輸送機関 分担率
④ 輸送効率
⑤ 燃費
⑥ CO_2 排出 原単位

以下に各要因に関連する対策について述べる．①項目は，人々の移動回数や貨物輸送トン数を削減する対策である．②項目は，輸送距離を短くする対策である．都市をコンパクトにすることや近場の施設の利用を促進することが含まれる．③項目は，輸送量あたりの CO_2 排出量が小さい輸送機関の分担率を増加させる対策である．輸送量あたりの CO_2 排出量を比べると，例えば，旅客交通の場合では自家用乗用車は鉄道の約9倍，貨物輸送では営業用貨物車は鉄道の約6倍の CO_2 を排出する（2009年度における日本全体の平均）[6]．CO_2 排出量の大きい輸送機関の利用を抑制し，より CO_2 排出量の小さい輸送機関の利用を推進することで CO_2 排出量を削減することができる．④項目は走行距離あたりの輸送量を増加させる対策である．1台あたりの平均乗車人員や平均積載量を増やすことで削減することができる．⑤項目は，燃費を改善する対策である．燃費の良い車両を利用したり，走行条件を改善したりすることにより燃費を改善することができる．⑥項目は燃料消費量あたりの CO_2 排出量を削減する対策である．バイオ燃料を利用したり，自然エネルギーにより発電された電力を利用したりすることにより削減することができる．

交通・運輸部門からの CO_2 排出量を大幅に削減するには，上記のうちの単一の項の削減に頼るよりも，複数の項の削減を目指すほうが実現可能性が高いと考

えられる．

＜運輸部門における対策＞
　以下に，具体的な各種対策について述べる．なお，( )内は各対策が式(*)のどの要因に影響を及ぼすかを示している．
　1)　自動車交通需要の削減（要因：移動回数，輸送機関分担率）
　旅客輸送では公共交通機関の利用を促進したり，貨物輸送では鉄道や海運の利用を促進したりすることにより，乗用車や貨物自動車を利用するのに比べCO_2を削減することができる．
　また，情報通信技術を活用した在宅勤務を推進することにより，輸送需要自体を抑制することもCO_2排出削減に貢献する．
　2)　物流の効率化（要因：輸送効率）
　車両の大型化，貨物車の自営転換，共同配送，SCM（サプライチェーンマネジメント）などにより輸送効率を改善することにより，貨物自動車からのCO_2排出量を削減することができる．
　3)　交通流対策（要因：燃費）
　交通流を円滑化し，走行条件を改善することにより自動車の走行燃費を向上させることができる．施策としては，ロードプライシングによる都市中心部への過剰な自動車の乗り入れの抑制，ITS（高度道路交通システム）の推進などが挙げられる．なお，道路整備により旅行速度を向上させることも対策として考えられるが，自動車交通を誘発してしまう可能性があることに留意が必要である．
　4)　エコドライブの実施（要因：燃費）
　自動車の運転の仕方によりCO_2排出を削減することができる．具体的には，発進時の加速を緩やかにする，加速減速の少ない運転をする，停止するときに早めにアクセルから足を離す，エアコンの使用を控えめにするなどを実行することにより燃費を改善することができる．
　5)　ハイブリッド自動車の導入（要因：燃費）
　ハイブリッド自動車とは，エンジンと電気モーターを動力源として組み合わせ走行する自動車のことである．走行状況にあわせエンジンとモーターを使い分けることで燃費を大幅に改善することが可能である．従来型の乗用車に比べ，走行距離あたりのCO_2排出量は4割程度少ない[7]．導入を進めるための施策としては，補助金支給，税制優遇などが考えられる．
　6)　電気自動車の導入（要因：燃費，CO_2排出原単位）
　電気自動車とは，充電式電池を搭載し，電気モーターを動力源として走行する

自動車のことである．動力源に化石燃料を使用しないため走行時にCO_2を直接的には排出しない．発電時に排出されるCO_2を含めると，走行距離あたりのCO_2排出量はガソリン乗用車に比べ，25％程度である（日本の平均的電源構成を仮定した場合）[7]．現在開発が進められているが，普及にあたっては，コストが高い，航続距離が短いなどの課題がある．

7) 燃料電池自動車の導入（要因：燃費，CO_2排出原単位）

燃料電池自動車とは，水素と酸素の化学反応により得られる電気を用いて走行する自動車のことである．水素の供給法としては，水素そのものを自動車に充填する方法，ガソリン，天然ガス，メタノールなどを充填し，それを改質して水素を発生させる方法がある．走行時に排出するのは水のみであり，CO_2を直接的には排出しない．燃料の製造，輸送過程で排出されるCO_2を含めると，走行距離あたりのCO_2排出量はガソリン乗用車に比べ45％程度である[7]．現在開発が進められているが，普及にあたっては，コストが高い，水素の直接充填方式の場合にはインフラ整備が必要である，などの課題がある．

8) 内燃機関自動車の燃費改善（要因：燃費）

従来型の内燃機関自動車については，エンジンの効率向上（エンジン本体の改良，直噴化，リーンバーン化など），走行抵抗の低減（空気抵抗低減など），駆動系損失の低減（トランスミッションの伝達効率向上など），車両軽量化，アイドリングストップ装置の導入などにより燃費を改善することができる．内燃機関自動車の燃費改善を促進する施策としてはトップランナー方式がある．燃費基準値は車両重量別に決められる．現行の基準は2015年を目標年としており，乗用車は2004年度比平均23.5％，貨物車は2002年比平均12.2％の燃費改善を義務づけている．

9) バイオ燃料（要因：CO_2排出原単位）

バイオ燃料とは生物起源（バイオマス由来）の燃料のことである．自動車燃料としては，バイオエタノール，バイオディーゼルなどがある．バイオエタノールはサトウキビやトウモロコシ，バイオディーゼルは植物油や廃食用油などからつくられる．これらの燃料を燃焼したときに発生するCO_2はもともと植物が空気中から取り込んだものなので，差し引きで大気中のCO_2を増加させない（カーボンニュートラル）といわれる．ただし，製造，輸送過程においてはCO_2が排出されることに注意が必要である．また，食糧生産と競合するという問題点も指摘されている．

[明石　修・榎原友樹]

参考文献

[1] 温室効果ガスインベントリオフィス (2012), 日本の温室効果ガス排出量データ (1990〜2010 年度) (http://www-gio.nies.go.jp/aboutghg/nir/nir-j.html)
[2] 日本エネルギー経済研究所計量分析ユニット (2012), エネルギー・経済統計要覧
[3] 省エネルギーセンター (2009), 平成 20 年度待機時消費電力調査報告書
[4] 2009 年度 (平成 21 年度) 温室効果ガス排出量について, 環境省 (http://www.env.go.jp/earth/ondanka/ghg/index.html)
[5] 脱温暖化 2050 プロジェクト・交通チーム (2009), 低炭素社会に向けた交通システムの評価と中長期戦略 (http://2050.nies.go.jp/index_j.html)
[6] 国土交通省, 運輸部門における二酸化炭素排出量 (http://www.mlit.go.jp/sogoseisaku/environment/sosei_environment_tk_000007.html)
[7] JHFC 総合効率検討特別委員会・財団法人日本自動車研究所 (2006), 「JHFC 総合効率検討結果」報告書

8.5 供給側対策

エネルギー供給側とは, 一般に石炭や天然ガスなどの一次エネルギーを電力や熱といった二次エネルギーに変換・供給することを指し, 電力部門がその代表例である. 供給側対策は, 大きく 1) 温室効果ガス削減と 2) 温室効果ガス隔離に分類される. 温室効果ガス削減は, 需要側対策と本質的に同様な二次エネルギー生産・供給設備のエネルギー効率向上 (省エネルギー) と, より温室効果ガス排出量の低い一次エネルギー源への転換 (燃料転換) からなる. 温室効果ガス隔離は, 何らかの手段を用いて, 発生した温室効果ガスを大気以外に隔離することであり, 炭素隔離貯留技術 (Carbon Capture and Storage：CCS) が代表例である.

ここでは, エネルギー供給部門の中でも特に温室効果ガスの排出量が多い電力部門に着目して供給側対策の概要を述べる.

◆ 削減対策：エネルギー効率向上

供給側のエネルギー損失は, 二次エネルギーへの転換時と二次エネルギー輸送時に生じる. 日本の電力部門を例にとると, エネルギー転換時に 58.26％ (2011 年度汽力発電所, 10 社平均) のエネルギーが失われ, 送配電時にさらに 5.0％ (2011 年度, 10 社平均) が失われる. 供給側のエネルギー効率向上は, 需要側と同様のエネルギー効率向上とともに, エネルギー輸送時の損失低減も重要な対策である.

＜火力発電の効率向上＞

　火力発電のように，化石燃料を熱エネルギーに変え，そこから電気に変換する「熱機関」は，熱力学の第二法則によりエネルギー変換に損失を伴うことは避けられない．しかしその制約の中でも，これまで蒸気温度と圧力の引き上げや再生サイクル・再熱サイクルの採用などにより，発電効率の向上が図られてきた．さらに，汽力発電とガスタービンを組み合わせガスタービンの排熱を汽力発電に利用することにより，汽力発電を大幅に上回る発電効率を達成する複合発電（コンバインドサイクル，combined-cycle）とよばれる技術が開発された（図1）．天然ガスボイラー発電と組み合わせた天然ガス複合発電（Combined-cycle Gas Turbine：CCGT）は広く普及しており，東京電力川崎火力発電所では効率58.6%（低位発熱量基準）を達成するなど，発電部門のエネルギー効率向上に大きく寄与している．また，石炭ガス化複合発電（Integrated Gasification Combined-cycle：IGCC）も開発・実用化されつつあり，発電に伴う温室効果ガス削減と電力の安価かつ安定した供給の維持，エネルギーセキュリティの確保に資する取組みが進められている（図2）．

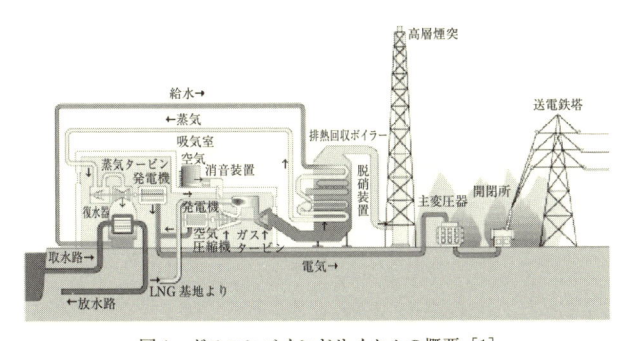

図1　ガスコンバインドサイクルの概要 [1]

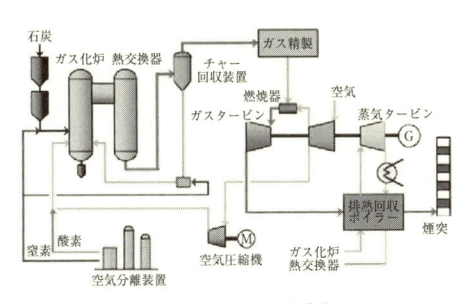

図2　IGCCの概要 [2]

＜送配電損失の低減＞

電力部門のエネルギー輸送損失低減対策（送電損失対策）としては，送配電網の高圧化がある．日本では，現在発電所に最も近い基幹送電網は27.5万ボルト〜50万ボルトで運用されている．これを100万ボルトで運用できると送電損失が低減でき，結果として電力部門の省エネルギーに結びつく．東京電力では，柏崎刈羽原子力発電所からの基幹送電網などに100万ボルト送電線を利用しており，送電損失を抑えるような取組みも進んでいる．長距離線路の直流送電への転換も送電損失を逓減できる有効な対策であるが，日本ではあまり進んではいない．

◆ 削減対策：燃料転換

燃料転換による温室効果ガス削減には，1）化石燃料の中でもより温室効果ガス排出の少ないものへ転換する，あるいは2）化石燃料から発電時に温室効果ガスの出ないエネルギー源へ転換することである．後者については，原子力と再生可能エネルギーなどがあるが，ここでは特に再生可能エネルギーに絞って説明を加える．

＜化石燃料間での燃料転換＞

化石燃料の発熱量あたりのCO_2排出量を石炭を100として比較すると，天然ガスは57と4割ほど低い（図3）．2011年度の日本の電力部門のCO_2排出量は，石炭由来が195.2 $MtCO_2$，石油由来が77.1 $MtCO_2$，天然ガス由来が149.7 $MtCO_2$の計421.8 $MtCO_2$であり，日本全体（1,168.2 $MtCO_2$）の36.1％を占めている．仮にすべての天然ガス火力発電所が同規模の石炭ガス火力であったとすると，電力部門のCO_2排出量はおよそ2倍になることを考えると，天然ガス火力発電所導入による温室効果ガス削減への寄与は少なくない．

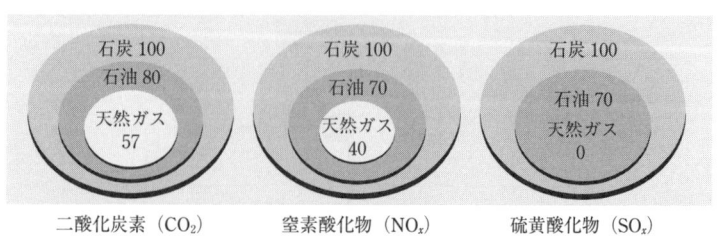

図3 化石燃料にかかわる環境負荷比較（石炭を100とした場合（燃焼時））[3]

8.5 供給側対策

＜再生可能エネルギー＞

再生可能エネルギー（renewables）とは，太陽光，風力のような自然由来のエネルギー源であり，比較的世界中に普遍的に存在し，かつ半永久的に利用可能であることを特徴としてもつ．どのようなエネルギー源を再生可能エネルギーとよぶかの定義は国ごとにやや異なるが，おおむね太陽光・太陽熱，風力，バイオマス，地熱，水力がその範囲に含まれる．日本のエネルギー政策では，再生可能エネルギーではなく新エネルギーと称し，具体的なエネルギー種を「新エネルギー利用等の促進に関する特別措置法施行令」にて定めている．諸外国の再生可能エネルギーの定義と比較すると，わが国の再生可能エネルギーの定義は1 MW 以上の水力発電と海洋発電が含まれないことを除いておおむね一致している．

地球温暖化対策の重要性が認識されるにつれて世界各国で再生可能エネルギー導入量の拡大が進んでいる．日本では，2003 年の「電気事業者による新エネルギー等の利用に関する特別措置法」や 2009 年の「太陽光発電の余剰電力買取制度」により，再生可能エネルギー設備の導入量は増加してきた．例えば，太陽光発電は 2000 年度には 33.0 万 kW であったものが 2011 年度には 491.0 万 kW と 15 倍に増加している．風力発電も同様に 2000 年度の 14.4 万 kW から 2011 年度には 255.5 万 kW と 18 倍の増加を示している．2012 年には，「電気事業者による再生可能エネルギー電気の調達に関する特別措置法」が施行され，電気事業者は国が定める期間，一定の価格で再生可能エネルギーで発電された電気を全量買い取ることが義務づけられた（固定価格買取制度）．固定価格買取制度により，太陽光発電の導入は大きく拡大している．特にメガソーラーなどの非住宅用太陽光発電導入量は固定価格買取制度導入前の累計約 90 万 kW と比較して，制度導入後は 2012 年 7 月から 2013 年 10 月末までの 16 ヵ月間で 382.7 万 kW もの規模の導入が進んでいる（表 1）．

今後も再生可能エネルギー導入は進むと期待されるが，設備の導入可能量には上限がある．日本において再生可能エネルギーを最大どれくらい利用できるか（潜在量）は，設備をどこに置けるかの想定が異なることもあって試算した機関により異なり，その幅も広い（表 2）．仮にすべての再生可能エネルギーを，その潜在量の上限まで利用できたとすると，発電量に換算して 300～10,000 TWh が供給可能である．2011 年の総発電量 1,108 TWh と比較すると，量だけ見れば少なくとも再生可能エネルギーにより電力需要の 25% 程度は賄うことが理論上は可能といえる．しかし，この実現のためには，例えば，太陽光発電・風力発電の出力変動による電力系統の安定化対策を導入することや，斜線規制がある中で

表1 固定価格買取制度導入による再生可能エネルギー発電設備導入量の推移 [4]

再生可能エネルギー発電設備	固定価格買取制度導入前	固定価格買取制度導入後	
	2012年6月末までの累積導入量	2012年度 (7月〜3月末)	2013年度 (4月〜10月末)
太陽光（住宅）	約470万kW	96.9万kW	87.0万kW
太陽光（非住宅）	約90万kW	70.4万kW	312.3万kW
風力	約260万kW	6.3万kW	0.7万kW
中小水力	約960万kW	0.2万kW	0.3万kW
バイオマス	約230万kW	3.0万kW	8.2万kW
地熱	約50万kW	0.1万kW	0万kW
合計	約2,060万kW	176.9万kW	408.3万kW
		585.2万kW	

小数点第二位を四捨五入して表示しているため，必ずしも各項の和は合計と一致しない

表2 代表的な再生可能エネルギーの潜在量評価結果のまとめ [5]

太陽光	17,300〜798,400万kW	風力（洋上）	911〜47,855万kW
太陽熱	1,200〜3,342万kl	地熱	582〜6,930万kW
風力（陸上）	640〜3,500万kW	中小水力	1,019万kW

十分な面積の南側傾斜屋根と耐震性をもつ戸建住宅が一般化する必要があるなど，さまざまな課題があり，その実現は容易ではない．

◆ 隔離対策：炭素隔離貯留（CCS）

CCSとは，火力発電所などでCO_2濃度の高い（7〜50%）排ガスからCO_2を回収し，地中などに貯留・隔離する技術である．一般には，燃焼排ガスから物理的・化学的手段によりCO_2を回収し，ローリー車やパイプラインにて貯留地点に輸送して地下や海中へ圧入・隔離する（図4）．燃料電池や水素自動車などのシステムでは，燃焼前にCO_2を回収するケースもある．

＜CO_2回収技術＞

回収技術には，物理吸着法（固体吸着剤に吸着させる），化学吸収法（吸収液に溶解させる），物理吸収法（吸収液にCO_2を圧入して物理的に吸収させる），膜分離法（CO_2だけが透過する膜で選り分ける），深冷分離法（極低温で液化後

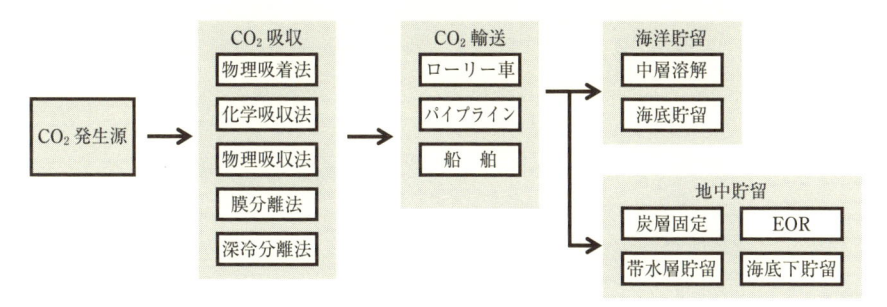

図4　CCS技術の構成例

に沸点の差を利用して分離する）の大きく5種類がある．いずれの技術が適当かは，その適用先により異なり，CO_2発生源の規模と特性によりいずれの技術が効率的かの研究はさまざまに進められている．回収したCO_2は，ローリー車，パイプライン，船舶などにより貯留地点まで輸送される．

＜CO_2貯留＞
　輸送したCO_2は，地下（海底下含む），海底，海中に貯留される．このうち海底および海中は，ロンドン条約（1972年の廃棄物その他の物の投棄による海洋汚染の防止に関する条約）にて禁止されており，2014年2月時点では貯留先として利用できない．
　地下貯留先には，枯渇した石油・天然ガス井，キャップロックに囲まれた深地下帯水層などいくつか種類がある（図5）．この中には，生産中あるいは生産量が低下しつつある油田や天然ガス田に圧入し，CO_2を貯留するとともに内部の原油や天然ガスを得る手法（石油・天然ガス増進回収法）や，石炭廃坑にCO_2を貯留して石炭内部のメタン（コールベッドメタン（CBM））を得る手法のような，追加的な便益が得られるような貯留法もある．なお，日本では油田や天然ガス田が少ないことから，地下帯水層への貯留が有望視されている．

＜CCSに関する動向＞
　世界的には，国内に石油・天然ガス産業を抱える国々や石油産業がCCS技術の実証研究や導入を積極的に進めている．例えば，ノルウェーでは石油会社Statoilが北海ガス田でスライプナー（Sleipner）プロジェクトを，British Petroleum（BP）はアルジェリアで，Chevron，Exxon Mobile，Shellはオーストラリアで天然ガス田を利用したCCS実証研究プロジェクトを実施している．ま

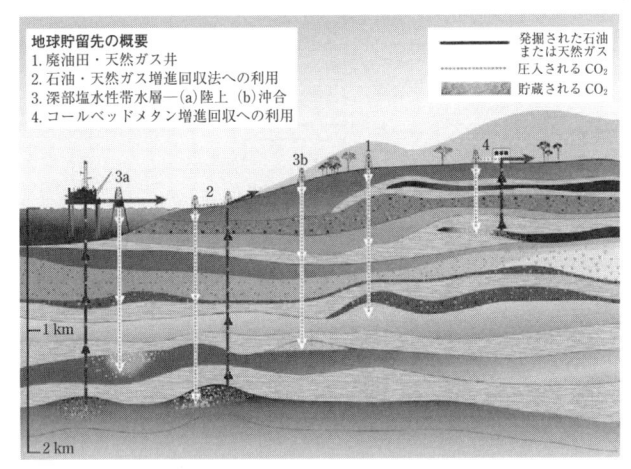

図5 さまざまな地中貯留方式 [6]

た，中国やインドといった自国に大規模な炭田を擁する発展途上国でも，安価な石炭を活用した経済発展と CO_2 削減とを両立するために CCS 技術に大きな期待を寄せ，貯留可能量調査や技術導入可能性の検討を開始している．日本では，京都議定書目標達成計画や 2030 年のエネルギー需給展望にて，具体的な数値は挙げられていないものの，中長期的に有望な CO_2 削減技術としての位置を与えている．

CCS 技術に関する課題の 1 つに，貯留した CO_2 の長期安定性とリスクの定量化が挙げられる．これは，過去火山性ガスなど自然現象に起因した局地的な CO_2 濃度上昇によるさまざまな事故が広く知られているためである．これまでの研究により，地中貯留の場合には数千年〜1 万年貯留し続けたとしても漏出率は最大 1% 程度と試算されており，漏出可能性はきわめて低いと考えられている．しかし，CCS プラントの大規模実運用の経験に乏しいことから，実稼働条件下でどの程度漏出するのか，そのとき自然環境がどのように変化するのか，あるいは人間にどのような影響を及ぼすかが，まだ十分理解されているとは言い難い．これらに加えて，より確度の高い CO_2 貯留量評価，CCS 設備稼働時のエネルギー消費逓減（石炭火力発電では，現時点では発電量の約 30% が CCS 回収設備に向けられる），回収した CO_2 の輸送や圧入に対する社会的受容性（Public Acceptance：PA）確保などいくつかの課題がある．現在，世界のさまざまな企業や研究機関が技術そのものの研究開発に加えて，これらの課題に対しても研究を進め，CCS に対する不安を払拭できるよう安全性の実証を進めているところ

である. ［芦名秀一・藤野純一］

参考文献
[1] http://www.tohoku-epco.co.jp/enviro/tea2006/03/img/03a_03.gif
[2] JCOAL,「日本のクリーンコールテクノロジー」
[3] Natural Gas Prospects 2010
[4] 経済産業省, http://www.meti.go.jp/press/2013/01/20140110002/20140110002.html
[5] 低炭素社会構築に向けた再生可能エネルギー普及方策検討委員会
[6] IPCC, Special Report on Carbon Dioxide Capture and Storage, SPM p.6

8.6 非 CO_2 対策

◆ CO_2 以外の温室効果ガス

　二酸化炭素（CO_2）以外の温室効果ガスには，京都議定書の対象ガスとして定められたメタン（CH_4），亜酸化窒素（N_2O），代替フロン類（HFCs，PFCs，SF_6）だけでなく，モントリオール議定書でオゾン層破壊物質の対象ガスとして定められたフロン類（CFCs，HCFCs）やハロン類などがある．これらの温室効果ガスは，CO_2 と比較して，温暖化への影響が数十倍から数万倍と大きく，その発生源も多岐にわたる．CH_4 や N_2O の発生源には自然発生源と人為発生源があり，例えば，CH_4 については，水田，湿地，家畜動物の反芻や糞尿，有機物を含む廃棄物埋め立て，下水汚泥，化石燃料の採掘・輸送工程などから発生し，N_2O については，化石燃料の燃焼，耕作地における窒素肥料の消費，アジピン酸や硝酸などの製造工程などから発生する．フロン類は人工化合物であり，人為発生源として冷媒，発泡剤，溶剤，断熱材，エアロゾル，電気設備の絶縁体，半導体製造などで消費され，その過程で大気中に排出される．したがって，非 CO_2 対策も，用途に応じて多種多様なものがある．京都議定書が対象とする温室効果ガスの各国の排出量報告値［1］を見ると，例えば 2005 年において，非 CO_2 排出量（CH_4，N_2O，HFCs，PFCs，SF_6）の占める割合は，日本は 5％と小さいためエネルギー起源の CO_2 対策ばかりが注目されがちであるが，米国は 14％，EU は 17％，カナダは 22％，ロシアは 28％，オーストラリアは 27％，ニュージーランドは 54％などと，国によって非 CO_2 の占める割合が異なり，世界では非 CO_2 対策も重要な対策の 1 つといえる．

◆ 非 CO_2 温室効果ガスの地球温暖化係数

CO_2 以外の温室効果ガスによる温暖化効果は，地球温暖化係数（Global Warming Potential：GWP）を用いて評価される．GWP とは，大気中に放出された温室効果物質が大気に及ぼした放射的な効果を基準物質との相対値として表したものである．この基準物質に何をとるかによって値が異なるが，IPCC では基準物質に CO_2 が用いられ，したがって，CO_2 以外の温室効果ガスについては「CO_2 等価換算量」として表される．この GWP 値は，IPCC の第 2 次評価報告書（Climate Change 1995）[2]，第 3 次評価報告書（Climate Change 2001）[3]，第 4 次評価報告書（Climate Change 2007）[4]と，表 1 のように値が更新されてい

表 1 非 CO_2 温室効果ガスの地球温暖化係数の例（評価積算期間 100 年値）

ガス種類	Climate Change 1995	Climate Change 2001	Climate Change 2007
メタン（CH_4）	21	23	25
亜酸化窒素（N_2O）	310	296	298
クロロフルオロカーボン（CFCs）			
CFC-11	4,000	4,600	4,750
CFC-12	8,500	10,600	10,900
CFC-113	5,000	6,000	6,130
CFC-114	9,300	9,800	10,000
ハイドロクロロフルオロカーボン（HCFCs）			
HCFC-22	1,700	1,700	1,810
HCFC-141b	630	700	725
HCFC-142b	2,000	2,400	2,310
ハイドロフルオロカーボン（HFCs）			
HFC-23	11,700	12,000	14,800
HFC-32	650	550	675
HFC-125	2,800	3,400	3,500
HFC-134a	1,300	1,300	1,430
HFC-143a	3,800	4,300	4,470
HFC-152a	140	120	124
パーフルオロカーボン（PFCs）			
パーフルオロメタン（CF_4）	6,500	5,700	7,390
パーフルオロエタン（C_2F_6）	9,200	11,900	12,200
パーフルオロプロパン（C_3F_8）	7,000	8,600	8,830
六フッ化硫黄（SF_6）	23,900	22,200	22,800

〔注〕 積算期間には 20 年値と 500 年値もあるが，代表値として 100 年値が用いられる．

る．第四次評価報告書が最新情報であるが，京都議定書の第一約束期間（2008～2012年）に使用するGWP値は，京都議定書5条3で「COP3で決められたもの」と定められ，COP3では第2次評価報告書に記載されているGWP値を使用すると決められているため，現在の非CO_2温室効果ガスの排出量の報告値や削減対策の評価においては，第2次評価報告書の値が用いられている．いずれにせよ，CO_2と比較して数十倍から数万倍と大きいため，削減量がわずかであっても，CO_2等価換算量に換算するとその対策効果は大きいといえる．

◆ 各種対策

多種多様な排出源および対策があり，それらのいくつかの例を紹介するが，現状ではこれらの対策が十分に普及していない．例えば，農畜産業については，地域を取り巻く環境・風土条件などにより，技術移転が困難であったり，途上国では生活の質の向上が最優先課題であり，農畜産業者への温暖化対策やその情報が行き届かないなど，さまざまな障壁がある．したがって，対策技術の開発やその効率向上だけではなく，十分な費用支援，技術移転，情報支援などの制度設計が必要とされる．

＜家畜反芻に関する対策［CH_4対策］＞

ウシやヒツジなどの反芻を行う家畜の乳・肉の生産性の改善や，飼料への脂肪酸カルシウムやポリフェノールの添加によりメタン発酵を抑制する方法などがある．

＜家畜糞尿管理に関する対策［CH_4対策］＞

家畜糞尿を回収し，嫌気発酵させ，発生したCH_4を回収して発電をするという対策がある．例えば，中央管理式プラントと個人農場向けのプラントがあり，中央管理式プラントは農業が密集した地域に適しており，家畜の糞尿を運搬し，1年を通して安定した糞尿の供給を得ることで，CH_4回収から安定した発電を得る．一方，プラントではなく家畜糞尿の貯留施設を覆うことでCH_4を回収して発電し，発電の際の熱も回収し，農場で利用する対策もある．低コストで簡易なシステムであるが，プラントと違い貯留施設では加熱しないため，CH_4の発生流量は変動する．また，畜舎で飼育される家畜からの糞尿を貯留施設で回収せずに，その糞尿をできるだけ早く農耕地など土壌に散布することで好気的環境下での分解を促進し，CH_4排出を抑制する方法もある．

以上はいずれも先進国における対策であるが，途上国ではさらに簡略化し，低

コストで袋状のビニールでできた簡易非加熱式糞尿貯留槽や，地下に掘った穴に筒状のビニールを通したプラスチック貯留バックにより CH_4 を回収し，それを主に家庭で使用する方法もある．

＜稲作に関する対策［CH_4 対策］＞
　水田の湛水は，CH_4 の発生に適した嫌気状態を招きやすい．そこで，水田の中干しにより栽培期間中に水田を排水することで，嫌気状態を軽減させる方法も CH_4 の削減につながるとされている．このほか，化学肥料として硫酸アンモニウムを用いることで水稲収量を低下させずに CH_4 を抑制する方法や，稲わらのすき込みは有機物が土壌へ溶解し水田からの CH_4 を増加させるため，稲わらのすき込み量を減らすことが CH_4 発生量を削減するために有効という報告もある．

＜ごみ埋立地に関する対策［CH_4 対策］＞
　家庭や小規模事業所から発生する有機質を含む一般廃棄物の埋立地の中では，微生物によるごみの分解により CH_4 が発生する．火災や爆発などの危険がないようにガス抜き管を設置し，またはプラントを設置し嫌気状態を保ち，発生する CH_4 を回収することで，発電や発熱といったエネルギー源として利用する．

＜農耕地に関する対策［N_2O 対策］＞
　農耕地に施用する窒素肥料に対して，土壌中の微生物の生物反応によって N_2O が発生する．そこで，窒素肥料の過剰な施用を避け，適切な量を施すことにより，N_2O 排出量を抑制する．

＜化学工業製品製造に関する対策［N_2O 対策］＞
　ナイロンの原料となるアジピン酸の製造過程において N_2O が副生されるため，排ガス中に分解装置を設置し排出量を抑制する．また，肥料工場での硝酸製造過程で副生産物として生成する N_2O を触媒法で分解することで排出量を抑制する．

＜代替物質に関する対策［HFCs, PFCs, SF_6 対策］＞
　フロン類は人為起源の人工化合物であるため，GWP 値がより小さい物質または温室効果ガスでない物質へと代替する．例えば，冷媒や断熱材をノンフロン化したり，自動車用エアコンの冷媒やエアロゾルに使用されるガスなどを GWP 値がより小さい物質へと代替することで，CO_2 等価換算排出量を抑制する．

＜回収・破壊処理に関する対策［HFCs, PFCs, SF_6 対策］＞
　冷蔵庫やエアコンなどに充填されている HFCs の冷媒は，それらの機器の廃棄時に回収対策をとらなければ，大気中へ放出されてしまう．そこで，回収装置を用いて適切に冷媒を回収し，回収した HFCs を破壊処理施設にて焼却または分解する．また半導体・液晶製造ラインで使用される PFCs や SF_6 を，工場外の大気中に放出しないようにガスの回収・除去装置を設置し，適切に破壊処理を行う．

＜漏洩に関する対策［HFCs, PFCs, SF_6 対策］＞
　機器に充填されている冷媒や，断熱材や緩衝材中の発泡剤など，使用過程において漏洩していく．そこでそれらの密閉性を高めることで，使用過程における大気中への漏洩を削減させる．　　　　　　　　　　　　　　　［花岡達也・長谷川知子］

参考文献
[1] UNFCCC：GHG data
http://unfccc.int/ghg_data/ghg_data_unfccc/time_series_annex_i/items/3814.php
[2] IPCC（1995）, Climate Change 1995：The Science of Climate Chang, Contribution of Working Group I to the Second Assessment Report of the Intergovernmental Panel on Climate Change, Cambridge University Press, Cambridge, UK
[3] IPCC（2001）, Climate Change 2001：The Scientific Basis, Contribution of Working Group I to the Third Assessment Report of the Intergovernmental Panel on Climate Change, Cambridge University Press, Cambridge, UK
[4] IPCC（2007）, Climate Change 2007：The Physical Science Basis, Contribution of Working Group I to the Fourth Assessment Report of the Intergovernmental Panel on Climate Change, Cambridge University Press, Cambridge, UK

8.7　部門横断的対策「見える化」

　ここでいう「見える化」とは，通常目に見えるかたちで把握できない温室効果ガス排出量やエネルギー使用量などを表示して「見える」ようにするという意味で使われる．商品やサービスなどのライフサイクル（原材料生産・調達・製造・流通・販売・使用・廃棄・リサイクルなど，あるモノが生まれてからその役目を終えるまでの一生のこと）や，ある活動に伴って発生する環境負荷（温室効果ガス，大気汚染物質，生体毒性物質など）発生量，エネルギー消費量，コストなどを表示して，生産者や製造業者，それを利用する消費者などがその値を認識・比較できるようにし，環境負荷発生量などの現状把握，削減への意識づけや行動の促進を図ることを目的とする．また，ある商品やサービスの環境性能を示すため

表1 「見える化」の手法(検討中も含む)

手法	概要	取組み事例	
		国内	国外
カーボンフットプリント(Carbon Foot Print：CFP)カーボンラベリング(Carbon Labeling)	商品・サービスの原材料調達から廃棄・リサイクルに至るまでのライフサイクル全体を通じて排出される温室効果ガスの排出量を CO_2 に換算して，当該商品およびサービスに簡易な方法でわかりやすく表示する．排出量の値だけでなく，削減率や目標値の表示，包装や輸送手段・距離による負荷度の表示などさまざまな表現がある．シールや印刷などで商品に直接表示するほか，Webサイトや携帯電話のQRコード読取機能を利用した情報提供を行うなど，多様な表示方法が可能である(図1)．	CFPの商品種別算定基準策定(PCR：Product Category Rule)検討(経産省・農水省，国交省，環境省)，サプライチェーン物流環境ディスクロージャー調査(国土交通省)	ISO14000でのCFP規格化，英・BSI(英国規格協会)の PAS2050 と Carbon Trust 社試行CFP事業，仏・ADEME(環境・エネルギー管理庁)とCasino社試行CFP事業，その他多数
環境家計簿	主に，電気，ガス，水道，ガソリンなどのエネルギー使用量やごみ発生量などを対象とし，おのおのの量に規定の CO_2 排出係数を乗じて生活にかかわる CO_2 排出量を記録するもの．もとは冊子などのかたちであったが，Webサイト上で公開される利便性の高いものがよく利用されるようになった．入力結果のグラフ化や前年度比較，ほかの利用者平均値との比較もできるようになった．携帯電話からアクセス可能なモバイルサイトも存在する．	えこ帳，えこ花，CO_2 みえ〜るツール(環境省)，暮らしの CO_2 チェック(NPOローハスクラブ)，CO_2 家計簿(東京電力(株))，環境家計簿(パナソニック(株))，その他多数	Act on CO_2 (英)(住宅や家電の環境性能や交通機関利用なども含め網羅的に生活にかかわる CO_2 排出量を算出し，削減アドバイス情報提供機能も有するWebサイト)，その他多数
スマートメータ・スマートグリッド	デジタル情報通信技術を活用した，電力消費の詳細やリアルタイムの電気使用量・料金などをモニタリング・表示する「スマートメータ」という装置が各需要先に設置され，消費者が自らの電力使用量を把握するのに役立てられる．また，このメータを地域でネットワーク化し情報集約をすることで，電力供給元が電力消費情報を正確に把握し，分散型・集中型電源や送電インフラなどの運用最適化や，電力消費ピーク時の制御などに役立てるシステムを「スマートグリッド」という．	関西電力(株)のスマートメータ，東京水道局・東京電力・東京ガスの自動検針システム	米・テキサス州のCenter Point Energy，TXU Electric Delivery，EUのProject DISPOWER

手法	概要	取組み事例	
		国内	国外
乗用車の燃費計	運転中の燃費状況や,燃費改善余地などもリアルタイムで運転者に提示される.燃費を意識した運転をすることで,燃料節約やCO_2排出削減効果が期待できる.エコドライブのサポート機器として紹介されることも多い. 自動車製造各社で幅広く適用が進んでいるほか,運輸会社の運行管理ネットワークシステムに組み込まれ,運転指導や排出量報告データ収集に役立てられる例もある.	自動車各社の純正・オプション装備,後付機器として販売もされている.	自動車各社の純正・オプション装備,後付機器として販売もされている.
省エネ・環境性能ラベル	家電製品やガス石油機器,自動車などエネルギー多消費機器の性能が,国や専門機関の定める基準を達成している場合に表示許可されるものや,達成度を表示するものもある.	トップランナー基準と省エネラベル(経済産業省)	米・EPA(アメリカ環境保護局)のEnergy Star,その他多数
建築物の環境性能評価表示制度	住宅や業務ビルなどの建築物の環境性能(エネルギー消費量やCO_2排出量)を専門家が分析・評価し,その建築物の購入者や賃貸者などに公表し,環境性能の高い建築物の選択や既存建築物の改善促進を図るものである. 日本では義務化されていないが,EUでは定期的に建築物環境性能の認証・登録を義務づけ,最低基準を満たさない建築物に対し高効率機器や太陽エネルギー利用機器などの導入を通じて基準値を満たすよう指導したり,ランクに応じた税制優遇や低金利融資制度を組み合わせて高環境性能建築物の選択を促進する仕組みが整えられている.	(財)建築環境・省エネルギー機構のCASBEE(建築環境総合性能評価システム),東京都のマンション環境性能表示制度,横浜市のCASBEE横浜	EUのEPBD(建物のエネルギー性能にかかわる欧州指令),デンマークのEnergimærke,英のCode for Sustainable Homes,その他多数

〔注〕 事例は2012年10月時点での情報

に,省エネ効果や温室効果ガス排出削減効果を表示し,その商品などの選択を促す目的でも利用される.

ここでは,主要な温室効果ガスとして発生抑制が必要とされるCO_2排出量削減に資する「見える化」を中心に解説する.

◆「見える化」の手法

　CO_2排出量を「見える化」する場合，基本的には実際の商品やサービス，活動に伴うライフサイクル各段階の生産量や活動量などにCO_2排出係数（その生産や活動単位量あたりのCO_2排出量）を乗じ，各段階で算出された値の合計値が最終的に表示されることになる．ただし，日常生活行動別の排出割合把握など，活動量や排出係数の標準値を用いて算出した目安の値を利用すれば十分な場合もあるし，事業活動に関連するカーボンオフセットを目的とし，過不足なく排出量を把握する必要がある場合は，すべての生産や活動に関して実測値をモニタリングして排出量を算出する精度が必要となる．よって，「見える化」された値を利用する際には，目的に応じたレベルでデータ収集・算出がなされているかどうかに留意する必要がある．またCO_2排出量だけではなく，あわせてエネルギーやコスト削減効果などが提示されなければ，実際のCO_2排出削減行動の誘引効果は小さい．

　このような，さまざまな人間活動に伴うCO_2排出量などを表示する仕組みは国内外で多彩に検討・整備され，活用されている（表1）．例えば，省エネラベルは国内電器店でかなり普及してきたが，消費者がそれに基づき，商品価格以外に電力料金節減効果を考慮し購入選択をする機会も増え，CO_2排出削減にも貢献している．

　将来的には，生活に関連して発生するCO_2排出量を，行動ごと，商品やサービスごと，機器ごとなどの多様な単位で，リアルタイムや日・月・年ごとにも集約して確認できる総合的なモニタリング・表示システムとともに，さまざまなエネルギー消費機器の運転を最適化して自動制御したり，商品やサービス選択に際

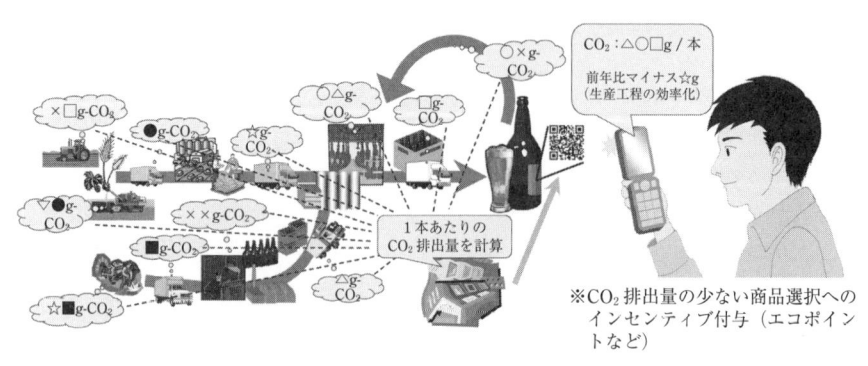

図1　瓶ビールのカーボンラベリングのイメージ

8.7 部門横断的対策「見える化」　333

住宅のエネルギー使用「見える化」のイメージ内の吹き出し:

住宅のエネルギー消費機器等がすべてネットワークで接続し，省エネアドバイスや運転の最適化・自動制御なども行う
・住宅全体の電力・ガス・水道・エネルギーなどの消費量・料金・CO_2排出量・発電量・売電量などをわかりやすく表示
・各部屋ごと・各機器ごとなどリアルタイムのモニタリングや省エネアドバイス提供
・日単位・月単位・年単位のグラフ化・目標設定など

本日の電力消費量:

2階直樹の部屋　0.5 kWh　10円
2階ひとみの部屋　0.1 kWh　2円
1階リビング　0.7 kWh　14円
1階キッチン　0.7 kWh　14円
1階浴室　……………

※セキュリティ監視機能の付加や，機器メーカーから最適な買い替え時期の指示が受けられるようにするなどのサービス拡張も考えられている．

住宅のエネルギー使用「見える化」のイメージ

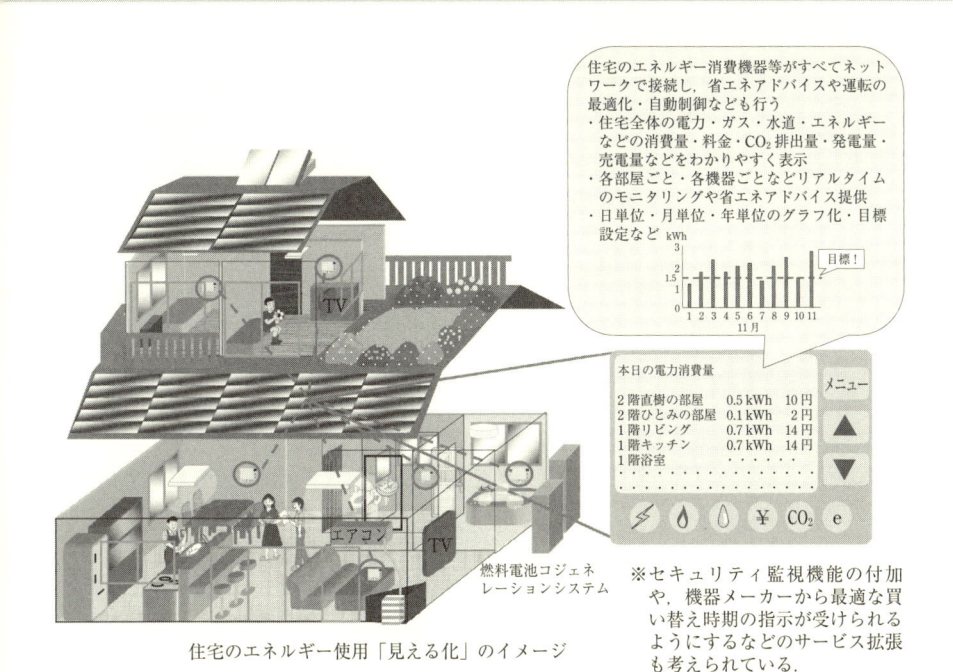

図2　スマートメータのコンセプトを適用した日常生活にかかわるエネルギー使用量・CO_2排出量モニタリング・表示方法とその他機能のイメージ

してアドバイスを提供したりするようなナビシステムを，住宅や建築物，携帯電話端末に標準装備してネットワーク化するなどの方法も考えられており，一部はすでに商品化されたものもある（図2）[1]．

◆ 「見える化」の世界の状況・日本の状況

　国際標準化機構（ISO）の環境マネジメントシステム規格ISO14000シリーズには，環境ラベルの規格がある．なかでも温室効果ガス排出量の「見える化」に関係の深い規格として，製品やサービスのライフサイクル全体にかかわる環境負荷発生量を網羅的に算出し，第三者機関の検証を経たうえでその情報を開示するタイプⅢ環境ラベルがある[*1]．日本ではこのタイプのラベルとして「エコリーフ」があり，(社)産業環境管理協会が認証評価機関を務めている．

[*1] ISO14000シリーズで規定されるタイプⅠ環境ラベルは，環境の分野ごとにライフサイクルを考慮して認定基準を設定し，その商品などが要求基準を満たしているかを第三者機関が判定しラベル付与を認定するものである．タイプⅡ環境ラベルは，製造者団体などが特定分野の製品に対し独自の基準を設け，その基準を満たす製品につけるラベルである．

表2 CFP規格化に関連した日本の省庁の取組み状況

担当省庁と検討会議などの名称	取組み状況	情報参照資料
経済産業省 「カーボンフットプリント制度の実用化・普及推進研究会」 (2008年6月〜)	・専門機関や自主的に参加した各社・団体との協働のもとに,主に製造業者や小売業者の視点から,LCA(ライフサイクルアセスメント)手法に基づいた商品種別算定基準(PCR)策定を進め,農水省,国交省,環境省との連携のもと,任意参加のCFP制度試行事業を実施した(2009〜2011年度). ・試行事業では,同業他社の同種類製品間での比較が可能な企業の参加枠組み設定や,制度の公平性・透明性確保の検討・調整と,算定基準の精緻化が図られたとともに,2008年12月のエコプロダクツ展にてCFP表示製品(試行品)を出展するなど,実用化や制度化に向けた普及活動も実施された. ・試行事業は3年で完了し,その成果をふまえて,2012年4月から(社)産業環境管理協会が「CFPプログラム」として運用を開始している.	経済産業省商務情報政策局 カーボンフットプリント制度の実用化・普及推進研究会 議事資料 http://www.meti.go.jp/committee/kenkyukai/energy_environment.html (社)産業環境管理協会 CFPプログラム http://www.cfp-japan.jp/
農林水産省 「食料・農業・農村政策審議会企画部会地球環境小委員会・林政審議会施策部会地球環境小委員会・水産政策審議会企画部会地球環境小委員会合同会議」 (2008年7月〜)	・農林水産分野での省CO_2効果の表示推進のため,表示のあり方や具体化に向けた課題を整理した. ・農林水産物については,ライフサイクルの特徴などを踏まえて温室効果ガス(GHG)排出量の算定・表示の検討を進め,まずは生産段階での排出削減努力を伝えることに重点を置き,表示を進めることが必要としている. ・食品産業では,ライフサイクル各段階の事業者と消費者の課題の共有,削減に積極的な企業について伝えることに重点を置き,LCAを活用したGHG排出量の表示と事業者単位の表示を進めることが適当としている. ・森林や農地のCO_2固定・保持機能の評価や,バイオマスエネルギー利用の評価方法についても,基準策定のための調査・調整が続けられている.	農林水産省 食料・農業・農村政策審議会企画部会地球環境小委員会・林政審議会施策部会地球環境小委員会・水産政策審議会企画部会地球環境小委員会合同会議議事資料 http://www.maff.go.jp/j/council/seisaku/kikaku/goudou/
国土交通省 国土交通政策研究所「サプライチェーン(SC)物流環境ディスクロージャー調査」 (2008年11月〜)	・2009年7月に物流業者や荷主,消費者など物流にかかわるステークホルダー(利害関係者)へのアンケートやヒアリング調査結果をまとめた. ・「ライフサイクルの各段階に係る物流を総合的に把握しデータ収集を行う体制が未整備である」ことや「海外輸送に係るCO_2排出量の取扱い・算定方法の統一基準づくりが必要である」ことなどが指摘された.	国土交通省 国土交通政策研究所サプライチェーン(SC)物流環境ディスクロージャー調査 http://www.mlit.go.jp/pri/houkoku/gaiyou/kkk88.html

担当省庁と検討会議などの名称	取組み状況	情報参照資料
環境省 「温室効果ガス『見える化』推進戦略会議」 (2008年10月〜)	・他省のCFP表示検討の進捗や世界の取組み状況を踏まえつつ，商品やサービスの消費者，あるいは生活者の視点から，以下2つの観点で「見える化」について検討している． ① 事業者の提供する商品・サービスにかかわる温室効果ガス排出情報の開示・活用方法の検討 ② 電化製品や交通機関，商品やサービスの利用など，日常生活に伴って発生する温室効果ガス排出情報の，総合的な「見える化」のあり方の検討 ・②の日常生活に伴う排出量の「見える化」に関しては，Web上にてそれらの情報を簡単な手続きで算定・表示する環境家計簿機能や，削減のコツなどの情報をわかりやすく提供する総合的なツールの構築を目指し，実生活での機器稼動や活動に関するデータのモニタリング，Webツールの使いやすさに関する情報収集，活用効果の定量化の検討も行った．	環境省　温室効果ガス「見える化」推進戦略会議資料 http://www.env.go.jp/council/37ghg-mieruka/yoshi37.html

〔注〕すべて2012年10月時点での情報

ただし，地球温暖化対策の重要性が高まり，CO_2排出関連情報を商品などに表示するカーボンラベリング（CO_2排出量の値を示すだけでなく，削減率や目標値の表示，包装や輸送手段・距離による負荷度の表示など多様な手法がある）の取組みが各国で広がるにつれ，カーボンフットプリント（CFP）の規格化が特に別途検討されるに至り，現在は規格案策定の作業がISO事務局と各国の専門家間で重ねられており，最終的に2013年にISO14067として発行予定とされている．その策定を自国に優位な状況で進めるため，欧州各国では国内規格策定やモデル事業を通じた具体的データの収集・制度整備に積極的に取り組み，特に英国は，CFPのISO規格化を見越して国内での規格策定（英国規格協会のPAS2050）を急ピッチで進め，Carbon Trust社がCFP表示事業の着実な拡大を図るなど，先行事例として注目された．また「Act on CO_2」というWebサイトを整備し，住居・家電使用・移動のCFP算定機能の提供，具体的削減努力やその効果（リフォーム，省エネ家電導入，交通手段見直しなど）についての情報提供も行っている．

日本でも，企業の自主努力としてのCFP表示の取組みや，公的な制度化を視野に入れたCFPのISO規格化への対応が進行中であるが，関係者間の利害調整や統一基準の検討に時間がかかり，出足が遅れた感が否めない．表2に，日本の省庁での取組み状況をまとめる．

国内の「見える化」への取組みはいまだ省庁間や企業間で調整すべき課題も多く，さらに実際の情報利用段階に配慮した制度や仕組みの設計に関する知見も成熟途上にある．どのような主体にとっても信頼性が高くわかりやすい「見える化」の実現に向け，今後よりいっそうの関係者間の積極的協働が望まれる．

◆ 「見える化」定着・普及と活用に関する課題

「見える化」の基礎をなすのは，個々の生産や活動に関するエネルギー消費量や CO_2 排出量のデータである．しかし，現状ではこのようなデータを収集・記録する体制が社会全体で十分に整っていない．現在は標準的な活動量や CO_2 排出係数を利用した目安の値で代替することがある程度認められているが，正確な値の把握がままならず，CO_2 排出削減行動や効率化の取組みなどを正当に評価しにくいなどのデメリットもある．よって，継続的な実測値の収集・蓄積体制の充実と，それを資金的・人的に支援するような仕組みづくりも大切である．

また，この「見える化」を実際の CO_2 排出削減行動に結びつけるためには，「CO_2 排出を増加させれば損をする，CO_2 排出を削減すれば得をする」という，明快かつ利用者が魅力や危機感を感じるような，プラスマイナス双方に働くインセンティブ（動機づけ）の設定が肝要である（もちろん，特定の主体に過度の負担がかからないような支援体制整備も重要である）．EUでは域内排出量取引制度（EU-ETS）の整備に伴い，加盟各国内での炭素税導入や排出量取引制度施行など，CO_2 排出削減に資する制度や仕組みを着実に整備しつつあるが，日本では現状ではそのような体制づくりが遅れている．それは，CO_2 大量排出に支えられた現状の経済活動の採算性が依然として優位なためであるが，今後炭素への価格づけが普遍化し，国際的な炭素市場での排出量取引が活発化していけば，CO_2 排出にかかる経済的負担の上昇は確実である．先行事例に学びつつ，CO_2 排出削減が有望なビジネスチャンスとなるような制度や仕組みづくりに向け，積極的な対応が望まれる．

〔岩渕裕子・藤野純一〕

参考文献

[1] 環境省地球環境研究総合推進費戦略研究開発プロジェクト（S-3）（脱温暖化2050プロジェクト）報告書，『低炭素社会に向けた12の方策』開発マニュアル（http://2050.nies.go.jp/report/file/lcs_japan/20091009_Dozen_Manual.pdf）

8.8 政策的手段（炭素税，補助金，規制的手段，排出量取引）の経済学的評価

　二酸化炭素排出量削減の政策手段には，炭素税（環境税の一種），補助金，規制的手段，排出量（あるいは，排出権）取引制度，企業の環境パフォーマンスに関する情報開示，自主的取組み（エコアクションなど）などがある．また，企業や消費者の行動に直接的に関与するのではなく，意識改革や情報提供などによって，その行動変化を誘導する政策に，環境教育や啓発などの手段がある．

　以下では，炭素税，補助金，規制的手段，排出量取引制度に焦点を当て，経済学の観点から，政策評価しよう．

◆ 炭素税

　炭素税とは，二酸化炭素の排出量に応じてかけられる税金をいう．例えば，1炭素トンあたり 3,000 円の炭素税が導入された場合，年間 1,000 炭素トン排出する企業は，3,000 円／炭素トン×1,000 炭素トン＝300 万円支払わなければならない．炭素税を導入した場合，同じ製品を生産していても，積極的に省エネに取り組むことによって，二酸化炭素排出量を減らせる．その結果，省エネ投資に費用がかかったとしても，炭素税納入額を減らせるメリットが生じるため，企業の省エネへの取組み姿勢がより積極的になる．

　また，炭素税の導入によって，排出量の多い製品への課税額が大きくなるため，そのような製品の生産量が減少する．この結果，燃料消費量が多く，二酸化炭素を多く排出する産業の比重が低下し，環境産業や排出量の少ない産業の比重が増加し，産業構造が低炭素化する．また，省エネや低炭素に役立つ環境配慮型の製品（例えば，発電用の太陽光パネル，プリウスなどの高燃費車）は通常，そうでない製品と比べて価格が高いために，そのような製品の普及が十分でないという問題が生じているが，炭素税を導入すれば，これらの製品を購入するメリットが大きくなるため，環境配慮型の製品の普及を促進する．さらには，企業の環境配慮型（低炭素型）製品開発のインセンティブを高める効果もある．

　このように，炭素税は，排出者に，排出抑制のインセンティブを与えるだけでなく，課税による価格転嫁のメカニズムを通して，消費者の製品選択や産業構造を低炭素化へ誘導する効果をもつ．後述するように，炭素税の場合，規制と比較して，経済全体で負担する排出量削減費用を最小限にできるというメリットがあることが知られている．また，炭素税の場合，税収が発生するため，消費税の減税や所得税の減税と組み合わせることで（税体系のグリーン化），企業の費用負

担を抑制しつつ，排出量を抑制することも可能となる．

　その一方で，炭素税の場合，政策目標（排出削減目標）を達成するために必要な炭素税の額を正確に設定することが困難であるという問題がある．誤って低く設定すると，排出量が想定していた量を超え，高く設定すると，排出量は想定していた量を下回る．このため，炭素税には，排出削減目標達成の不確実性の問題がある．

◆ 補助金

　排出量削減の政策手段としての補助金とは，排出削減行動（例えば，企業の省エネ投資，消費者の高燃費自動車の購入，省エネ製品の購入）に対して与えられるものである．グリーン家電の購入を促進する家電エコポイント制度やエコ住宅の普及を促進する住宅エコポイント制度，低燃費車の購入促進のためのエコカー補助金などがこれに該当する．

　補助金の場合，低炭素に役立つ技術の導入や製品の普及に役立つというメリットがある．しかし，炭素税と違い，消費や生産の抑制を通して，排出量を抑制するメカニズムをもたない．例えば，高燃費自動車の購入に対する補助金は，低燃費車から高燃費車への買い換えを促進することで，排出抑制の効果をもつ．しかし，自動車を購入しなかった人が，補助金によって低燃費車を購入することを促進する側面があり，自動車起因の排出を増やす効果をもつ．また，炭素税を導入すれば，企業の省エネ投資を促進するが，同時に，課税によって製品価格も上昇するため，生産や消費を抑制する機能ももつ．しかし，補助金だけでは，生産や消費を抑制させる効果はない．

　また，補助金の場合，炭素税とは逆に，その財源が必要となるというデメリットがある．このため，継続的に低炭素化のためのインセンティブを与えるために補助金を与え続けることは，政府の財政運営上（財政赤字を減らすために）望ましくない．

◆ 規制的手段

　規制的手段には，事業所あるいは企業からの排出量を直接コントロールする総量規制，技術基準，省エネ基準などのように一定の技術の導入や省エネの推進を規制する手段などさまざまなものが存在する．総量規制の場合，個々の事業所あるいは企業が決められた総量を遵守すれば，社会全体の総排出量を確実に目標値に制御できるというメリットがある．一方，技術基準，省エネ基準などの場合，事業所や企業の環境パフォーマンスを一定の水準以上に改善する機能を有する

が，排出総量そのものを制御することは困難であるため，社会全体で一定の排出量目標を確実に達成しなければならない場合，困難が伴う．

ただ，いずれのタイプの規制においても，エネルギー消費や排出削減にかかる費用を経済全体で合計した総費用が，炭素税と比較して，より大きくなることが知られている．例えば，炭素税が導入されると，より低い削減費用で削減可能な企業（削減費用の小さい技術を利用可能な企業あるいは削減に関して技術的に優位な企業）は，削減費用が小さいため，排出量を積極的に削減することで，炭素税の支払総額を減らそうとする．逆に大きい削減費用をかけないと削減できない企業は，大幅な排出削減をしないであろう．この結果，相対的に高い削減費用を負担しないと削減できない企業は，あまり排出量を削減しないが，相対的に安い費用で削減可能な企業が多くの排出量を削減することで，経済全体の排出削減費用を低く抑えることができる．しかし，同じことを規制で達成しようとすると，政府は，すべての企業の削減費用を把握したうえで，より削減費用の小さい企業には多くの削減を求め，相対的に削減費用の大きい企業には，過度な削減を求めないといった措置を企業別に実施しなければならない．しかし，企業別にこのような措置を考慮した規制を実施することは困難である．このため，規制を実施する場合，ある程度画一的な規制にならざるをえない．このため，社会全体で負担する削減費用は，より大きなものとなる．

◆ 排出量取引制度

排出量取引制度とは，二酸化炭素の排出者に，排出量に応じた排出権の保有を義務づける制度である．簡単化のために，2企業（企業Aと企業B）だけが生産活動を行い，二酸化炭素を排出しているケースを例に考えてみる．政府は，2企業の排出量の総合計を100炭素トンに抑制したいと考えているとする．このとき，制度は以下のように設計される．

(1) 政府は，証書1枚あたり1炭素トンの排出を許可する排出権証書を100枚発行（100炭素トン相当）し，各企業に，自分の排出量に相当する排出権の保有を義務づける．
(2) もし企業Aが50炭素トン排出する場合には，50枚の排出権を保有する必要がある．
(3) 政府が発行した排出権証書を，最初にすべて各企業に無償で配布する方法と無償で配布しない方法がある．
(4) 無償配布する場合，各企業の過去の排出量の比率（1990年時点の排出量の比率）に応じて，各企業に排出量を無償配布する場合を，グランド

ファザリングとよぶ．グランドファザリングのもとでは，例えば，企業Aが全体の60%を排出し，残り40%を企業Bが排出していたとすると，企業Aに60枚の排出権が無償で配布され，企業Bに40枚が無償で配布される．この場合，もし企業Aと企業Bとも50炭素トン排出したいと考えていたとすると，各企業50枚ずつ排出権を保有する必要がある．このため，企業Aは10枚の排出権が余り，企業Bは10枚の排出権が足りないことになる．このとき，企業Aは余った排出権を企業Bに排出権市場で売却すれば，企業Bは50炭素トン二酸化炭素を排出できるようになる．したがって，グランドファザリングのもとでは，企業は無償で割り当てられた分より不足する企業は，排出権の不足枚数を市場で購入し，余る企業は，余剰枚数を市場で売却する．企業Bは，10枚の排出権を購入し，自分の排出枠を40トンから50トンに増やすことで，排出権の購入代金が発生したとしても，十分な利潤が確保できる場合に，排出権を購入しようとする．このため，企業間で排出権の取引が生じている場合には，取引がなかった場合と比べて，必ず買い手，売り手の両方にとって利益が大きくなっている．

(5) 一方，最初に，排出権を企業に無償で配布しない場合，各企業は，自分の排出量に相当する分の排出権を1枚目から市場で購入する必要がある．このような制度をオークションとよぶ．この制度のもとでは，排出権の売り手は政府であり，買い手は企業である．オークションと無償配布の違いは，前者の場合，排出権の収入が政府の収入になる一方で，企業の費用負担が大きいのに対し，後者の場合，排出権の収入が政府に発生しない代わりに，企業の費用負担が小さくなるというメリットがある．

(6) オークションであっても，無償配布であっても，企業が制度を遵守する限り，排出枠の取引後も，経済全体の排出量は，排出権発行枚数の範囲で抑えられる．このため，総量規制の場合と同様に，確実に社会全体の総量をコントロールできる．一方，各企業は，生産量あたりの排出量の多い企業ほど，より多くの排出権を保有しなければならないため，炭素税の場合と同様に，生産量あたりの排出量の多い製品ほど必要な排出権の量（費用負担）を反映して価格が高くなる．このため，炭素税の場合と同じようなメカニズムを通して，環境配慮型の製品の普及を促進し，企業の環境配慮型（低炭素型）製品開発のインセンティブを高める効果もある．さらには，消費者の製品選択や産業構造を低炭素化へ誘導する効果をもつ．また，炭素税と同様に，規制と比較して，排出量削減費用

を最小限にとどめることができるというメリットがあることが知られている．

以上からわかるように，経済学の観点から政策手段を評価した場合，長期的に（あるいは，持続的に），より小さい社会の費用負担で低炭素社会を構築していくためには，炭素税や排出量取引といった政策手段の導入が補助金や規制と比べて優れている．

最後に，排出量取引による企業のリスクについて言及しておきたい．排出量取引制度のもとでは，排出権の需要が供給より大きければ価格は上昇し，逆であれば低下する．排出権の価格が高いほど，企業の省エネ投資のインセンティブは強くなり，低いほどそのインセンティブは弱くなる．企業は，省エネ投資など長期の投資を行う場合，長期的な見通しに基づいて，意思決定している．このため，排出権の価格が現在高くても，将来の価格が下落する可能性も少なからずあると予想すると，省エネ投資を躊躇するかもしれない．なぜなら，もし価格が下落すると省エネのメリットがなくなってしまい費用負担だけが残るからである．このように，将来の価格変動のリスクがあれば，企業にとって投資のリスクが生じるので，省エネ投資のインセンティブを弱めてしまう．一方，炭素税の場合，いったん設定されると長期的にその税額は変動しないため，企業にとって投資のリスクは存在しない．

上の議論からわかるように，温暖化対策を考える場合，社会全体の対費用効果性（より少ない社会全体の削減費用で排出量を減らす），政策目標達成の確実性，リスクによる投資への影響などの観点から，最適な政策手段の選択を考えることが重要である．しかし，現在の日本のように，不況による企業業績の落ち込みや失業などの問題を抱える場合，企業の負担を増加させる政策手段（炭素税や排出量取引など）の導入は，難しくなる．しかし，その場合でも，法人税減税，消費税減税などと組み合わせて導入することで（税制のグリーン化），企業負担の増加を抑えることは可能である．税制改正などを含んだ，より包括的な観点から，温暖化対策を実施することが，重要なポイントである． ［日引　聡］

参考文献

[1] 日引　聡，有村俊秀，入門環境経済学，中公新書
[2] 日引　聡，排出権取引成功のカギと適切な国内対策，ココが知りたい温暖化 (http://www.cger.nies.go.jp/ja/library/qa/17/17-2/qa_17-2-j.html)

8.9 森林減少の防止

森林を対象とする温暖化対策の1つとして「森林減少の防止」が検討されている．この節では，この対策の科学的なメカニズムと可能性について考える．気候変動枠組条約の京都議定書においては，「植林」と「森林管理」が温暖化対策として認められ，各国に割り当てられた数値目標の達成の一部に用いることが認められた．すなわち，過去に森林減少した土地（農地や裸地）に植林を実施することや，既存の森林に対して間伐などの森林管理を実施して吸収源機能を拡大することなどが，すでに温暖化対策として実施されている．しかし，植林によって拡大できる CO_2 吸収量は限られており，また森林管理による吸収量もやがては頭打ちとなってしまう．そこで，世界的な森林減少に伴う大規模な CO_2 排出を削減するとともに，森林生態系における CO_2 吸収と生物多様性を同時に保全することが可能な新たな温暖化対策として，「森林減少の防止」が注目を集めている．

◆ グローバルな森林減少による CO_2 排出

現在，地球規模で森林減少による CO_2 排出が引き起こされている．図1は，過去150年間における世界各地での森林減少により排出された CO_2 の量（単位は億トン CO_2/年）を地域（国）別に示したものである．この図から，150年前までさかのぼると，森林減少による世界最大の CO_2 排出国が米国であったことがわかる．続いて，中国やソビエト連邦（現ロシア）における大規模な森林減少

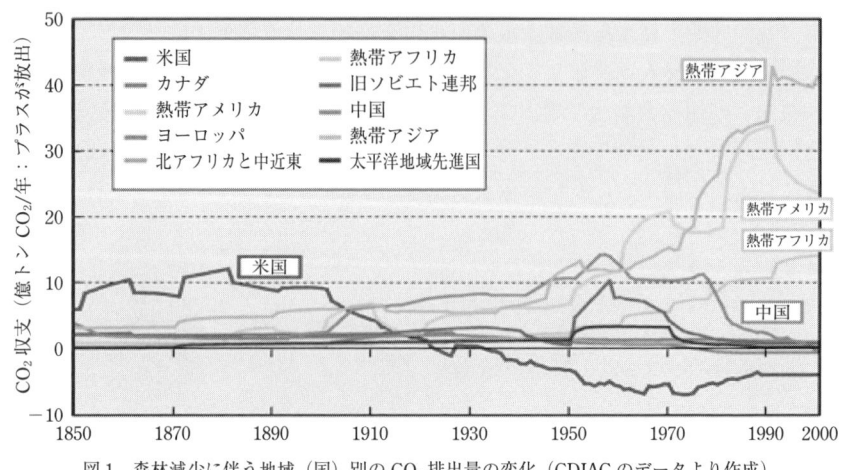

図1 森林減少に伴う地域（国）別の CO_2 排出量の変化（CDIACのデータより作成）

が発生し，そして現在は，熱帯林（東南アジア，アフリカ，南米）における森林減少が著しく増大し，森林減少に伴う CO_2 排出量は，世界全体の人為的な CO_2 排出量と比較して約2割程度を占める規模となっている．

人為的な森林減少によって排出される CO_2 は，森林が伐採されたり，燃やされたりして農地などになった際に，森林の中にバイオマスとして蓄積された炭素（樹木の中だけではなく，落葉・枝，土壌中も含めて）が，分解・燃焼して CO_2 として大気中に放出されたものである．もちろん，伐採された直後にバイオマスが CO_2 になるわけではないが，熱帯の高温地域では，樹木の切り株，落葉・枝などのほとんどが森林減少の後の数年内に微生物により分解されることが知られている．

現在，森林減少に伴う CO_2 排出量の規模は，グローバルに年に約60億トンと推定されている．この推定値の不確実性は大きく，また年次変動も大きいものの，世界における化石燃料の燃焼などによる CO_2 排出量（年260億トン）と比較して約20％に相当する大きな値となっている．森林減少の主な原因としては，（違法）伐採，焼畑，森林火災，農地転換，都市化などが考えられるが，特に途上国における人口増加・経済発展が進んでいる現在，持続可能でない林業，農作物やバイオエネルギーを確保する農地開発などにより，森林減少がさらに増大するリスクが高まっている．

◆ 「植林」と「森林減少の防止」の比較

京都議定書では，数値目標を設定した先進国（締約国I）における植林活動が国内における温暖化対策として，途上国における植林活動がCDM（クリーン開発メカニズム）として認められた．裸地などに植林を実施して森林を再生させることにより，光合成によって吸収された CO_2 を，樹木や土壌中に炭素として蓄積することが可能である．数値目標をもった先進国（企業など）が資金を出して途上国で実施するCDM植林プロジェクトに対しては，国連によってそれが温暖化対策として認証されれば，CO_2 吸収分の炭素クレジットが発行される．しかし現状では，CDM植林で認められた温暖化対策には上限（投資国排出量1％）や有効期限（30年）などの制約もあり，実際に実施されている植林プロジェクトは限られている．

実際，沙漠周辺などのもともと森林のなかった土地に植林を実施して定着させることは容易ではなく，また，人口が増大して農地が不足している途上国においては，植林を実施するための土地を大規模に確保することが困難である．一方，森林減少では過去に蓄積してきた炭素が短期間に排出されてしまうのに対して，

植林では樹木の生長に時間がかかるため，同じ面積で比較した場合，森林減少で排出された CO_2 に相当する量を再吸収するためには数十年の時間を要する．これらの理由により，「森林減少の防止」によって，CO_2 排出を減少させるプロジェクトのほうが短期的に大きな対策効果をあげることが可能となる．

もちろん，植林プロジェクトによって，CO_2 を吸収するだけでなく，水，土壌，生物多様性，アメニティー（快適性）などの森林のもつ多面的な環境機能を向上させることが可能であり，「植林」活動の重要性は論をまたない．また，「森林減少」を防止するための1つの重要な方法が，途上国における持続可能な森林管理を実現することであり，「森林減少の防止」と「植林」の対策を組み合わせた森林管理の実現が重要である．

◆ 「森林減少の防止」による温暖化対策ポテンシャル

森林減少に伴うグローバルな CO_2 排出を削減するだけではなく，一度失われてしまえば回復不可能な熱帯林における生物多様性を保全するためにも，「森林減少の防止」による温暖化対策の検討が国際的な課題となっている．「森林減少の防止」は，現在の京都議定書では温暖化対策として認められていないため，途上国も参加する新たな枠組みとしてのポスト京都に関する国際合意の可能性が検討されている．

グローバルな中長期的温暖化対策の目標は，世界全体の温室効果ガスの排出量を2050年までに50％削減することにある．しかし，この50％削減に必要な対策の内訳に関する検討はまだなされていない．この目標を達成するためには，人為的な CO_2 総排出量の約2割に相当する，途上国における森林減少からの排出を削減するための国際協力メカニズムを構築することが重要である．しかし，現時点では「森林減少の防止」に途上国が温暖化対策として取り組むメカニズム（資金の調達手段）がまったくないため，途上国の温暖化対策への中長期的な参加にも関連して，ポスト京都における重要課題の1つとなっている．

例えば，「森林減少の防止」を実施しない場合，2050年までにブラジルに現存する森林の40％以上が減少し，約1,200億トンの CO_2（日本の年間排出量の100年分）が排出されると予想されている．もし今後，「森林減少の防止」が温暖化対策として認められれば，この対策による CO_2 排出削減分が，炭素クレジット（価格）として経済価値をもつことになる．IPCC第4次評価報告書によれば，CO_2 の1トンあたりの炭素クレジットが1万円と評価される場合には，この資金を用いて2030年までに，世界累計で年13〜42億トン CO_2（平均で年27億トン），また CO_2 の1トンあたり2,000円以下の場合でも，その半分（年16億トン）程

度の排出削減対策（植林と森林減少防止対策の約3：7の組み合わせ）の実施が可能であると評価されている．

しかし一方で，温暖化対策として大規模なバイオマスエネルギーの利用が検討されているが，これによってサトウキビなどのエネルギー作物に対する需要が急速に増大する場合には，ブラジルなどのバイオマスエネルギー輸出国における森林減少を加速することも懸念される．長期的な温暖化対策を考えるうえで，「森林減少の防止」の活用に関する検討が不可欠である．

◆ 森林にかかわる温暖化対策の論点

森林にかかわる中長期的な温暖化対策に関する国際制度の設計に際しては，地球温暖化の緩和だけではなく，温暖化影響への適応の観点からの検討も重要である［5］．

まずは森林生態系の環境機能（緩和と適応にかかわる）を科学的に評価するためのルールを決めて，科学的な知見を考慮して政策的な論点が検討されなければならない．特に，今後重要となる論点の1つとしては，「森林減少の防止」の実施によって，CO_2の排出がどれだけ削減されたか（緩和対策効果）に関する透明かつ検証可能なモニタリング方法に関する検討である．また，それに加えて，森林を保全することの，生態系サービスの観点からの評価（生物多様性，水・土壌の保全など）によって，森林が果たしている，また温暖化が実際に発生したときに地域社会の社会経済に対して森林が果たす環境保全機能（適応対策効果）を評価するための方法論を整備することも重要である．

また，すでに温暖化対策として実施された「植林」や「森林管理」の緩和効果に関連して，1）植林後の数十年間の森林再生時におけるCO_2吸収の森林成熟に伴う飽和・減衰をどう扱うのか，2）吸収されたCO_2が森林火災などにより再排出されるリスクをどう評価するのか，3）森林管理によって人為的かつ追加的に拡大されたCO_2吸収量を，自然に吸収された吸収量からいかに分離（factor out）するのかなど，科学的にも政策的にも難しい課題が残されている［4］．

特に，成熟に伴って飽和する人工林における吸収量を維持するには，伐採木材の活用やバイオマスエネルギーの利用によりCO_2排出削減を進めながら，持続可能な森林管理を拡大していくことが重要と考えられる．世界的に拡大する森林からの生産物に対する需要を持続可能なかたちで満たしていくためには，「森林減少の防止」も一部として組み込んで，生態系と社会全体における炭素ストックの維持と拡大を図る温暖化対策の検討が有効と考えられる．すなわち，森林における温暖化対策を，ほかのセクター（エネルギーや農林業）との連関においてと

らえ，自然と社会を統合したトータルなシステムとして温暖化対策効果を評価し，長期的に持続可能なシステムの構築を検討する必要がある．

特に「森林減少の防止」の対策には，温暖化対策以外のベネフィット（副次的便益）が存在している．すなわち，沙漠化防止，土壌劣化防止，生物多様性保全，水供給の増大など，いずれも発展途上国における貧困を緩和するためには不可欠な生態系サービスを維持拡大することに結びついている．多くの環境便益を生み出すことができるかどうかが，途上国における温暖化対策成功の鍵を握っているといわれている．「森林減少の防止」は途上国にとっても優先度の高い温暖化対策になるものと考えられる．　　　　　　　　　　　　　　　　［山形与志樹］

参考文献
- [1] IPCC 第 4 次評価報告書（http://www.ipcc.ch/）
- [2] グローバル・カーボン・プロジェクト（GCP）（http://www.globalcarbonproject.org/）
- [3] Yamagata, Y. (2006), Terrestrial Carbon Budget and Ecosystem Modelling in Asia, Global Change Newsletter, IGBP, vol. 67, pp.6-7
- [4] Canadella, J., Kirschbaum, M., Kurz, W., Sanz, M., Schlamadinger, B. and Yamagata, Y. (2007), Factoring out natural and indirect human effects onterrestrial carbon sources and sinks, Environmental Science and Policy, 10, pp.370-384
- [5] Schlamadinger, Yamagata, Y. et al. (2007), A synopsis of land use, land-use change and (LULUCF) under the Kyoto Protocol and Marrakech, Environmental Science and Policy, 10, pp.271-282

8.10　中期（〜2020 年）の温暖化対策

◆ 第一約束期間から中期目標へ

2008 年から 2012 年は，京都議定書で定められた第一約束期間であった．京都議定書に批准した気候変動枠組条約の附属書 I 国は，第一約束期間における温室効果ガス排出量について，法的拘束力のある数値約束が各国ごとに設定されている．各国の削減目標は，基準年（1990 年，HFC，PFC，SF_6 は 1995 年としてもよい）に対して日本は 6％削減，米国は 7％削減，EU は 8％削減などとなっており，先進国全体で 5％削減を目指すとしている（米国は京都議定書に批准していないため削減義務は負わない）．

一方，2007 年に IPCC（気候変動に関する政府間パネル）の第 3 作業部会が報告した第 4 次評価報告書では，世界の平均気温を産業革命前と比較して 2℃ を超えない確率を 50％とするためには，大気中の温室効果ガス濃度を 450 ppm（二

酸化炭素換算）に安定化する必要があるという報告とともに，温室効果ガス濃度を 450 ppm に安定化するためには，附属書 I 国の温室効果ガス排出量を 2020 年には 1990 年比 25〜40％削減，2050 年には同 80〜95％削減すること（非附属書 I 国についてもベースラインからの大幅削減）が必要であると報告している．

2007 年に気候変動枠組条約第 13 回締約国会議（COP13）において合意されたバリ行動計画では，2013 年以降の枠組みについて，気候変動枠組条約のもとに新たにアドホック・ワーキング・グループを設置し，2009 年末にコペンハーゲンで開催される第 15 回締約国会議（COP15）で合意し採択を目指すこととなった．その際の議論において考慮される点として，以下の事項が明記された．

① 共通に有しているが差異のある責任および各国の能力の原則に従い，かつ，社会的および経済的な状況その他関連する要因を考慮に入れて，条約の究極的な目的を達成するための，排出削減にかかわる長期的な世界全体の目標を含む，長期的協力の行動に関する共有のビジョンの検討．
② すべての先進締約国による測定・報告・検証が可能で国内的に適当な緩和のための約束または行動（排出抑制および削減に関する数量化された目標を含む）．なお，先進締約国の国内における事情の相違を考慮に入れて，先進締約国による努力の比較可能性を確保する．
③ 技術，資金，能力の開発によって支援されおよび可能とされる持続可能な開発の文脈における開発途上国による国内的に適当な緩和のための行動．これは測定・報告・検証可能な方法で行う．
④ 開発途上国における森林減少および森林劣化に起因する排出削減に関連する問題に関する政策上の対処方法および積極的な奨励措置，ならびに開発途上国における保全，森林の持続可能な管理および，森林による炭素蓄積量の増加．
⑤ 協力的なセクター別アプローチおよびセクターごとに行う特定の行動．

◆ 日本における中期目標検討

こうした流れを受けて，各国では 2020 年を中心とする中期目標の検討が行われ，わが国では 2008 年 11 月から議論が開始された．1997 年に京都で行われた COP3 での反省から，まずは科学的な視点でオープンな議論を行い，日本国内において 2020 年に温室効果ガス排出量をどこまで削減できるか（つまり，排出クレジットの海外からの購入や森林吸収も対象としない）についての選択肢を，対策費用や実現に必要な政策，経済活動への影響を，モデルを用いて評価したうえで絞り込み，最終的には内閣総理大臣が中期目標を決定するという方針が定めら

表1 中期目標検討委員会で示された6つの選択肢

選択肢	2020年温室効果ガス排出量[*1]（対1990年変化率）	必要な対策・政策の考え方	限界削減費用[*2]（ドル/tCO$_2$）	対策の例[*3]		
				太陽光発電	次世代自動車	高効率給湯器
①「長期需給見通し」努力継続[*4]	+4%	既存技術の延長線上で機器等の効率改善に努力し，耐用年数の時点でその機器に入れ替え	35	600万kW	60万台	900万台
②先進国全体−25%・限界削減費用均等	+1%〜−5%		166			
③「長期需給見通し」最大導入改訂（フロー対策強化）	−7%	規制を一部行い，新規導入（フロー）の機器等を最先端のものに入れ替え	187	1,400万kW（−500万トン）	1,210万台（−600万トン）	2,800万台（−490万トン）
④先進国全体−25% GDPあたり対策費用均等	−8%〜−17%		422			
⑤ストック+フロー対策強化・義務付け導入	−15%	規制に加えて導入の義務づけを行い，新規導入の機器等を最先端に入れ替え．更新時期前の既存（ストック）の機器等も一定割合を最先端に入れ替え	295	3,700万kW（−2,000万トン）	1,360万台（−1,140万トン）	3,900万台（−1,020万トン）

8.10 中期（〜2020年）の温暖化対策

選択肢	2020年温室効果ガス排出量[*1]（対1990年変化率）	必要な対策・政策の考え方	限界削減費用[*2]（ドル/tCO$_2$）	対策の例[*3]		
				太陽光発電	次世代自動車	高効率給湯器
⑥先進国一律 −25%	−25%	新規・既存のほぼすべての機器等を義務づけにより最先端に入れ替え．また，炭素価格づけの政策により活動量（生産量）が低下		7,900万kW（−4,500万トン）	2,170万台（−2,130万トン）	4,400万台（−1,120万トン）

[*1] 中期目標検討会で示された削減率であり，国環研のモデルだけでなく，ほかのモデルの結果も含む．

[*2] 限界削減費用は，世界を対象とした国環研の技術モデルによる結果のみを示す．なお，選択肢⑥については，想定した対策技術だけでは達成することができないために空欄としている．

[*3] 対策の例は，国立環境研究所の日本を対象とした技術モデルによる結果であり，（　）内は選択肢①からのCO$_2$削減量を示しています．

[*4] 「長期需給見通し」努力継続は，EUが掲げる1990年比20%削減，米国が掲げる1990年比±0%と同等の限界削減費用となった．なお，EUは他先進国が同等の排出削減にコミットし，経済面でより成長した途上国が責任と能力に応じて適切な貢献をする場合には1990年比30%削減するとしている．

れた．作業のとりまとめは内閣官房が行い，地球温暖化問題に関する懇談会（奥田碩座長）のもとに中期目標検討委員会（福井俊彦座長）が設置され，さらに中期目標検討委員会に情報を提供するためにワーキングチームが設けられた．

中期目標検討委員会では，中期目標としてどのような選択肢があるかについて，3つの異なる種類のモデルを用いて議論された．世界を対象とした技術積み上げモデルでは，国際的な視点から，わが国やEU，米国など主要国・地域の削減ポテンシャル（技術的にどの程度まで削減が可能か）や限界削減費用（追加的に温室効果ガスを1トン削減するために必要な費用）の見積り，比較を行った．日本を対象とした技術積み上げモデルでは，わが国の2020年の温室効果ガス排出量を削減した姿を，導入される施策とともに詳細に検討した．さらに，日本を対象とした経済モデルを用いて，日本を対象とした技術積み上げモデルで示された温暖化対策の経済影響を評価した．その結果は，表1に示す6つの選択肢としてとりまとめられ，2009年6月10日に麻生太郎首相（当時）によって，「国内対策として2005年比15%削減（1990年比では8%削減に相当）」と決定された

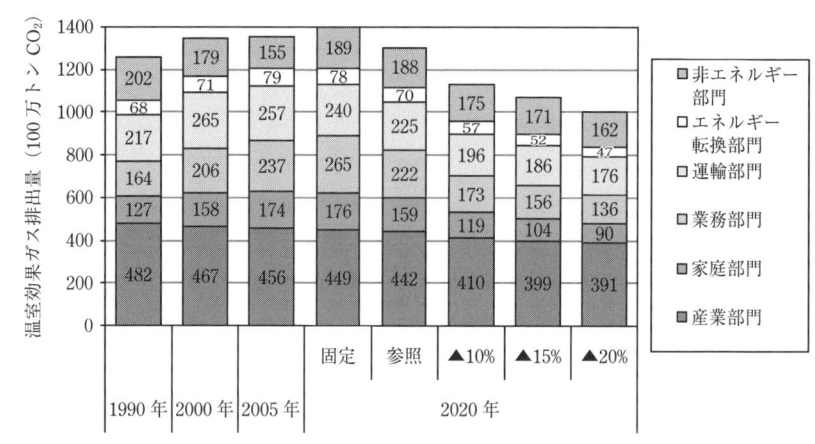

図1 タスクフォースで示したわが国の2020年部門別温室効果ガス排出量

(http://www.kantei.go.jp/jp/asospeech/2009/06/10kaiken.html). ところが，同年9月の政権交代によって就任した鳩山由紀夫首相は，2009年9月22日に国連気候変動首脳会合において，「すべての主要国の参加による意欲的な目標の合意を前提として，1990年比25％削減」を公表した (http://www.kantei.go.jp/jp/hatoyama/statement/200909/ehat_0922.html).

こうした報告を受けて，地球温暖化問題に関する閣僚委員会タスクフォースが開催され，中期目標検討委員会で議論された対策などの一部を見直して（社会経済の前提は見直さず），1990年比25％削減に向けた議論が行われた．図1は国立環境研究所がタスクフォースで示した技術モデルの結果である．このほか，対策時の経済活動（GDPや可処分所得など）への影響も示され，参照ケースを基準にするとマイナスの影響が見られるが，現状からは成長していることが示されている．

◆ コペンハーゲン合意と中期目標

コペンハーゲンで行われたCOP15において，第一約束期間後の枠組みが合意される予定であったが，先進国と途上国の間の対立などで議論は紛糾し，中期目標は合意に至らず，米国や中国を含む主要排出国の参加および途上国支援を含むコペンハーゲン合意について締約国は留意する（take note）ことが決定されるにとどまった．また，2010年1月31日までに条約事務局に，先進国については排出削減目標，途上国については削減行動を届け出ることとなった．

2010年1月31日までに届け出られた附属書I国の2020年における排出削減

8.10 中期(～2020年)の温暖化対策

表2 附属書I国が2010年1月に提出した中期目標

国名	目標	基準年	国名	目標	基準年
オーストラリア	−5%～−15%/−25%	2000年	カザフスタン	−15%	1992年
ベラルーシ	−5%～10%	1990年	リヒテンシュタイン	−20%/−30%	1990年
カナダ	−17%	2005年	モナコ	−30%	1990年
クロアチア	−5%	1990年	ニュージーランド	−10%～20%	1990年
EU	−20%/−30%	1990年	ノルウェー	−30%～40%	1990年
アイスランド	−30%	1990年	ロシア	−15%～25%	1990年
日本	−25%	1990年	米国	−17%	2005年

〔注〕日本のように条件がついている場合もある.(http://unfccc.int/home/items/5264.php)

目標を表2に示す.わが国は,1990年を基準年とし,2020年の排出削減量については「25%削減,ただし,すべての主要国による公平かつ実効性のある国際枠組みの構築および意欲的な目標の合意を前提とする」という文書を1月26日に提出した(http://www.mofa.go.jp/mofaj/press/release/22/1/PDF/012601.pdf).

しかしながら,2011年3月11日に発生した東日本大震災と,それによる東京電力福島第一原子力発電所の事故により,原子力発電所の稼働が見直され,エネルギー基本計画とともに温室効果ガス排出削減目標も大幅に見直されることとなった.2012年9月14日に報告された革新的エネルギー・環境戦略では,2020年の温室効果ガス排出量は,慎重ケースの場合には1990年比5～9%削減,成長ケースの場合には2～5%削減という見通しが示された.

2012年12月,安倍晋三首相は,2013年初めに2020年目標をゼロベースで見直し,ワルシャワで開催されるCOP19(2013年11月)までに目標をまとめるように指示した.この指示を受け,中央環境審議会と産業構造審議会の合同会合が開催され,温暖化対策が議論されたが,結局,削減目標が議論されることはなかった.その後,官邸主導のもと,これまで示されてきた試算結果も踏まえた議論が行われ,最終的に原子力発電による発電電力量をゼロとするなどを前提として,「2020年の温室効果ガス排出量の削減目標として2005年比3.8%削減(1990年比に換算すると3.1%の増加)」という新たな目標が,2013年11月15日に石原伸晃環境大臣からCOP19の場で報告された(http://www.env.go.jp/earth/ondanka/ghg/ert2020.html).　　　　　　　　　　　　　　　　[増井利彦]

参考文献

[1] IPCC (2005), Climate Change 2007, Cambridge University Press

8.11　長期（〜2050年）の温暖化対策

2050年までの長期の温暖化対策を考えると，不必要な明かりを使わないなどのエネルギー利用そのものの抑制や，白熱灯から蛍光灯やLEDなどの省エネルギー機器への買い替えといった需要側の対策，石炭火力発電から天然ガス火力発電などエネルギー供給側の低炭素化など短中期的に行える活動に加え，2050年の望ましい社会を前提にしたうえでの取組みについて考慮していく必要がある．

◆ 世界で示されているシナリオ

エネルギーに関する国際的な機関であるIEA（国際エネルギー機関）の予測[1]によると，もし温暖化について特段の対策をとらなければ，2050年までに世界のCO_2排出量は現状（2010年）の約2倍の570億トンになるとされている．世界の気温上昇を，例えば2℃までに抑えるための目安の数値として2050年までに世界の温室効果ガス排出量を半減することが2007年のG8ハイリゲンダムサミットをはじめ世界の首脳が集まる場で提案されている．そこでIEAでは，2010年に比べて2050年までにCO_2排出量を半減させるシナリオとしてブルーマップシナリオを提示している（図1）．

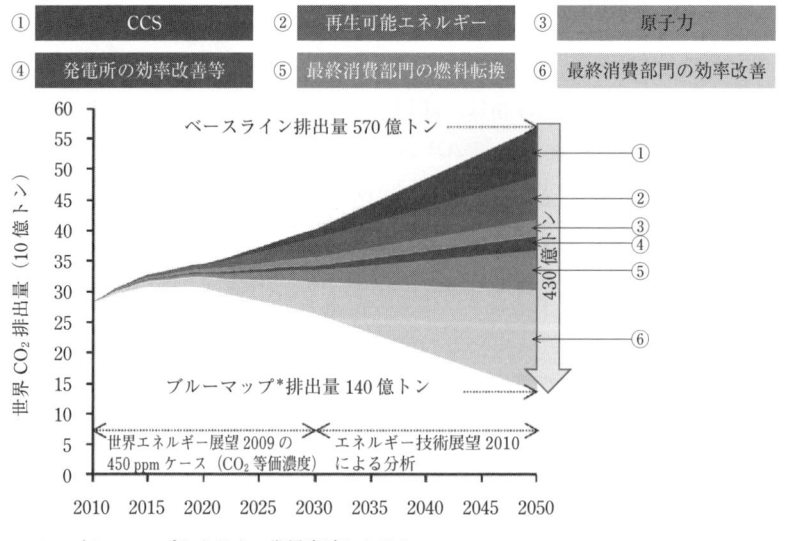

① CCS　② 再生可能エネルギー　③ 原子力
④ 発電所の効率改善等　⑤ 最終消費部門の燃料転換　⑥ 最終消費部門の効率改善

＊　ブルーマップシナリオ＝世界半減シナリオ

図1　国際エネルギー機関エネルギー技術展望による2050年までの予測 [1]

ベースライン排出量とブルーマップ排出量の差分の430億トンを削減するための主な対策について，図1(上)に示された対策を下から順番に見ていこう．産業での革新的製造プロセス，家庭や業務における高効率空調・高効率給湯，交通におけるモーダルシフト，電気自動車などの⑥「最終消費部門の効率改善」では38％の削減が期待されている．交通における電気自動車・燃料電池，輸送用バイオ燃料など CO_2 の少ない燃料への転換，そして石炭や石油から天然ガスや電気などに転換する⑤「最終消費部門の燃料転換」では，15％の削減が，発電所を筆頭に，精製所，合成燃料製造所，鉄をつくる高炉，セメント炉，産業用熱電併給設備における効率改善を目指す④「発電所の効率改善等」では5％の削減を見込んでいる．③「原子力」には6％，風力，太陽光，太陽熱，地熱などの②「再生可能エネルギー」には17％，CO_2 を回収し地中や海に隔離する①「CCS (炭素隔離貯留)」には19％の削減効果が期待されている．

このシナリオはあくまでも1つの例であるが，需要側と供給側のさまざまな対策を組み合わせて大幅な削減が可能になることが示されている．また，CO_2 以外の温室効果ガスであるメタンや亜酸化窒素，フロンなどについても長期を見据えた対策を行っていく必要がある．

◆ 各国の長期シナリオ

2050年までの温暖化対策について一国を対象に具体的な姿を示した先駆け的な報告書として，英国の貿易産業省（当時）が2003年に公開したエネルギー白書「私たちのエネルギーの将来－低炭素経済の創設」[2] がある．自国の CO_2 排出量を2050年までに約60％削減することを目指したもので，序文に当時のブレア首相のサイン入りメッセージがあり，国としての取組みの姿勢を示した先駆け的なものである．英国以外にも，ドイツやフランス，オランダなどさまざまな国で2050年に向けたシナリオが開発されている．また中国でも102名の研究者がかかわって2009年9月に「中国2050年低碳情景和低碳发展之路（中国2050年低炭素発展への道）」[3] が公表されている．このように，先進国だけでなく途上国においても長期の温暖化対策を検討するためのシナリオづくりが進められている．

◆ 日本の長期シナリオ

日本では，2004年4月から通称「日本低炭素社会シナリオ研究」（正式名：「脱温暖化社会に向けた中長期的政策オプションの多面的かつ総合的な評価・予測・立案手法の確立に関する総合研究プロジェクト」（2004年度から2008年度まで

(環境省環境研究総合推進の支援で実施))が行われた．約30の国内の研究機関から約60名の研究者が参画した大規模な研究プロジェクトであった．この研究では，一般的な手法である，いまからできることを想定して現状から将来を予想する手法（フォアキャスティング）ではなく，将来のあってほしい姿を想定してそのビジョンを実現する方法を同定する手法（バックキャスティング）を用いて分析した点に特徴がある．次の5つの手順に従って，2050年までに日本のCO_2排出量を1990年に比べて70％削減できるかどうかを分析している．

手順1　2050年社会像の描写：2050年の社会がどうなっているのか，社会像を描く．例えばA，Bの2つの異なる社会を描き，どのような対策を組み合わせることで低炭素社会が実現できるかを検討する．

手順2　サービス需要の推計：想定した社会に住んでいる人はどのようなサービスを必要としているのか，どんな家に住みたいのか，どんな暮らし方をしたいのか，そのために，例えば鉄やセメントはどれくらい必要なのかを推計する．

手順3　必要なエネルギー需要量の推計と対策技術の同定：例えば，部屋に照明をつける場合には，白熱灯から蛍光灯，さらにLED照明といったより省エネ・省CO_2の対策を選択するという想定をそれぞれの場面で積み重ねていくことで，具体的にどれくらいのエネルギー量が必要なのかを明らかにする．

手順4　エネルギー供給可能量の推計：需要側が必要とするエネルギー量をCO_2の少ないエネルギー源で供給する方法があるのか，検討している．

手順5　エネルギー需給バランスのチェックとCO_2排出量の計算：手順1から4で求めたエネルギー需要量と供給量が合致するよう調整する．そして1つ1つの対策によるCO_2削減量を積み上げていくボトムアップ手法により，CO_2排出量を70％削減できるかどうか検討する．

これらの分析を行うことで，2050年までに日本のCO_2排出量を1990年レベルに比べて70％削減する技術的ポテンシャルが存在することを明らかにしている．2050年の将来像に向かって，誰が，いつ，どのようなことをすれば低炭素社会が実現しやすくなるか，必要な政策と技術を，「低炭素社会に向けた12の方策」としてまとめている．そのほかのシミュレーションの結果を含めて，日本低炭素社会シナリオ研究の成果はホームページに公開されている［4］．

中央環境審議会地球環境部会中長期ロードマップ小委員会は2010年12月に，「日本低炭素社会シナリオ研究」の成果を参考にしながら，日本の温室効果ガス

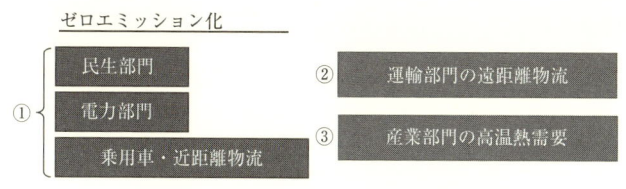

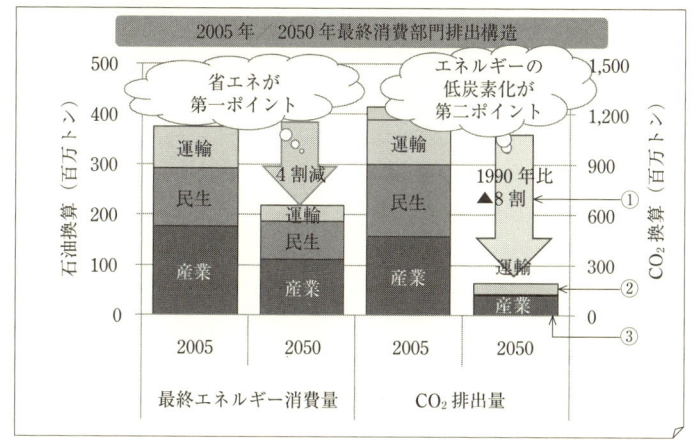

図2 2050年日本80%削減を目指したときのエネルギー需要，CO_2排出量の姿．
[出典] 脱温暖化2050プロジェクトスナップショットモデルの試算結果より作成
（2050年80%削減を実現した場合に，ありうるシナリオの1つとして試算）

排出量を2020年までに25%削減，2050年までに80%削減するために必要な対策や施策をまとめた「中長期の温室効果ガス削減目標を実現するための対策・施策の具体的な姿（中長期ロードマップ）（中間整理）」を発表した．約100名の専門家がかかわって，シミュレーション分析だけでなく，家庭や業務，交通，産業，農林水産業，エネルギー供給，土地利用を含む地域づくりなどの分野でどのようなことを行えばよいのかを検討したものである [5]．まず省エネルギー，次にエネルギーの低炭素化（再生可能エネルギーや安全な原子力などCO_2を出す量が少ないエネルギーへの転換）が鍵を握ることがわかる（図2）．

長期を見通した温暖化対策を考えるには，対策技術だけでなく，人間・社会・経済がどのように変化する可能性があるかなど，幅広い洞察が求められる．

[藤野純一]

参考文献

[1] IEA, Energy Technology Perspective 2010, Scenarios & Strategies to 2050 (2010)
[2] DTI, Energy White Paper Our energy future, creating a low carbon economy (2003)

[3] 国家发展和改革委员会能源研究所课题组「中国2050年低碳情景和低碳发展之路」, 科学出版社 (2009)
[4] 「脱温暖化2050プロジェクト」ホームページ (http://2050.nies.go.jp/s3/)
[5] 「地球温暖化対策に係わる中長期ロードマップ」ホームページ (http://www.challenge25.go.jp/roadmap/index.html)

9章　条約・法律・インベントリ

9.1　気候変動枠組条約・締約国会議

◆ 気候変動枠組条約採択までの経緯

　地球温暖化に関する国際社会の関心が1980年代後半から高まり，国連のもとで，地球温暖化対策に向けて国際協調しようとする動きが始まった．1990年12月の国連総会にて，地球温暖化抑制を目的とした国際条約の作成に向けて政府間交渉を始めることが決議された（表1）．

　1991年から開始された交渉会議は，政府間交渉委員会（Intergovernmental Negotiating Committee：INC）という名称で，採択までに計6回開催された（最終会合はINC5再開会合とよばれる）．1年半という短い交渉期間の中で，議論すべき項目は多数あった．排出量の抑制に関して，厳しい数量目標を定めたい欧州諸国，数量目標に反対の米国，積極的対応が必要とされながらも，欧州の目標は非現実的とする日本や英国との間で妥協点が見出されなかった．また，ロシアや東欧諸国など，計画経済から市場経済に移行中の国（経済移行国，Economy in Transition：EIT）は，「途上国」という分類には入らないものの，経済活動の水準は先進国よりも低く，先進国と同様の規制を受けることに反発していた．また，途上国の参加のあり方について，先進国は，今後，二酸化炭素（CO_2）排出量が増加していくのは途上国であるから，問題を解決するためには先進国だけが対策をとっても不十分であり，途上国も，先進国よりも緩くてもかまわないので何らかの義務を設定すべきとした．しかし，途上国グループは，気候変動問題はいままで先進国が大量に化石燃料を燃焼し，経済活動を進めてきた結果なのだから，先進国が責任をとって対策を講じるべきと主張した．

　この先進国と途上国との対立は，交渉の最終段階まで続いた．条文は，1992年6月の国連環境開発会議（UNCED）直前の5月に採択された．条文はその後，改正されていない．

表1 地球温暖化問題に対する国際社会の対応の経緯

	国際交渉，条約等	科学的知見の集積
1988		気候変動に関する政府間パネル（IPCC）発足
1990	気候変動に関する条約の策定に向けて交渉を始めることが国連総会にて決定される	IPCC第1次評価報告書
1991	気候変動枠組交渉会議開始	
1992	気候変動枠組条約採択 国連環境開発会議にて署名開始	
1994	気候変動枠組条約発効	
1995	気候変動枠組条約第一回締約国会合（COP1） 議定書交渉開始	IPCC第2次評価報告書
1997	COP3 京都議定書採択	
1998	COP4 ブエノスアイレス行動計画採択	
2001	米国京都議定書離脱 COP6 再開会合 COP7 マラケシュ合意採択	IPCC第3次評価報告書
2004	ロシア議定書批准	
2005	京都議定書発効，COP11（条約締約国会議） CMP1（京都議定書締約国会合）	
2007	G8ハイリゲンダムサミット COP13/CMP3 バリ行動計画採択	IPCC第4次評価報告書
2008	次期枠組みに関する交渉開始 洞爺湖サミット COP14/CMP4	
2009	COP15/CMP5 コペンハーゲン合意	
2010	COP16/CMP6 カンクン合意	
2011	COP17/CMP7 ダーバン合意	
2012	COP18/CMP8 カタールで開催	
2013	COP19/CMP9 ワルシャワで開催	IPCC第5次評価報告書（～2014）

◆ 条文の構成

　条約は，前文，本文全25条，および2つの附属書からなる．

　前文には，温暖化対策の重要性および緊急性がうたわれている．

　目的（第2条）では，「気候系に対して危険な人為的干渉を及ぼすこととならない水準において大気中の温室効果ガスの濃度を安定化させること」が本条約および締約国会議が採択する法的文書の究極目的とされている．また，このような安定化は，「生態系が気候変動に自然に適応し，食糧の生産が脅かされず，かつ，経済開発が持続可能な態様で進行することができるような期間内に達成されるべ

き」とされ，第2条全体が条約の究極目標とされている．目標をこのように定めてはいるものの，「危険な人為的干渉を及ぼすこととならない水準」が具体的にいかなる水準なのか，また，その水準に至るためには，どれくらいの割合で地球全体の排出量を減らしていかなくてはならないのかといった点について，条約では明記されていない．この条約が交渉された時点では，科学的知見が十分でなく，排出量と気温，温暖化影響との関係が把握されていなかったこと，また，そのようなメカニズムが把握されたとしても，許容水準の決定には政治的判断が必要なことが，上記水準を具体的に明記していない理由となっている．

原則（第3条）では，温暖化対策の指針として，以下の5つが定められている．

① 衡平の原則：共通であるが差異ある責任原則
② 発展途上国などの特別のニーズ：特別な事情の考慮原則
③ 予防措置の重要性
④ 持続可能な発展の原則
⑤ 協力的・開放的な国際経済体制の確立

第4条では，経済発展の度合いに応じて，附属書I国（いわゆる先進国とEIT諸国）とそれ以外で，異なる約束を定めている．附属書I国は，2000年までに各々の国の温室効果ガス排出量を1990年の水準に戻すことが長期的な排出の傾向を変えていくことに寄与することを念頭において，温暖化対策をとらなければならない，とされている．また，附属書II国（いわゆる先進国であり，EIT以外の国）は，さらに，途上国が温暖化対策に向けた活動を実施していくために必要な資金や技術を提供すること，とされている．

第9条と第10条では，この条約のもとでの活動を促進していくために，2つの補助機関「科学上及び技術上の助言に関する補助機関（Subsidiary Body for Scientific and Technological Advice：SBSTA）」と「実施に関する補助機関（Subsidiary Body for Implementation）」を設置している．

また，第17条では，この条約のもとに議定書を定めることができることになっている．

最後に2つの附属書，附属書IとIIがあり，国の名前が列挙されている．この条約が策定された当時の考え方としては，この附属書に，徐々に途上国も含めていくことにより，長期的には途上国にも実質的な温暖化対策をとってもらおうという計画があった．しかし，現実には，この附属書に積極的に参加したいと考える途上国は少なく，2013年12月時点で改正されていない．

◆ 意思決定機関としての締約国会議（COP）

　第7条では，条約の最高意思決定機関として，締約国会議（Conference of the Parties：COP）を設置している（第7条2項）．2012年11月現在で気候変動枠組条約の締約国は195カ国・地域であり，世界のおよそすべての国が同条約の締約国となっているといえる．条約は1994年に発効した．条約第7条4項では，第1回目の締約国会議（COP1）を発効の1年以内に開催することになっているため，1995年にドイツのベルリンにてCOP1が開催された．以来，年に一度の頻度で開催されている．気候変動枠組条約のもとでの主要な決定はすべてCOPの場で決定されている．

- COP1（1995年，ベルリン）では，条約の排出抑制目標である2000年以降の取組みに関して，議定書あるいはその他の法的文書を作成することが決定された．この合意はベルリン・マンデートとよばれており，この決定に基づく交渉の結果が京都議定書である．
- COP2（1996年，ジュネーブ）では，2年間の京都議定書交渉の中間折り返し地点として，残り1年の交渉の方向性を定めた．
- COP3（1997年，京都）は，京都議定書交渉の最終局面となり，最終日に議定書が採択された．
- COP4（1998年，ブエノスアイレス）では，京都議定書や気候変動枠組条約に規定されたさまざまな制度（排出量取引制度など）が実施されるために，必要な詳細ルールを決めるための交渉を開始することに合意した．この決定はブエノスアイレス行動計画とよばれる．
- COP5（1999年，ボン）は，ブエノスアイレス行動計画の折り返し地点となった．
- COP6（2000年，ハーグ）では，ブエノスアイレス行動計画に合意を試みたが，失敗に終わり，翌年に再開することになった．
- COP6再開会合（2001年，ボン）では，ブエノスアイレス行動計画に関してハーグで決裂した内容が再交渉され，最終的に合意された．この合意はボン合意とよばれる．
- COP7（2001年，マラケシュ）では，ボン合意の最終的な詰めを行い，国際法としての文書に仕上げた．この法文書をマラケシュ合意とよぶ．
- COP8（2002年，ニューデリー）では，京都議定書の第一約束期間が終了する2012年より先の期間の枠組みについて話し合うことに消極的な米国と途上国が中心となって，現在の規定の実施を重視する宣言を採択した．この宣言はデ

リー宣言とよばれる.
- COP9（2003年，ミラノ）では，京都議定書の早期発効を待ちつつ，京都議定書の詳細な手続きが交渉された.
- COP10（2004年，ブエノスアイレス）では，途上国を中心に，気候変動への適応策に関する関心が高まり，適応策と対応措置に関するブエノスアイレス作業計画が採択された.
- COP11（2005年，モントリオール）は，京都議定書発効後初のCOPとなった．ここでは，2012年以降の取組みのあり方に関して交渉を始めるべきと主張する欧州と，消極的な米国や途上国との間で意見が対立した．最終的には，条約のもとでは交渉を始めることはできなかった．今後2年間，交渉にはつながらないという条件で，ダイアログ（意見交換会）を開催することになった.
- COP12（2006年，ナイロビ）では，途上国の適応策について基盤強化のための行動計画が策定された．ナイロビ行動計画とよばれる.
- COP13（2007年，バリ）では，2年間のダイアログの結果を受けて，将来枠組みに関する国際交渉を本格的に開始する決定—バリ行動計画—が合意された．バリ行動計画では，各国の排出削減目標のみならず，技術移転や適応策など，包括的な議論が求められた．この交渉プロセスは，Ad hoc Working Group on Long-Term Cooperative Action（AWG-LCA）と名づけられた.
- COP14（2008年，ポズナン）では，バリ行動計画の実施に向けて交渉が継続された.
- COP15（2009年，コペンハーゲン）では，バリ行動計画をふまえた国際合意が期待されていたが，交渉は1年延長されることになった．政治合意として「コペンハーゲン合意」が了承され，その中で，先進国や途上国の2020年における排出削減・抑制目標の提出が求められた.
- COP16（2010年，カンクン）でも交渉は合意に達せず，さらなる1年延長が決まった．政治合意であるコペンハーゲン合意を交渉テキストに位置づけたカンクン合意が達成された.
- COP17（2011年，ダーバン）でも，バリ行動計画を出発点とする交渉は終了できず，さらなる1年の延長となった．他方で，すべての国の参加する法的文書を2015年までに合意することを目指して，新たな交渉プロセスが立ち上げられた．この合意はダーバンプラットフォームとよばれ，そのもとでの交渉はAd hoc Working Group on the Durban Platform for Enhanced Action（ADP）とよばれた.
- COP18（2012年，ドーハ）では，条約のもとでCOP13以降続いてきたプロセ

ス（AWG-LCA）と京都議定書のもとでCMP1から続いてきたプロセス（AWG-KP）（後述）の2つの並行した交渉プロセスを終了させ，新たな枠組みに関するADPに交渉を集約した．
- COP19（2013年，ワルシャワ）では，新たな枠組みに関するADPのもとで，2020年以前の努力の向上と，2020年以降の約束に分けて議論を進めるとともに，資金メカニズムや温暖化影響に起因する損害に対する救済措置について話し合われた．

◆ 今後の見通し

　気候変動枠組条約は，いままで，地球温暖化問題に対して国際社会が協調して取り組んでいくための基盤として重要な役割を担い続けてきた．特に，この条約が国連のもとに位置づけられていることが，そのステータスを確固たるものとし，国連に加盟しているほとんどの国の参加を実現させたといえよう．他方で，議論が細分化し，制度として大きくなりすぎたため，具体的かつ詳細な検討が進めにくくなっていることも確かである．

　地球温暖化対策は，現在，気候変動枠組条約のほかにも，さまざまな組織や取決めのもとで進められるようになっている．例えば，技術移転や排出量取引などの観点からは，数カ国の協力体制のほうが実際に事業を動かす際には効率的な場合もある．そのような制度の多様性が見られる中で，気候変動枠組条約は，今後も国際的な協調の基盤としての役割を果たし続けるだろう． ［亀山康子］

9.2　京都議定書・締約国会合

◆ 京都議定書採択までの経緯

　1995年3～4月にドイツのベルリンにて開催された気候変動枠組条約第1回締約国会議（COP1）では，2000年以降の国際的取組みのあり方が議論された．同条約では，先進国など，いわゆる附属書I国に対して，2000年までに排出量を1990年水準に戻すよう努力が求められているが，それ以降については規定がなかった．また，この2000年目標さえも多くの先進国では達成の見通しが立たなかったため，途上国から先進国に対する不信の念が高まった．他方，先進国は，今後排出量の大幅な増加が予想される途上国にも何らかの対策を実施するよう求めた．

　COP1での合意であるベルリン・マンデートでは，1997年に開催される予定

の第3回締約国会議 (COP3) までに,新たな議定書あるいはそれに代わる法的文書に合意することを目指すことになった.その中には,①目標達成に必要な政策・措置,および,② 2000 年より後の附属書Ⅰ締約国の温室効果ガス排出量および吸収源による吸収に関する数量目標が盛り込まれることになった.また,③途上国については新たな義務は課さない,という点も明記された.

2年間に及ぶ交渉会議は,ベルリン・マンデートの名前をとり,Ad hoc Group on the Berlin Mandate (AGBM) とよばれた.COP3 に至るまで8回の AGBM が開催された.内容が本格的に議論され始めたのは 1996 年末頃からである.AGBM6 (1997 年 3 月,ジュネーブ)では,EU が,個別国ごとではなく EU 全体として目標達成することが認められることを条件に,また,ほかの附属書Ⅰ国も同様の目標を受け入れることを条件に,2010 年までに 1990 年比で CO_2,メタン,亜酸化窒素 3 種類のガスを 15% 削減という案を出した.

1997 年 10 月,日本は数量目標に関して,2010 年までに 1990 年比で CO_2,メタン,亜酸化窒素 3 種類のガスを 5% 削減,ただし,人口増加率が高いなど特別の理由がある国には配慮する,という案を出した.また,AGBM8 (1997 年 10 月,ジュネーブ) の期間中に,米国は,2010 年までに 1990 年比で CO_2,メタン,亜酸化窒素,HFC,PFC,SF_6 の 6 種類のガスを 2008〜2012 年の 5 年間に 1990 年レベルで安定化,その後削減,と提案した.米国は同時に,排出量取引制度の導入,および,途上国の「意味ある参加」を求めた.

COP3 (1997 年 12 月,京都) では,排出削減量の目標数値に関して,目標年,比較対象となる基準年,対象ガスの範囲,森林吸収量をカウントするかどうか,排出量取引制度を認めるかどうか,などが議論された.最終的には,附属書Ⅰ国は,2008〜2012 年の 5 年間,6 種類の温室効果ガスを 1990 年比で,それぞれ異なる排出削減率を目指すことになった.例えば,欧州は全体で−8%,米国は−7%,日本は−6% が,温室効果ガス排出削減率となった.

条文は,1997 年 12 月の COP3 最終日に採択された.条文はその後,改正されていない (2013 年 12 月時点).

◆ 議定書の構成

京都議定書は,前文,本文全 28 条,および 2 つの附属書からなる.

附属書Ⅰ国(先進国と経済移行国 (EIT))の排出量に関する記述は第 3 条にある.第 3 条 1 項では,附属書Ⅰ国全体で,2008〜2012 年までの 5 年間(第一約束期間とよばれる),温室効果ガス排出量を 1990 年水準から少なくとも 5% 削減することになっている.また,各国ごとの排出削減目標は,附属書 B に示され

ている.日本の−6％削減といった数字は附属書Bにある.対象となる温室効果ガスの種類は附属書Aに示されている.

上記の目標を達成するうえで,排出量の削減だけでなく,森林などによる吸収量の増加も認められるということが第3条3項と4項に記されている.第3条9項では,第一約束期間の後の各国の削減目標については,遅くとも2005年までに交渉を開始しなければならないことになっている.

京都議定書の画期的な特徴は,排出削減目標を費用効率的に達成するために,国外からの排出枠の購入を認めていることである.

第6条では,「共同実施（Joint Implementation：JI）」という名称で,附属書Ⅰ国間で排出削減事業を協力して実施し,排出削減分を,関係国間で分配することを認めている.同様に,第12条では,「クリーン開発メカニズム（Clean Development Mechanism：CDM）」という名称で,附属書Ⅰ国が非附属書Ⅰ国で排出削減事業を実施することで実現する排出削減余分を,関係国間で分配することを認めている.また,第17条では,「排出量取引（emissions trading）」として,附属書Ⅰ国間での排出枠売買を認めている.これら3つの制度を総称して京都メカニズムとよぶ.

附属書Ⅰ国が排出削減目標を達成しなかったなど,京都議定書で定められた約束を実施しなかった場合を不遵守とよぶ.不遵守の国の扱いについて第18条ではCOP3までの交渉で決められなかったため,京都議定書の第1回目の締約国会合で決定すると定めている.

第25条には,京都議定書の発効要件として,55以上の条約の締約国が批准していることに加え,附属書Ⅰ国の総排出量の少なくとも55％を占める締約国が批准していること,という2段階の条件を設定している.後者は,附属書Ⅰ国の最大の排出国である米国1国だけでは発効を阻止できないが,米国とほかの附属書Ⅰ国が組めば阻止できるぎりぎりの水準として選ばれた.実際に,米国が2001年に京都議定書への参加を見送ったとき,京都議定書は永遠に発効しないだろうという推測も出たが,実際にはロシアの批准によって2005年に発効した.

◆ マラケシュ合意

COP3では,交渉の関心が排出量目標に集中したため,京都議定書採択時,多くの条項において,実施に必要なルールが未整備なまま残されていた.例えば,国際排出量取引制度が認められたが,具体的にどのように取引するのかを決める必要があった.同様に,排出目標の達成には,吸収量を増やす方法も認められていたが,具体的に,森林の吸収量をどのように算定するのかが決まっていな

かった．これらのルールは，国の義務である排出量目標達成そのものに影響を与えるため，2年以上にわたる，さらなる協議を要した．

COP4（1998年，ブエノスアイレス）で，これらの交渉が開始された（ブエノスアイレス行動計画）後，2年間にわたって協議が続いた．COP6（2000年，ハーグ）では交渉が決裂に終わり，翌年に持ち越された．2001年に米国政権が共和党政権に替わると，米国は京都議定書からの不参加を宣言した．ほかの先進国は米国に復帰を求めたが，かなわないうちにCOP6再開会合が開催された．ここでは，京都プロセスを継続しようとする強い動きがはたらき，ボン合意が成立した．この政治合意であるボン合意を，法的文書にとりまとめたのがCOP7のマラケシュ合意である．

マラケシュ合意では，京都議定書に規定された諸制度を実施するにあたり必要な詳細ルールが決められた．例えば，京都メカニズムの利用に関しては，排出量取引に必要なシステムを整備していた．また，第3条3,4項にて認められた森林などによる二酸化炭素吸収量の算定方法も決められた．附属書I国が排出削減目標を達成できなかった場合には，第二約束期間において排出量が超過した分に応じて削減目標を引き上げる（厳しくする）ことなどが定められた．

◆ 意思決定機関としての締約国会合（CMP）

第13条では，京都議定書の最高意思決定機関として，「この議定書の締約国の会合の役割を果たす締約国会議（Conference of the Parties serving as the meeting of the Parties to the Protocol：CMP)」を設置している．2012年11月現在で京都議定書の締約国は192カ国・地域であり，気候変動枠組条約の締約国のおよそすべての国が京都議定書の締約国となっている．米国やカナダは，条約の締約国でありながら京都議定書の締約国ではない例外的な国である．京都議定書は2005年2月に発効した．議定書第13条6項では，第1回目の締約国会合（CMP1）を，発効後最初に開催される条約締約国会議（COP）にあわせて開催することになっているので，同年末に開催されたCOP11とあわせてCMP1が開催された．

気候変動枠組条約と京都議定書は，形式上は別個の国際条約なので，それぞれ別の締約国会議（会合）を開催しなければならない．特に，CMPのほうには米国が参加しないため，2つを分けて開催する実質的な必要性も存在する．しかし，気候変動枠組条約の目的を実現するための具体的対策を規定したのが京都議定書であるため，おのずから，両者の議論は関連しあうし，重複することも多い．2つの会議は同時並行で開催されるが，類似した議題が両会議で扱われる状況も見受けられる．

- CMP1（2005年，モントリオール）では，マラケシュ合意で承認された決定案をすべて正式に決定した．また，第3条9項に定めてあるとおり，第二約束期間における附属書Ⅰ国の排出削減目標について政府間協議を始めることが合意された．この合意に基づき，2006年から京都議定書のもとで2013年以降の排出量に関する協議（Ad hoc Working Group on Further Commitments for Annex I Parties：AWG-KP）が開始された．この時期，気候変動枠組条約のもとでは，正式な交渉は始められなかったため，米国以外の附属書Ⅰ国だけが同プロセスのもとで将来の排出削減目標を議論するという状況に陥り，議論の進展ははかばかしくなかった．
- CMP2（2006年，ナイロビ）は，COP12との同時開催となった．ここでは，議定書第9条に基づく議定書全体の見直しが議題となった．先進国は，この見直しを機に途上国に対しても排出抑制策を義務づける検討を始めようとしたが，途上国の反対にあい，成功しなかった．結局，議定書の改正には至らなかった．
- CMP3（2007年，バリ）は，COP13との同時開催となった．COP13では「バリ行動計画」が合意されたため，議定書のもとで継続中のAWG-KPとともに2つのプロセスが動き出すことになった．
- CMP4（2008年，ポズナン）は，COP14との同時開催となった．交渉期間残すところ1年ということで，残された課題が整理された．
- CMP5（2009年，コペンハーゲン）は，COP15との同時開催となった．COPのもとで2020年目標設定が求められたが，京都議定書で削減目標を掲げる国との整合性は議論されずに終わった．
- CMP6（2010年，カンクン）は，COP16との同時開催となった．日本やロシアは京都議定書第二約束期間の設定よりもすべての国が参加する新たな枠組みを求め，先進国の責任を追及する途上国やEUと対立した．
- CMP7（2011年，ダーバン）は，COP17との同時開催となった．EUなど希望する先進国だけが京都議定書第二約束期間に数字を入れることになり，日本やロシアは京都議定書締約国でありながらも第二約束期間には参加しないことになった．
- COP18（2012年，ドーハ）では，第二約束期間の終了年やCDM利用など詳細を決定し，2005年から続いてきた第二約束期間に関する交渉プロセス（AWG-KP）（後述）を終了させた．
- COP19（2013年，ワルシャワ）では，京都議定書のもとに設置されている適応基金の今後について話し合われた．

◆ 今後の見通し

　京都議定書は，主要先進国に対して温室効果ガス排出量の上限を提示した画期的な国際協定である．その後，米国の不参加や新興国の排出量急増などにより，その効果が限定的となってしまったことから，一部で批判が出ていることは確かである．しかしながら，京都議定書交渉当時の状況で，京都議定書以上のものが果たして合意しえたかどうかという観点から見れば，やはり京都議定書は，当時としては最善の第一歩だったと評価できる．

　他方で，時代は変遷し，いまや京都議定書の第二約束期間に排出量が拘束されている先進国の数は限定的であり，その多くの国が2020年以降，別の枠組みへの移行を望んでいる．2011年のCOP17以降は，すべての国が参加する法的枠組みへの合意に向けた交渉が進んでいる．ADPのもとで合意が目指されている新しい枠組みと京都議定書との関係は議論されておらず，将来は不透明となっている．

［亀山康子］

9.3　地球温暖化対策の推進に関する法律

　地球温暖化対策の推進に関する法律（平成10年法律117号）（以下，「地球温暖化対策推進法」という）は，京都議定書の採択を受けて，日本の地球温暖化対策の第一歩として制定された，国，地方公共団体，事業者，国民が一体となって地球温暖化対策に取り組むための枠組みを定めた法律である．

◆ 制定経緯

　日本政府は，1980年代後半の地球環境問題に関する議論の盛り上がりを受けて，地球温暖化対策に着手した．表1に，日本国内における温暖化対策の流れを示す．

　1989年には地球環境保全に関する関係閣僚会議（以下，「閣僚会議」とする）が設置された．1990年，閣僚会議により地球温暖化防止行動計画が決定された．同行動計画では，CO_2の排出については，先進主要諸国がその排出抑制のために共通の努力を行うことを前提として，1人あたりの排出量および総排出量の双方について，2000年以降，おおむね1990年レベルでの安定化を図るとの目標が置かれていた（ただし，総排出量については，革新的技術開発などが当時の予測よりも「早期に大幅に進展することにより」とのさらなる条件が付されている）．同行動計画の実施状況については，毎年，閣僚会議に報告されてきたが，1998

表1 日本国内における地球温暖化対策の流れ

年	月	出来事
1989	5	地球環境保全に関する関係閣僚会議の設置
	7	地球環境担当大臣の設置（環境庁長官が兼務）
1990	10	地球温暖化防止行動計画の決定（関係閣僚会議）
1992	【6】	【気候変動枠組条約採択】
1993	5	気候変動枠組条約批准
1997	12	地球温暖化対策推進本部を設置
	【12】	【京都議定書採択】
1998	6	地球温暖化対策推進大綱の決定
	10	地球温暖化対策推進法公布
1999	4	地球温暖化に関する基本方針の閣議決定
2001	【11】	【マラケシュ合意成立】
2002	3	地球温暖化対策推進大綱の改定
	5	地球温暖化対策推進法改正（京都議定書目標達成計画の作成等）
	6	京都議定書締結
2005	【2】	【京都議定書発効】
	4	京都議定書目標達成計画の閣議決定
	6	地球温暖化対策推進法改正（温室効果ガス算定・報告・公表制度の創設等）
2006	6	地球温暖化対策推進法改正（京都メカニズムクレジットの活用に関する制度の整備等）
	7	京都議定書目標達成計画一部変更
2008	3	京都議定書目標達成計画全部改定
	6	地球温暖化対策推進法改正（事業者単位・フランチャイズ単位での排出量の算定・報告の導入，事業者による排出抑制等指針の策定，新規植林・再植林CDM事業によるクレジットの補填手続の明確化等）
2010	3	地球温暖化対策基本法案閣議決定（2012年11月廃案）

〔注〕 【　】内は気候変動枠組条約および京都議定書に関する主な動きを示す．

年に地球温暖化対策推進大綱が作成され，同行動計画はその役割を終えた．

　1998年10月，地球温暖化対策推進法が制定された．この背景としては，以下の3点が挙げられる．第一に，当時，日本の排出量は，欧州主要国と比較して高い伸びを示していたこともあり，京都議定書目標達成のために早い段階からの準備が必要であると考えられたことである．約束期間近くまで対策導入を先送り

し，抜本的温暖化対策を導入することになると国内経済に与える影響は大きくなるおそれがあるとされた．第二に，京都議定書を採択したCOP3の議長国として，ほかの先進国における国内対策強化に弾みをつけることが必要であり，ゆくゆくは必要となる途上国の参加を円滑に進めていくため，まずは，先進国の真剣な取組みに対する途上国の信頼感を高める必要があると考えられたこと，第三に，地球温暖化対策は，省エネ・省資源をいっそう進めるものであり，投資は需要拡大効果をもつだけでなく，効率的な経済づくりにも役立ち，長期的な生産性や競争力の改善につながると考えられていたこと，である．

◆ 地球温暖化対策推進法の構造

　地球温暖化対策推進法は，国，地方公共団体，事業者，国民のそれぞれが取組みを行う責務を定め，政府が地球温暖化対策についての基本方針を定めるとともに，上記各主体が自ら排出する温室効果ガスの排出抑制に関する措置を計画的に進めるための枠組みを設けている．

　図1に同法の構造を示す．

＜国の責務＞

　国は，大気中における温室効果ガスの濃度変化の状況ならびに関連する気候の変動および生態系の状況を把握するための観測および監視を行うとともに，総合的かつ計画的な地球温暖化対策を策定し実施することや，関係施策への配慮などを責務とする（第3条）．このほか，政府は，京都議定書上の日本の排出削減約束を履行するために必要な目標の達成に関する計画（これを「京都議定書目標達成計画」という）を定めなければならない（第8条1項）．

　2005年改正により，政府は京都議定書目標達成計画に即して，その事務・事業に関する温室効果ガスの排出の量の削減ならびに吸収作用の保全および強化のための措置に関する計画（政府実行計画）を策定するものとされた（第20条の2）．

　京都議定書発効後の2006年改正により，京都メカニズムの活用などの京都議定書の約束履行のために必要な措置を講ずることが，国の責務として位置づけられた（第3条4項）．

＜地方公共団体の責務＞

　地方公共団体は，地域の特性に応じた温室効果ガスの排出の抑制などのための施策を推進することとされ，自ら排出する温室効果ガスの排出抑制および吸収作

図1 地球温暖化対策推進法の構造
［出典］ 環境省・地球温暖化対策推進法に関する解説の図
（http://www.env.go.jp/earth/ondanka/ondanref.pdf）を一部修正

用の保全，住民・事業者への情報提供などを責務とする（第4条）．2005年改正に伴い，地方公共団体は，国と同様に，京都議定書目標達成計画に即して自らが出す温室効果ガスの排出抑制ならびに吸収作用の保全および強化のための措置に関する計画を策定することとされた（第20条の3）．

＜事業者の責務＞

　事業者は，その事業活動に関し，温室効果ガスの排出の抑制などのための措置を講ずるように努めるとともに，国および地方公共団体が実施する温室効果ガスの排出抑制などのための施策に協力しなければならない（第5条）．事業者は，自らの排出抑制と，ほかの者の温室効果ガスの排出抑制などに寄与する措置について，単独または共同で計画を策定し，計画およびその実施状況を公表することが努力義務とされている（第22条）．

　2005年改正により，温室効果ガス排出量算定・報告・公表制度が導入された．これは，産業，業務，運輸を問わず，事業活動に伴い一定程度以上の温室効果ガスの排出をする者について，事業所ごとに温室効果ガスの排出量をガス別に算定し，事業所管大臣に報告することを義務づけるものである（2008年改正により，事業所単位から，事業者単位・フランチャイズ単位による排出量の算定・報告に変更された）．報告されたデータは，事業所所管大臣が環境大臣および経済産業大臣に通知され，両大臣がこれを記録するとともに，集計し，公表する（第21条の2以下）．記録内容については，誰でも主務大臣に対する開示請求を行うことができる（第21条の6以下）．両大臣は，開示請求があったときは，速やかに開示しなければならない（第21条の7）．なお，企業秘密について一定の配慮がなされており，対象となる事業者は，排出量の情報が公にされることにより，当該事業者の権利，競争上の地位その他の正当な利益が害されると考えられる場合には，ガス別ではなく，対象となる事業者にかかわる温室効果ガスの算定排出量を合計した量を報告することができるよう，事業所管大臣に請求することができる（第21条の3）．対象となる事業者が報告を行わなかった場合や虚偽の報告を行った場合には，20万円以下の過料が課される（第50条1号）．

＜国民の責務＞

　国民は，その日常生活に関し，温室効果ガスの排出抑制などのための措置を講ずるように努めるとともに，国および地方公共団体が実施する温室効果ガスの排出抑制などのための施策に協力しなければならない（第6条）．地球温暖化対策推進法は，国や都道府県に「地球温暖化防止活動推進センター」を設置し，これを通じて，国民に対して情報提供や普及啓発を行い，国民の取組みを支援するよう定めている（第24条，第25条）．

＜森林吸収源の保全および京都メカニズムの利用など＞

　このほか，地球温暖化対策推進法は，森林整備などによる温室効果ガスの吸収

作用の保全および強化を図ることとされている（第28条）．また，京都メカニズムの活用については，2006年改正により，京都議定書目標達成計画の中に位置づけられ（第8条2項8号），また，政府および国内の法人が京都メカニズムを活用する際の基盤となる口座簿の整備などに関する事項が定められた（第29条～第41条および第44条，第48条，第50条2号，3号）．

◆ 地球温暖化対策の法的枠組みを構成する個別分野の法律

地球温暖化対策推進法は枠組み法であるが，温暖化対策の法的枠組みを構成する個別分野の法律として，エネルギーの使用の合理化に関する法律（昭和54年法律49号），新エネルギー利用等の促進に関する特別措置法（平成9年法律37号），電気事業者による新エネルギー等の利用に関する特別措置法（平成14年法律62号），特定製品に係るフロン類の回収及び破壊の実施の確保等に関する法律（平成13年法律64号），国等における温室効果ガス等の排出の削減に配慮した契約の推進に関する法律（平成19年法律56号）が挙げられる．

◆ 地球温暖化対策基本法案とその動向

2010年3月，政府は，地球温暖化対策に関して基本原則を定め，各主体の責務を明らかにするとともに，温室効果ガスの排出量削減に関する中長期的な目標を設定し，地球温暖化対策の基本となる事項を定める「地球温暖化対策基本法案」を閣議決定し，第174回通常国会に提出した．これは，鳩山元首相の辞任を契機として同年6月に審議未了で廃案となった．同年11月に閣議決定後，再度国会に提出されたが，2012年の衆議院解散に伴い廃案となった．　　　　　［久保田泉］

9.4 京都議定書目標達成計画

京都議定書目標達成計画（以下，「目標達成計画」という）とは，日本が京都議定書第一約束期間の排出削減約束1990年比−6％をどのように達成するか，その内訳と主体別の具体的な施策を明らかにしたものである．

◆ 経　緯

1998年6月，地球温暖化対策推進本部は，京都議定書の採択（1997年12月）を受け，日本の削減約束を履行するために，2010年に向けて緊急に推進すべき地球温暖化対策をまとめた地球温暖化対策推進大綱（以下，「大綱」という）を決定した．

日本は，2002年6月の京都議定書の締結に先立ち，国内体制の整備を進めてきた．2002年3月には，新大綱が決定された．この改定において，100種類を超える個々の対策・施策のパッケージがとりまとめられるとともに，部門別の目標が打ち出された．また，同年5月には，地球温暖化対策推進法が改正された．この改正により，京都議定書発効の際に，目標達成計画を定めること，などが盛り込まれた（第8条）．

　2004年には，新大綱の評価・見直しが行われ，これをもとに，2005年2月の京都議定書発効を受けて，同年4月に目標達成計画が閣議決定された．

　地球温暖化対策推進法は，目標達成計画に定められた目標および施策について2007年に検討を行うものとし，その結果に基づき，必要があると認めるときは，速やかに同計画を変更しなければならないと定めている（第9条）．この規定に基づき，2008年3月，目標達成計画の全体の改定が行われた．

◆ 目標達成計画の概要

　地球温暖化対策推進法は，目標達成計画の内容につき，下記のとおり定めを置いている（第8条2項）．

① 地球温暖化対策の推進に関する基本的方向
② 国，地方公共団体，事業者および国民のそれぞれが講ずべき温室効果ガスの排出抑制などのための措置に関する基本的事項
③ 温室効果ガスごとの排出抑制および吸収量に関する目標
④ 上記③の目標を達成するために必要な措置の実施に関する目標
⑤ 上記④の目標を達成するために必要な国および地方公共団体の施策に関する事項
⑥ 政府実行計画および地方公共団体実行計画に関する基本的事項
⑦ 温室効果ガス総排出量が相当程度多い事業者の排出抑制などのための計画に関する基本的事項
⑧ 京都メカニズムの利用に関する基本的事項
⑨ ①〜⑧のほか，地球温暖化対策に関する重要事項

　目標達成計画は，日本の地球温暖化対策の目指す方向として，京都議定書の6％削減約束の確実な達成と，地球規模での温室効果ガスのさらなる長期的・継続的な排出削減を掲げている．

　目標達成計画では，2002年の地球温暖化対策推進大綱に基づく対策を引き続き実施する場合，2010年時点での総排出量が1990年比約6％の増加となるとの見通しを示したうえで，日本が削減約束を達成するための対策の全体像が示され

ている.温室効果ガス別およびその他の区分ごとの目標が設定されており,それぞれ,1990年比で,①温室効果ガスの排出を全体で−0.5%(エネルギー起源CO_2:+0.6%,非エネルギー起源CO_2:−0.3%,CH_4:−0.4%,N_2O:−0.5%,代替フロンなど3ガス(HFC,PFC,SF_6):+0.1%),②森林吸収源により−3.9%[*1],③削減目標と国内対策との差分を京都メカニズムの利用により賄うことで−1.6%,となっていた.目標達成計画では,この目標を達成するための個々の対策について,対策評価の指標,排出削減見込み量,対策を推進するための国の施策,地方公共団体が実施することが期待される施策例が示されている.

◆ 改定目標達成計画の概要

2007年の目標達成計画の検討結果に基づき,2008年3月,改定京都議定書目標達成計画(以下,「改定目標達成計画」という)が閣議決定された.

2008年2月の産業構造審議会・中央環境審議会合同会合の最終報告では,現行対策のみでは2,200〜3,600万t-CO_2の不足が見込まれるものの,今後,各部門において,各主体が,現行対策に加え,改定目標達成計画において追加された対策・施策に全力で取り組むことにより,3,700万t-CO_2以上の排出削減効果が見込まれ,日本の京都議定書の削減目標は達成しうるとされた.

改定目標達成計画の概要は以下のとおりである.

<温室効果ガスの排出削減,吸収などに関する目標ならびに対策・施策>
1) 温室効果ガスの排出削減目標ならびに対策・施策

温室効果ガス別の排出抑制の目標(表1)は,活動量見通しと,エネルギー利用効率や代替フロン排出原単位などの原単位の改善効果をふまえて,改定目標達成計画の実施により排出抑制が図られる水準として定められている.

改定目標達成計画では,目標達成計画と同様に,上記目標を達成するための個々の対策について,対策評価指標を示し,排出削減見込み量,各主体の対策,対策を推進するための国の施策,地方公共団体が実施することが期待される施策例が示されている.表2に,日本の温室効果ガス排出量の約9割を占める,エネルギー起源CO_2に関する対策の全体像を示す.主な追加対策の例としては,自主行動計画の推進,住宅・建築物の省エネ性能の向上,トップランナー機器など

[*1] 気候変動枠組条約第7回締約国会議(COP7)(2001年)において,日本が京都議定書第一約束期間に森林による吸収として計上できる量は,1,300万t-C(4,767万t-CO_2)と決定された.これは,目標達成計画の閣議決定の後に確定した,日本の割当量(京都議定書第一約束期間において許容される排出量)と比較すると,基準年比約3.8%にあたる.

表1　温室効果ガスの排出抑制の目標

	基準年 百万 t-CO_2	2010年度の排出量の目安 百万 t-CO_2	基準年総排出量比
エネルギー起源 CO_2	1,059	1,076～1,089	＋1.3％～＋2.3％
産業部門	482	424～428	－4.6％～－4.3％
業務その他部門	164	208～210	＋3.4％～＋3.6％
家庭部門	127	138～141	＋0.9％～＋1.1％
運輸部門	217	240～243	＋1.8％～＋2.0％
エネルギー転換部門	68	66	－0.1％
非エネルギー起源 CO_2，CH_4，N_2O	151	132	－1.5％
代替フロン等3ガス	51	31	－1.6％
合　計	1,261	1,239～1,252	－1.8％～－0.8％

［出典］　改定京都議定書目標達成計画（2008），p.17を一部改変

の対策，工場・事業場の省エネ対策の徹底，自動車の燃費の改善，中小企業の排出削減対策の推進，農林水産業上下水道交通流などの対策，都市緑化，廃棄物・代替フロン等3ガスなどの対策，新エネルギー対策の推進が挙げられている．

2）　温室効果ガス吸収源の目標ならびに対策・施策

改定前と同様，国際交渉において合意された日本の森林による吸収量（基準年比約3.8％）の確保を目標とすることとされた．

＜京都メカニズムの利用＞

改定前と同様，京都議定書第一約束期間における削減約束に相当する排出量と，実際の排出量との差分については，京都メカニズムが活用される．改定目標達成計画策定時点の各種対策の効果をふまえた各ガスの排出量見通しによれば，上記差分は基準年比1.6％となる．なお，改定目標達成計画では，「各種対策・施策の効果，経済動向等により，変動があり得る」とのただし書きが付されている．

＜横断的施策＞

複数の温室効果ガス削減対策を推進するための横断的施策が盛り込まれている．温室効果ガス排出量算定・報告・公表制度やチーム・マイナス6％などの国民運動はその一部である．また，今後，総合的な検討が必要とされる課題とし

表2 エネルギー起源 CO_2 に関する対策の全体像

低炭素型の都市・地域構造や社会経済システムの形成	低炭素型の都市・地域デザイン
	◆集約型・低炭素型都市構造の実現 ◆街区・地区レベルにおける対策 ◆エネルギーの面的な利用の推進 ◆各主体の個々の垣根を越えた取組み ◆緑化等ヒートアイランド対策による熱環境改善を通じた都市の低炭素化 ◆住宅の長寿命化の取組み
	低炭素型交通・物流体系のデザイン
	◆低炭素型交通システムの構築 ◆低炭素型物流体系の形成

部門別(産業・民生・運輸等)の対策・施策	産業部門(製造事業者等)の取組み
	◆産業界における自主行動計画の推進・強化 ◆省エネルギー性能の高い設備・機器の導入促進 　○製造分野における省エネ型機器の普及 　○建設施工分野における低燃費型建設機械の普及 ◆エネルギー管理の徹底等 　○工場・事業場におけるエネルギー管理の徹底　○中小企業の排出削減対策の推進 　○農林水産業における取組み　○産業界の民生・運輸部門における取組み
	業務その他部門の取組み
	◆産業界における自主行動計画の推進・強化 ◆公的機関の率先的取組み 　○国の率先的取組み　○地方公共団体の率先的取組み 　○国・地方公共団体以外の公共機関の率先実行の促進 ◆建築物・設備・機器等の省 CO_2 化 　○建築物の省エネルギー性能の向上 　○緑化等ヒートアイランド対策による熱環境改善を通じた都市の低炭素化 　○エネルギー管理システムの普及　○トップランナー基準に基づく機器の効率向上 　○高効率な省エネルギー機器の開発・普及支援 ◆エネルギー管理の徹底等 　○工場・事業場におけるエネルギー管理の徹底　○中小企業の排出削減対策の推進 　○上下水道・廃棄物処理における取組み ◆国民運動の展開
	家庭部門の取組み
	◆国民運動の展開 ◆住宅・設備・機器等の省 CO_2 化 　○住宅の省エネルギー性能の向上　○エネルギー管理システムの普及 　○トップランナー基準に基づく機器の効率向上

9.4 京都議定書目標達成計画　377

```
部門別（産業・民生・運輸等）の対策・施策
  ○高効率な省エネルギー機器の開発・普及支援
  ┌─ 輸送部門の取組み ──────────────────────┐
  │ ◆自動車・道路交通対策                                │
  │   ○自動車単体対策の推進    ○交通対策の推進          │
  │   ○環境に配慮した自動車使用の促進　○国民運動の展開    │
  │ ◆公共交通機関の利用促進等                            │
  │   ○公共交通機関の利用促進                            │
  │   ○エネルギー効率の良い鉄道・船舶・航空機の開発・導入促進│
  │ ◆テレワーク等情報通信技術を活用した交通代替の推進    │
  │ ◆産業界における自主行動計画の推進・強化              │
  │ ◆物流の効率化等                                      │
  │   ○荷主と物流事業者の協働による省 CO₂ 化の推進        │
  │   ○モーダルシフト，トラック輸送の効率化等の推進       │
  │   ○グリーン経営認証制度の普及促進                    │
  └──────────────────────────────────────┘
  ┌─ エネルギー転換部門の取組み ────────────────┐
  │ ◆産業界における自主行動計画の推進・強化              │
  │   ○電力分野の二酸化炭素排出原単位の低減              │
  │ ◆エネルギーごとの対策                                │
  │   ○原子力発電の着実な推進    ○天然ガスの導入及び利用拡大│
  │   ○石油の効率的利用の促進    ○LP ガスの効率的利用の促進    ○水素社会の実現│
  │ ◆新エネルギー対策                                    │
  │   ○新エネルギー等の導入促進   ○バイオマス利用の促進  │
  │   ○上下水道・廃棄物処理における取組み                │
  └──────────────────────────────────────┘
```

[出典] 改定京都議定書目標達成計画（2008），p.25

て，国内排出量取引制度，環境税，深夜化するライフスタイル・ワークスタイルの見直し，サマータイムの導入などが挙げられている．なお，「地球温暖化対策のための税」の導入が，平成 24 年度税制改正大綱（平成 23 年 12 月 10 日閣議決定）に盛り込まれ，2012 年 10 月から施行されることになった．

＜進捗管理＞

毎年 6 月頃および年末に，地球温暖化対策推進本部において，各対策の進捗状況を点検することになっている．また，2009 年度については，京都議定書第一約束期間の中間年度である 2010 年度以降速やかに目標達成のために実効性のある追加的対策・施策を実施できるよう，第一約束期間全体における温室効果ガス排出量見通しを示し，改定目標達成計画に定める対策・施策の進捗状況・排出状況などを総合的に評価し，必要な措置を講ずるものとされている．

2011年12月に，目標達成計画の進捗状況の点検が行われた．これによれば，2008年度から2010年度の3カ年について，「実際の排出量に，森林吸収量の目標，政府による京都メカニズムの活用による排出削減予定量及び自主行動計画の目標達成などのため民間事業者などが政府口座に移転した京都メカニズムクレジット（2008～2010年度の合計で約1.7億トン）を加味した場合，排出量の合計は約33億7,000万トンとなる．第一約束期間において6％削減約束を達成するために必要な3カ年の排出量の合計（35億5,700万トン）を下回っている状況にあり，単年度ベースで見ると，約5％の超過達成の状況である」とされている．

　2013年4月に，目標達成計画の進捗状況の点検が行われた．これによれば，2008年度から2011年度の4カ年について，「(実際の排出量に）森林吸収量の見込み及び京都メカニズムクレジットの取得を加味すると，平均で基準年比9.2％減であり，京都議定書の目標を達成する水準である．京都議定書第一約束期間の最終年である2012年度については，排出量の算定に必要な統計調査等の結果の取りまとめには今しばらく時間を要するため，政府として見通しを示すのは困難であるが，これまでの実績を踏まえれば，京都議定書の目標は達成可能と見込まれている」とされている．なお，2012年度の温室効果ガスの総排出量（速報値）は，13億4,100万トンで，基準年比6.3％増，前年度比2.5％増となっている．この結果，仮に森林吸収量の目標が達成され，また，京都メカニズムクレジットを加味すると，京都議定書第一約束期間の平均で基準年比8.2％減となり，日本の目標を達成する見込みである．　　　　　　　　　　　　　　　　［久保田泉］

9.5　温室効果ガスインベントリ

　ある期間内に特定の物質（大気汚染物質や有害化学物質など）が，どこからどれくらい排出されたか，または吸収されたか，を示す一覧表を，一般にインベントリという．温室効果ガスインベントリはその一種で，温室効果ガスの大気中へ排出量や大気からの吸収量を，排出源・吸収源ごとに示すものである．地球温暖化の緩和を測定・報告・検証（MRV）可能なかたちで進めていくうえで，温室効果ガスインベントリは必要不可欠である．

　広義の温室効果ガスインベントリには，さまざまな種類がある．家庭からの二酸化炭素排出量を1カ月ごとに計算して示す「環境家計簿」もその一例である．しかし，単に「温室効果ガスインベントリ」という場合，一国の1年間の排出量あるいは吸収量を示す「国家温室効果ガスインベントリ」を意味することが多い．

◆ 国家温室効果ガスインベントリの作成方法

　国レベルで，すべての温室効果ガスの排出量・吸収量を排出源・吸収源ごとに実測するのは，現実には不可能である．そこで，国家温室効果ガスインベントリは，排出源・吸収源に関連する各種統計などを用いた計算によって作成される．例えば，ある国における家畜の腸内発酵によるメタンの排出量を求める場合，その国の家畜すべてにメタンガス測定装置をつけて測ることは不可能なので，畜産関連統計から家畜頭数を把握し，家畜1頭あたりのメタンガス排出量のデータ（排出係数）を掛け合わせることによって排出量を算定するのが現実的である．
　このような排出量・吸収量の計算を世界各国がばらばらに独自の方法で行うと，各国の排出量を同じ条件で比較することが難しくなり，国際的に協調しながら排出削減を進めていくのに不都合である．このため，気候変動に関する政府間パネル（IPCC）が，1991年より国際的に合意された標準的な計算方法の開発に取組み，1995年に「国家温室効果ガスインベントリのためのIPCCガイドライン（IPCC Guidelines for National Greenhouse Gas Inventories）」を作成・発表した．その後もIPCCは，最新の科学的・技術的知見をふまえて計算方法を改善する取組みを続けており，数年おきに最新のガイドラインを発表している．
　現在広く世界各国で使われているのは，1996年に発表された「1996年改訂版IPCCガイドライン（Revised 1996 IPCC Guidelines for National Greenhouse Gas Inventories）」，2000年に発表された「国家温室効果ガスインベントリにおけるグッドプラクティスガイダンスと不確実性管理（Good Practice Guidance and Uncertainty Management in National Greenhouse Gas Inventories）」，2003年に発表された「土地利用，土地利用変化および森林に関するグッドプラクティスガイダンス（Good Practice Guidance for Land Use, Land-Use Change and Forestry）」である．2006年には最新版として「2006年IPCCガイドライン（2006 IPCC Guidelines for National Greenhouse Gas Inventories）」が刊行された．気候変動枠組条約の附属書I国は，2015年以降（京都議定書第一約束期間の報告終了後）に提出する国家温室効果ガスインベントリについては，2006年IPCCガイドラインを使用して作成することが義務づけられている．

◆ 気候変動枠組条約のもとの国家温室効果ガスインベントリ

　気候変動枠組条約のもとで，すべての締約国は国家温室効果ガスインベントリの作成・報告を義務づけられている．ただし，義務の内容は附属書I国と非附属書I国で異なっている．また，第16回締約国会議（COP16, 2010年12月，カ

ンクン）および第17回締約国会議（COP17，2011年12月，ダーバン）での決定により，附属書Ⅰ国と非附属書Ⅰ国のいずれも，2014年以降の報告義務がそれ以前に比べて強化されることになった．

附属書Ⅰ国は，基準年（原則として1990年）から最新年（提出年の前々年）までのすべての年の国家温室効果ガスインベントリを毎年更新し，各種データを表形式にまとめた共通報告様式（CRF）と詳細な情報をまとめた国家インベントリ報告書（NIR）を作成して，条約事務局に4月15日までに提出しなければならない．また，4年おきに提出する国別報告書の中にも国家温室効果ガスインベントリを含めなければならない．さらに，2014年から提出することが義務づけられている隔年報告書（Biennial Report，初回提出期限は2014年1月1日，その後は2016年から4年おきに提出）の中にも，国家温室効果ガスインベントリの情報を要約して含めなければならない．そして，提出した国家温室効果ガスインベントリについて，外部専門家による公式な審査を受ける義務も負っている．

これに対して非附属書Ⅰ国は，COP16以前は，数年おきに提出する国別報告書の一部として国家温室効果ガスインベントリを作成・報告すればよく，CRFやNIRを作成する義務もなかった．しかし，COP16およびCOP17の決定により，原則として4年に一度国別報告書を提出することに加え，中間報告として隔年更新報告書（Biennial Update Report，初回提出期限は原則として2014年12月）を提出すべきことが合意された．国別報告書にも隔年更新報告書にも，国家温室効果ガスインベントリを含めることが必須とされている．つまり，非附属書Ⅰ国は，原則として2014年以降，2年おきに国家温室効果ガスインベントリを提出する義務を負うこととなったのである．附属書Ⅰ国と異なり，外部専門家による厳しい審査を受ける義務はないが，2014年以降は隔年更新報告書について「国際的な協議と分析（International Consultation and Analysis）」というプロセスを通じて情報の透明性を高める努力がなされることが決まっている．

報告すべきガスは，附属書Ⅰ国の場合，直接的温室効果ガスである二酸化炭素（CO_2），メタン（CH_4），亜酸化窒素（N_2O），ハイドロフルオロカーボン（HFC），パーフルオロカーボン（PFC），六フッ化硫黄（SF_6）である．2015年以降の提出においては，これらに加えて三フッ化窒素も報告しなければならない．附属書Ⅰ国は，これらのガスの排出量を個別に算定したうえで，地球温暖化係数（GWP）を用いて，これらのガスを二酸化炭素等価重量に換算して合算し，温室効果ガス排出総量として報告しなければならない．さらに，これとは別に間接的温室効果ガスの窒素酸化物，一酸化炭素，非メタン炭化水素，二酸化硫黄も報告する必要がある．一方，非附属書Ⅰ国の場合は，最低限，二酸化炭素，メタン，亜酸化窒

素を報告することが求められているだけで，GWP を用いた排出総量の計算・報告の義務はない（2012 年 11 月時点）．

報告対象の排出源・吸収源は多岐にわたる．いくつかの例外はあるが，原則として，国家領域および国家が管轄権を有する海域において発生する人為的な排出・吸収で，算定可能なものをすべて含めなければならない（次項目参照）．

以上の義務に加えて，次の 5 つの要件が重視されている．附属書 I 国の場合は，外部専門家による審査の際に，これらの点に問題がないか問われることになる．

(1) 透明性：第三者が検証できるよう，計算方法や使用したデータを明らかにしなければならない．
(2) 一貫性：排出量・吸収量の増加あるいは減少傾向を適切に評価できるよう，対象とするすべての年について，一貫した方法で作成する必要がある．
(3) 他国との比較可能性：計算方法などにつき国際的な合意事項に従い，計算結果が他国と比較できるようにする必要がある．
(4) 完全性：対象とすべきすべての排出源・吸収源について，算定あるいは報告の漏れがないようにする必要がある．
(5) 正確性：見積りが過大にも過小にもならないように，また，不確実性（誤差）がなるべく小さくなるように，排出量・吸収量の計算を行う必要がある．

◆ 京都議定書のもとの国家温室効果ガスインベントリ

京都議定書のもとでは，国家温室効果ガスインベントリは附属書 I 国にとってさらに重要な意味をもつ．議定書下の温室効果ガス排出削減・抑制目標の遵守・不遵守は，各附属書 I 国のもつ排出割当量と第一約束期間中の温室効果ガス排出総量を約束期間終了後に比較することによって判定されるが，その比較対象のいずれもが，国家温室効果ガスインベントリをもとに計算されるからである（図 1 参照）．

議定書第 3 条 7，8 に基づく初期排出割当量は，基準年（日本の場合は，CO_2，CH_4，N_2O については 1990 年，HFCs，PFCs，SF_6 については 1995 年）の排出総量をもとに計算される．この値は第一約束期間が始まる前に決定されている．日本については，2007 年 8 月に，59 億 2,825 万 7,666 トン（二酸化炭素換算重量）と決定された．その後は，国家温室効果ガスインベントリの更新により 1990 年や 1995 年の排出総量の計算値が変わっても，この初期排出割当量の値が変わることはない．ただし，各国は，京都メカニズム（排出量取引，共同実施，

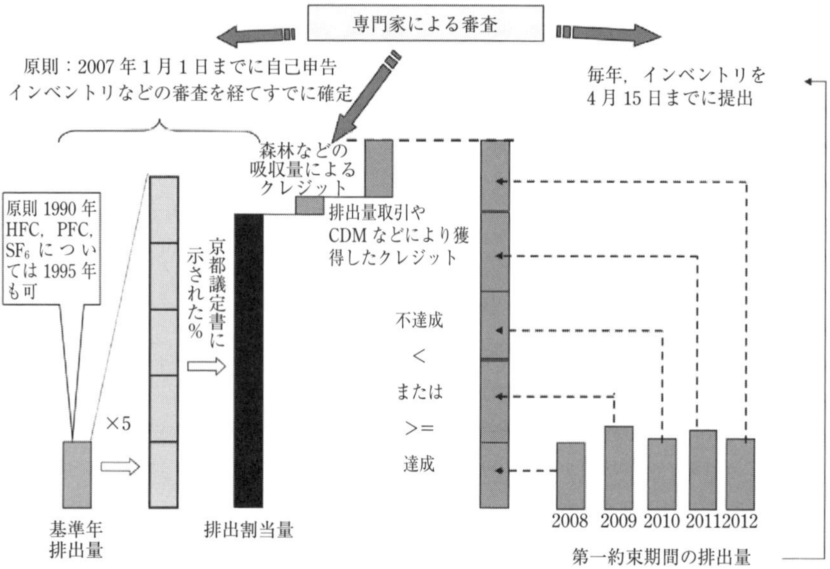
専門家による審査
原則：2007年1月1日までに自己申告
インベントリなどの審査を経てすでに確定
毎年，インベントリを
4月15日までに提出
森林などの
吸収量による
クレジット
原則1990年
HFC，PFC，
SF_6については1995年
も可
京都議定書に
示された%
排出量取引や
CDMなどにより獲
得したクレジット
不達成
<
または
>=
達成
×5
基準年
排出量
排出割当量
2008 2009 2010 2011 2012
第一約束期間の排出量

図1　排出削減・抑制目標の達成判定の実際

CDM）や国内の植林などの吸収源活動によって，排出割当量を積み増したり減らしたりできる．

一方，第一約束期間中の排出総量は，2010年に各国が提出した国家温室効果ガスインベントリで2008年の値が報告されたのを皮切りに，以後，毎年更新されている．第一約束期間5年間の排出総量は，同期間の最終年である2012年の国家温室効果ガスインベントリが報告されてその審査が終わったときにようやく確定する．時期としては，2014～2015年にかけてである．

遵守判定にきわめて重要な意味をもつ議定書下の附属書I国の国家温室効果ガスインベントリには，条約下での義務・要件に加えて，追加的な要件が課せられている．国家温室効果ガスインベントリを作成する国内体制（国家制度）の整備とその更新についての報告，京都メカニズムにかかわる情報の報告，議定書第3条3，4のもとの吸収源活動（次項目参照）による吸収量についての報告，などである．

議定書下の国家温室効果ガスインベントリの審査（議定書第8条に基づく審査）は，条約下で行われる審査よりもより厳しい基準で行われ，審査結果の及ぼす影響も格段に大きい．例えば，約束期間中の排出量計算が不適当な方法でなされ，結果が過小推計になっていると審査チームが判断した場合，最終的には審査

チームによって排出量報告値の修正が強制的に行われる可能性がある（議定書第5条2による「調整」手続き）．このような調整を受けると，その附属書Ｉ国は約束期間中の排出総量が増加してしまうのみならず，場合によっては京都メカニズムへの参加資格を一時的に失うなどの不利も生じうるため，不遵守の危機にさらされるおそれもある．

なお，京都議定書第二約束期間（2013年以降）の国家温室効果ガスインベントリの扱いについては，議定書の締約国会議（COP/MOP）が検討中であり，未定である（2013年11月時点）． ［田辺清人］

9.6 排出源・吸収源

1章において，気候変動要因についての科学的な視点から温室効果ガスの発生源・吸収源について解説しているが，ここでは視点を変えて，京都議定書のもとの目標遵守・不遵守の判定にも使われる国家温室効果ガスインベントリ（9.5節参照）における排出源・吸収源の扱いについて解説する．

◆ IPCC ガイドラインによる排出源・吸収源の定義

現在，気候変動枠組条約のもとで，すべての締約国は，1996年改訂版 IPCC ガイドラインを使用して国家温室効果ガスインベントリを作成・報告する義務を負っている．同ガイドラインが定義している排出源・吸収源は，表1に示すとおりである．この中で明確に定義されていない排出源・吸収源でも，文書による裏づけがあり定量化が可能ならば，国家温室効果ガスインベントリに含めるべきとされている．なお，附属書Ｉ国が2015年以降（京都議定書第一約束期間の報告終了後）に提出する国家温室効果ガスインベントリを作成する際に使用する2006年 IPCC ガイドラインでは，表1を一部改組・拡張した排出源・吸収源が定義されている．

各国とも，原則として，国家領域および国家が管轄権を有する海域における排出源・吸収源すべてを国家温室効果ガスインベントリに含め，人為的な排出量・吸収量を報告しなければならない．

人為的な温室効果ガスの排出・吸収とは，人間の活動の直接の結果として生じるもの（人間が石油を燃焼させることによる二酸化炭素排出など），または，自然のプロセスに人間の活動が影響を与えた結果として生じるもの（人間が間伐などの森林経営活動により木を育てた結果として起きる二酸化炭素吸収など）を意味する．火山の噴火による二酸化炭素の大気中への放出など，人間の活動とは無

表1 1996年改訂版IPCCガイドラインによる排出源・吸収源分類

排出源・吸収源	内　容
1. エネルギー 　1A 燃料の燃焼 　1B 燃料からの漏出	燃料の燃焼に伴う排出．工場，発電所など固定発生源，自動車など移動発生源や家庭など小規模な発生源を含む．また，石炭や石油の採掘時のメタンなどの大気中への漏出も含む．
2. 工業プロセス 　2A 鉱物製品 　2B 化学工業 　2C 金属の生産 　2D その他製品の製造 　2E ハロゲン元素を含む炭素化合物 　　　および六フッ化硫黄の生産 　2F ハロゲン元素を含む炭素化合物 　　　および六フッ化硫黄の消費 　2G その他	工業における製品製造過程で発生する副産物としての排出．また，原料として用いたガスの製造過程での大気中への漏出．冷蔵庫や空調機などの製品の中で使用されているハイドロフルオロカーボンなどの，使用中および廃棄段階における大気中への漏出． 工場における燃料燃焼に伴う排出は，「1. エネルギー」の中に含まれており，このセクターには含まれない．
3. 溶剤その他の製品の利用	溶剤などの製品の使用中に起きるガスの大気中への放出．病院での麻酔剤（笑気ガス）の使用による亜酸化窒素の大気中への排出などを含む．
4. 農業 　4A 消化管内発酵 　4B 家畜排せつ物の管理 　4C 稲作 　4D 農用地の土壌 　4E サバンナを計画的に焼くこと 　4F 野外で農産物の残留物を焼くこと 　4G その他	農業活動に伴うメタンと亜酸化窒素の排出．バイオマス（生物）起源の排出であるため，原則として二酸化炭素はここでは計上されない．農業活動における燃料燃焼に伴う排出は，「1. エネルギー」の中に含まれており，このセクターには含まれない．
5. 土地利用変化および林業（LUCF） 　5A 森林その他植生の変化 　5B 森林および草地の用途転換 　5C 管理放棄地 　5D 土壌からのCO_2排出・吸収 　5E その他	森林（林業）やその他の土地利用変化に伴う排出および吸収．「土地利用，土地利用変化および林業（LULUCF）」ともよばれる． 現在，附属書I国は，IPCCの「土地利用，土地利用変化及び林業に関するグッドプラクティスガイダンス」に従い，左記の分類ではなく次の6つの土地利用分類により排出量・吸収量を報告している． 　・森林（forest land） 　・農地（cropland） 　・草地（grassland） 　・湿地（wetlands） 　・開発地（settlements） 　・その他の土地（other land）

排出源・吸収源	内　容
6. 廃棄物 　6A 固形廃棄物の陸上における処分 　6B 排水の処理 　6C 廃棄物の焼却 　6D その他	廃棄物の埋め立てや焼却，あるいは廃水の処理に伴う排出．
7. その他	上記のどれにもあてはまらないもの．

関係に起きる排出・吸収は，国家温室効果ガスインベントリには含めない．

　国家領域内の人為的排出についてはすべて報告し，国家領域外の人為的排出については報告しないのが原則なので，輸入製品の製造時のエネルギー消費による二酸化炭素排出を自国の排出として報告することはない．反対に，国内の工場で輸出製品を生産している場合，製造時のエネルギー消費による二酸化炭素排出は自国の排出として報告しなければならない．ただし，この原則にはいくつかの例外がある．例えば，国際航空・外航海運に用いられる燃料起源の温室効果ガス排出量は，その一部は国の領域内で発生しているはずであるが，現在のルールでは国の排出総量には含めないこととされている．これは，国際輸送の当事国間の責任分担のあり方について，国際的な合意ができていないためである．その結果，京都議定書のもとで，少なくとも第一約束期間には，国際航空・外航海運からの温室効果ガス排出量は附属書 I 国の排出削減・抑制目標には含まれていない．

　国家領域内外の排出源・吸収源の扱いに関する原則は，排出量・吸収量はそれが実際に起きたところで計上すべきである，という考え方が背景にあるということもできる．国家温室効果ガスインベントリでは，この考え方は国内における排出源の扱いにも適用されている．例えば，電気事業者が火力発電所で発電のために燃焼した石油から出る二酸化炭素は，国家温室効果ガスインベントリの中では，電気の使用者ではなく電気事業者の排出として報告される．個々の企業が自社の温室効果ガス排出量を算定・報告・公表する場合には，通常，電気の使用による二酸化炭素排出量を考慮する（発電所で発生した二酸化炭素の一部を使用者の責任と考える）が，それとは異なる原則を適用していることになる．

　バイオマス（生物）起源の燃料を燃焼させることにより発生する二酸化炭素は，エネルギーセクターの中で算定・報告はされるが，国の排出総量には含まれない．バイオマス起源の廃棄物から発生する二酸化炭素も，同様に国の排出総量には含まれない．これは，それらの二酸化炭素発生分が，土地利用・土地利用変化および林業セクターの中でバイオマス減少分としてすでに計上されているため

である.

◆ 京都議定書の第一約束期間における吸収源の扱い

第一約束期間に京都議定書のもとで附属書Ⅰ国が提出すべき国家温室効果ガスインベントリも，1996年改訂版IPCCガイドラインに基づいて作成されるという点で，条約下で作成されるものとまったく同じである．ただし，吸収源（土地利用，土地利用変化および林業）については，排出量・吸収量の算定に伴う不確実性が大きいこと，人間の活動の影響と自然の影響の区別が難しいこと，森林増加によっていったん二酸化炭素を吸収してもその後に森林破壊が起きればその効果がなくなってしまうこと（永続性の問題）など，ほかの排出源とは著しく異なる性質をもつため，ほかとは異なる扱いを受けることになっている．

第一約束期間において，排出削減・抑制目標の遵守・不遵守の判定に用いられる各国の温室効果ガス排出総量は，「5.土地利用，土地利用変化および林業」セクターと「7.その他」セクターを除く全排出源からの排出量の合計値として計算される．「土地利用，土地利用変化および林業」セクターについては，近年の人間活動による影響の度合いが高いと考えられる一部の活動のみが，排出削減・抑制目標の遵守・不遵守の判定において考慮される．具体的には，1990年以降に行われた植林・再植林および森林減少（議定書第3条3の活動）や，1990年以降に行われた森林経営・農地管理・草地管理および植生回復（議定書第3条4の活動）による，第一約束期間中の二酸化炭素などの排出量・吸収量が，基準年排出量をもとに計算される初期排出割当量（前項目参照）に加除されるのである．第3条3の活動についてはすべての附属書Ⅰ国がその排出量・吸収量を考慮に入れなければならないのに対して，第3条4の活動については各国が選択したものだけが考慮される．日本は，第3条4の活動として森林経営と植生回復を選択している．これらの活動による純吸収量に応じて附属書Ⅰ国が獲得する排出枠は，初期排出割当量として各国が得る排出枠と異なり，次の約束期間に持ち越すことができない．

なお，京都議定書第二約束期間（2013年以降）には，議定書第3条4の活動として湿地の排水と再湿潤化が追加されるなど，ルールが一部変更される予定である．

◆ 今後の取扱いが注目される排出源・吸収源

国家温室効果ガスインベントリに含めるべき排出源・吸収源の種類は，今後，増えていくであろう．従来は人為的排出量・吸収量を算定することが困難であっ

たが，科学的・技術的知見の蓄積によりそれが可能となる排出源・吸収源が存在すると考えられるからである．また，従来は存在しなかったが，技術の進歩・人間社会の変容により新たに排出源・吸収源と認識されるものが登場する可能性もある．

そのような観点から，今後の取扱いが注目される排出源・吸収源としては，以下のようなものがある．なお，これらのうち一部については，すでに国家温室効果ガスインベントリに含めている国もある．

1) 二酸化炭素の回収・貯留：最近になって注目を集め始めた技術であるため，1996年改訂版IPCCガイドラインには，これについての記述がない．しかし，2006年IPCCガイドラインには，これを国家温室効果ガスインベントリの中で扱うための方法論が含まれている．それによれば，二酸化炭素の回収は吸収源として扱われるのではなく，回収が行われた各排出源において「排出量の減少分」として扱われる．回収後に貯留した二酸化炭素が大気中に漏出する分を，排出源として国家温室効果ガスインベントリに含めなければならない．

2) 新たなガス（ハロゲン化合物）の使用・排出：技術の進歩や，法的規制の改変などに伴う企業の活動環境の変化などにより，従来の国家温室効果ガスインベントリには含まれていない新たなガス（ハロゲン化合物）で強い温室効果をもつものの排出量が増加する可能性がある．

3) 伐採木材・木材製品：伐採木材・木材製品からの二酸化炭素排出（木材製品の廃棄焼却時などの排出）は，現在は，木材の伐採時点で排出と見なして「土地利用，土地利用変化および林業」セクターで計上するのが一般的とされているが，今後は，より排出実態にあわせた計上方法を使用することが必要となる見込みである．

4) 湿地における排出・吸収：泥炭地の排水や再湿潤化など，人間の活動によって影響を受けた湿地は，温室効果ガスの排出源あるいは吸収源となりうる．2006年IPCCガイドラインが作成された頃までは十分な科学的知見がなく，それらの排出・吸収量を算定することが困難であったため，国家温室効果ガスインベントリには湿地における人間活動の多くが含まれていなかった．しかし，近年その重要性についての認識が高まるとともに，科学的知見も蓄積されてきたことから，湿地における排出・吸収を国家温室効果ガスインベントリに含めるべきだと考えられるようになってきた．このため，IPCCは2013年末の完成を目指して，湿地における温室効果ガスの排出量・吸収量の算定方法に関する報告書を，2006年IPCCガイドラインの補足版

として作成しているところである. 　　　　　　　　　　　　　　　　　　　[田辺清人]

9.7　排出主体別の排出量

　気候変動枠組条約や京都議定書において報告が義務づけられている温室効果ガスインベントリは「国家」が排出量の算定対象範囲であるが，国家単位ではなく，自治体や事業者，家庭といった単位での排出量も算定することが可能である．それぞれの主体において個別に排出量の算定を行うことは効果的な排出削減対策を講じるうえで重要であるため，各主体における排出量算定に関する制度やルールの整備が進んでいる．

◆ 自治体単位での排出量算定

　わが国では，平成11年4月に施行（平成23年6月に最終改正）された「地球温暖化対策の推進に関する法律」の第20条第2項において，「都道府県及び市町村は，京都議定書目標達成計画を勘案し，その区域の自然的社会的条件に応じて，温室効果ガスの排出の抑制等のための総合的かつ計画的な施策を策定し，及び実施するように努めるものとする」とされており，各自治体は，この計画策定において当該区域からの温室効果ガス排出・吸収量の現況推計や将来推計，計画目標の設定などを行うことが求められている．また，第20条の3においては，「都道府県及び市町村は，京都議定書目標達成計画に即して，当該都道府県及び市町村の事務及び事業に関し，温室効果ガスの排出の量の削減並びに吸収作用の保全及び強化のための措置に関する計画を策定するものとする」とされており，自治体関連組織（庁舎，公立学校・病院，廃棄物処理施設等）における事務事業からの排出量についても現状把握や計画策定が求められている［1］．

　このように，自治体に対しては，①「区域」，②「事務事業」の両者における温室効果ガスの排出量算定および排出削減などにかかわる計画の策定を行うこととされている．なお，以前は①「区域」全体の温室効果ガス排出抑制などのための計画を「地球温暖化対策地域推進計画」，②「事務事業」からの排出の抑制などにかかわる計画を「地方公共団体実行計画」とよんでいたが，平成20年6月の法律改正において地方公共団体実行計画が拡充され，①「区域」に関する計画は「地球温暖化対策地方公共団体実行計画（区域施策編）」，②「事務事業」に関する計画は「地球温暖化対策地方公共団体実行計画（事務事業編）」となっている．

　地方公共団体実行計画における区域からの温室効果ガス排出量の算定方法につ

表1 地方公共団体における地球温暖化対策関連計画策定の概要

	平成19年度まで		平成20年度以降	
	計画	ガイドライン	計画	ガイドライン
区域	地球温暖化対策地域推進計画	地球温暖化対策地域推進計画策定ガイドライン	地方公共団体実行計画（区域施策編）	「地球温暖化対策地方公共団体実行計画（区域施策編）策定マニュアル」
事務事業	地球温暖化対策地方公共団体実行計画	地球温暖化対策の推進に関する法律に基づく地方公共団体の事務及び事業に係る実行計画策定マニュアル及び温室効果ガス総排出量算定方法ガイドライン	地方公共団体実行計画（事務事業編）	地球温暖化対策の推進に関する法律に基づく地方公共団体の事務及び事業に係る実行計画策定マニュアル及び温室効果ガス総排出量算定方法ガイドライン

いては，環境省が作成した「地球温暖化対策地方公共団体実行計画（区域施策編）策定マニュアル」にまとめられている．このマニュアルは，平成20年以前の「地球温暖化対策地域推進計画」の策定を支援するために整備された「地球温暖化対策地域推進計画策定ガイドライン」の改訂版にあたる．また，自治体における事務事業からの排出量の算定方法については，「地球温暖化対策の推進に関する法律に基づく地方公共団体の事務及び事業に係る実行計画策定マニュアル及び温室効果ガス総排出量算定方法ガイドライン」に記載されている（表1）[2]．

◆ 事業者単位での排出量算定

＜わが国における事業者の排出量算定＞

わが国においては，地球温暖化対策推進法に基づき，温室効果ガスを多量に排出する事業者（特定排出者）が自らの温室効果ガス排出量を算定し，国に報告する「温室効果ガス排出量算定・報告・公表制度」が平成18年度より導入されている．本制度は，事業者が自ら排出量を算定することにより自らの排出実態を把握し，排出抑制に向けた自主的な取組みのための基盤を確立するとともに，排出量の情報を可視化することで国民・事業者全般の自主的取組みを推進することを目的としたものである．事業者は，環境省および経済産業省により作成された「温室効果ガス排出量算定・報告マニュアル」に従って自らの事業活動に伴う排出量を算定することが求められている．このマニュアルには，活動別の排出量算定方法に加え，データ収集の方法や報告書の記入要領，提出方法などが記載されている[3]．

この制度は，業務内容に関係なく，温室効果ガスを多量に排出する事業者すべ

てを対象としており，わが国の温室効果ガス総排出量の5割弱をカバーしている．なお，集計結果は毎年環境省および経済産業省より公表されており，業種別や都道府県別，事業者別の排出量が把握可能である．

また，事業者における排出量算定のためのガイドラインとしては，環境省が実施している自主参加型国内排出量取引制度におけるガイドラインが別途整備されている（自主参加型国内排出量取引制度 モニタリング・報告ガイドライン）[4]．排出量取引制度においては，事業者間で排出枠の売買が実施されることから，排出量の算定結果には高い正確性が求められる．したがって，本ガイドラインにおいては，排出量の算定方法だけでなく，排出量の算定対象範囲（バウンダリ）の設定方法や，排出量算定に使用するデータの把握（モニタリング）方法，モニタリングおよび排出量算定のための体制の構築，排出量算定結果の検証といった各項目における考え方が記載されており，上述の「温室効果ガス排出量算定・報告マニュアル」に比べ，厳密な算定を求める内容となっている．

なお，上記2つのガイドラインに示された排出量算定は事業者自らの排出のみが対象であり，エネルギー消費や温室効果ガス排出量の少ない製品の製造および普及に伴う削減貢献は事業者自らの排出量には反映されない．そこで，事業者が購入する原材料や製品，サービスの製造・輸送や，事業者が製造・販売した製品・サービスの流通・使用・廃棄などに伴う排出量など，サプライチェーン全体の排出量を算定するための基本的考え方を示したガイドラインが環境省・経済産業省により策定されている（サプライチェーンを通じた温室効果ガス排出量算定に関する基本ガイドライン）[5]．

＜海外における事業者の排出量算定＞

事業者の排出量算定に関する国際的なガイドラインとしては，WBCSD（持続可能な開発のための世界経済人会議，World Business Council for Sustainable Development）とWRI（世界資源研究所，World Resource Institute）が共同で開発したGHGプロトコルがある．GHGプロトコルは，事業者からの温室効果ガス排出量の算定方法や，算定対象となる組織境界の考え方，排出削減量の算定方法など，企業が経年的な排出量の算定および報告を行う際に必要となる情報が記載されている．また，GHGプロトコルのウェブページでは，排出量の計算を行う際に利用可能な各種ツールが無償で提供されている [6]．

また，国際標準化機構は，2006年3月に温室効果ガスの排出・削減量の算定，報告および検証に関する国際規格であるISO14064を発行している．本規格は，組織における排出・吸収量算定，プロジェクトにおける排出・吸収量算定，排出

量の妥当性および検証，の3部から構成されており，事業者は本規格を活用することにより，温室効果ガスの算定および報告の品質を担保することが可能となっている．

◆ 家庭単位での排出量算定

家庭では，照明，空調，動力用の電力や，給湯用，厨房用の都市ガスおよびLPG，暖房用の灯油，乗用車におけるガソリンなどのエネルギーが消費され，温室効果ガスが排出されている．また，エネルギー消費に伴う排出のほかにも，水の使用やごみの排出といった温室効果ガスの排出につながる活動が行われており，2010年度における家庭からのCO_2排出量は1世帯あたり約5,360 kgにのぼる[7]．

それぞれの家庭における温室効果ガス排出量は，「環境家計簿」を用いることによって算定することができる．環境家計簿とは，毎月使用した電気やガス，水道，燃料，ごみなどの量を入力することによってCO_2排出量を算定するツールである．例えば，関西電力(株)が提供している「環境家計簿エコeライフチェック」では，電気や都市ガス，ガソリン，水道などの毎月の使用量を入力すると，自動的に各エネルギー項目のCO_2排出量が計算され，月別の推移がグラフで表示されるとともに，参加者全体の中での評価もわかるようになっている[8]．

上記のような環境家計簿のソフトウェアは，ほかの企業や地方自治体，NPOなどからさまざまな形式で提供されており，これらのツールを活用することにより，各家庭におけるCO_2排出量の実態を把握し，削減に努めることが期待されている．

[森本高司]

参考文献

[1] 地球温暖化対策の推進に関する法律
　　http://law.e-gov.go.jp/htmldata/H10/H10HO117.html
[2] 地方公共団体実行計画支援サイト（環境省）
　　http://www.env.go.jp/policy/local_keikaku/index.html
[3] 温室効果ガス排出量算定・報告マニュアル
　　http://www.env.go.jp/earth/ghg-santeikohyo/manual/index.html
[4] 自主参加型国内排出量取引制度 モニタリング・報告ガイドライン
　　http://www.env.go.jp/earth/ondanka/det/emission_gl/monitoringrep_06.pdf
[5] サプライチェーンを通じた温室効果ガス排出量算定に関する基本ガイドライン ver1.0
　　http://www.env.go.jp/press/file_view.php?serial=19586&hou_id=15038
[6] GHG protocol
　　http://www.ghgprotocol.org/
[7] 「日本の温室効果ガス排出量データ（1990〜2010年度）」確定値，国立環境研究所地球環境研究セン

ター温室効果ガスインベントリオフィス
http://www-gio.nies.go.jp/aboutghg/data/2012/L5-6gas_2012-gioweb_J.xls
[8] 環境家計簿エコeライフチェック（関西電力）
http://www1.kepco.co.jp/kankyou/co2kakeibo/index.html

9.8 排出係数・原単位

◆ 排出係数

　排出係数とは，大気などへの化学物質の排出量を算定する際に用いる単位活動量あたりの化学物質排出量のことである．一般的に温室効果ガス排出量は，排出の原因となる活動の規模（活動量）に，その活動量1単位あたりの排出係数を乗じて推計される．

　＜国家温室効果ガスインベントリにおける排出係数＞
　気候変動枠組条約および京都議定書のもとで附属書Ⅰ国が作成することとなっている国家温室効果ガスインベントリにおいては，温室効果ガス排出量の算定方法に関する国際的なガイドラインである1996年改訂IPCCガイドラインやGPG，GPG-LULUCFに従って排出量を算定することとなっている．これらのガイドラインには，各国における排出量の算定作業を容易にするため，排出源ごとに各国共通で使用できる標準的な排出係数（デフォルト値）が示されている．各国は，このデフォルト値と国内の各種統計などによる活動量データを用いて排出量を算定することが可能である．

　ただし，排出係数はその国の排出源の状況（設備・機器の種類および運転条件，気候，土地状況，慣習など）によって大きく異なるため，デフォルト値の使用が必ずしも適切でない場合がある．排出量の正確性を向上させるためには，国内の状況をふまえたその国独自の排出係数を開発し，算定に用いるほうが望ましい．上記の各ガイドラインにおいても，各国が独自の排出係数を開発している場合は，デフォルト値ではなく国内独自の値の使用を推奨している．

　なお，各ガイドラインにおけるデフォルト値や学術研究などにより開発された排出係数は，一般的に排出量の実測データから統計的に代表値を求めることにより算出された値であるが，このような代表値は一定の誤差を含むものであり，各ガイドラインにおけるデフォルト値にもこの誤差に該当する不確実性の値が併記されている．排出係数を用いて推計される排出量は，たとえ国内の状況をふまえ

た独自の排出係数を使用していたとしても，実際に大気中に排出された真の排出量と比べて一定の誤差を含むものであることを理解したうえで取り扱う必要がある．

＜わが国の温室効果ガスインベントリにおける排出係数＞

わが国が毎年作成している温室効果ガスインベントリでは，排出源ごとに，上記のガイドラインに示されたデフォルト値や国内外における研究成果，統計などにおける各種データを比較検証したうえで，わが国の実状に最も適合していると判断された排出係数を用いて排出量が算定されている．これらインベントリで用いられている各種データは，可能な限り正確な排出量を算定するため，最新の科学的知見などをふまえて定期的に見直しが実施されている．温室効果ガス排出量は，上述のとおり基本的に排出係数に活動量を乗じて算定されるが，各種排出削減対策の効果はこれらいずれかのパラメータの減少という形で現れる．例えば省エネ活動の成果は，エネルギー消費量の減少，すなわち活動量の減少という形で現れ，排出抑制技術や対策の導入および実施による削減効果は，エネルギー消費量あたりの排出量の減少，すなわち排出係数の減少という形で現れる．したがって，各主体において実施されている排出削減対策の効果を国家インベントリにおける排出量に適切に反映するために，排出係数の新規開発や定期的な見直しが重要である．

なお，わが国の温室効果ガスインベントリにおいて使用されている排出係数は，毎年気候変動枠組条約へ提出している「日本国国家インベントリ報告書」に詳しく掲載されている［1］．排出係数の一例を表1に示す．

表1　わが国の温室効果ガスインベントリにおいて使用されている排出係数（例）

排出源	排出活動	ガス名	活動量	排出係数
燃料の燃焼	ガソリンの燃焼	CO_2	ガソリン消費量（TJ）	18.29 tC/TJ
燃料からの漏出	原油精製時におけるCH_4の漏出	CH_4	原油・NGL精製量（PJ）	90 kgCH_4/PJ
工業プロセス	セメントの製造	CO_2	クリンカ生産量（t）	0.503 tCO_2/t（2010年度）
農業	作物残渣の農用地土壌へのすき込み	N_2O	作物残渣のすき込みによる窒素投入量（kgN）	0.0125 kgN_2O-N/kgN
廃棄物	一般廃棄物の焼却（全連続燃焼式焼却施設）	N_2O	全連続燃焼式焼却施設における一般廃棄物焼却量（t）	37.9 gN_2O/t（2010年度）

［出典］　日本国温室効果ガスインベントリ報告書（2012）

＜利用可能な排出係数の情報源＞

　国家温室効果ガスインベントリを作成する際の排出係数の選択において利用可能な情報源としては，デフォルト値が掲載された1996年改訂IPCCガイドラインなどの各種ガイドラインや各種研究文献，附属書Ⅰ国が毎年，気候変動枠組条約へ提出している国家インベントリ報告書などがある．また，IPCC-NGGIP技術支援ユニット（TSU）は，温室効果ガス排出量の算定を行うユーザーのために，算定に必要となる各種データを所蔵した「IPCC排出係数データベース（IPCC Emission Factor Database：EFDB）」[2]を整備している．EFDBには，インベントリの作成者が利用可能な排出係数および各種パラメータの数値や，当該数値の出典，性質，参考情報，データ提供者の情報などの各種情報が登録されており，ユーザーはこれらの情報を参照しながら適切な排出係数を選択することができる．

　また，地方公共団体や事業者レベルの排出量算定において利用する排出係数は，「地球温暖化対策地方公共団体実行計画（区域施策編）策定マニュアル」や「温室効果ガス排出量算定・報告・公表制度のガイドライン」などの各種ガイドラインにおいて提供されている．排出係数を選択する際は，排出量の算定対象や目的に応じて，これらの情報源を適切に利用することが望ましい．

◆ 原単位

＜効率を評価するための「エネルギー消費原単位」・「CO_2排出原単位」＞

　原単位とは，ある一定の活動を行う場合の排出（消費）量のことである．例えば「CO_2排出原単位」であれば，一定の活動を行う場合に排出されるCO_2の量を指し，「エネルギー消費原単位」であれば，同じく一定の活動を行う場合に消費されるエネルギー量を指す．このような原単位は，エネルギー消費や温室効果ガス排出の効率を意味するため，環境負荷状況の比較・評価に用いることができる．

　例えば，鉄鋼業における燃料の燃焼に伴う1年間のCO_2排出量は，その年の粗鋼の生産量によって変動するため，単純に毎年のCO_2排出量を比較することによって鉄鋼業における排出削減対策の効果を評価することはできない．しかし，排出量を粗鋼生産量で割った粗鋼生産量あたりのCO_2排出量，すなわちCO_2排出原単位を算定してそれを比較することにより，各年の生産量の変動を除いた形での排出量の評価が可能となる．このように，原単位は時系列間や別の主体間といった活動量が異なる排出・消費活動間の排出状況を評価するうえで有用な指標である．

<削減目標の設定における「原単位」>

温室効果ガス排出量の削減目標の設定においては，主として京都議定書のように排出総量の削減目標を定める総量目標と，活動量あたりの排出量を削減する目標を定める原単位目標の2つがある．総量目標は排出量そのものに対する目標であるため，ある程度確実な排出量の削減が見込まれるが，経済活動が活発になった場合，排出抑制対策を講じたとしても目標達成が困難になる場合がある．一方，原単位目標は，活動量の影響をさほど受けないため経済活動の阻害にはならず，途上国や企業に受け入れられやすいというメリットがあるが，原単位が削減されたとしても経済活動が増加すれば排出量は増加してしまうという欠点がある．

<国際比較のための「原単位」>

各国の温室効果ガス排出量を人口やGDPなどの指標で割った人口あたりおよびGDPあたりの排出原単位は，各国間の温室効果ガス排出状況の比較に使用可能である．例えば2009年における中国からのCO_2排出量は，世界全体の約24%を占めており，日本の6倍以上もあるが，1人あたりの排出量を見ると中国は日本の6割程度にすぎないことがわかる（図1）．

このような各国の排出原単位は，気候変動抑制に向けた国際的な枠組みの構築に関する議論においても活用されている．気候変動抑制における実効性の観点か

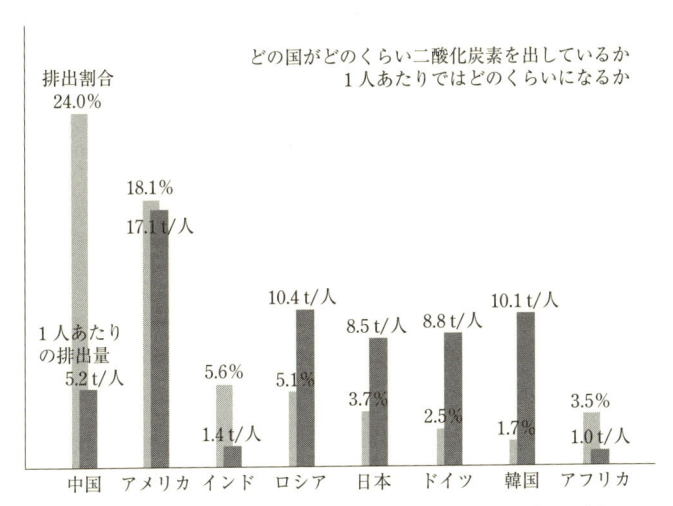

図1　二酸化炭素の国別排出量と国別1人あたり排出量（2009年）
［出典］ EDMC/エネルギー・経済統計要覧2012年版　全国地球温暖化防止活動推進センターウェブサイト（http://www.jccca.org/）より

ら見れば，排出量の多い国がより多くの削減を行うほうが望ましいが，各国間の衡平性の観点から，1人あたり排出量やGDPあたり排出量の均等化を目指して国別の削減目標を設定すべきとの議論もある．

ただし，原単位による国際比較には注意すべき事項もある．例えば各国のGDPあたり排出原単位を用いて比較する際，各国のGDPをドル換算した際の為替レートによりその値は大きく変わってしまう．原単位を用いる際は，原単位の算定に用いられているデータの性質に気を配る必要がある． ［森本高司］

参考文献

[1] 日本国温室効果ガスインベントリ報告書，国立環境研究所地球環境研究センター温室効果ガスインベントリオフィス
http://www-gio.nies.go.jp/aboutghg/nir/nir-j.html
[2] http://www.ipcc-nggip.iges.or.jp/EFDB/main.php

9.9 国際機関

地球温暖化問題に対処するための主な国際条約は気候変動枠組条約と京都議定書であるが，現在では，ほかにもさまざまな国際協力や国際機関が，地球温暖化問題の解決に向けた活動の一部を担っている．活動が多岐にわたるのは，地球温暖化問題が，エネルギーや資源利用，国の産業構造や人々のライフスタイルと，社会の広範な領域にまたがっているからである．

国際機関や国際協力は，それぞれの強みを生かして地球温暖化問題に取り組んでいる．以下，①科学的知見の観点からの活動，②資金的支援の観点からの活動，③エネルギー分野の観点からの活動，④国際的議論を促進するための活動，という観点から，最も代表的な国際機関あるいは国際的なフォーラムについて紹介する．

◆ 科学的知見の観点からの活動

地球温暖化問題に適切に対処するためには，そもそも地球温暖化がどのような原因により生じ，地球のどの地域にいかなる影響をもたらすか，といった点について理解を深める必要がある．．そこで，地球温暖化問題では，科学的知見が国際交渉の内容に重要な情報を提供することになる．

気候変動に関する政府間パネル（Intergovernmental Panel on Climate Change：IPCC）は，1988年に，国連環境計画（United Nations Environment Programme：

UNEP）と世界気象機関（World Meteorological Organization：WMO）により共同で設立された国際機関である．地球温暖化に関する科学的知見の集約と評価が主要な業務であり，新たな科学的知見の創出や，政策提言は目的外とされている（政策に役立つが，政策を提言しない（Policy relevant, not policy prescriptive））ことを念頭に置き，中立的な表現で報告書を執筆することが求められている．

数年おきに地球温暖化に関する「評価報告書」（Assessment Report）を5年ほどおきで発行するほか，特定のテーマについて特別報告（Special Report），技術報告書（Technical Paper），方法論報告書（Methodology Report）などを発行している．ここで集約された科学的知見は地球温暖化の国際交渉の基盤になったとして，2007年ノーベル平和賞を受賞した．

評価報告書の作成は，下記の3つの作業部会（Working Group：WG）に分かれて行われる．

第1作業部会（WG1）：気候システムおよび気候変動に関する科学的知見の評価

第2作業部会（WG2）：気候変動に対する社会経済システムや生態系の脆弱性，気候変動の影響および適応策の評価

第3作業部会（WG3）：温室効果ガスの排出抑制および気候変動の緩和策の評価

評価報告書は，上記の3つの作業部会がそれぞれ報告書を作成したものをとりまとめたものとなる．また，この評価報告書のエッセンスをまとめたものが，政策決定者向け要約（Summary for Policymakers：SPM）として提供される．

IPCCの参加者は各関連分野の科学者と政府関係者で構成される．第4次評価報告書の場合，130カ国以上から450名を超える代表執筆者，800名超の執筆協力者による寄稿，および2,500名以上の専門家による査読を経て作成された．これだけ多くの科学者や政府関係者を巻き込んだ活動とは，地球温暖化交渉にも間接的に影響を与えることになる．

◆ 支援の観点からの活動

地球温暖化問題は，途上国への支援を不可欠とする．途上国の中には，温室効果ガス排出の抑制（緩和策）のためにも，あるいは，すでに生じてしまった地球温暖化の影響を最小限に食い止め，新たな気候に適応する（適応策）ためにも，資金や技術の支援を受けなくては実施できない国が多くあるからである．自国からどれくらいの排出量が生じているのかというデータさえない国もある．

これらの国の支援を含めて，気候変動枠組条約を手続き的に支援しているの

は，同条約が設置されている国連環境計画（UNEP）である．その他，途上国の経済発展を支援する機関である国連開発計画（UN Development Programme：UNDP）や国連貿易開発会議（UN Conference on Trade and Development：UNCTAD）なども途上国の地球温暖化対策を支援している．

とりわけ資金的観点からは，世界銀行やアジア開発銀行などをはじめとする国際機関が，途上国の地球温暖化対策のために資金的支援を実施している．なかでも，地球環境ファシリティ（Global Environment Facility：GEF）は，開発途上国や経済移行国において，地球環境問題の解決に貢献しようとした際に新たに必要となる追加的費用として，多国間資金を無償で提供する国際的な資金メカニズムとして設立された．したがって，この機関の支援目的は，地球温暖化対策に限定されない．生物多様性やオゾン層保護などにも用いられている．

設立のきっかけは，1989年にフランスのアルシュで開催された第15回先進国首脳会議（アルシュサミット）にて，フランスが提案した基金設立案であった．その後，世界銀行，国連開発計画（UNDP），国連環境計画（UNEP）の3機関によって，1991～1994年までの間，パイロットフェーズとしてGEFが設立された．その後，気候変動枠組条約や生物多様性条約が1992年に採択されるなどの経緯を経て，1994年から正式に運用開始されている．事務局はワシントンD.C.の世界銀行の中にある．

GEFの意思決定機構は，3～4年に1回開催される総会，半年に1回開催される評議会，そのもとに設けられている事務局という構成になっているが，実質的な意思決定が行われるのは評議会である．評議会では，資金を拠出する先進国の意見が優遇される，あるいは，審査手続きに時間がかかり，申請してから資金供給までに数年かかる，といった批判が途上国側から提示されている．他方で，環境に特化した基金管理機関が設立されているのは，環境問題がそれだけ重視されてきていることを示すともいえる．

◆ エネルギー分野の観点からの活動

地球温暖化問題は，エネルギー利用と切っても切れない関係にある．石油や石炭などの化石燃料の燃焼が，地球温暖化につながっているからである．そのため，エネルギー分野の専門機関も，近年では地球温暖化問題に関する報告書を多く出すようになった．その中心的な役割を果たすのが国際エネルギー機関（International Energy Agency：IEA）である．

1973年から始まった第一次石油危機を契機に，キッシンジャー米国務長官が石油供給危機の回避，および安定したエネルギー需給構造の確立を目的とした国

際機関の設立を提唱したことがきっかけとなっている．現在，IEAは，先進国を中心に28の加盟国からなる．事務局はパリにあり，経済協力開発機構（OECD）の下部機関として位置づけられている．

　もともとは石油供給が大きな関心事であったが，最近では地球温暖化問題などの環境問題にも積極的にかかわるようになった．それと同時に，再生可能エネルギーへの関心を高めている．2008年からは，エネルギー技術見通し（Energy Technology Perspectives）を毎年出版し，2050年までに排出量を大幅削減しようとした場合のシナリオをエネルギー供給の観点から2シナリオ提示し，達成のために必要な革新的技術の開発・普及の水準を提示した．

　また，エネルギーそのものではないが，国際航空機や国際船舶の燃料（国際バンカー油）から生じる排出量については，気象変動枠組条約の中では，どの国にも帰属しないとして，各国の排出量目標の対象外とされている．そのため，国際民間航空機関（International Civil Aviation Organization：ICAO）や国際海事機関（International Maritime Organization：IMO）において，それぞれの活動下で生じる排出量対策が議論されている．

◆ 国際的議論を促進するための活動

　地球温暖化問題を議論することを目的とした主要な国際会合の場は，気候変動枠組条約の締約国会議（COP）であるのは当然であるが，COPにはさまざまな課題がある．例えば，国連のルールが適用されるため，途上国が数の多さで先進国を圧倒しやすい意思決定手続きがとられる．途上国が地球温暖化の影響を最も受けるという点では，このようなルールは正当性を有するが，排出量が世界全体の1%も満たない多数の途上国が交渉の進展を遅らせる場合もあることも事実である．また，このような交渉に出席するのは事務レベルの政府代表団であるため，長期的に温暖化をどの水準で食い止めようといった政治的判断はできないという問題点もある．そこで，このような課題を乗り越えるため，いままで地球温暖化問題を議論してこなかった場が利用されるようになった．その1つが主要国首脳会議（G8サミット）である．

　主要国首脳会議（G8）とは，世界の主要な国として，米国，カナダ，イギリス，イタリア，ドイツ，フランス，日本，ロシアの8カ国の首脳が年に1回集まり，国際的な諸問題について非公式に意見交換する場である．第1回目となった会合は，1975年にフランス大統領ヴァレリー・ジスカール・デスタンが6つの先進主要国（現在のG8からカナダとロシアを除く）の首脳をランブイエに招待した会議であった．翌年のサミット以降，カナダが参加するようになり，G7と

よばれるようになった．また，冷戦終結後，ロシアも参加するようになったことから，会議の名称も G8 とよばれるようになった．首脳会議にあわせて，特定の問題に関する大臣級会合も開催されるようになった．なかでも外務大臣会合や財務大臣会合がよく知られている．

G8 では主に国際経済や紛争などの国際政治など問題が議論されてきたが，近年では，地球温暖化問題などの環境問題もテーマとして扱われるようになった．特に米国が京都議定書への不参加を 2001 年に表明した後，気候変動枠組条約のもとで将来枠組みについて米国と議論する場が限られてきてしまった状況を憂慮したイギリスの当時の首相ブレアは，2005 年にグレンイーグルズにて G8 を招致した際，気候変動を G8 の主要課題の 1 つとして盛り込んだ．以来，G8 では毎年気候変動が議題の 1 つとして取り上げられるようになり，とりわけ 2050 年の排出量という長期目標について，政治的指針を議論した．2050 年地球全体の目標を半減，あるいは先進国全体で排出量約 8 割削減という目標は，この G8 の場で提示されている．

近年，G8 構成国だけでは，世界の二酸化炭素排出総量の半分も占めなくなってきた．中国やブラジル，インドといったいわゆる新興国の排出量が急速に伸びていることによる．つまり G8 だけで議論していても実効性に限界が見えてきたということである．そのため，近年では，G8 と並行して G20，あるいは米国が招致している主要経済国フォーラム（Major Economies Forum：MEF）という会議が開催されるようになった．主要経済国フォーラムは，もとの名を主要経済国会合（Major Economies Meeting：MEM）といい，2007 年秋にブッシュ大統領が，気候変動に関する国際的議論に米国の影響力を及ぼせるようにと招致したものである．オバマ政権以降も，名称は若干変えたものの，このような会議の有用性を感じる関係者は多く，毎年数回の頻度で開催され続けている．

［亀山康子］

10章　持続可能な社会に向けて

10.1　持続可能な発展の概念

　「持続可能な発展」の最も代表的な定義は，環境と開発に関する世界委員会（The World Commission on Environment and Development：WCED，座長の名をとりブルントラント委員会ともよばれる）が1987年に公表した報告書「われら共有の未来（Our Common Future）」に示されているもので，「将来世代のニーズを損なうことなく現在の世代のニーズを満たすこと」という定義である．この報告書以来，「持続可能な発展」[*1]という用語は，さまざまな場で用いられるようになった．

◆「持続可能な発展」に関する歴史

＜1970年代～1980年代＞
　第二次世界大戦後，経済成長を遂げた多くの先進国は物的な豊かさを享受する一方で深刻な公害を経験し，環境保全の重要性，ならびに枯渇資源の効率的な利用に対する関心を高めるようになった．1972年には，地球が抱える問題に関心をもつ科学者が集まったローマクラブというグループが，その成果を「成長の限界」という報告書にとりまとめ，地球の有限性などを指摘した．また，同じ1972年にスウェーデンのストックホルムで開催された「国連人間環境会議（United Nations Conference on the Human Environment）」は，このような懸念に対して国際的に初めて議論する場となった．当時，途上国では急速な人口増加が見られており，「人口爆発」などとも表現されていた．先進国は，自ら経験した公害とこの人口爆発を関連させ，地球の将来を憂い，今後は環境保全に力を注いでいくべきだと主張した．しかし，途上国にとっては，公害を伴うとはいえ工業化による恩恵はうらやましいほどの状態であり，経済発展が何よりも優先されるべきと主張した．会議の最終日に採択された「ストックホルム人間環境宣言」では，有限な資源の保全や公害問題の克服，といった項目と並んで，途上国に対す

[*1] developmentは「発展」とも「開発」とも訳される．本章では「発展」で統一し，固有名称などで「開発」と公訳されている場合のみに「開発」と表記した．

表1 「持続可能な発展」に関する歴史

	国際交渉，条約等	国際動向
1972	ローマクラブ「成長の限界」を発表	
	国連人間環境会議（ストックホルム）	
1973		第一次石油危機
1979		第二次石油危機
1980	国際自然保護連合（IUCN）が「世界保全戦略」を発表．環境問題に関連して「持続可能性」という用語を最初に用いた国際的な文書とされる．	
1982	UNEP 管理理事会特別会合（ナイロビ）	
1983	世界環境開発会議（WCED）発足	
1987	WCED，最終報告書「われら共有の未来」を公表．「持続可能な発展」の定義を広めた．	冷戦構造の解消に向けた動き
1992	国連環境開発会議（UNCED）（リオデジャネイロ）リオ宣言，アジェンダ 21 の公表．	
	気候変動枠組条約および生物多様性条約署名，森林原則採択	
1993	国連，持続可能な開発委員会（CSD）を設立．以降，年一度の頻度で開催	
1997	リオ 5 周年記念会合	
2000	国連，国連ミレニアム宣言を採択	
2001	ミレニアム生態系評価事業開始	
2002	持続可能な開発に関する世界首脳会議（WSSD）（ヨハネスブルグ）	
	持続可能な開発に関するヨハネスブルグ宣言とヨハネスブルグ実施計画（JPOI）を採択	
2006	CSD の中に「国際環境ガバナンス（IEG）に関する非公式会合」を設置	
2008	国際動向として，世界規模での経済危機（リーマンショック）	
2009	UNEP 第 25 回管理理事会にて「IEG に関するハイレベル代表級協議グループ」設立	
2010	ハイレベル代表級協議グループ，「ナイロビ・ヘルシンキ成果」公表	
2012	国連持続可能な開発会議（リオ＋20）開催	

る支援の重要性がうたわれている．1つの文書の中に，環境保全と途上国の経済発展が互いの関係について十分議論されることなく両論併記される形となったとはいえ，環境問題と南北問題が一体となって議論される転機となった．

　国連人間環境会議以降，特に先進国は公害問題を技術によって乗り切ったという自信を深めるとともに，石油危機が過ぎ去り，1980 年代に入って環境問題への関心は薄れてきた．しかし，同時に，かつての公害とは別の種類の環境問題，いわゆる地球環境問題への関心が高まってきた．地球環境問題は，一国内だけで生じるものではなく，数カ国にまたがって生じるものであり，酸性雨やオゾン層破壊，野生生物の保護などの問題に取り組むようになった．1980 年代後半には，米ソ間冷戦の終結という国際構造の変革もあり，従来の軍事問題以外の国際問題が注目を浴びるようになった．その 1 つが地球温暖化問題である．

10.1 持続可能な発展の概念

地球環境問題の解決には排ガス,排水処理などといった末端技術の適用だけでは限界があり,生産や消費,生活様式といった人間活動のあり方を見直さなければならないという理解が深まったことから,環境と開発(発展)との関係が議論されるようになり,「持続可能な発展」の概念が生み出されることにつながった.

＜国連環境開発会議（1992年）＞

1980年代から高まった地球環境問題に対する国際世論の関心は,1992年にブラジルのリオデジャネイロにて開催された国連環境開発会議(United Nations Conference on Environment and Development:UNCED,通称「地球サミット」とよばれる)でピークを迎えた.地球サミットに参加した政府関係者,産業界,環境保護団体,マスコミ関係者などをあわせると,参加者総数は数万人といわれている.

地球サミットで採択されたリオ宣言とアジェンダ21という環境行動計画は,その後の地球環境関連行動の基本ともなる重要な文書である.また,それ以外に,会議前に採択されていた気候変動枠組条約や生物多様性条約の署名が開始された.また,森林保全を目的として森林原則が採択された.これらすべての文書の原則となったのが,「持続可能な発展」という概念であった.

リオ宣言では,国や地球レベルで持続可能な発展を実現するために必要な27原則が掲げられている.「持続可能な発展(原則1)」,「現世代と将来世代との間での公平性(原則3)」[*2],「共通であるが差異ある責任(原則7)」[*3]など,これ以降,地球環境問題のキーワードのように用いられるようになった用語も見られる.ストックホルム時代では,国の役割にのみ注目していたが,リオ宣言では,個人の役割に注目し,女性(原則20),青年(原則21),原住民(原則22)など,それぞれの役割の重要性に注目している.逆に,保有資源の利用に関する国家主権の尊重(原則2)など,伝統的な南北問題の影響を残している要素も,途上国の主張により採用されている.

アジェンダ21は,行動計画として実際に可能な政策・措置を提示したもので,40章,総800ページに及ぶ行動計画である.大きく以下の4つの柱で構成される.

① 社会・経済的な側面(貧困,健康,貿易,債務,消費,人口など)

[*2] 「現世代と将来世代との間での公平性」とは,いまに生きる私たちと,将来に生きる人々との間で,不公平がないように資源を配分すべきという考え方.

[*3] 「共通であるが差異ある責任」とは,先進国と途上国がともに地球環境問題に対して責任を負っているが,責任の重さには違いがあるという考え方.

② 経済発展に必要な資源の保護・管理（土地，海洋，エネルギー，廃棄物など）
③ 主要な社会集団のパートナーシップ強化（女性，青年，原住民，地方自治体，環境保護団体，労働組合，企業，科学者など）
④ 実施手段の多様性（国の役割，民間の活動など）

地球サミット以降，アジェンダ 21 の実施に向けたより具体的な検討が進められた．1993 年に国連経済社会理事会のもとに持続可能な開発委員会（Commission on Sustainable Development：CSD）が設立され，毎年会合を開催している．

＜持続可能な開発に関する世界首脳会議（2002 年）＞

2002 年 8 月には，地球サミットの 10 周年記念の会議「持続可能な開発に関する世界首脳会議（環境開発サミット，World Summit on Sustainable Developmant：WSSD）」が南アフリカのヨハネスブルグで開催された．そこでは，アジェンダ 21 の実施状況に関する包括レビューが行われた．そして，21 世紀の地球に生きるわれわれの持続可能な発展の実現について話し合われた結論が「ヨハネスブルグ宣言」に盛り込まれた．また，さらに自主的なパートナーシップ・イニシアチブとして，200 以上ものプロジェクトが登録された．

＜国連持続可能な開発会議（リオ＋20 会議）（2012 年 6 月）＞

2012 年 6 月には，1992 年地球サミットの 20 周年記念会議が同じリオデジャネイロで開催される．ここでは，主要テーマとして，(a) グリーン・エコノミー（持続可能な開発および貧困緩和の意味でのグリーン・エコノミー）と (b) 持続可能な開発の組織的枠組み，の 2 つが挙げられている．大枠としては，途上国貧困撲滅を目指した活動の強化や持続可能な発展を計測するための GDP を作成する作業計画の立ち上げが決まった．

◆「持続可能な発展」の定義

「持続可能な発展」は，先述のとおり，1987 年の WCED の報告書で知られるようになり，1992 年の地球サミットのキーワードとなった．いわば地球環境問題に取り組む人がふまえるべき最も重要な概念となっている．

基本的な発想は，環境保全と経済発展の両立である．つまり，環境保全を軽視して持続的な経済発展はありえないし，ある程度，人の暮らしが豊かでなくては，環境保全に目が向けられない，ということである．先述のブルントラント委員会の定義も，その両立の重要性が基盤にある．ただし，このブルントラント委

員会定義においても,また,1992年の地球サミットやそれ以外の場においても,環境保全と経済発展だけでは収まりきらない複数の要素の両立が求められているようである.まず,持続可能な発展をなす分野として,環境,経済,社会の3つがあることが国際的な共通認識となりつつある.狭い意味での経済分野や経済発展というだけでなく,社会面での持続可能性を重要視する立場である.また,「持続可能な発展」で持続させようとしている対象としては,大きく以下の3つに大別できる.

第一の要素は,環境保全,いわゆる自然資源の保全である.この中には,希少生物の保護や生物遺伝子の保護,生物多様性保全,自然資源の適切な利用といった概念が含まれる.ここで保全の対象とされる「自然」には2種類ある.①枯渇性資源の利用.石油や石炭,天然ガス,鉱物類などの資源は,長い時間をかけて出来上がったものであり,使い続けていればいつかはなくなる.このような資源は,人間に利用されるようになってから,急速に消費され続けている.同時に,人間の生活もこれらの資源に依存するようになってきた.②再生可能な資源の利用あるいは保全・保護の方法.森林や大気,水,海洋資源などの資源は,適度な速度で利用すれば,永遠に利用し続けられる.しかし,再生する速度以上に捕獲してしまうと,その数はしだいに減り,ある個体数以下になると,そこからいかに保全を心がけても数は増えなくなってしまう.

「持続可能な発展」の定義に含まれる第二の要素は,世代間の衡平性である.これは,永続的な経済的発展という意味で議論が展開される.現在の私たちの生活と同じくらい豊かな生活を将来の人々も営む権利があるであろう.そのためには,将来世代の人たちに,何を残しておかなくてはならないだろうか.ある程度の経済成長を維持することも重要であろう.インフラ整備に投資して,利便性の高い国土を築いておくことも重要だ.

最後に,第三の要素として,世代内での衡平性がある.これは,現在に生きる人々の間でも,豊かな暮らしを営んでいる人々と,貧困に苦しむ人々がいる,という格差が改善されなければならないということである.すなわち,第三の要素は,途上国の貧困問題を正面から取り上げている.必要最低限のニーズの充足,貧困の撲滅,途上国への資金的・技術的支援,といった課題が提示される.なお,経済が成長し所得が上がっていけば,その恩恵が貧困層にも届くようになるという考えも存在したが,世界における絶対的貧困の状態がなかなか改善しない,経済成長や開発の概念を変えていかなければならないという認識が広まり,ヒューマン・ディベロップメント(人間開発)やソーシャル・ディベロップメント(社会開発)という考えが提示されるようになった.国連が2000年に国連ミ

レニアム宣言を採択して,「ミレニアム開発目標（Millennium Development Goals：MDGs）」を示したことは,この流れを受けており,「持続可能な発展」の概念とも密接に関係する．地球環境問題への国際的取組みにおいて，途上国の発展が同時に取り組まれていかなくてはならないという発想も，ここに起源をもつ．

◆「持続可能な発展」の今後

「持続可能な発展」の概念は，1980年代に構築され，現在に至るまで，大きく変わってはいない．概念を構成する諸要素についても，おそらく1992年のアジェンダ21でほぼ提示し尽くされているといえよう．問題は，そこに提示された概念が，現在でも残念ながらまだ十分に達成されていないことである．温室効果ガス排出量は増え続けているし，化石燃料以外の資源使用量も世界規模では増加の一途にある．生物多様性の喪失も歯止めがきかない．

「持続可能な発展」という概念が示す総体的な立ち位置には多くの人々が賛同するものの，実現のためには，その概念を構成する要素1つずつに具体的に対策をとっていく必要がある．また，地球全体について議論する場合と，1つの国あるいは地域社会を対象として議論する場合では，「持続可能な発展」で求められる具体的要素は違ってくる．次節に紹介される取組みは，国際・国家・分野レベルでの具現化として位置づけられる．　　　　　　　　　　　　　　　［亀山康子］

10.2　持続可能な発展の取組み

前節（10.1）で述べた持続可能な発展の概念は実践によって実現されることが求められており，実践，すなわち取組みを進めていくことは非常に重要である．実践と概念は相互に影響し合いながら進展していくと考えられ，例えば，実践により持続可能な発展というものの概念がより明確になることや，現実的に実行なかたちへその概念を修正することも期待できる．

持続可能な発展の取組みはさまざまで，国際的なものから各国で実施するもの，地域や企業，個人レベルで実践するものまであり，また，持続可能な発展を全般的に進める取組みから個別分野での取組みまでさまざまなものが存在している．

本節では，それらのうち主要なもの，特徴的なものを紹介する．

◆ 国際的な取組み

 1992年の地球サミットで，持続可能な発展に向けた地球規模での新たなパートナーシップの構築に向けた「環境と開発に関するリオデジャネイロ宣言」や，この宣言の諸原則を実施するための「アジェンダ21」などによって持続可能な発展の取組みが具体化され，その後の地球環境問題ならびに持続可能な発展に関する世界的な取組みに大きな影響を与えるものとなった．この地球サミットで定められた取組みなどの実施状況を確認するために，国連には「持続可能な開発委員会（CSD）」が設立され，その後，毎年会議が開催されてきた．CSDでは，持続可能な発展指標の開発[*1]や持続可能な発展に関する国家戦略（National Sustainable Development Strategies：NSDS）の策定[*2]のほか，持続可能な生産と消費，持続可能なエネルギーなどの個別分野の取組みが進められてきた．

 2002年にはヨハネスブルグで「持続可能な開発に関する世界首脳会議（WSSD）」が開催され，地球サミット以降の取組みの進捗状況などが確認・評価され，アジェンダ21をより具体的な行動に結びつけるための「ヨハネスブルグ実施計画（Johannesburg Plan of Implementation：JPOI）」や「持続可能な開発に関するヨハネスブルグ宣言」が採択された．その後，2003年の第11回CSD会議を受けて，水やエネルギー，農業，交通，森林などといった27の個別分野のプログラムとその総括のプログラムがそれぞれ2年周期で2004〜2017年までに実施されることとなった．各プログラムでは現状のレビューとともに取組みの進展を図る対策が示される．

 この動きと併行して，2000年の国連ミレニアム・サミットでは，21世紀の国際社会の目標として国連ミレニアム宣言が採択され，この国連ミレニアム宣言と1990年代のサミットなどで採択された国際開発目標を統合した「ミレニアム開発目標（Millennium Development Goals：MDGs）」がまとめられた．持続可能な発展における環境，経済，社会という3つの柱の「社会」に関連して非常に重要な位置づけにある目標となっている（9.3節参照）．

 さらに，2012年には，持続可能な開発のための制度的枠組みとグリーン経済を主要テーマにリオデジャネイロで「リオ＋20」が開催された．成果文書「我々の求める未来」が採択され，CSDに代わるハイレベル政治フォーラムを設立す

[*1] アジェンダ21では各国や国際社会に持続可能な発展指標の開発を求めており，CSDは1996, 2001, 2007年に持続可能な発展指標のガイドラインを発行している．
[*2] アジェンダ21では各国にNSDSを策定することを求めており，JPOIではさらに2005年までにNSDSを施行することを各国に求めている．

ること，持続可能な開発目標（Sustainable Development Goals：SDGs）について政府交渉プロセスを立ち上げることなどが合意された（SDGs は MDGs と統合すべきとされている）．なお，グリーン経済が経済成長の制約になることを懸念する新興国・途上国と先進国との意見の対立はまだ根強く残っている．

◆ 各国の取組み

国際的な取組みの進展を受けて，それぞれの国や地域では，持続可能な発展指標の開発や NSDS の策定を進めている．指標については，国立環境研究所が策定した指標データベースで 28 の国などの計 1,848 の指標が整理されており，各国での指標開発状況がわかる．国によって指標の数も注目する分野も異なる．例えば，スイスでは統計局，環境局，国土開発局が合同で MONET という 163 の指標群を 2004 年に開発しており，2006 年にはエコロジカルフットプリントの適用も検討している．また，NSDS については，例えば欧州理事会では 2001 年に EU 全体の持続可能な発展戦略を承認（2006 年に改定）しており，主要な取組みとして，気候変動とクリーンエネルギー，持続可能な交通，持続可能な消費と生産，天然資源の保全と管理，公衆衛生，社会的包摂（ソーシャル・インクルージョン）・人口・移住，地球規模の貧困を挙げている．各国の NSDS を見ると，例えば，英国では 2005 年に改定した戦略において，持続可能な消費と生産，気候変動，天然資源の保護，持続可能なコミュニティという 4 つの優先課題が掲げられている．わが国では環境基本計画（第一次 1994 年，第二次 2000 年，第三次 2006 年）が NSDS として位置づけられており，第三次計画では 10 の重点分野政策プログラム*3 が示された．

◆ 個別分野での取組み

近年の持続可能な発展の取組みは，各個別分野での取組みが活発になってきている．「sustainable（持続可能な）」に続く単語を調べると，住宅，建築，生活，ライフスタイル，ビジネス・オフィス，企業，経済，都市，コミュニティ・社会，生産と消費，製品，デザイン，食，農業，林業，漁業，畜産業，地球，環境，エネルギー，水，景観，土地利用，資源管理，交通・輸送，ネットワーク，衛生，安全保障，科学・技術，イノベーション，教育，観光，芸術・ファッション，価値，未来など，枚挙にいとまがない．キャッチフレーズとして「持続可

---

*3 地球温暖化，循環型社会，都市の大気環境，水循環，化学物質の環境リスク，生物多様性，市場メカニズム，人づくり・地域づくり，科学技術，情報，政策手法などの基盤整備，国際的取組みという 10 のキーワードを挙げることができる．

能」という言葉が使われていることもあるので，この用語が多用されていることが各個別分野での取組みが進展していることを必ずしも意味するわけではないが，幅広い分野に「持続可能」という用語が浸透し，受け容れられていることは理解できる．

以下では，エネルギー，生産と消費，ビジネス，交通，教育という5つの個別分野での取組みについて概要を説明する（地球温暖化と循環型社会，生物多様性についての取組みは10.4節と10.5節を参照）．

＜持続可能なエネルギー（sustainable energy）＞

現在20億人あまりの人が現代的なエネルギーにアクセスできていないといわれている．持続可能なエネルギーの取組みにおいては，このようなエネルギー需要を満たすことと，エネルギー資源への負荷の低減を図ることの同時解決が求められている．JPOIにはエネルギーへのアクセスの改善，貧困の撲滅や生活の質の改善のためのエネルギーサービス，代替エネルギー技術の開発と普及，クリーン・効率的・費用効果的なエネルギー供給の多様化などの取組みが示されている．

＜持続可能な生産と消費（sustainable consumption and production）＞

アジェンダ21では，現在の持続的でない消費と生産のパターンを変えるべきことが指摘されている．貧困を減らして人間の基本的なニーズを満たしつつも，環境負荷のより小さい消費と生産のパターンを追求しようとするものである．持続可能な生産と消費に関しては，1990年代から現在までに各地で国際会議などが開催され，UNEP（United Nations Environment Programme）やOECD（Organization for Economic Co-operation and Development）などによる活動が進められている．2003年にはいわゆる持続可能な生産と消費の10年枠組みを策定する，「マラケシュプロセス」が開始された．マラケシュプロセスには，現在7つのタスクフォースがあり，アフリカとの協力，持続可能な消費の教育，持続可能な建築・建設，持続可能な生活ライフスタイル，持続可能な製品，持続可能な公共調達，持続可能な観光という7つの個別テーマについて，ツール開発やキャパシティ・ビルディング，個別プロジェクトの実施が進められている．

＜持続可能なビジネス（sustainable business）＞

環境か経済かという対立的な考えは依然存在しているものの，企業の持続可能性や発展を考えた場合には，企業活動の存立基盤である環境や社会の維持・発展

が欠かせないという考えが広まりつつある．関連した社会動向としては，1995年の「持続可能な発展のための世界経済人会議（World Business Council for Sustainable Development：WBCSD）」の設立，2000年のGRI（Global Reporting Initiative）による持続可能性報告ガイドラインの策定（2006年の第3版が最新版）やOECD多国籍企業ガイドラインへの持続可能な発展の項目の追加，国連の「グローバルコンパクト」とその10原則の提唱，リオ＋20などでのグリーン経済の議論などがある．また，トリプルボトムライン（企業会計における経済，環境，社会の考慮）や企業の社会的責任（Corporate Social Responsibility：CSR），社会的責任投資（Socially Responsible Investment：SRI）といった考えも定着してきている．

＜持続可能な交通（sustainable transport）＞

OECDが1994年から「環境的に持続可能な交通（Environmentally Sustainable Transport：EST）」の概念を提唱し，その取組みを進めている．2001年にはESTのガイドラインがOECDから出され，わが国では国土交通省や環境省などが取組みを進めている．ESTは，人や場所，モノやサービスへのアクセスをすべての人に確保しつつも，経済的に実現可能で，かつ環境基準や健康基準を満たし自然生態系の保護や不可逆な環境変化を生じさせないことをねらいとしている．また，広い意味では，ESTが地域の発展にも貢献することが期待されている．

＜持続可能な発展のための教育
（Education for Sustainable Development：ESD）＞

持続可能な発展において教育が重要であることは，アジェンダ21でも指摘されている．現在は，MDGsで掲げられた「ユニバーサルな初等教育の実現」を図るための万人のための教育，識字率の向上といった取組みとともに，ESDの推進が教育に関する主な国際的取組みとして進められている．

ESDについては，2002年の国連総会で2005〜2014年を「ESDの10年」とすることが採択され，推進機関であるUNESCOが2005年に国際実施計画，2006年にその計画の枠組み報告書を策定している．わが国でも2006年にESDの実施計画が策定され，ESDの取組みが進められている．わが国の実施計画によれば，ESDの目標に「すべての人が質の高い教育の恩恵を享受し，また，持続可能な開発のために求められる原則，価値観および行動が，あらゆる教育や学びの場に取り込まれ，環境，経済，社会の面において持続可能な将来が実現できるような行動の変革をもたらすこと」が掲げられている．たんに知識を網羅的に習得する

だけでなく，人格の発達や，自律心，判断力，責任感などの人間性を育み，個々人が他人との関係性，社会との関係性，自然環境との関係性の中で生きており，「かかわり」,「つながり」を尊重できる個人を育むということが期待されている．

[田崎智宏]

10.3 ミレニアム開発目標

◆ 国連ミレニアム宣言からミレニアム開発目標へ

2000年9月に開催された国連ミレニアムサミットにおいて，21世紀の国際社会の目標として国連ミレニアム宣言が採択された．ここでは，「平和，安全および軍縮」，「開発と貧困撲滅」，「共有の環境の保全」，「人権，民主主義および良い統治」，「脆弱性の保全」，「アフリカの特別なニーズへの対応」，「国連の強化」が課題として掲げられ，21世紀における国連の役割に関する方向性が明示された．

この国連ミレニアム宣言と，1990年代に開催されたサミットや国連の会議における議論をもとに，国連，経済協力開発機構（OECD），国際通貨基金（IMF），世界銀行により策定された「国際開発目標」（貧困の撲滅，保健・教育の改善，環境保護に関する達成目標）が拡充されて，2015年までに達成すべき8のゴールと18のターゲット，48の指標からなる「ミレニアム開発目標」として，2000年9月の国連総会で採択された．

◆ ミレニアム開発目標の評価とわが国の取組み

ミレニアム開発目標の評価として，「ミレニアム開発目標レポート」が報告され，各指標に基づいてターゲットの達成状況が，地域別および世界全体で評価されている．2005年9月には，ミレニアム開発目標を含む国連ミレニアム宣言をレビューする会合がニューヨークで開催された．この会合では，4つの新しいターゲットを含め，ミレニアム開発目標を監視する枠組みが修正され，2007年以降，ミレニアム開発目標の新しい枠組みに基づくターゲットや指標が用いられるようになった．

また，ミレニアム開発目標の中間年にあたる2008年には，「ミレニアム開発目標に関するハイレベル会合」が国連本部で開催され，特に重要とされる「貧困と飢餓」，「教育と保健」，「環境の持続可能性」の3分野について分科会が開催された．ゴール7である「持続的環境の確保」は，貧困撲滅およびほかのMDGs達成のための前提となるとの認識が共有され，特に，気候変動ついては「共通だが

表1 ミレニアム開発目標の目標・ターゲット・指標

目標とターゲット	指標		目標達成の可能性 [2]		
			南アジア	東南アジア	東アジア
ゴール1：極度の貧困と飢餓の撲滅					
ターゲット1.A：2015年までに1日1ドル未満で生活する人口の割合を1990年の水準の半数に減少させる．	1.1	1日1ドル（購買力平価）未満で生活する人口の割合	△	◎	◎
	1.2	貧困ギャップ比率			
	1.3	国内消費全体のうち，最も貧しい5分の1の人口が占める割合			
ターゲット1.B：女性，若者を含むすべての人々に，完全かつ生産的な雇用，そしてディーセント・ワークの提供を実現する．	1.4	就業者1人あたりのGDP成長率	△	△	◎
	1.5	労働年齢人口に占める就業者の割合			
	1.6	1日1ドル（購買力平価）未満で生活する就業者の割合			
	1.7	総就業者に占める自営業者と家族労働者の割合			
ターゲット1.C：2015年までに飢餓に苦しむ人口の割合を1990年の水準の半数に減少させる．	1.8	低体重の5歳未満児の割合	×	○	○
	1.9	カロリー消費が必要最低限のレベル未満の人口の割合			
ゴール2：初等教育の完全普及の達成					
ターゲット2.A：2015年までに，すべての子どもが男女の区別なく初等教育の全課程を修了できるようにする．	2.1	初等教育における純就学率	○	△	△
	2.2	第1学年に就学した生徒のうち初等教育の最終学年まで到達する生徒の割合			
	2.3	15〜24歳の男女の識字率			
ゴール3：ジェンダー平等推進と女性の地位向上					
ターゲット3.A：可能な限り2005年までに，初等・中等教育における男女格差を解消し，2015年までにすべての教育レベルにおける男女格差を解消する．	3.1	初等・中等・高等教育における男子生徒に対する女子生徒の比率	◎	◎	◎
	3.2	非農業部門における女性賃金労働者の割合	△	△	△
	3.3	国会における女性議員の割合	△	△	×

目標とターゲット	指標	目標達成の可能性 [2]		
		南アジア	東南アジア	東アジア
ゴール4：乳幼児死亡率の削減				
ターゲット4.A：2015年までに5歳未満児の死亡率を1990年の水準の3分の1に削減する．	4.1 5歳未満児の死亡率	△	△	△
	4.2 乳幼児死亡率			
	4.3 はしかの予防接種を受けた1歳児の割合			
ゴール5：妊産婦の健康の改善				
ターゲット5.A：2015年までに妊産婦の死亡率を1990年の水準の4分の1に削減する．	5.1 妊産婦死亡率	△	△	○
	5.2 医師・助産婦の立ち会いによる出産の割合			
ターゲット5.B：2015年までにリプロダクティブ・ヘルスへの普遍的アクセスを実現する．	5.3 避妊具普及率	△	△	○
	5.4 青年期女子による出産率			
	5.5 産前ケアの機会			
	5.6 家族計画の必要性が満たされていない割合			
ゴール6：HIV／エイズ，マラリア，その他の疾病の蔓延の防止				
ターゲット6.A：HIV／エイズの蔓延を2015年までに食い止め，その後減少させる．	6.1 15〜24歳のHIV感染率	△	△	△
	6.2 最後のハイリスクな性交渉におけるコンドーム使用率			
	6.3 HIV／エイズに関する包括的かつ正確な情報を有する15〜24歳の割合			
	6.4 10〜14歳のエイズ孤児ではない子どもの就学率に対するエイズ孤児の就学率			
ターゲット6.B：2010年までにHIV／エイズの治療への普遍的アクセスを実現する．	6.5 治療を必要とするHIV感染者のうち，抗レトロウイルス薬へのアクセスを有する者の割合			
ターゲット6.C：マラリアおよびその他の主要な疾病の発生を2015年までに食い止め，その後発生率を減少させる．	6.6 マラリア有病率およびマラリアによる死亡率			
	6.7 殺虫剤処理済みの蚊帳を使用する5歳未満児の割合			
	6.8 適切な抗マラリア薬により治療を受ける5歳未満児の割合			

目標とターゲット	指標	目標達成の可能性 [2]		
		南アジア	東南アジア	東アジア
	6.9 結核の有病率および結核による死亡率	○	◎	○
	6.10 DOTS（短期科学療法を用いた直接監視下治療）のもとで発見され，治療された結核患者の割合			
ゴール7：環境の持続可能性確保				
ターゲット7.A：持続可能な開発の原則を国家政策およびプログラムに反映させ，環境資源の損失を減少させる．	7.1 森林面積の割合	×	×	○
	7.2 二酸化炭素の総排出量，1人あたり排出量，GDP 1 ドル（購買力平価）あたり排出量			
ターゲット7.B：生物多様性の損失を2010年までに確実に減少させ，その後も継続的に減少させ続ける．	7.3 オゾン層破壊物質の消費量			
	7.4 安全な生態系限界内での漁獲資源の割合			
	7.5 再生可能水資源総量の割合			
	7.6 保護対象となっている陸域と海域の割合			
	7.7 絶滅危機に瀕する生物の割合			
ターゲット7.C：2015年までに，安全な飲料水および衛生施設を継続的に利用できない人々の割合を半減する．	7.8 改良飲料水源を継続して利用できる人口の割合	○	◎	◎
	7.9 改良衛生施設を利用できる人口の割合	△	○	△
ターゲット7.D：2020年までに，少なくとも1億人のスラム居住者の生活を改善する．	7.10 スラムに居住する都市人口の割合	◎	○	◎
ゴール8：開発のためのグローバルなパートナーシップの推進				
ターゲット8.A：さらに開放的で，ルールに基づく，予測可能でかつ差別的でない貿易および金融システムを構築する（良い統治，開発および貧困削減を国内的および国際的に公約することを含む）．	以下に挙げられた指標のいくつかについては，後発開発途上国，アフリカ，内陸開発途上国，小島嶼開発途上国に関してそれぞれ個別にモニターされる．			
	政府開発援助（ODA）			

目標とターゲット	指　標	目標達成の可能性 [2]		
		南アジア	東南アジア	東アジア
ターゲット 8.B：後発開発途上国の特別なニーズに取り組む（後発開発途上国からの輸入品に対する無税・無枠，重債務貧困国（HIPC）に対する債務救済および二国間債務の帳消しのための拡大プログラム，貧困削減にコミットしている国に対するより寛大な ODA の供与を含む）．	8.1　ODA 支出純額（全体および後発開発途上国向け）が OECD 開発援助委員会（DAC）ドナー諸国の国民総所得（GNI）に占める割合			
	8.2　基礎的社会サービスに対する DAC ドナーの分野ごとに配分可能な 2 国間 ODA の割合（基礎教育，基礎医療，栄養，安全な水および衛生）			
ターゲット 8.C：内陸開発途上国および小島嶼開発途上国の特別なニーズに取り組む（小島嶼開発途上国のための持続可能な開発プログラムおよび第 22 回国連総会特別会合の規定に基づく）．	8.3　DAC ドナー諸国のアンタイド化された 2 国間 ODA の割合			
	8.4　内陸開発途上国の GNI に対する ODA 受取り額			
	8.5　小島嶼開発途上国の GNI に対する ODA 受取り額			
ターゲット 8.D：債務を長期的に持続可能なものとするために，国内および国際的措置を通じて開発途上国の債務問題に包括的に取り組む．	市場アクセス			
	8.6　先進国における，開発途上国および後発開発途上国からの輸入品の無税での輸入割合（価格ベース，武器を除く）			
	8.7　先進国における，開発途上国からの農産品および繊維・衣料輸入品に対する平均関税率			
	8.8　OECD 諸国における国内農業補助金の国内総生産（GDP）比			
	8.9　貿易キャパシティ育成支援のための ODA の割合			
	債務持続可能性			
	8.10　HIPC イニシアティブの決定時点および完了時点に到達した国の数			
	8.11　HIPC イニシアティブおよび MDRI イニシアティブの下でコミットされた債務救済額			

目標とターゲット	指標	目標達成の可能性 [2]		
		南アジア	東南アジア	東アジア
	8.12 商品およびサービスの輸出額に対する債務返済額の割合			
ターゲット 8.E：製薬会社と協力して，開発途上国において人々が安価で必要不可欠な医薬品を入手できるようにする．	8.13 安価で必要不可欠な医薬品を継続的に入手できる人口の割合			
ターゲット 8.F：民間部門と協力して，特に情報・通信における新技術による利益が得られるようにする．	8.14 人口100人あたりの電話回線加入者数			
	8.15 人口100人あたりの携帯電話加入者数			
	8.16 人口100人あたりのインターネット利用者数	△	△	◎

〔注〕 進捗状況の記号は以下を表す．
◎：目標達成済み，もしくは達成間近．
○：現状が続けば2015年までに目標達成が見込まれる．
△：現状のままでは2015年には目標達成不可能．
×：進展なし，もしくは悪化．
空欄：「2010進捗状況表」に記載なし．

差異ある責任」の原則から先進国の責任を強調する意見のほか，脆弱な島嶼国や最貧国への対応の必要性が指摘された．

◆ミレニアム開発目標の達成

　ミレニアム開発目標に示されている各目標，ターゲットおよび指標を表1に示す．環境に関する目標ゴール7では，温暖化，水，森林や生態系が指標として取り上げられている．表1では，「国連ミレニアム開発目標報告2010」[1]で示されている各指標と，「ミレニアム開発目標：2010進捗状況表」[2]で取り上げられている目標達成の可能性から，アジア（東アジア，東南アジア，南アジア）における取組み状況を確認する．

　CO_2排出量（1990～2007年）はエネルギー消費量の増大からすべての地域で増加傾向にある．一方，森林面積（1990～2010年の変化）は，東南アジアが減少，南アジアが横ばい，東アジアが増加と，植林の影響により異なる傾向が示されている．このほか，安全な飲み水にアクセスできる人口の比率は，2008年ま

でに東南アジアと東アジアで目標を達成しているのに対して，南アジアでは目標に到達していないものの，2015年までには達成が見込まれている．また，改良衛生施設にアクセスできる人口の比率は改善しているが，当初予定されていた目標には東南アジアを除いて到達が危ぶまれている．　　　　　　　　　　[増井利彦]

参考文献

[1] United Nations (2010), The Millennium Development Goals Report
http://mdgs.un.org/unsd/mdg/Resources/Static/Products/Progress2010/MDG_Report_2010_En_low％20res.pdf（和訳は国際連合広報センターのサイト http://www.unic.or.jp/pdf/MDG_Report_2010.pdf を参照）
[2] United Nations (2010), Millennium Development Goals：2010 Progress Chart
http://mdgs.un.org/unsd/mdg/Resources/Static/Products/Progress2010/MDG_Report_2010_Progress_Chart_En.pdf

10.4　低炭素社会と循環型社会

◆ 地球温暖化問題とごみ問題の共通点

　私たちは毎日ごみを「捨て」ている．2010年度の生活系一般廃棄物の排出量は約3,200万トンであるが，これを1人あたりに換算すると年間約250キログラムとなる．同じように，私たちは毎日温室効果ガスを大気中に「捨て」ている．2010年度の家庭部門のCO_2排出量は，1人あたりに換算すると実に年間約1,300キログラムにもなる（自家用車からの排出量はこの値に含まれていない）．私たちに温室効果ガスを「捨て」ているという実感はないが，日常的に排出しているごみの量を大きく上回る重量のCO_2を，私たちは排出しているのである．「捨てる」という言葉を両方に用いたように，地球温暖化問題とごみ問題には大きな共通点がある．

　図1に示すように，私たちの経済社会は，自然環境から天然資源を採取し，これを変換して製品を生産し，使用し，最終的に自然環境に廃棄＝「捨て」るということをくり返している．リサイクルすれば捨てる量は減らすことができるが，無限にリサイクルすることは不可能であり，最終的には何らかの形で自然環境に戻すことになる．化石燃料の場合は，エネルギーを得るためにこれを燃焼させ，主にCO_2に変換して大気中に「捨て」ているし，金属鉱物の場合は，目的とする金属以外の余分な部分をごみとして「捨て」，金属がリサイクルできなければこれを埋立地に「捨て」ている．木材の場合は，例えば紙をつくる段階で廃液の

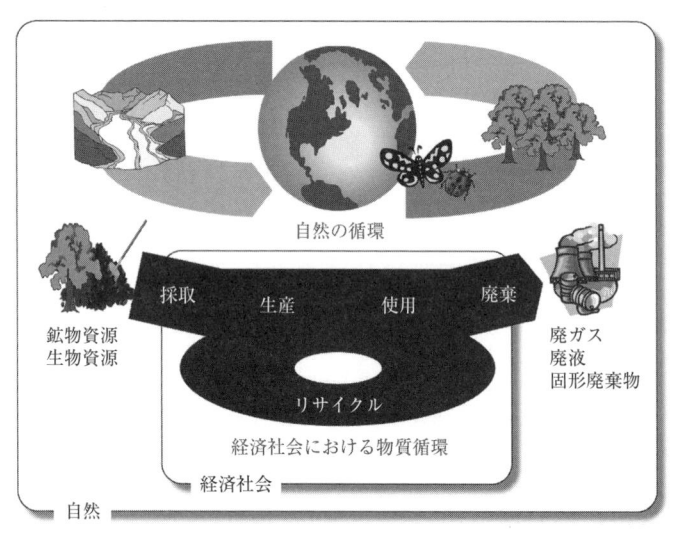

図1 自然の循環と経済社会における物質循環

一部としてこれを水域に「捨て」，紙がリサイクルできなければこれを燃やして主に大気中に「捨て」ている．これらの違いは，廃ガスとして捨てるのか，あるいは廃液，固形廃棄物として捨てるのかということであり，天然資源を変換して使用し自然環境に捨てているという面では皆同じである．埋立地という有限の空間にごみを捨て続ければやがて一杯になってしまうように，水域や大気も有限であり，自然の浄化能力を超えて廃液や廃ガスを捨てることはできない．こう考えれば，地球温暖化問題とごみ問題は同じ視点から見ることができる．2つの問題は，私たちの消費形態と密接不可分であり，物質およびエネルギーを「大量生産・大量消費・大量廃棄」する状態から脱却しなければならないという意味において，共通の根をもっているのである．

◆「循環型社会」の概念

ごみ問題の解決に向けた社会像として「循環型社会」がある．地球温暖化問題とごみ問題が共通の根をもっているように，「循環型社会」の構築は「低炭素社会」の構築とも密接な関係があることから，ここでその概念を整理しておく．ただ，「循環型社会」にはさまざまな解釈があることも事実であり，それは，この言葉にどのような訳語が当てられてきたかを見るとわかりやすい．既存の文献から拾ってみると，例えば，recycling society（リサイクル社会），sound material-cycle society（健全な物質循環社会），closed loop society（クローズド・ループ

社会），sustainable society（持続可能な社会）などの訳語があるが [1]，recycling society と sustainable society には大きな概念のギャップがある．このような違いが生じる背景には「循環」という言葉の解釈の違いがあると考えられる．

「循環」という言葉から想起される主要なイメージの1つは，いわゆる「リサイクル」である．経済社会の中でできるだけ物質を循環させて（リサイクルして）利用していく社会像をイメージするなら，循環型社会の訳語は recycling society（リサイクル社会）となるに違いない．一方，主要なイメージのもう1つは「自然の循環」である．自然界における炭素や窒素の循環，生物の再生産の過程や季節の移り変わりといった自然の循環を乱さないように，資源の採取や環境負荷の排出を管理していく社会像をイメージするなら，循環型社会の訳語としては，environmentally sustainable society（環境的に持続可能な社会）などが適当であろう．つまり，recycling society と sustainable society の訳語の違いは，図1に示す「経済社会における物質循環」に注目するのか，「自然の循環」に注目するのかの違いであったといえる．また，自然および経済社会における物質の循環に着目すれば，sound material-cycle society（健全な物質循環社会）といった訳語もありうる．この訳語は現在，日本政府が用いているものである．実は，2000年に循環型社会形成推進基本法（以下，循環基本法という）が成立した当初，日本政府は法の訳語に recycling-based society を用いていた．しかしながら，循環型社会の理念は，単に廃棄物の循環的利用が図られればよいというものではない．循環基本法においても，自然界における適正な物質循環の確保に関する施策やその他の環境保全に関する施策と有機的な連携が図られるよう配慮すべきとの規定がある（第8条）．また，2003年に閣議決定された循環型社会形成推進基本計画（以下，循環基本計画という）においても，自然の循環と経済社会の循環の関係についての説明がある（第2章）．経済社会における物質循環（リユース・リサイクル）は，自然の循環に調和するための手段であって，目的ではないのである．こう考えれば，循環型社会の訳語は recycling society よりも広がりをもったものとなるはずであり，以下では「循環型社会」を sound material-cycle society（健全な物質循環社会）と捉えることとする．

◆「健全な物質循環社会」と「低炭素社会」

「健全な物質循環社会」においては，炭素という物質の循環も健全でなければならないはずである．つまり，「低炭素社会」は炭素の循環が健全に保たれた社会であり，そのことにより水の循環，季節の循環といった自然の循環との調和が

図られた社会といえる．このように考えれば，「低炭素社会」は「循環型社会」に内包される概念と捉えることもできる．

　低炭素社会においては，炭素の循環が健全となるような資源の利用がなされなければならない．ここで，CO_2の主要な排出源となっている化石燃料などのエネルギー資源の利用と，その他の物的資源の利用には切っても切れない関係があることに留意する必要がある．図2は，図1の経済社会における物質循環をエネルギー資源にかかわるものと物的資源にかかわるものに分けて示したものである．ここで，物的資源とは，私たちの身の回りにあるさまざまな形ある製品をつくるための資源である．私たちはそうした製品を使用することでさまざまな機能を得ているが，そのような機能を得るためには，図2に示すように，物的資源を採取し，製品を生産し，使用し，リサイクルし，廃棄するといった各段階においてエネルギーが必要となる．同様に，エネルギーという製品を得るためにも，エネルギー資源を採取し，燃料を生産し，廃棄（廃ガスや燃焼灰を処理）するといった各段階でエネルギーが必要となる．エネルギーを得るために化石燃料を燃やせばCO_2が発生するが，ここで留意しなければならないのは，物的資源の使用量が増えればエネルギーの使用量も増えるということである．

　つまり，低炭素社会を実現するためには，図2の各段階におけるエネルギー使用量を減らすこと（生産時の省エネ，使用時の省エネなど）ももちろんだが，物的資源の使用量そのものを減らすこと（生産時の省資源，製品寿命の長期化など）も重要な戦略となる．物的資源の新規使用量を減らすという戦略はごみ問題とも関係が深い．ごみ対策でよくいわれる「3R」，すなわち，リデュース（ごみ

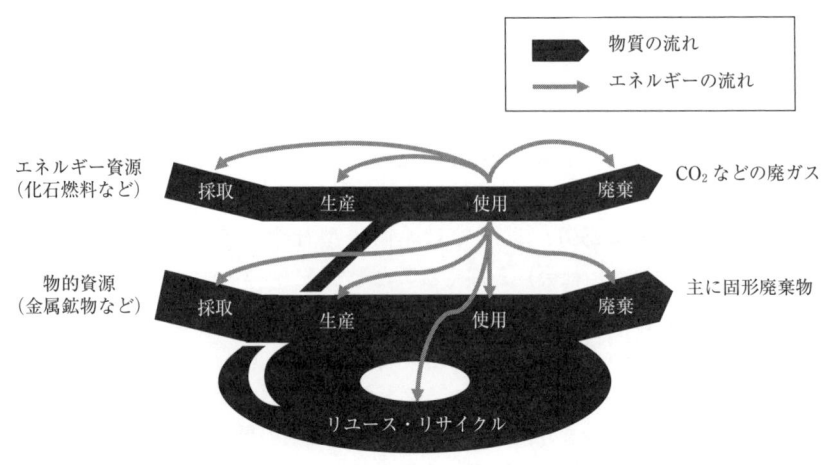

図2　資源のライフサイクルとCO_2などの排出

の発生を抑制する），リユース（製品や部品を再使用する），リサイクル（ごみを再生利用する）の対策は，新しく使用する物的資源の量を減らす対策だからである．物的資源の使用量を減らせば，廃棄物の発生量も減ることになる．サービスや財を提供するために要する資源の量を少なくすることは脱物質化（dematerialization）とよばれている．これは，言い換えれば資源生産性を高めるということであり，循環基本計画においてもこの資源生産性の向上が目標として定められている．循環基本法において，循環型社会が「天然資源の消費を抑制し環境への負荷が低減される社会」と定義（第2条第1項）されていることからもわかるように，「健全な物質循環社会」における資源の使用レベルは現状より低くなければならない．そして，資源の使用量を小さくすることが，地球温暖化問題およびごみ問題の双方にとって有益なのである．

◆「低炭素社会」と 3R

上述の 3R は，新たな物的資源の使用量を減らすことにつながるものの，図2に示すように軽量化された製品の生産や，製品・部品のリユース，廃棄物のリサイクルのためにもエネルギーを要するため，全体としてエネルギー資源の使用量あるいは CO_2 の排出量が減るかどうかは個別に判断をしなければならない．

リデュースに関しては，例えば，航空機や自動車を軽量化するために，鉄やアルミに代えて炭素繊維強化プラスチックを使用すると，炭素繊維の生産段階での CO_2 排出量は増えることになるが，航空機や自動車の使用段階での CO_2 排出量は減らすことができる．このように，CO_2 排出量を増やす要因，減らす要因を総合的に評価する必要がある．もちろん，このような素材の代替がなく，単純に容器包装をなくして軽量化する場合などは，軽量化した量に応じて CO_2 排出量の削減が期待できる．また，リユースに関しては，例えば，中古の冷蔵庫を購入してこれを使えば，その冷蔵庫を廃棄する段階や，新しい冷蔵庫を生産する段階で排出する CO_2 は減らせるが，古い冷蔵庫は効率が悪いため使用段階での CO_2 排出量は，新しい冷蔵庫に買い替えるより多くなってしまう．さらに，リサイクルに関しては，例えば，容器包装廃棄物の分別収集を実施すれば，その分別収集やリサイクルの段階で CO_2 を排出することになるが，それまで必要となっていた容器包装廃棄物を廃棄する段階や，新たに容器包装を生産する段階は不要となることから，これらの段階で排出される CO_2 は減ることになる．新しい物的資源の使用量は減らせるが，エネルギー資源の使用量や CO_2 の排出量が増える場合は，注意が必要である．エネルギーをかけてでもリサイクルすべきものもあれば，エネルギーをかけるくらいなら処分したほうがよいものもあり，その判断は

その時代のさまざまな状況を勘案してなされる必要がある．

こうしたトレードオフに留意しなければならないものの，多くの3Rは物的資源もエネルギー資源も減らすことに繋がる．物的資源の消費量を減らすことは，地球温暖化問題およびごみ問題の双方にとって有益であり，資源問題に対処することにもなる．3R対策をwin-winの対策として推進していくことが重要である．

[橋本征二]

参考文献
[1] 橋本征二，森口祐一，田崎智宏，柳下正治（2006），循環型社会像の比較分析，廃棄物学会論文誌，17(3)，pp.204-218

10.5 生物多様性と社会

◆ 生物多様性問題の現状

現在，地球上には，未知の生物も含めると，3,000万種もの生物が存在していると推定されている．これらの生物の種は，自然現象により，従来（1900〜1975年），1年に1種類のスピードで減少していると考えられていた．しかし，近年，種の絶滅のスピードは，過去とは比較にならない早さで進み，図1に示すように，1975年以降は，1年に4万種程度が絶滅しているといわれている[1]．

このように種の絶滅のスピードが早くなった原因として，森林の減少などによる生物の生息地の破壊，狩猟や採集による減少，持ち込まれた外来種による在来種の駆逐，水や土壌汚染など環境汚染，生物資源の過剰利用など，人間の活動に

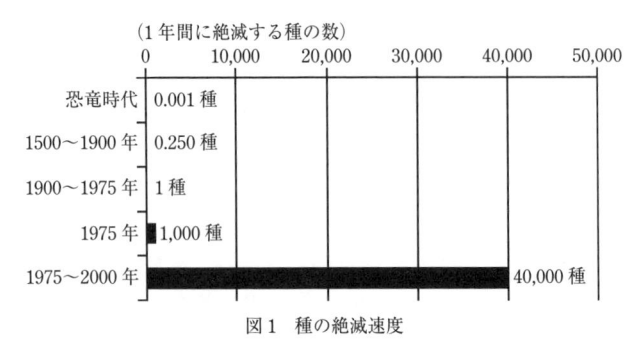

	（1年間に絶滅する種の数）
恐竜時代	0.001種
1500〜1900年	0.250種
1900〜1975年	1種
1975年	1,000種
1975〜2000年	40,000種

図1 種の絶滅速度

[出典] 環境省（2010）（ノーマン・マイヤーズ著（1981），沈みゆく箱舟，より環境省作成）

よる影響が大きいと考えられている [5]．例えば，2000〜2005年の間の森林の減少は年間730万ha（0.18％の減少）にものぼる [3]．また，世界の漁業生産量は，1950〜2000年の50年間で6倍以上に増え，同期間の人口増加（約2.4倍）に比較してはるかに高い伸びを示しており [1]，漁業資源に影響を与えている．

◆ 生物多様性と社会との関係

生物多様性は私たちの暮らしとどのように関係しているだろうか．

私たちは，生物多様性から生物多様性サービスの恩恵を受けている．国連ミレニアム生態系評価 [5] によると，生物多様性サービスは，大別して，供給サービス，調整サービス，文化的サービス，基盤サービスの4つのサービスから構成される．

供給サービスとは，食料，燃料，木材，繊維，薬品，水など，私たちが利用する資源を供給するサービスを意味し，私たちの経済活動に直接かかわっている．例えば，農作物では，品種改良によって，病気に強い品種，生産性の高い品種，味覚の良い品種をつくり出している．すなわち，病気に弱いけれどおいしい品種と，病気に強いけれどまずい品種を掛け合わせることで，病気に強くておいしい品種をつくることができる．このような品種改良による生産性の上昇を通じて，アメリカでは，過去50年間で，コメやダイズ，ムギなどの生産性が2倍に，トマトの生産性は3倍に，トウモロコシ，ジャガイモの生産性が4倍になり，その結果，アメリカの農作物の売上げを900億円程度増加させたといわれている [4]．一方，生物多様性は，病気を征圧するための医薬品の開発にも大きく役立っている．例えば，ペニシリン（抗生物質）はアオカビからつくられ，アスピリン（鎮痛剤，解熱剤）はヤナギの木から，卵巣がんの特効薬はイチイの木から，小児白血病の特効薬はニチニチ草から，血圧降下剤はヘビの毒から，血液凝固阻止薬はブタやウシの腸の粘膜からつくられる．熱帯雨林などには，がんやエイズなどさまざまな病気を征圧するために役立つ可能性のある植物，昆虫，微生物が数多く存在している．世界の医薬品の24％が植物から，13％がプランクトンやカビなどの微生物から，3％が動物から開発されているといわれており，40％もの医薬品が生物多様性から恩恵を受けている [4]．このように生物多様性は，経済活動を通じて，私たちの生命や健康を維持するうえで重要な役割を果たしている．

調整サービスとは，気候を安定化したり，水質を浄化したり，洪水など自然災害を抑制するなどのサービスを意味する．例えば，森林は，二酸化炭素を吸収することで，地球温暖化を抑制し，気候の変動を緩和したり，雨を貯めることで，洪水を抑制する機能をもつ．また，地中の微生物が，有機性廃棄物を分解してい

る．これらは，生物多様性の調整サービスの一例である．

文化的サービスとは，レクリエーションの場を提供したり，精神的満足を与えるなどのサービスをいう．例えば，自然生態系が，ハイキングやキャンプ，バードウォッチングなどのレクリエーションの場を提供し，私たちにレクリエーションから得られる満足を生み出してくれることは，文化的サービスの一例である．

基盤サービスとは，水の循環，光合成による酸素の生成など，供給サービス，調整サービス，文化的サービスの供給を支えるサービスをいう．例えば，土壌の動物や微生物は有機物を分解し，土壌を肥沃にし，農作物の生産性を上昇させる．これは，土壌の動物や微生物が，供給サービスを支えている一例である．

◆ 生態系サービスの価値と生態系サービスへの支払制度

表1は，生態系サービスの貨幣価値，すなわち，生態系サービスの社会的な便益の大きさの評価事例を示している．表からわかるように，生態系サービスの価値は，非常に大きいものと推定されている．しかし，その保全は十分ではない．その理由は，生態系サービスの価値が大きくても，その利益を受ける人から，生態系を保全する費用を徴収することが困難である場合，民間の活動では十分な保

表1 生態系サービスの貨幣価値の評価事例

項 目	生態系サービスの貨幣価値	試算者
地球全体	年間約33兆ドル	米メリーランド大学ロバート・コスタンザ博士，1997年 英科学誌ネイチャー
花粉媒介昆虫のはたらき	年間約24兆円	フランス国立農業研究所，2008年 米科学誌エコロジカル・エコノミックス
熱帯雨林	年間約で1haあたり約54万円 全世界で約982兆円	国際自然保護連合，2009年
森林生態系の劣化	2050年には約220～500兆円の経済的な損失が生じる	生態系と生物多様性の経済学（TEEB）中間報告，2008年
マングローブ林	ベトナムのマングローブ林の保護や植樹のコスト110万ドルが，堤防の維持費用730万ドルの節約になっている	生態系と生物多様性の経済学（TEEB）D1（政策決定者向け），2009年
世界の保護地域の保全	年間約450億ドルを要するが，この自然が果たす機能（二酸化炭素の吸収，飲料水の保全，洪水防止など）の価値は，年間5兆ドルに達する	生態系と生物多様性の経済学（TEEB）D1（政策決定者向け），2009年

［出典］ 環境省（2010）

全ができなくなってしまうことによる．例えば，森林を保全することは，気候変動を緩和したり，酸素を供給したり，洪水などを抑制するサービスを提供することに役立つ．しかし，その利益を受ける不特定多数の人から，その利益に相当する分の料金を徴収することは困難である．このため，政府の支援がない限り，民間の活動だけに任せておくと，社会的な利益が大きくても，森林を保全せず，木材供給のために，森林を伐採してしまう．

　このような悪循環を改善し，生態系を保全する新しい政策手法として，近年，生態系サービスへの支払制度（Payment for Ecosystem Services：PES）が注目されている．PES は，生態系サービスの利益を受けている人に対して，サービスの内容や規模に応じた対価の支払いを求める仕組みをいう．例えば，水源林，二酸化炭素の固定，美しい景観などのさまざまな生態系サービスを提供している森林の保全や適切な管理を実現するために，森林の土地所有者に対して，これらの生態系サービスの便益を受けている人々が補償費用を支払うというものである［2］．このような制度を導入することによって，森林の保有者などは，森林を維持するインセンティブが生まれ，政府が森林を保有しなくても，民間の経済活動を利用しながら，生物多様性を保全することが可能になる．今後，このような制度を積極的に活用していくことが，生物多様性を保全していくうえで，重要になる．

［日引　聡］

参考文献

[1] 環境省（2010），平成 22 年版環境・循環型社会・生物多様性白書
　　http://www.env.go.jp/policy/hakusyo/h22/index.html
[2] 林希一郎編著（2010），生物多様性・生態系と経済の基礎知識，中央法規出版
[3] FAO（2005），Global Forest Resource Assessment 2005
　　http://www.fao.org/docrep/008/a0400e/a0400e00.htm
[4] Geoffrey, M. Heal（2001），Nature and the Marketplace：Capturing the Value of the Ecosystem, Island Press
[5] Millennium Ecosystem Assessment（2005），Ecosystems and Human Well-being：Synthesis, Island Press, Washington, DC

索　引

adaptation	39	Dissolved Inorganic Carbon (DIC)	154
annular mode	134	Dissolved Organic Carbon (DOC)	216
Antarctic Oscillation (AAO)	134	down regulation	244
Arctic Oscillation (AO)	133	Earth-system Model with Intermediate Complexity (EMIC)	170
Assessment of Impacts and Adaptations to Climate Change (AIACC)	53	Economy in Transition (EIT)	357
Assessment Report (AR)	397	ecosystem	231
Atlantic Multi-decadal Oscillation (AMO)	136	ecosystem service	232
ATP	241	Education for Sustainable Development (ESD)	410
autotroph	231		
biome	231	Emission Factor Database (EFDB)	394
biota	231	El Niño-Southern Oscillation (ENSO, エンソ)	134
Building/Home Energy Management System (BEMS/HEMS)	313	emissions trading	364
Bussiness as Usual	161	Environmentally Sustainable Transport (EST)	410
C3 植物	241		
C4 植物	241	extreme event	221
Carbon Capture and Storage (CCS)	318, 322	firn line	208
CCl_4	76	food chain	232
CFCs	71, 325	forest line	207
CFP	335	G8 サミット	399
CH_3CCl_3	76	general circulation	111
CH_4	61	General Circulation Model (GCM)	163
chemical synthesis	231	GHG プロトコル	390
Clean Development Mechanism (CDM)	343, 364	Global Climate Model (GCM)	163
		Global Environment Facility (GEF)	53, 398
CO_2	244	Global Warming Potential (GWP)	326
CO_2 回収技術	322	GOSAT	88, 156
CO_2 吸収量	259	Gross Primary Production (GPP)	242, 259
CO_2 貯留	323	H_2O	147
CO_2 等価換算量	326	HCFCs	71, 76, 325
CO_2 排出係数	332	heterotroph	231
CO_2 排出原単位	394	HFCs	71, 77
co-benefit	52	holocene climatic optimum	30
combined-cycle	319	hurricane	127
Combined-cycle Gas Turbine (CCGT)	319	Integrated Gasification Combined-cycle (IGCC)	319
Commission on Sustainable Deveiopment (CSD)	404, 407	Intergovernmental Negotiating Committee (INC)	357
Conference of the Parties (COP)	360		
Conference of the Parties serving as the meeting of the Parties to the Protocol (CMP)	365	Intergovernmental Panel on Climate Change (IPCC)	1, 47, 396
		International Civil Aviation Organization (ICAO)	399
Contributing Author (CA)	50		
convection jump	125	International Energy Agency (IEA)	398
Coordinating Lead Author (CLA)	50	International Maritime Organization (IMO)	399
Corporate Social Responsibility (CSR)	410		
Coupled Model Intercomparison Project (CMIP)	168	Inter-Tropical Convergence Zone (ITCZ)	113, 124
CRF	380	IPCC	1, 47, 396

IPCC Guidelines for National Greenhouse Gas Inventories（IPCC ガイドライン）	379	Shared Socio-economic Pathways（SSPs）	161
ISO	333	Socially Responsible Investment（SRI）	410
Joint Implementation（JI）	364	sound material-cycle society	419
keystone species	232	Special Report	397
Lead Author（LA）	50	Special Report on Emissions Scenarios（SRES）	161, 200, 303
likelihood	50	SRES シナリオ	294
little ice age	31	Summary for Policymakers（SPM）	48, 397
Long Life Greenhouse Gases（LLGHGs）	8	super typhoon	127
Major Economies Forum（MEF）	400	Sustainable Development Goals（SDGs）	408
maunder minimum	31	Technical Paper	397
Maximum A Posteriori（MAP）estimation	90	Technical Summary（TS）	48
medieval warm period	31	timber line	207
Meridional Overturning Circulation（MOC）	136	tree line	207
Methodology Report	397	trophic level	232
Millennium Development Goals（MDGs）	406, 407	tropical depression	126
MIROC-ESM	172	tropical storm	126, 129
mitigation	39	typhoon	126
MRV	378	United Nations Conference on Trade and Development（UNCTD）	398
N_2O	66	United Nations Development Programme（UNDP）	398
named storm	127	United Nations Conference on the Human Environment	401
Net Biome Production（NBP）	242	United Nations Conference on Environment and Deveiopment（UNCED）	403
Net Ecosystem Production（NEP）	242	United Nations Environment Programme（UNEP）	47, 220, 396, 409
Net Primary Production（NPP）	242	WBCSD	390, 410
NIR	380	World Commission on Environment and Development（WCED）	401
North Atlantic Oscillation（NAO）	133	World Business Council for Sustainable Development	390, 410
O_2/N_2 比	155	World Meteorological Organization（WMO）	47, 397
OECD	409	World Resource Institute（WRI）	390
OH	61	WSSD	404
OH ラジカルによる酸化反応	82	younger dryas	27
optimal fingerprinting method	187		
Organization for Economic Co-operation and Development	409	**あ 行**	
Pacific Decadal Oscillation（PDO）	135	アイソスタシー	197
Pacific/North American（PNA）	133	亜寒帯循環	118
Particulate Matter（PM）	82	亜酸化窒素	9, 66, 325
Payment for Ecosystem Services（PES）	425	アジェンダ 21	403, 407
perpetual snow line	207	亜熱帯ジェット	112
PFCs	71, 77	亜熱帯循環	118
pH	199	アラゴナイト	202
phenology	259	霰石	202
photosynthesis	231, 240	アルキメデスの原理	198
PM2.5	82	アルゴン	147
prediction	33, 175	アルシュサミット	398
primary production	242	アルベド	105, 107, 145, 223
productivity	242	暗呼吸	245
projection	33, 175	アンサンブル実験	173
Regional Climate Model	163	安定化シナリオ	302
renewables	321		
Representative Concentration Pathways（RCP, RCPs）	161, 304		
Review Editor（RE）	50		
SF_6	78		

索引

安定同位体比	59
維持呼吸	246
異常気象	52
一次生産	216, 242
一循環湖	216
一次粒子	83
一酸化炭素	81, 380
一酸化二窒素	66
インバージョン	69, 155
インバースモデル	60
インベントリ	378
ウォーカー循環	115
ウォームコア	128
エアロゾル	2, 13, 82, 141, 143, 148
栄養塩	262
栄養段階	232
疫病	290
エコアクション	337
エコドライブの実施	316
エコポイント制度	46
エネルギー	305, 310
――の低炭素化	355
エネルギー消費原単位	394
エネルギー創出	311, 313
エルニーニョ	97, 134, 135
遠隔結合	133
沿岸域	225, 226, 288
沿岸湧昇	262
塩性化	272
円石藻	202
オゾン	7, 100, 141, 143
オゾン前駆物質	79
オゾン層	68, 100, 147
オゾンゾンデ	81
オゾン濃度	100
オゾンホール	143
親潮	280
温室効果	142, 159
温室効果ガス	1, 7, 10, 111, 141, 171, 302, 325
――の排出削減可能性	301
温室効果ガスインベントリ	378
温室効果ガス観測技術衛星「いぶき」	88
温室効果ガス濃度・放射強制力安定化シナリオ	303
温室効果ガス排出量算定・報告マニュアル	389
オンセットボルテックス	124
温暖化	39
温暖化対策モデル	298
温度躍層	118

か 行

海塩粒子	85
開花日	37, 236
海水酸性化	234
海水の熱膨張	197
改定目標達成計画	374
解氷	216
海面上昇	195, 227, 269
海洋起源エアロゾル	84
海洋酸性化	199, 200, 265, 268
海洋子午面循環	136
海洋生物	261
海洋大循環	28, 117, 119, 120, 163
海洋のコンベヤーベルト	119
外来生物	254
海陸風循環	121
カオス	166
化学合成	231
化学的寿命	149, 151
化学風化	21
拡散圏	101
革新的エネルギー・環境戦略	351
隔年更新報告書	380
隔年報告書	380
河口域	226
過耕作	224
可降水量	193
過去再現実験	168
火山島	227
化生	256
化石燃料	39, 57, 171
河川流量	192, 193
渇水	193
家電エコポイント制度	338
過渡応答	174
過渡気候応答	183
可能蒸発散	220
過伐採	224
過放牧	224
過飽和	202
カーボンオフセット	332
カーボンニュートラル	317
カーボンフットプリント	330, 335
カーボンラベリング	330, 335
カラム平均濃度	88
火力発電	319
カルサイト	202
カルビン・ベンソン回路	241
環境開発サミット	404
環境家計簿	378, 391
環境基本計画	408
環境形成作用	170
環境と開発に関する世界委員会	401
環境負荷	329
環礁国	290
環礁州島	227
環状モード	134
完新世	30
乾性沈着	85

岩石海岸	226	国別報告書	380
間接効果	86	雲アルベド効果	15, 145
間接循環	114	雲凝結核	145
完全循環湖	216	雲寿命効果	145
感染症	284	グランドファザリング	339
乾燥化	194, 219	クリーン開発メカニズム	343, 364
乾燥地域	218	グリーンランド氷床	199
感度分析	173	黒潮	280
干ばつ	203	クロロフィル蛍光法	243
カンブリア爆発	17	クロロフルオロカーボン	71, 143
涵養	271	傾圧不安定波	114
緩和策	39, 52	経験的／統計的ダウンスケーリング	178
気温減率	100, 209	経済移行国	357
企業の社会的責任	410	結合モデル相互比較プロジェクト	168
気孔	194	結氷	216
気候	95	ケッペン	96, 97
——のフィードバック	20, 157, 174	健康影響	284
——のゆらぎ	13, 185	顕生代	17
気候因子	96	健全な物質循環社会	419
気候感度	20, 174, 302	検潮記録	197
気候区分	96	顕熱輸送	109, 137, 138
気候システム	12, 13, 35, 132	降雨	191
気候変数	181	光化学オキシダント	286
気候変動	1, 3, 97, 132	光化学スモッグ	79
気候変動に関する政府間パネル	1, 396	光合成	58, 139, 231, 240
気候変動の影響・適応アセスメント	53	高効率照明	311
気候変動枠組条約	77, 346, 357	黄砂	85
気候モデルの不確実性	181	高山植物	210
技術報告書	397	高山帯	207, 209
技術要約	48	洪水	193, 203
気象衛星	87	降水帯	128
キーストーン種	232	降水量	191, 192, 221, 272, 273
規制的手段	338	構成呼吸	246
季節風	121	高性能工業炉	309
北大西洋振動	133	高性能モーター・インバータ制御	309
逆成層	215	恒雪線	207, 208
逆転層	100	降雪量	191, 193, 272
吸収源	383	高度成長社会シナリオ	275
供給側対策	318	高木限界	207
共通報告様式	380	古気候	22
共同実施	364	古気候指標	27
京都議定書	77, 325, 346, 360, 362, 369, 372	呼吸	244, 245
京都メカニズム	364, 378	国際エネルギー機関	398
共便益	42	国際海事機関	399
漁獲漁業	280	国際沙漠化会議	219
局所／地域変数	181	国際排出量取引制度	364
極セル	112	国際標準化機構	333, 390
極端現象	203, 221	国際民間航空機関	399
極端な降水	192, 193	国連開発計画	398
極夜ジェット	112	国連環境開発会議	357, 403
魚種交替	282	国連環境計画	220, 396
許容排出量	296	国連人間環境会議	401
均質圏	101	国連貿易開発会議	398
空間解像度	177	国連ミレニアム宣言	411
グッドプラクティスガイダンス	379	湖沼	214

索引　431

湖沼生態系	216
国家インベントリ報告書	380
国家温室効果ガスインベントリ	378, 379
コペンハーゲン合意	350, 361
ごみ問題	417
コリオリ力	262
コントロール実験	168, 186
コンバインドサイクル	319
コンピュータ・シミュレーション	163

さ　行

サイクロン	126
歳差運動	24
再生可能エネルギー	321
最大事後確率推定法	90
最適指紋法	187
栽培漁業	280
サクラの開花	236, 250
査読編集者	50
沙漠化	218, 219
差分方程式	164
サンゴ	200, 202, 227, 265
酸素	60
山頂現象	209
三フッ化窒素	380
残余影響	35
四塩化炭素	71, 76
資源生産性	421
子午面循環	176
沈み込み	28, 176
自然資源の保全	405
持続可能な開発委員会	404, 407
持続可能な開発(発展)のための世界経済人会議	390, 410
持続可能な開発目標	408
持続可能な発展	401, 410
持続発展型社会シナリオ	275
湿性沈着	85
湿性粒子	84
湿地	61
執筆協力者	50
シナリオ	159, 275, 293
地盤沈下	289
施肥効果	154
社会経済シナリオ	33, 161
社会的投資	410
弱アルカリ性	199
従属栄養生物	231
自由大気	100
住宅エコポイント制度	338
重炭酸イオン	154, 200
主要経済国フォーラム	400
主要国首脳会議	399
需要削減技術	313
純一次生産	242

馴化	248
循環型社会	418
循環型社会形成推進基本計画	419
循環型社会形成推進基本法	419
春季ブルーム	262
純生態系生産	242
順応	289
純バイオーム生産	242
硝化	67
蒸散・蒸発・蒸発散	108, 137, 139, 194, 271
消費者	231
小氷期	29, 31
縄文海進	30
将来シナリオ実験	168
植物プランクトン	217, 261, 264
食物連鎖	232
植林	342, 343
叙述シナリオ	293
人為起源エアロゾル	83, 85
人口爆発	401
新生代	22
深層循環	110
侵入種	212
侵略的外来生物	254
森林管理	342
森林吸収源	374
森林限界	207
森林減少	342
水塊	120
水酸化ラジカル	61
水産業	280
水蒸気	7, 147, 149
水素イオン	199, 200
数値気象予報	165
ストックホルム人間環境宣言	401
砂浜(海岸)	226, 289
スマートグリッド	330
スマートメータ	330
政策決定者向け要約	48, 191, 397
生産者	231
生産力	242
製紙業	308
脆弱性	35, 289
税制のグリーン化	341
成層	214
成層圏	3, 100, 111
成層圏オゾン	79, 143
生息適温	235, 255
生息北限	37
生態系呼吸	246
生態系サービス	232, 345, 424, 425
生態系	231
生態系モデル	171
成長呼吸	246
正のフィードバック	157, 173

政府間交渉委員会	357
生物起源エアロゾル	83
生物季節(学)	259
生物圏	170
生物相	231
生物多様性	210, 235, 422
生物ポンプ	154
世界気象機関	397
赤外線	7
赤外放射	148
潟湖	226
積算温度	235
積雪	195
石炭ガス化複合発電	319
石油化学工業	308
雪線	207
雪氷	194
雪氷アルベドフィードバック	176
施肥効果	59, 233
セメント業	307
全球気候モデル	163, 177, 302
全球大気海洋結合気候モデル	33
全球凍結	4, 17
潜在的影響	35
鮮新世	22
潜熱	102, 108, 139
総一次生産	242
総括責任執筆者	50
造礁サンゴ	265
送配電損失の低減	320
測定・報告・検証	378
ソーシャル・ディベロップメント	405
粗大粒子	83

た 行

第一約束期間	346
大気 CO_2 分圧	154
大気汚染	151
大気海洋結合気候モデル	163, 168, 169, 175, 177
大気境界層	100
大気圏	99
大気組成	146
大気大循環	111, 163
待機電力	312
大気微量成分	147
大気放射	137
大循環モデル	163
大西洋数十年振動	136
代替フロン	10, 76, 325
代表執筆者	50
台風	126
太平洋/北米パターン	133
太平洋10年規模振動	135
太陽エネルギー	4, 12

太陽活動	31
太陽活動度	101
太陽光発電	313
太陽黒点数	31
太陽熱温水器	313
太陽放射	107, 109
対流圏	99, 100, 111
対流圏オゾン	79
対流圏界面	3, 111
対流ジャンプ	125
ダウンスケーリング	34
ダウンレギュレーション	244
多元化社会シナリオ	275
確からしさ	50
多循環湖	216
脱窒	67
脱物質化	421
ダーバンプラットフォーム	361
暖気核	128
炭酸イオン	154, 200
炭酸カルシウム	147, 200, 201, 202
炭酸同化反応	241
短寿命(気体)	151
淡水	275
淡水レンズ	228, 290
ダンスガード-オシュガー・イベント	29
炭素	244
炭素隔離貯留	318, 322
炭素クレジット	343, 344
炭素循環	59, 152, 153
炭素税	46, 296, 337
断熱化	313
短波放射	107
タンボラ火山	31
地域気候モデル	163, 179
地殻変動	197
地球温暖化	1
地球温暖化係数	67, 326
地球温暖化対策	367
地球温暖化対策シナリオ	296
地球温暖化対策推進大綱	372
地球温暖化対策推進法	367, 373
地球温暖化対策推進本部	372
地球温暖化対策地方公共団体実行計画 策定マニュアル	389
地球温暖化対策の推進に関する法律	388
地球温暖化対策のための税	377
地球環境ファシリティ	53, 398
地球軌道要素	24
地球サミット	403
地球システムモデル	33, 163, 168, 172
地球シミュレータ	169, 172
地中伝導熱	137
窒素	147
窒素酸化物	143, 380

索引　433

中間圏	101
中期目標	349
中世の温暖期	31
中層大気	101
長期の温暖化対策	352
長寿命(気体)	151
超大陸パンゲア	21
長波放射	107
直接効果	86
直接循環	114
ツボカビ	251
梅雨	193
ツンドラ	207
低炭素社会	43, 354, 419
締約国会議	360
定量化シナリオ	293
適応	41
適応策	39, 52
鉄鋼業	305
撤退	289
デリー宣言	360
デルタ	226, 288, 289
テレコネクション・パターン	133
天気	95
電気自動車	316
デング熱	285
天然ガス複合発電	319
統計的ダウンスケーリング	181
統合評価モデル	162, 299
島嶼	225, 227
島嶼国	288
透水係数	138, 139
凍土	138, 195
動物媒介性感染症	285
動物プランクトン	264
透明度	216
特定フロン	72
独立栄養生物	231
土壌	136, 138
土壌起源エアロゾル	84
土壌呼吸	246
土壌水分	138, 139
土壌成分	192
土地利用変化	141, 145, 155, 172
トップダウンモデル	299
トリクロロエタン	71, 76
トリプルボトムライン	410
トレードオフ	42

な 行

内部変動の不確実性	182, 184
ナイロビ行動計画	361
ナガサキアゲハ	236
ナビエ・ストークス方程式	164
ナフサ	308
なりゆきシナリオ	161
南極振動	134
南方振動	134
二酸化硫黄	380
二酸化炭素	7, 55, 147, 152, 295
二酸化炭素削減	296
二酸化炭素濃度安定化シナリオ	303
二酸化炭素排出量	43
二酸化炭素倍増平衡気候感度	174
西南極氷床末端	199
二循環湖	216
二次粒子	83
日本国国家インベントリ報告書	393
日本低炭素社会シナリオ研究	353
熱エネルギー	106
熱塩循環	110, 118, 119, 176
熱機関	319
熱圏	101, 111
熱収支	106
熱ストレス	285
熱赤外センサ	87
熱帯収束帯	113
熱帯低気圧	125, 126, 206
熱帯内収束帯	124
熱中症	285
熱波	203
燃料転換	320
燃料電池自動車	317
燃費改善	317
農業	276

は 行

バイオエタノール(燃料)	257, 317
バイオマス	244, 248
バイオマス燃焼	81
バイオマス燃焼エアロゾル	83
バイオーム	231
排出係数	392
排出係数データベース	394
排出源	383
排出削減目標	338
排出シナリオ	33
排出シナリオに関する特別報告書	161
排出シナリオの不確実性	181, 182
排出量取引	46, 339, 364
ハイドロクロロフルオロカーボン	76, 143
ハイドロフルオロカーボン	77
ハイブリッド自動車	316
白化現象	266
バックキャスティング	354
ハドレー・センター	172
ハドレー循環(セル)	109, 112
パーフルオロカーボン	77
パラメタリゼーション	165
ハリケーン	126, 127

バリ行動計画	361, 366	方解石	202
パルプ	308	防護	289
ハロカーボン	71	放射エネルギー	12, 107
ハロン	76	放射強制力	
ハロン類	325		10, 14, 15, 18, 55, 67, 79, 148, 173, 302
反射率	11	放射(対流)平衡	111, 112
光吸収性エアロゾル	145	膨張率	197
光呼吸	245	防波効果	269
非均質圏	101	方法論報告書	397
微小粒子	83	補助金	46, 338
ヒートアイランド	96, 146	ポストSRESシナリオ	294
ヒートポンプ	311	ホッキョクグマ	238
非メタン炭化水素	148, 380	北極振動	133
ビヤクネス・フィードバック	135	ボトムアップモデル	298
ヒューマン・ディベロップメント	405	ボン合意	360, 365
氷河	195		
氷河期	19	**ま 行**	
氷河湖	195	マウンダー極小期	31
評価報告書	48, 397	マラケシュ合意	360, 364, 365
氷河融解	36	マラケシュプロセス	409
氷期・間氷期サイクル	24	マラリア	285
費用効果性	45	マルチモデルアンサンブル	168
氷床	195, 199	万年雪線	208
氷床コア	30, 56, 153	水資源	104, 271
貧酸素	216	水収支	104
風成循環	109, 117	水循環	103, 191
ブエノスアイレス行動計画	360, 365	水ストレス	274
フェノロジー	250, 259	水利用	273
フェレルセル	112	見通し	33, 175
フォアキャスティング	354	未飽和	203
不可逆性	159	ミランコビッチサイクル(説)	24, 29, 56
不確実性	34, 159, 174, 194	ミレニアム開発目標	406, 407, 411
複合発電	319	ミレニアム生態系評価	232
副次的便益	52	無機栄養生物	231
輻射熱	78	無循環湖	216
不遵守	364	明暗瓶法	243
附属書Ⅰ国	359, 379	メタン	7, 61, 325
附属書Ⅱ国	359	メタンハイドレート	61
フットプリント	235	藻場	283
物理ポンプ	154	モンスーン	121
部分循環湖	216	モントリオール議定書	72, 76, 325
フラックス	59, 102		
フラックス調節	166	**や 行**	
ブリューワ・ドブソン循環	116	ヤンガー・ドリアス期	27
ブルーマップシナリオ	352	有機栄養生物	231
ブルントラント委員会	401	有孔虫	202, 227
プロキシ	27	融雪	195, 272
フロンガス(類)	71, 143, 325	ゆらぎ	132
分解者	231	養殖業	280, 283
分布北限	236	溶存酸素	216
平衡応答	174	溶存無機炭素	154
平衡気候感度	183	溶存有機物	216
平衡状態	173	翼足類	202
ベルクマンの法則	283	ヨハネスブルグ宣言	404
ベルリン・マンデート	360, 362		

ら 行

落葉日	236
ラグランジュ平均循環	115
ラグーン	226
ラジカル	150
ラニーニャ	97, 134, 290
乱流圏	101
リオ+20	404, 407
リオ宣言	403
力学的ダウンスケーリング	178, 180
陸上生物	249
陸地の比熱	121
リサイクル	419, 421
離心率	24
理想化実験	168
リデュース	420
粒子状物質	82
流出	271
リユース	421
冷水サンゴ	265
レインバンド	128
六フッ化硫黄	78
ローレンタイド氷床	28

地球温暖化の事典

平成 26 年 3 月 20 日　発　行

編 著 者　　独立行政法人国立環境研究所
　　　　　　地球環境研究センター

発 行 者　　池　田　和　博

発 行 所　　丸善出版株式会社
　　　　　　〒101-0051 東京都千代田区神田神保町二丁目17番
　　　　　　編集：電話（03）3512-3265／FAX（03）3512-3272
　　　　　　営業：電話（03）3512-3256／FAX（03）3512-3270
　　　　　　http://pub.maruzen.co.jp/

　Ⓒ Center for Global Environmental Research,
　　National Institute for Environmental Studies,　2014

組版印刷・中央印刷株式会社／製本・株式会社 松岳社

ISBN 978-4-621-08660-5 C 3544　　　　Printed in Japan

JCOPY 〈（社）出版者著作権管理機構 委託出版物〉
本書の無断複写は著作権法上での例外を除き禁じられています。複写
される場合は，そのつど事前に，（社）出版者著作権管理機構（電話
03-3513-6969，FAX 03-3513-6979，e-mail：info@jcopy.or.jp）の許諾
を得てください。